Zweitakt-Dieselmaschinen
kleinerer und mittlerer Leistung

Von

Ing. Dr. techn. **J. Zeman** VDI
Assistent an der Lehrkanzel für Verbrennungskraftmaschinen
und Automobilwesen der Technischen Hochschule in Wien

Mit 240 Abbildungen im Text

Wien
Verlag von Julius Springer
1935

ISBN-13: 978-3-7091-5145-7   e-ISBN-13: 978-3-7091-5293-5
DOI:10.1007/978-3-7091-5293-5

Vorwort.

Angeregt durch die große Verbreitung des Glühkopfmotors wurde vor etwa fünfzehn Jahren die Entwicklung kleinerer kompressorloser Zweitaktdieselmaschinen in dem Bestreben aufgenommen, eine billige, dem Viertaktmotor annähernd gleichwertige Maschine zu schaffen. Da häufig mehr Gewicht auf die Billigkeit als auf die Gleichwertigkeit gelegt wurde, waren die Ergebnisse durchaus nicht einheitlich, so daß in manchen Kreisen der Zweitaktmotor eine grundsätzlich ablehnende Beurteilung erfuhr. Allmählich setzte sich indessen die Erkenntnis durch — was teilweise sicherlich auch auf die Erfolge des Zweitakt-Großdieselmotors zurückgeführt werden kann —, daß Zweitaktmotoren den Viertaktmaschinen nicht nur gleichwertig, sondern in bestimmten Fällen (Anlassen, Umsteuern) sogar überlegen sein können. In jüngster Zeit endlich hat sich die Aufmerksamkeit erneut dem Zweitaktverfahren zugewandt, weil es Möglichkeiten zur Erhöhung der Literleistung bietet.

Obwohl die konstruktiven Mittel im Zweitaktmotorenbau einfacher sind als beim Viertaktmotor, bereiten Entwurf und Berechnung ungleich größere Schwierigkeiten. Die Arbeitsweise dieser Bauart ist viel undurchsichtiger, die theoretische und versuchsmäßige Erforschung der Vorgänge wesentlich schwieriger. Verfasser und Verlag waren daher der Ansicht, daß eine zusammenfassende Darstellung des Zweitaktdieselmotors besonders im gegenwärtigen Zeitpunkt der Entwicklung erwünscht sein und vielleicht dazu beitragen könnte, die schwere und verantwortungsvolle Arbeit des Entwurfs- und Versuchsingenieurs etwas zu erleichtern; überdies kann das Buch dazu dienen, den Anfänger in sein Arbeitsgebiet einzuführen. Dabei bildete die zwölfjährige Tätigkeit des Verfassers auf diesem Sondergebiet die Grundlage der Arbeit, sie wurde wesentlich unterstützt und erleichtert durch die rege Forschertätigkeit, die insbesondere in den letzten Jahren die Fragen des Zweitaktmotorenbaues bevorzugte, und durch das große Entgegenkommen, das die beteiligten Firmen bei der Überlassung von zeichnerischen Unterlagen und Versuchsergebnissen zeigten. Es ist dem Verfasser eine angenehme Pflicht, auch an dieser Stelle allen Beteiligten seinen wärmsten Dank für diese verständnisvolle Unterstützung auszusprechen.

Die Doppelkolben-Zweitaktmaschinen wurden in diesem Buche lediglich deshalb nicht behandelt, weil der Verfasser über eigene Erfahrungen mit dieser Maschine nicht verfügt und es sich daher auch nicht anmaßen wollte, über dieselbe zu schreiben.

I*

Die besondere Eignung des Zweitaktmotors für Schiffsantriebszwecke ließ es wünschenswert erscheinen, die dabei notwendigen Sondereinrichtungen wenn auch nur kurz zu besprechen. Herr o. ö. Professor Ing. Josef Eckert, Wien, hat dabei seine reichen Erfahrungen dem Verfasser zur Verfügung gestellt, war bei der Abfassung des betreffenden Abschnitts behilflich und überließ seine Konstruktionen, die zum Teil noch während des Krieges vom Marinearsenal in Pola, zum Teil später von der Technischen Zeugsanstalt in Krems ausgeführt wurden, zur Veröffentlichung, wofür ihm der wärmste Dank ausgesprochen werden soll.

Großes Verständnis für dieses Buch fand der Verfasser bei den Herren der Lehrkanzel für Verbrennungskraftmaschinen und Automobilwesen der Technischen Hochschule Wien, insbesondere bei ihrem Vorstande o. ö. Professor Dr.-Ing. Ludwig Richter und Herrn Dr.-Ing. Gustav Nidetzky. Für die Unterstützung, die sie seiner Arbeit in jeder Beziehung angedeihen ließen, seien sie auch an dieser Stelle herzlichst bedankt.

Der Verlag ist dem Verfasser in allen Fragen weitgehend entgegengekommen, wofür ihm volle Anerkennung ausgesprochen werden soll.

Wien, im September 1935.

J. Zeman.

Inhaltsverzeichnis.

Verzeichnis der im Abschnitt „Berechnung" verwendeten Bezeichnungen.

$A \quad = \dfrac{1}{427}$ Wärmewert der Arbeitseinheit.

B Festwert, der die Abkühlungsverluste bei der Verdichtung kennzeichnet.

$C \quad = O_0/Dr\pi - V_0/\dfrac{r D^2 \pi}{4}$, Festwert.

$C_k \quad = V_k/J$ Verhältnis des Inhaltes des Kurbelkastens zum Hubvolumen.

D [m] Zylinderdurchmesser (wo angegeben in dm oder mm).

E Festwert, der die Undichtheitsverluste bei der Verdichtung kennzeichnet.

F ein jeder Maschine eigentümlicher Festwert, der die Undichtheitsverluste kennzeichnet.

F_p [m²] Fläche des Brennstoffpumpenplungers.

F_D [m²] Querschnitt der Einspritzdüsenöffnungen.

G [kg] allgemein Gewicht.

G_a [kg] Gewicht der Zylinderladung in jenem Zeitpunkt, in dem die Kolbenkante die Auspuffschlitzkante überschleift.

G_k [kg] Gewicht der im Kurbelkasten befindlichen Luft.

G_R [kg] mittleres Gewicht der Spülluft im Aufnehmer.

G_s [kg] Spülluftgewicht, das während eines Spieles gefördert wird

G_v [kg] Gasgewicht, das durch Undichtheiten verlorengeht.

G' [kg] Gewicht der Zylinderladung im unteren Totpunkt.

G'' [kg] Gewicht der Zylinderladung in jenem Zeitpunkt, in dem die Kolbenkante die Auspuffschlitze abdeckt.

G_v' [kg] Gasmenge, die durch die Schlitze in jenem Zeitabschnitt entweicht, in dem die Kolbenkante den Weg vom unteren Totpunkt bis zur Oberkante der Auspuffschlitze zurücklegt.

G_v'' [kg] Gasmenge, die durch den durch das Kolbenspiel bedingten Spalt in der Zeit entweicht, die zwischen dem Abschluß der Auspuffschlitze durch die Kolbenkante und dem Überschleifen des ersten Kolbenringes über die Schlitzkante verstreicht.

H zeitweilig benützte Hilfsgröße.

$J \quad = \dfrac{\pi D^2}{4} \cdot s$ [m³] Hubvolumen (auch l).

K zeitweilig verwendeter Festwert.

L [m kg] theoretische Arbeitsfläche eines Verdichters.

L [m] Auspuffrohrlänge.

N [PS] Leistung.

N_e [PS] effektive Motorleistung.

N_{el} [PS/l] Literleistung.

N_g [PS] eff. Leistungsbedarf des Gebläses.

N_{gt} [PS] theoretischer Leistungsbedarf des Gebläses.

N_i [PS] indizierte Motorleistung.

O [m²] gasberührte Oberfläche des Arbeitsraumes.

O_0 [m²] gasberührte Oberfläche des Verdichtungsraumes.

P [kg/m²] allgemein Druck.

P_a [kg/m²] Druck im Zylinder bei Auspuffschlitzeröffnung.

P_f [kg] Federkraft bei der Brennstoffdüse.

P_g [kg/m²] der der Gebläseleistung entsprechende, auf die Fläche des Arbeitskolbens bezogene mittlere Druck.

P_l [kg/m²] Druck der Atmosphäre.

P_u [kg/m²] Druck im Auspufftopf (hinter den Auspuffschlitzen).

P_s [kg/m²] Spülluftdruck.

P_v [kg/m²] Verdichtungsanfangsdruck.

P' [kg/m²] Druck im Zylinder bei Abschluß der Auspuffschlitze durch die Kolbenkante.

Q [kcal] Wärmemenge.

R [m/Grad] Gaskonstante; für Luft = 29,26.

S_a [dimensionslos] bezogener Zeitquerschnitt der Auspuffschlitze.

S_s [dimensionslos] bezogener Zeitquerschnitt der Spülschlitze.

T [Grad] abs. Temperatur.

T_a [Grad] abs. Temperatur der Ladung bei Eröffnung der Auspuffschlitze.

T_l [Grad] abs. Temperatur der Atmosphäre.

T_s [Grad] abs. Temperatur der Spülluft im Aufnehmer.

T_u [Grad] abs. Temperatur im Auspufftopf.

T_v [Grad] abs. Verdichtungsanfangstemperatur.

T_w [Grad] abs. Temperatur der Oberfläche des Arbeitsraumes.

U Hilfsgröße.

V [m³] Volumen (Variables Zylindervolumen).

V_a [m³] Volumen im Zylinder beim Überschleifen der Kolbenkante über die Oberkante des Auspuffschlitzes.

V_e [m³] Volumen im Zylinder beim Überschleifen des ersten Kolbenringes über die Oberkante des Auspuffschlitzes.

V_g [m³/s] durch das Gebläse sekundlich angesaugtes Luftvolumen vom Zustand der Atmosphäre.

V'_g [m³/s] vom Gebläse sekundlich gefördertes Luftvolumen vom Zustande der Spülluft im Aufnehmer.

V_k [m³] Inhalt des Kurbelkastens.

V_R [m³] Inhalt des Spülluftaufnehmers.

V_u [m³] Inhalt des Auspufftopfes.

V_0 [m³] Inhalt des Verdichtungsraumes.

W Hilfsgröße.

X Hilfsgröße.

a [m/s] Schallgeschwindigkeit.

b_a [m] Auspuffschlitzbreite.

b_e [g/PSh] eff. spezifischer Brennstoffverbrauch.

b_i [g/PSh] indizierter spezifischer Brennstoffverbrauch.

b_P [m/s²] Beschleunigung des Brennstoffpumpenplungers.

b_s [m] Spülschlitzbreite, Breite des Spülluftstromes.

c_v [kcal/kg] spezifische Wärme bei unveränderlichem Volumen.

c_p [kcal/kg] spezifische Wärme bei unveränderlichem Druck.

d_u [m] Durchmesser der Auspuffleitung.

e Basis der natürlichen Logarithmen.

f [m²] allgemein: Querschnitt der Ausflußöffnung, Undichtheitsfläche.

f_a [m²] veränderlicher Querschnitt der Auspuffschlitze.

f_g [m²] äußere Ringfläche des Brennstoffdüsenplungers.

f_i [m²] Innenfläche des Brennstoffdüsenplungers.

f_s [m²] veränderlicher Querschnitt der Spülschlitze.

f_u [m²] Querschnitt der Auspuffleitung.

f'' [m²] Fläche in der Breite des halben Kolbenspieles, in der Länge der Auspuffschlitzbreite.

g [m/s²] = 9,81 Erdbeschleunigung

h_a [m] Auspuffschlitzhöhe.

h_s [m] Spülschlitzhöhe.

i Zylinderzahl.

k Luftaufwandziffer.

k_1 $= 1 + V_0/J.$

k_2 $= V_a/J.$

l [m] Schubstangenlänge.

m Polytropenexponent.

n U./Min. Motordrehzahl.

p [kg/cm² = at] Druck, sonst wie unter P.

p_e [kg/cm²] mittlerer effektiver Druck des Motors, bezogen auf die Kolbenfläche.

p_{er} [kg/cm²] mittlerer effektiver Druck des Motors ohne Abzug der Gebläseleistung, bezogen auf die Kolbenfläche.

p_i [kg/cm²] mittlerer indizierter Druck des Motors, bezogen auf die Kolbenfläche.

r [m] = s/2 Kurbelradius.

s [m] Hub des Motors.

t [Grad] Temperatur in Celsiusgraden.

u [m] $= x + V_0 / \dfrac{\pi D^2}{4}$ Kolbenweg vom oberen Totpunkt zuzüglich der dem Verdichtungsraum entsprechenden Strecke $V_0 / \dfrac{\pi D^2}{4}$.

u_{a2} [m] Kolbenweg wie unter u im Zeitpunkt z_{a2}.

u_e [m] Kolbenweg wie unter u im Zeitpunkt z_e.

v [m³/kg] spezifisches Volumen.

v_a [m³/kg] spezifisches Volumen der Ladung im Zeitpunkt z_{a1}.

v_l [m³/kg] spezifisches Volumen der Außenluft.

w [m/s] Geschwindigkeit.

w_k [m/s] $\dfrac{s \cdot n}{30}$ mittlere Kolbengeschwindigkeit.

w_p [m/s] Geschwindigkeit des Brennstoffpumpenplungers.

x [m] Kolbenweg vom oberen Totpunkt.

y [m] $= s - x$ Kolbenweg vom unteren Totpunkt.

z [s] Zeit.

z_{a1} [s] Zeitpunkt der Auspuffschlitzeröffnung durch die Kolbenkante.

z_{a2} [s] Zeitpunkt des Auspuffschlitzabschlusses durch die Kolbenkante.

z_e [s] Zeitpunkt des Auspuffschlitzabschlusses durch den ersten Kolbenring.

z_{s1} [s] Zeitpunkt der Spülschlitzeröffnung durch die Kolbenkante.

z_{s2} [s] Zeitpunkt des Spülschlitzabschlusses durch die Kolbenkante.

z_0 [s] Dauer (Periode) der Eigenschwingung des Auspuffsystems.

α Kurbelwinkel, sonst wie unter z.

α Kontraktionsbeiwert.

γ [kg/m³] spezifisches Gewicht.

$\varepsilon = \dfrac{J + V_0}{V_0}$ Verdichtungsverhältnis.

$\zeta_a = b_a/D$ bezogene Auspuffschlitzbreite.

$\zeta_s = b_s/D$ bezogene Luftstrombreite.

η_g Gesamtwirkungsgrad des Gebläses.

η_{gm} mechanischer Wirkungsgrad des Gebläses.

η_m Mechanischer Wirkungsgrad des Motors.

$\varkappa = c_p/c_v$.

$\lambda = $ Stangenverhältnis $\dfrac{r}{l}$.

μ_a Ausflußbeiwert der Auspuffschlitze.

μ_s Ausflußbeiwert der Spülschlitze.

μ_1 Ausflußbeiwert des Querschnittes f''.

$\xi = \dfrac{z_0}{60} \cdot n$ Verhältnis der Periode z_0 zur Dauer einer Umdrehung.

φ Neigungswinkel der Spülschlitze gegen die Achse des Zylinders.

φ Geschwindigkeitsbeiwert.

σ Halbes Kolbenspiel an der oberen Kolbenkante, bezogen auf den Zylinderdurchmesser.

ψ Ausflußziffer.

ω [1/s] Winkelgeschwindigkeit.

Einleitung.

Die Aufgaben, die an den Erbauer von Zweitaktdieselmaschinen herantreten, lassen sich in zwei Gruppen einreihen. Die eine Gruppe umfaßt alles, was eine Besonderheit der Zweitaktbauart bildet, während die andere die im gesamten Dieselmotorenbau auftretenden Fragen einschließt. Eine scharfe Grenze zwischen diesen beiden Gebieten läßt sich wohl nicht ziehen. Häufig beeinflußt das Arbeitsverfahren auch diejenigen Vorgänge und die Ausbildung der Bauteile, die grundsätzlich dem gesamten Dieselmotorenbau angehören. Immerhin wird eine Sonderdarstellung des Zweitaktmotorenbaues eine Reihe von Fragen unberücksichtigt lassen können. Hierin liegt die Begründung dafür, daß in diesem Buche nicht behandelt wurden: die Thermodynamik der im Motorenbau üblichen Kreisprozesse, die Treiböle und die mit ihnen zusammenhängenden Fragen der Verbrennung (Zündverzug, Klopfen), die Schwingungserscheinungen in den Brennstoffdruckleitungen, die Reglertheorie, die Berechnung der Festigkeits- und Schwingungszustände an Kurbelwellen, der Massenausgleich und die Festigkeitsberechnung von Schwungrädern.

Alle diese Fragen sind an anderer Stelle so ausführlich behandelt worden, daß der Entschluß, sie in dieses Buch nicht aufzunehmen, gerechtfertigt erscheint.

Besondere Schwierigkeiten bereitet gegenwärtig die Untersuchung der Festigkeit von Bauteilen. Die Unvollkommenheit der alten Anschauungsweise ist zwar erkannt, eine neue „wirklichkeitsgetreue" Festigkeitsrechnung aber erst im Werden begriffen und durchaus nicht abgeschlossen. Um diesen Ergebnissen nicht vorzugreifen, wurde von Festigkeitsrechnungen soweit als möglich abgesehen und mehr Wert auf die Erfassung der auftretenden Kräfte gelegt. Lückenlos konnte aber dieser Grundsatz nicht durchgeführt werden, da in einer Reihe von Fällen soviele Erfahrungen über die zulässige Höhe der Beanspruchungen vorliegen, daß es unverantwortlich gewesen wäre, sie nicht anzuführen.

Der breiteste Raum muß dem Spülvorgange und allen damit zusammenhängenden Fragen gewahrt werden. Die Spülung bedarf einer Untersuchung sowohl hinsichtlich ihres mengenmäßigen (quantitativen) als auch hinsichtlich ihres gütemäßigen (qualitativen) Ablaufes. Die Berechnung des mengenmäßigen Ablaufes kann unter Heranziehung von Versuchsergebnissen mit einer für technische Zwecke hinreichenden Annäherung erfolgen. Er ist in erster Linie von dem Wert Durchmesser des

Zylinders mal Drehzahl ($n\,D$) abhängig, so daß dieser Wert geradezu als Maschinenkennzahl angesprochen werden kann.

Größere Schwierigkeiten bereitet die Untersuchung der Güte der Spülung. Mit Rücksicht auf die praktische Anwendung wurde diese Frage so behandelt, daß für die beiden heute üblichen Spülverfahren (Querspülung, Umkehrspülung) erprobte Schlitzanordnungen und die damit erreichbaren Ergebnisse angegeben wurden. Da diese Angaben häufig die Grundlagen für neu zu entwerfende Maschinen bilden werden, eine Unterschätzung der Maschinenleistung aber niemals so gefährlich ist wie eine Überschätzung, so durften hier keine Spitzenleistungen, sondern nur gute, verhältnismäßig leicht erreichbare Durchschnittswerte gebracht werden, dies trotz der Gefahr, daß dadurch der Zweitaktdieselmotor eine ungünstigere Beurteilung erfährt, als ihm tatsächlich zukommt.

Nicht behandelt wurde die Aufladung bei Zweitaktmaschinen, obwohl einige derartige Bauarten sich am Markte befinden. Nach Ansicht des Verfassers ist es vorläufig wichtiger und sicherlich aussichtsreich, an der Verbesserung der Güte der Spülung zu arbeiten und auf diese Weise eine Erhöhung der Leistung zu erreichen, als den etwas gewaltsamen Weg der Aufladung zu beschreiten.

Wichtig ist die Frage der Drehzahlerhöhung. Diese Möglichkeit mußte wenigstens theoretisch geprüft werden. Die Untersuchung ergibt, daß die Spülung noch eine erhebliche Drehzahlerhöhung zuläßt, so daß zu erwarten ist, daß der Zweitaktmotor mit dem Viertaktmotor auf dem Gebiete leichter, schnellaufender Maschinen in scharfen Wettbewerb treten wird. Tatsächlich sind die Ansätze zu dieser Entwicklung bereits deutlich erkennbar.

Erster Teil

Berechnung.

A. Mittel zur Spülluftbeschaffung.

1. Die Kurbelkastenspülpumpe.

Da kleinere Zweitaktdieselmaschinen stets einfachwirkend gebaut werden, liegt es nahe, die untere Kolbenseite der Spülluftförderung nutzbar zu machen. Dabei muß allerdings in Kauf genommen werden, daß das Maschinentriebwerk in den Verdichtungsraum der Pumpe zu liegen kommt. Daher wird dieser sehr groß und macht es unmöglich, die Pumpe

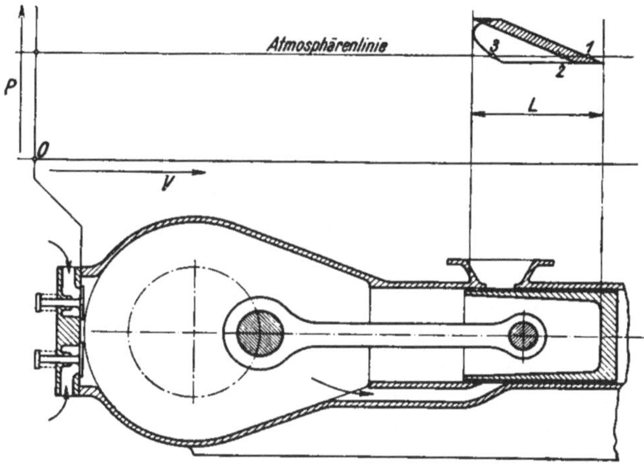

Abb. 1. Kurbelkastenpumpe; Arbeitsweise und Indikatordiagramm.

als normalen Kompressor zu verwenden, d. h. sie gegen einen bestimmten konstanten Gegendruck arbeiten zu lassen, weil in diesem Falle ihr Liefergrad viel zu klein wäre. Die Spülluft muß daher in der Weise gefördert werden, daß die Ladung bis zum Höchstdruck verdichtet wird, worauf sie bei sinkendem Druck abbläst. Das Diagramm Abb. 1 soll den Unterschied der Wirkungsweise der Spülluftpumpe gegenüber einem Kompressor klarmachen. Würde die Pumpe gegen einen konstanten Gegendruck arbeiten, so wäre der indizierte Liefergrad gegeben durch das Verhältnis: Strecke $1\text{---}2/L$. Das Absinken des Druckes bei der Ent-

1*

leerung des Kurbelkastens verbessert aber den indizierten Liefergrad auf den Wert: Strecke 1—3/L. Wenn man von der durch Gasschwingungen hervorgerufenen Saugwirkung des Auspuffes absieht, so wäre der erreichbare Höchstwert des indizierten Liefergrades im wesentlichen durch die Spülschlitzhöhe bestimmt.

Diese Arbeitsweise der Kurbelkastenpumpe hat noch einen weiteren Vorteil: Da nur die Verdichtungsarbeit, nicht aber die Ausschubarbeit geleistet werden muß, ist die auf die Gewichtseinheit der geförderten Luftmenge bezogene Leistungsaufnahme der Pumpe gering, wozu noch der Umstand kommt, daß keinerlei mechanischen Verluste auftreten, weil alle bewegten Teile der Pumpe mit den Triebwerkteilen des Motors identisch sind. Der auf die Kolbenfläche bezogene, für die Pumpenarbeit benötigte mittlere Druck übersteigt daher auch niemals den Wert

$$p_g = 0{,}15 \text{ kg/cm}^2,$$

ist also viel geringer als bei allen anderen Spülluftpumpen. Daraus erklärt es sich auch, daß der mechanische Wirkungsgrad von Kurbelkastenmaschinen sehr hohe Werte annimmt und daß daher meist auch der Brennstoffverbrauch ein günstiger ist.

Nachteilig ist, daß das starke Schmierung benötigende Maschinentriebwerk im Verdichtungsraum der Pumpe arbeitet und die Spülluft daher ölhaltig wird. Allerdings wird die von der Luft mitgerissene Ölmenge meist überschätzt. Erhebliche Ölmengen steigen auch längs der Kolbenwand in den Verbrennungsraum auf und hierfür kann die Kurbelkastenpumpe nicht verantwortlich gemacht werden.

Der Verdichtungsraum der Pumpe ist großen Schwankungen nicht unterworfen und beträgt je nach Größe der Maschine 350 bis 450% des Hubvolumens. Demzufolge liegt auch der bei Beginn der Spülung erreichte Spüllufthöchstdruck zwischen 0,25 und 0,3 at Überdruck. Der indizierte Liefergrad erreicht bei den besten Ausführungen Werte, die bei 0,85 liegen, er beträgt im Mittel 0,75 bis 0,8 und soll keinesfalls tiefer liegen als 0,7.

Die bei der reinen Kurbelkastenpumpe zur Verfügung stehende Spülluftmenge ist daher beschränkt. Aus dem Bemühen, diese Menge zu erhöhen, entstand zunächst die mit Stufenkolben ausgerüstete Kurbelkastenpumpe, bei der der Luftüberschuß praktisch beliebig hoch gesteigert werden kann (Abb. 212). Einen weiteren Schritt bildete die an die Schubstange angelenkte Kolbenpumpe von Deutz (Abb. 214), bei der zwar die Spülluftbeschaffung in einem eigenen Zylinder vor sich geht und die daher praktisch ölfreie Luft in frei wählbarer Menge liefert, im übrigen aber nach dem Prinzipe der Kurbelkastenpumpe arbeitet und so auch deren Vorteil, den geringen Leistungsaufwand, besitzt. Allerdings treten bei dieser Anordnung mechanische Verluste auf.

Schließlich soll auch ein Verfahren erwähnt werden, das in sehr einfacher und billiger Weise den Liefergrad der Kurbelkastenpumpe, allerdings nur im beschränkten Maße, zu erhöhen gestattet. Es ist dies die Anbringung eines passend dimensionierten Saugrohres vor den Luftklappen. Durch Ausnützung der in diesem Saugrohre auftretenden Schwingungen ist es möglich, den Liefergrad in günstigen Fällen um etwa 10 bis 15% zu erhöhen. Eine Untersuchung der hierbei auftretenden Verhältnisse sowie Angaben über die Berechnung der Rohrdimensionen findet sich in der Arbeit von H. List, „Die Erhöhung des Liefergrades durch Saugrohre bei Dieselmaschinen", Mitteilungen aus den technischen Instituten der staatlichen Tung-chi Universität Woosung, China, Heft 4, 1932.

2. Allgemeine Anforderungen des Zweitaktmotors an das Spülluftgebläse.

Während bei allen übrigen Bauteilen der Zweitaktmaschinen bereits eine gewisse Reife der Entwicklung festzustellen ist, trifft dies für die der Spülluftbeschaffung dienenden Pumpen noch nicht durchwegs zu. Man kann deshalb heute auch noch nicht angeben, in welcher Richtung sich die endgültige Entwicklung bewegen wird und es müssen deshalb alle in Betracht kommenden Bauformen auf ihre Eignung für den Zusammenbau mit dem Motor untersucht werden.

Der Zweitaktdieselmotor stellt an sein Gebläse folgende Anforderungen:

1. Die geförderte Luftmenge muß in weiten Grenzen eine annähernd lineare Funktion der Drehzahl und vom Gegendruck möglichst unabhängig sein, damit auch bei niederen Drehzahlen, insbesondere beim Anfahren, eine ausreichende Luftmenge gefördert wird.

2. Die Förderung soll möglichst gleichförmig sein.

3. Liefergrad und Gesamtwirkungsgrad sollen möglichst hoch sein, weil der Leistungsbedarf des Gebläses die Nutzleistung des Motors verringert und den Brennstoffverbrauch erhöht. Nach den bisherigen Erfahrungen ist es nicht ratsam, Gebläse zu verwenden, deren Gesamtwirkungsgrad kleiner ist als 50%.

4. Raumbedarf und Gewicht müssen klein sein.

5. Die Betriebssicherheit des Gebläses muß die des Motors mindestens erreichen.

6. Da eine getrennte Aufstellung des Gebläses bei kleineren Motoren nicht in Frage kommt, muß die Gebläsekonstruktion einen organischen Zusammenbau mit dem Motor ermöglichen.

7. Die Spülluft muß möglichst ölfrei sein, es ist aber nicht nötig, daß völlige Ölfreiheit erreicht wird.

8. Bei umsteuerbaren Maschinen muß die Blasrichtung von dem Drehsinn unabhängig sein.

Die erste Forderung schließt das Schleudergebläse grundsätzlich aus.

Für den Zusammenbau mit dem Zweitaktmotor stehen demnach folgende Gebläsearten zur Verfügung:

1. Kolbengebläse.

2. Zwei- oder Mehrzahnpumpen (Rootsbläser und derartige Formen).

3. Kapselpumpen.

3. Theoretischer Leistungsbedarf der Gebläse.

Die Arbeitsfläche L eines Kompressors (theoretische Betriebsarbeit) besteht aus den Teilen $L_1 = BCC_1B_1$ (absolute Verdichtungsarbeit), $L_2 = ABB_1O$ (absolute Luftarbeit beim Ansaugen) und $L_3 = CDOC_1$ (absolute Ausschubarbeit) Abb. 2.

Es ist also:

$$L = L_1 + L_3 - L_2$$

Hierin ist:

$$L_2 = P_l V_g$$

$$L_3 = P_s V_g'$$

Die absolute Verdichtungsarbeit L_1 ist abhängig vom Verlaufe der Verdichtungslinie B—C. Bei den geringen Druckunterschieden, die bei den Gebläsen der Zweitaktmotoren auftreten (P_s liegt niemals über 14000 kg/m² abs.), spielt die absolute Verdichtungsarbeit gegenüber der weitaus größeren Ausschubarbeit keine nennenswerte Rolle. Um zu einer einheitlichen, leicht berechenbaren Grundlage für die Beurteilung der Gebläse zu kommen, soll daher in diesem Buche stets der Wert

$$L = V_g (P_s - P_l) \qquad (1)$$

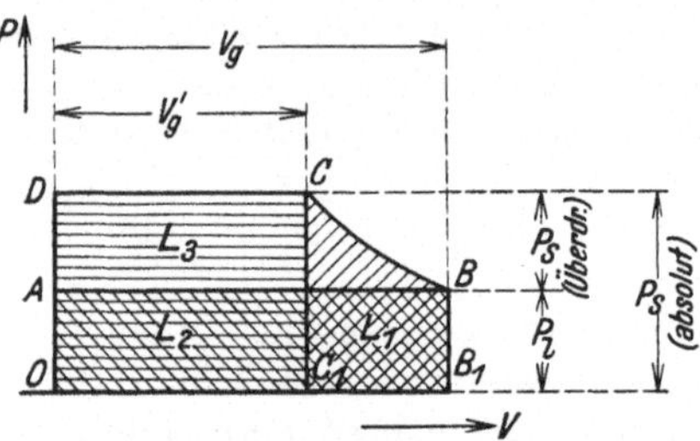

Abb. 2. Theoretische Arbeitsfläche eines Verdichters.

als theoretische Betriebsarbeit betrachtet, also angenommen werden, daß die Verdichtung sofort mit dem vollen Gegendruck beginnt.[1] Da der Druckunterschied $P_s - P_l$ stets klein ist, wird dieser Wert nur wenig

---

[1] Einer einwandfreien Beurteilung der Gebläseleistung wäre m. E. die adiabatische Verdichtungsarbeit:

$$L = P_l V_g \frac{\varkappa}{\varkappa - 1} \left[(P_s/P_l)^{\frac{\varkappa - 1}{\varkappa}} - 1 \right]$$

zugrunde zu legen, da eine isothermische Verdichtung weder beabsichtigt noch auch möglich ist. Der Fehler gegenüber Gl. (1) ist der Tabelle 1 zu entnehmen, die sich auf einen Anfangsdruck von $P_l = 10000$ kg/m² = 1 at bezieht. Demnach ist der Fehler im wichtigen Bereich $P_s/P_l = 1{,}1$ bis $1{,}3$ kleiner als 10%, also an sich nicht unbeträchtlich. Trotzdem ist er für den vorliegenden Fall ziemlich bedeutungslos, da es hier ja weniger auf eine Beurteilung des Gebläses an sich, als vielmehr auf die Bestimmung der wirklich aufzuwendenden Gebläseleistung ankommt. Liegen Versuche hierüber vor, so bedeutet er nur eine Unterschätzung der mechanischen Verluste bei gleichzeitiger Überschätzung der Verdichtungsarbeit, müssen hingegen die Wirkungsgrade des Gebläses geschätzt werden, so ist der bei der Bestimmung der Verdichtungsarbeit nach Gl. (1) auftretende Fehler immer wesentlich kleiner als der, der bei der Abschätzung der sonstigen Verluste begangen werden kann. Überdies öffnen bei einem Teil der hier in Frage kommenden Gebläse, nämlich bei den doppelt- und mehrfachwirkenden Kapselgebläsen die Druckschlitze unmittelbar nach Abschluß der Saugschlitze, so daß die Pumpe größer sein als der wirkliche Wert der theoretischen Verdichtungsarbeit. In der Gl. (1) ist die angesaugte Luftmenge V_g in m³, P_s und P_l in kg/m² einzusetzen. Dann erhält man die Betriebsarbeit L in mkg. Versteht man aber unter V_g die sekundlich angesaugte Luftmenge, so ist L schon die theoretische Gebläseleistung in mkg/sek.

Die theoretische Gebläseleistung in PS ist demnach:

$$N_{gt} = \frac{V_g\,(P_s - P_l)}{75} \tag{2}$$

Bedeutet weiter η_g den Gesamtwirkungsgrad, so ist die für das Gebläse effektiv aufzuwendende Leistung in PS:

$$N_g = \frac{V_g\,(P_s - P_l)}{75\,\eta_g} \tag{3}$$

Die theoretische Betriebsarbeit der Gebläse ist stets klein. Da die mechanischen Verluste von annähernd gleicher Größenordnung sind, ist mit einem verhältnismäßig schlechten Wert des Gesamtwirkungsgrades η_g zu rechnen.

4. Kolbengebläse.

Die Kolbengebläse entsprechen den Anforderungen, die an die Spülpumpen gestellt werden, sehr weitgehend. Dazu kommt noch als nicht zu unterschätzender Vorteil, daß ihre Konstruktion dem Motorenbauer liegt und ihm daher geringere Schwierigkeiten macht als die der übrigen Bauarten. Auch die Anforderungen an die Werkstätte sind nicht allzu hohe. Die Gleichmäßigkeit der Luftförderung ist bei doppeltwirkenden Gebläsen, die allein in Frage kommen, ausreichend. Der Liefergrad liegt zwischen 75 und 90%, der Gesamtwirkungsgrad beträgt bei größeren Ausführungen und höheren Gegendrücken 60%, sinkt aber bei kleinen Einheiten und niederen Drücken bis auf 40% und weniger herab. Daraus folgt, daß das Kolbengebläse vorwiegend für größere Maschinen, insbesondere bei umsteuerbaren Schiffsmaschinen, in Betracht kommt.

Der Antrieb erfolgt in der Regel von der Motorkurbelwelle aus, doch sind auch Ausführungen bekanntgeworden, die von einer Hilfswelle, die mit höherer Drehzahl umläuft, angetrieben werden.

---

sofort gegen den vollen Druck fördern muß, die aufzuwendende Leistung also tatsächlich durch Gl. (1) dargestellt ist. Dasselbe ist bei den Rootsbläsern der Fall.

Tabelle 1. Fehler bei der Berechnung der Gebläseleistung nach Gl. (1).

P_s/P_l	1,1	1,2	1,3	1,4	1,5
L adiabatisch	$963.\,V_g$	$1873.\,V_g$	$2723.\,V_g$	$3531.\,V_g$	$4298.\,V_g$
L [nach Gl. (1)]..	$1000.\,V_g$	$2000.\,V_g$	$3000.\,V_g$	$4000.\,V_g$	$5000.\,V_g$
Fehler..........	3,7%	6,35%	9,2%	11,7%	14%

5. Zwei- oder Mehrzahnpumpen (Rootsbläser u. dgl.).

Derartige Pumpen, die ihrem Wesen nach nichts anderes sind als Zahnradpumpen mit stark verminderter Zähnezahl, werden von einer Reihe von Firmen als Spezialerzeugnis hergestellt. Sie liefern eine praktisch ölfreie Luft, ihr Liefergrad und der Gesamtwirkungsgrad liegen höher als bei allen anderen hier behandelten Pumpen. Die Herstellung erfordert große Erfahrungen und stellt sehr hohe Anforderungen an die Werkstätte, so daß die Fabrikation durch die Dieselmotorenfirma selbst nur in den seltensten Fällen in Frage kommt. Ihr Hauptnachteil aber liegt darin, daß die üblichen Ausführungen schwer, der Raumbedarf groß ist und daß es außerordentlich schwierig, fast unmöglich ist, sie mit dem Motor zu einem organischen Ganzen zusammenzubauen.

Der Gesamtwirkungsgrad liegt bei kleineren Ausführungen bei 65%, um schon bei mittleren Einheiten bis auf 85% zu steigen.

6. Kapselgebläse.

Um einen Überblick über jene Gebläse zu geben, die hier unter Kapselgebläsen verstanden werden sollen, sei im folgenden die Arbeitsweise dieser Pumpen angeführt. Allen gemeinsam ist der sichelförmige Arbeitsraum, der durch bewegliche Teile in einen Saug- und einen Druckraum unterteilt wird.

A. Grundform Abb. 3.

In einem kreiszylindrischen Gehäuse a rotiert ein exzentrisch auf einer in der Gehäuseachse liegenden Welle b aufgekeilter Verdrängerkörper c. Die Trennung von Saug- und Druckraum wird durch einen Schieber d besorgt. Die Fördermenge ist durch die schraffierte Fläche gekennzeichnet und außer von der Exzentrizität auch von der Lage der Ein- und Austrittsöffnung abhängig. Dieses Volumen wird bei jeder Umdrehung einmal in den Aufnehmer gefördert. Die Pumpe ist einfachwirkend, die Förderung daher sehr stark intermittierend.

Je nachdem, ob die Bewegung des Schiebers zwangläufig oder kraftschlüssig ist, ob sie geradlinig oder in einer Kreisbahn erfolgt, lassen sich daraus die verschiedensten Bauformen ableiten. Die kraftschlüssigen Bauarten sind nur für niedere Drehzahlen geeignet, da sonst die Federn zu stark werden. Da es Zeiten gibt, in denen Saug- und Druckraum kurzgeschlossen sind, müssen Druckventile vorgesehen werden, um ein Rückströmen zu vermeiden.

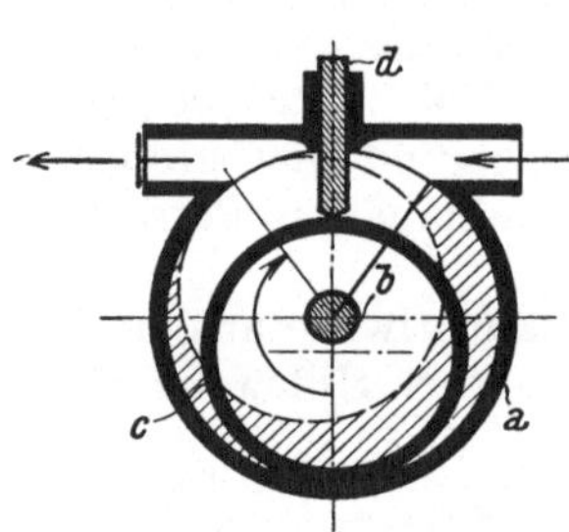

Abb. 3. Arbeitsweise eines einfachwirkenden Kapselgebläses (die schraffierte Fläche entspricht der bei einer Umdrehung angesaugten Luftmenge).

B. Grundform Abb. 4.

In einem kreiszylindrischen Gehäuse a rotiert ein exzentrisch eingebauter, kreiszylindrischer Verdrängerkörper b; die Trennung des Saug-

und Druckraumes wird durch zwei oder mehrere im Verdrängerkörper *b* bewegliche Schieber *c* besorgt. Die Fördermenge e i n e s Schiebers ist durch die schraffierte Fläche gekennzeichnet, also außer von der Exzentrizität auch von der Anzahl der Schieber abhängig. Dieses Volumen wird bei jeder Umdrehung so oft in den Aufnehmer gefördert, als Schieber vorhanden sind. Die Pumpe ist mehrfachwirkend, die Förderung daher nur wenig intermittierend. Die Lage der Ein- und Austrittsöffnungen ist von der Anzahl der Schieber abhängig und kann stets so festgelegt werden, daß Saug- und Druckraum niemals kurzgeschlossen werden. Saug- und Druckventile sind daher überflüssig.

Je nach der Art der Schieberbewegung können auch daraus verschiedene Bauformen abgeleitet werden. Die Bewegung der Schieber kann zwangläufig sein oder durch die Fliehkraft (kraftschlüssig) bewirkt werden. Weiters können die verschiedenartigsten Vorkehrungen getroffen werden, um die Reibungsarbeit,

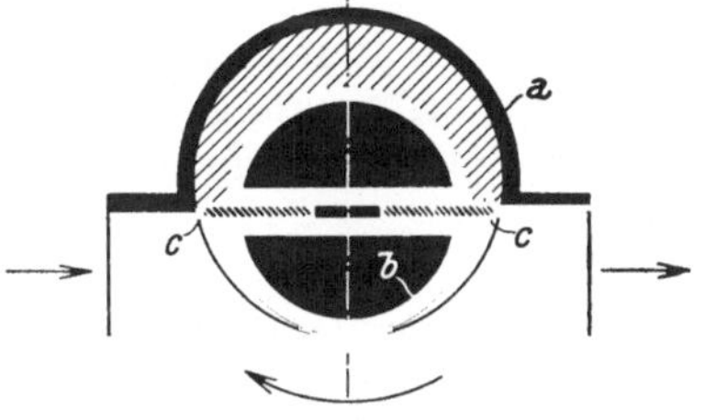

Abb. 4. Arbeitsweise eines doppeltwirkenden Kapselgebläses (die schraffierte Fläche entspricht der bei einer halben Umdrehung angesaugten Luftmenge).

die speziell bei den Formen mit kraftschlüssiger Schieberbewegung und bei höheren Drehzahlen sehr groß wird, zu vermindern. Daraus folgt eine große Vielfältigkeit der Ausführungsmöglichkeiten, von denen jede ihre besonderen Eigenschaften besitzt.

Allgemeine Angaben über Kapselgebläse.

Bei den einfachwirkenden Bauarten nach Abb. 3 ist die Raumausnützung schlecht und die Förderung stark intermittierend. Sie werden also für den Zusammenbau mit Zweitaktmotoren nur dann in Frage kommen, wenn ihre Bauart es gestattet, sie mit höherer als der Motordrehzahl zu betreiben; die Ausführungen mit zwangläufiger Schieberbewegung wird man daher bevorzugen.

Die mehrfachwirkenden Bauarten nach dem Schema der Abb. 4 ergeben eine sehr gute Raumausnützung und die Förderung ist verhältnismäßig gleichförmig, so daß sie unter Umständen auch mit der Motordrehzahl betrieben werden können.

Der Liefergrad liegt bei allen Kapselgebläsen verhältnismäßig hoch und bewegt sich je nach der Güte der Abdichtung zwischen 75 und 95%.

Der Gesamtwirkungsgrad ist sehr von der Bauart abhängig. Er kann innerhalb der Grenzen 35 und 65% schwanken.

Da bei Kapselgebläsen die arbeitenden Teile von der geförderten Luft bespült werden, so wird fast die gesamte Reibungsarbeit in Form von Wärme durch die Spülluft abgeführt. Die Temperatur der aus dem Gebläse austretenden Luft bildet daher einen Maßstab für die mechanischen Verluste, die daraus wenigstens annähernd leicht berechnet werden können.

Die Temperaturerhöhung im Gebläse setzt sich aus zwei Teilen zusammen:

Der erste Teil stammt von der Verdichtung und kann aus der Gleichung

$$T_s/T_l = (P_s/P_l)^{\frac{\varkappa-1}{\varkappa}}$$

berechnet werden. Es ist dann $\varDelta T_s = T_s - T_l$; für $T_l = 273 + 15^0$ gibt Tabelle 2 $\varDelta T_s$ in Abhängigkeit von der Höhe der Verdichtung an.

Der zweite Teil der Temperaturerhöhung stammt von der im Gebläse entwickelten Reibungswärme. Der hierauf entfallende Teil der gesamten Temperatursteigerung $\varDelta T$ ist: $\varDelta T_R = \varDelta T - \varDelta T_s$; somit ist die abgeführte Reibungswärmemenge:

$$Q = \frac{V_g}{v} \cdot c_p \varDelta T_R$$

und die dementsprechende Leistung in PS

$$N = \frac{V_g}{v} \cdot \frac{c_p \varDelta T_R}{75} \cdot 427.$$

Der mechanische Wirkungsgrad wird daher:

$$\eta_{gm} = \frac{V_g\,(P_s - P_l)/75}{V_g\,(P_s - P_l)/75 + \dfrac{V_g}{v} \cdot \dfrac{c_p \cdot \varDelta T_R}{75} \cdot 427} = \frac{1}{1 + \dfrac{427 \cdot c_p \varDelta T_R}{v\,(P_s - P_l)}}; \quad (4)$$

v ist das spez. Volumen der Luft vom Zustande der Atmosphäre, also für 15^0 C gleich $0{,}843\,\text{m}^3/\text{kg}$; $c_p = 0{,}24$, damit wird:

$$\eta_{gm} = \frac{1}{1 + 121{,}5\,\dfrac{\varDelta T_R}{P_s - P_l}}. \quad (5)$$

Der so ermittelte mechanische Wirkungsgrad wird etwas zu günstig, da die durch Strahlung und Leitung abgeführte Wärmemenge in ihm nicht berücksichtigt wird. Da diese aber hohe Werte nicht annehmen kann, ist das Verfahren für praktische Zwecke genau genug.

Beispiel:

Bei einem Gebläse, das Außenluft von 15^0 C ansaugt und auf 0,3 at Überdruck (1,3 at abs.) verdichtet, werde die Temperatur der Luft im Druckstutzen mit 57^0 C gemessen. Wie groß ist der mechanische Wirkungsgrad des Gebläses?

Die gesamte Temperaturerhöhung beträgt:

$$\varDelta T = 57^0 - 15^0 = 42^0.$$

Das Druckverhältnis: $P_s/P_l = 1{,}3$, somit ist $\varDelta T_s$ nach Tabelle 2:

$$\varDelta T_s \sim 22^0.$$

Es wird daher

$$\varDelta T_R = \varDelta T - \varDelta T_s = 20^0.$$

Weiters ist

$$P_s - P_l = 13\,000 - 10\,000 = 3000\ \text{kg/m}^2.$$

Somit:

$$\eta_{gm} = \frac{1}{1 + 121{,}5 \cdot 20/3000} = 0{,}55.$$

Tabelle 2. Adiabatische Temperaturerhöhung als Funktion der Drucksteigerung.

P_s/P_l	1,05	1,10	1,15	1,20	1,25	1,30	1,35	1,40
$T_s/T_l = (P_s/P_l)^{0,285}$	1,014	1,0276	1,0406	1,0533	1,0657	1,0776	1,0893	1,1006
ΔT_s für $T_l = 288^0$	4,03^0	7,95^0	11,7^0	15,4^0	19,0^0	22,4^0	25,7^0	29^0

B. Der Spülvorgang.

1. Die Spülverfahren.

Die älteste Entwicklungsform des Zweitaktdieselmotors ist durch die Verwendung der Ventilspülung gekennzeichnet. Bei diesem Spülsystem wurden nur die Auspuffgase durch vom Kolben gesteuerte Schlitze aus dem Arbeitszylinder entfernt, während die Zufuhr und Steuerung der Frischluft den im Zylinderdeckel angeordneten Spülventilen vorbehalten blieb. Da somit die Spülluft zwangläufig den Zylinder in seiner ganzen Länge durchströmte, war der Gütegrad dieses Spülsystems ein sehr günstiger. Unbefriedigend war der Umstand, daß der Zylinderdeckel die Ventile aufnehmen mußte und seine Konstruktion daher ebenso schwierig war wie bei Viertaktmaschinen. Auch der mechanische Aufbau der Maschinen wurde durch die äußere Steuerung der Spülventile verwickelt. Es bedeutete daher einen großen Fortschritt, als Gebr. Sulzer es wagten, zur reinen Schlitzspülmaschine überzugehen. Bei dieser Maschine wurde Auspuff und Spülluft durch einander gegenüberliegende Schlitze in der Zylinderwand ab- bzw. zugeführt und durch den Kolben gesteuert. Somit war die Grundform der auch heute verwendeten Querspülung geschaffen.

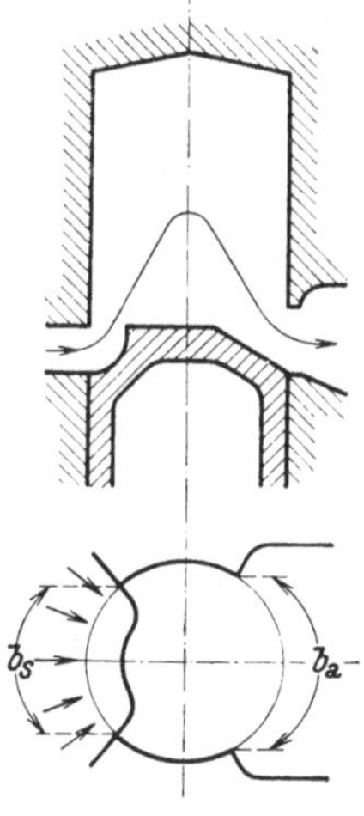

Abb. 5. Querspülung mit Ablenker am Kolben.

Das Bestreben, den Gütegrad der reinen Schlitzspülung zu verbessern, führte schließlich zur Entwicklung der Umkehrspülung; die erste Ausführungsform dieses Spülverfahrens ist dem Werk Augsburg der MAN zu verdanken. Die damit gegebene Anregung hatte zur Folge, daß weitere Bauformen der Umkehrspülung entstanden.

Querspülung und Umkehrspülung sind die heute im Bau kleinerer Zweitaktdieselmotoren ausschließlich angewandten Spülsysteme.

Die Querspülung ist dadurch gekennzeichnet, daß Spül- und Auspuffschlitze an einander gegenüberliegenden Stellen der Zylinderwand angeordnet sind, die Frischluft den Zylinder daher senkrecht zur Zylinderachse durchströmt. Ohne besondere Vorkehrungen würde nur der untere Zylinderteil ausgespült werden. Um dies zu vermeiden, muß der Frischluftstrom möglichst gegen den Zylinderdeckel hin gerichtet werden. Es wird daher entweder der Kolben mit einem Ablenker (Deflektor) versehen (Abb. 5), oder die Spülschlitze werden in einem spitzen Winkel zur

Zylinderachse geneigt angeordnet (Abb. 6). Trotzdem ist die Reinigung der in der Nähe des Deckels befindlichen Räume mangelhaft und wird um so schlechter, je größer die Längenerstreckung des Zylinders, je größer also das Hub-Bohrungs-Verhältnis ist.

Der vom Glühkopfmotor übernommene Ablenker am Kolben wurde anfänglich bei Zweitaktdieselmotoren häufig verwendet. Seine Verteidiger führen an, daß er der Forderung, den Luftstrom zum Zylinderdeckel hinzuleiten, besser entspreche als die sonst üblichen schrägen Spülkanäle. Man wird diese Behauptung mit Recht bezweifeln können. Aber selbst wenn sie zutreffen sollte, so bleiben immer noch wichtige Gründe, die gegen die Verwendung des Ablenkers sprechen. Die durch ihn bewirkte ungünstige Formgebung des Kolbens und Zylinderdeckels macht die Bearbeitung dieser Teile schwierig und gefährdet ihre Betriebssicherheit, da sie Wärmespannungen und Sprünge hervorruft. Dazu

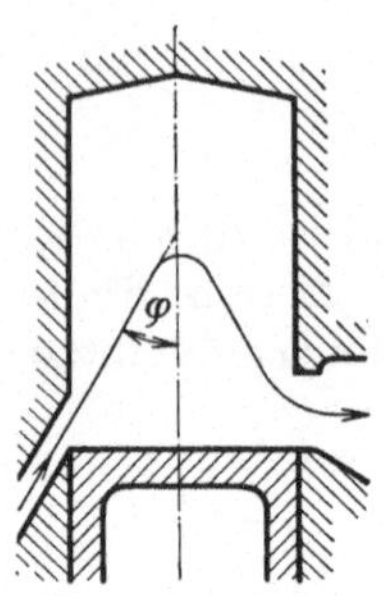

Abb. 6. Querspülung, Führung des Luftstromes durch schräge Spülkanäle.

kommt noch, daß, wie in einem späteren Abschnitte dargelegt werden soll, auch die Form des Verbrennungsraumes ungünstig und die Verbrennung daher mangelhaft wird, wodurch eine etwaige Verbesserung der Spülung mehr als wettgemacht wird. Vergleichsversuche, die an einer kleinen Kurbelkastenmaschine vorgenommen wurden, ergaben denn auch ein fühlbares Absinken der Leistung bei Verwendung eines Ablenkers.

In Erkenntnis dieser Nachteile sind die Erbauer aller neueren Maschinen mit Querspülung vom Ablenker abgerückt und haben die Luftführung den Spülkanälen übertragen.

Faßt man die kennzeichnenden Eigenschaften der Querspülung zusammen so ergibt sich:

Der Gütegrad der Spülung ist bei kleineren Hub-Bohrungs-Verhältnissen ($s/D < 1,4$) mäßig gut, bei großen ($s/D > 1,4$) ausgesprochen schlecht. Die in der Nähe des Kolbens befindlichen Zylinderräume werden sehr gut, die dem Deckel benachbarten Räume nur schlecht ausgespült, so daß bei Abschluß der Spülschlitze die Ladung folgendermaßen geschichtet ist: Am Kolbenboden befindet sich Frischluft, am Zylinderdeckel Restgase, dazwischen ein Gemisch von Luft und Abgasen.

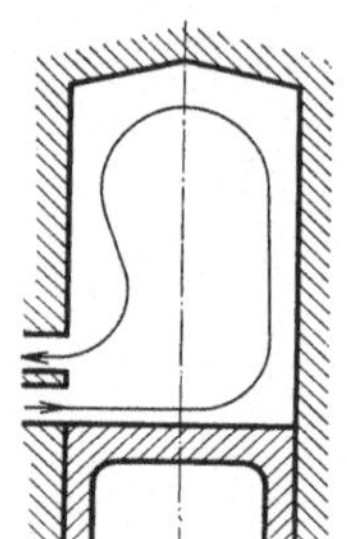

Abb. 7. Umkehrspülung, Spülkanäle unter den Auspuffkanälen angeordnet (Ausführung MAN).

Bei der Umkehrspülung (Abb. 7, MAN) ist der Richtungssinn des eintretenden Luftstromes gegen die Richtung des austretenden Stromes um 180° verdreht. Zur Umlenkung der Luft werden die Begrenzungsflächen des Zylinderraumes benützt. Es ist klar, daß dadurch dieser auch bei großen Hub-Bohrungs-Verhältnissen sehr gut ausgewaschen wird und nur im Kern desselben Restgase übrigbleiben. Kolben und Zylinderdeckel können ohne Beeinträchtigung der Spülwirkung so gestaltet werden, daß die Wärmespannungen sich in den zulässigen Grenzen halten und gleichzeitig der Verbrennungsraum günstige Formen annimmt.

Die von der MAN entwickelte Form der Umkehrspülung ist bei kleineren Zweitaktmaschinen bis jetzt noch nicht angewendet worden. Hingegen hat eine andere, ziemlich gleichwertige Form dieses Spülsystems bei solchen Maschinen Eingang gefunden. Bei dieser Spülung Abb. 8 sind Einlaß- und Auslaßschlitze nebeneinander angeordnet, der Verlauf der Luftströmung im Zylinder selbst wird aber dadurch nu wenig geändert.

Zusammenfassend wird man die Eigenschaften der Umkehrspülung wie folgt kennzeichnen können:

Der Gütegrad der Spülung ist bei kleinen und großen Hub-Bohrungs-Verhältnissen gut, der Zylinder wird gleichmäßig ausgewaschen, nur im Kern des Raumes bleiben Restgase übrig. Bei der Spülung nach Abb. 7 ist bei Abschluß der Spülschlitze am Kolbenboden reine Luft vorhanden, während bei der Spülung nach Abb. 8 sich im gleichen Zeitpunkt am Kolbenboden ein Gemisch von Frischluft und Restgasen befindet.

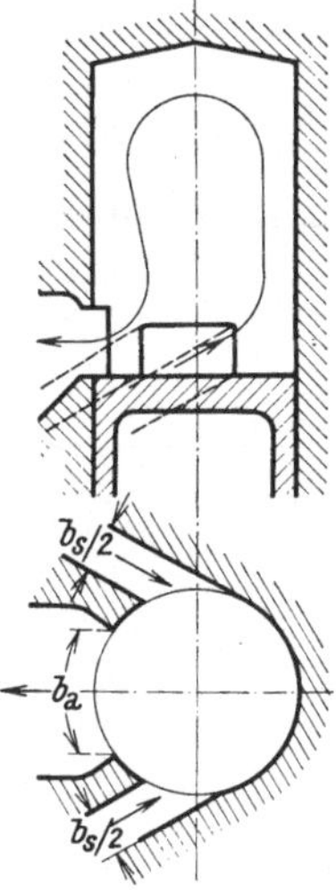

Abb. 8. Umkehrspülung, Spülkanäle seitlich der Auspuffkanäle angeordnet.

2. Spülluftmenge und Leistung bei Gebläsemaschinen.

Der Gütegrad der Spülung wird durch das Verhältnis des während der Verdichtung im Zylinder befindlichen Frischluftgewichtes zum gesamten aufgewendeten Spülluftgewicht ausgedrückt. Leider ist die Bestimmung dieses Gütegrades nur dann möglich, wenn dem Zylinder während der Verdichtung Gasproben entnommen werden. Die Einrichtung hierzu ist verwickelt und wird nur selten verwendet. Im allgemeinen wird daher der Gütegrad der Spülung direkt nicht bestimmt werden können. Als Ersatz hierfür wird meist der erreichbare mittlere effektive oder indizierte Druck in Abhängigkeit von der Spülluftmenge angegeben.

Dieses Verfahren soll etwas abgeändert auch im folgenden angewandt werden. Dabei wird nicht die absolute Spülluftmenge, sondern das Verhältnis des durch das Gebläse angesaugten Luftvolumens vom Zustande der Außenluft zum Zylinderinhalt $s\,\pi D^2/4$, der sogenannte Luftaufwand k und

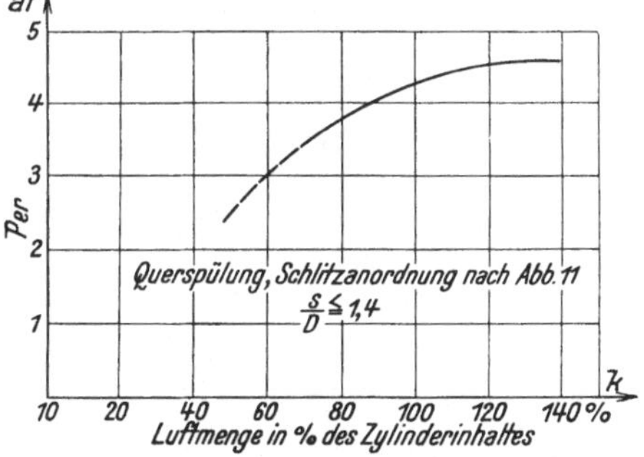

Abb. 9. Höchstwert des erreichbaren mittleren Druckes p_{er} (Arbeitsaufwand für das Gebläse nicht abgezogen!) in Abhängigkeit vom Luftaufwand k bei Querspülung (Druckeinspritzung).

in Abhängigkeit hiervon der erreichbare mittlere effektive Druck p_{er}, ausschließlich der Gebläseleistung, aufgetragen. Dies aus dem Grunde, weil der Leistungsbedarf des Gebläses sehr von dem Spülluftdruck und der Bauart abhängt und es immer leicht möglich ist, ihn für sich festzulegen. Der mechanische Wirkungsgrad des Motors ausschließlich des Gebläses schwankt im normalen Drehzahlbereich nur wenig. Der Leistungsbedarf des Triebwerkes und der Steuerung dürfte etwa 10 bis 15% der indizierten Maschinenleistung betragen. Unsicher ist dann nur noch der Luftbedarf bei der Verbrennung. Um auch diesen zu kennzeichnen, soll das angewandte Einspritzverfahren und die Form des Verbrennungsraumes angegeben werden.

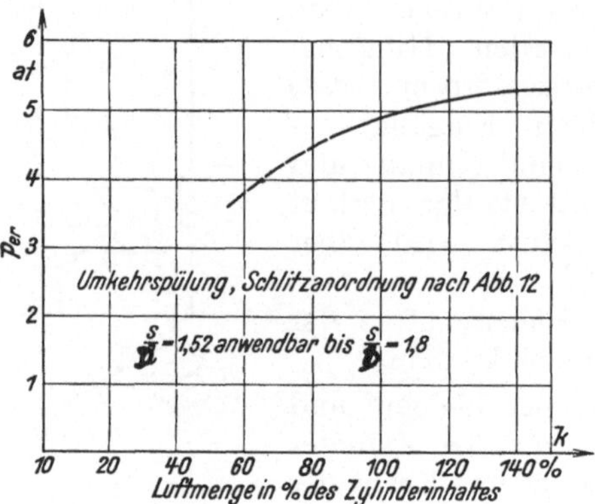

Abb. 10. Höchstwert des erreichbaren mittleren Druckes p_{er} (Arbeitsaufwand für das Gebläse nicht abgezogen!) in Abhängigkeit vom Luftaufwand k bei Umkehrspülung (Druckeinspritzung).

Die in der Abb. 9 für Querspülung und in der Abb. 10 für Umkehrspülung angegebenen Kurven sollen beim Fehlen eigener Versuchsergebnisse die für die Bemessung von neuen Maschinen nötigen Unterlagen liefern. Selbstverständlich gelten sie nur für die in den Abb. 11 und 12 angegebenen Schlitzanordnungen. Sehr zu beachten ist, daß diese

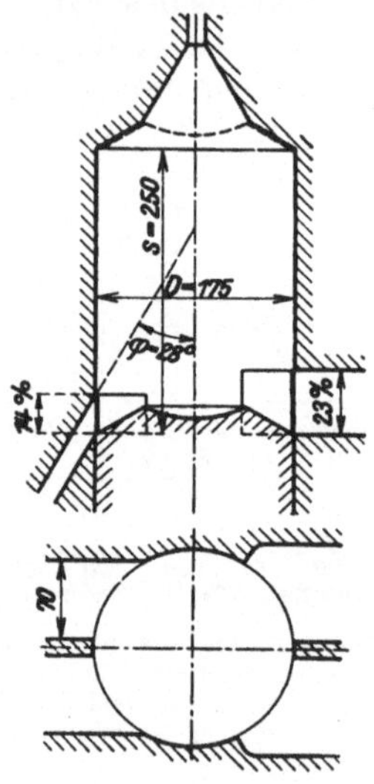

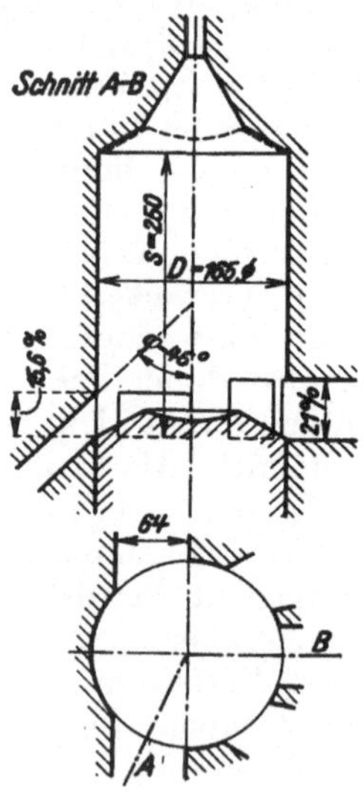

Abb. 11. Schlitzanordnung und Form des Verbrennungsraumes bei Querspülung (zu Abb. 9).

Abb. 12. Schlitzanordnung und Form des Verbrennungsraumes bei Umkehrspülung (zu Abb. 10).

p_{er}-Werte die **Höchstlast** bei rauchendem Auspuff darstellen, die Nennlast daher etwa 10 bis 20% tiefer liegen muß. Da eine Unterschätzung der erreichbaren Leistung weniger Schaden anrichtet als eine Überschätzung, so sind diese p_{er}-Werte sehr vorsichtig gehalten und werden daher häufig günstiger ausfallen. Der Konstrukteur soll aber niemals die in den Abb. 9 und 10 angegebenen Werte überschreiten, wenn ihm nicht einwandfreie eigene Versuchsergebnisse die Berechtigung hierzu geben. Aus dem Verlaufe dieser Kurve ist zu ersehen, daß eine Steigerung der Luftmenge über das Maß von 140% des Zylinderinhaltes bei der Umkehrspülung und über 130% des Zylinderinhaltes bei der Querspülung zwecklos ist.

Die Unterschiede in den Werten des erreichbaren p_{er} zwischen beiden Spülarten sind zwar nicht allzu groß, es ist aber zu beachten, daß diese Werte bei der Umkehrspülung nach vorliegenden Versuchen noch bis zu einem s/D von 1,8 und darüber gelten, während bei der Querspülung ein Überschreiten des Wertes $s/D = 1,4$ bereits starkes Absinken der Leistung zur Folge hat.

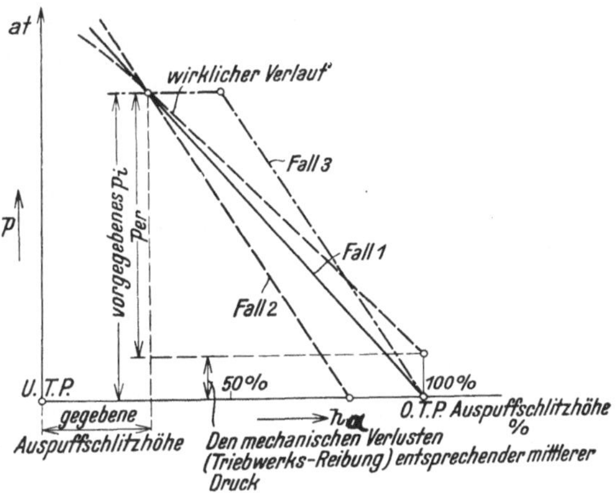

Abb. 13. Mittlerer indizierter Druck p_i in Abhängigkeit von der Auspuffschlitzhöhe.

Für die Schlitzbemessung bei Zweitaktmaschinen mit besonderem Gebläse ist nun noch ein anderer Umstand wichtig. Das ist die Frage, in welchem Maße die Leistung absinkt, wenn die Schlitzhöhe vergrößert wird. Um zu einer Beantwortung dieser Frage zu gelangen, seien zunächst die durch Überlegung unmittelbar erkennbaren Möglichkeiten erörtert. Dabei ist es zweckmäßig, zunächst den Begriff der reinen Maschinenleistung und den ihr entsprechenden mittleren Druck p_{er} beiseitezustellen und die indizierte Leistung bzw. den mittleren indizierten Druck p_i zu benützen. Es sei nun angenommen, daß die Höhe des erreichbaren p_i für eine bestimmte Auspuffschlitzhöhe gegeben sei (Abb. 13). Dann sind drei Grenzfälle denkbar:

1. Fall: Der Zylinderraum ist bei Abschluß der Spülschlitze vollständig mit reiner Luft oder einem homogenen Gemisch von Frischluft und Restgasen erfüllt. Dann wird das erreichbare p_i linear mit der Erhöhung der Auspuffschlitze abnehmen und bei einer Höhe der Auspuffschlitze gleich dem Hube den Wert 0 annehmen.

2. Fall: Die im Zylinderraum befindliche Ladung ist bei Abschluß der Spülschlitze derart geschichtet, daß am Kolbenboden lediglich Frischluft vorhanden ist, während sich die vorhandene Restgasmenge am Zylinder-

deckel oder im Kern des Raumes befindet. Setzt man weiter voraus, daß in der Zeit vom Abschluß der Spülschlitze bis zum Abschluß der Auspuffschlitze keine Umschichtung der Ladung eintritt, dann wird auch in diesem Falle das erreichbare p_i linear mit der Erhöhung der Auspuffschlitze abnehmen, aber den Null-Punkt früher erreichen, nämlich dann, wenn in dem von den Auspuffschlitzen freigegebenen Teil des Hubes sich nur mehr Restgase befinden.

3. Fall: Die im Zylinder befindliche Ladung ist bei Abschluß der Spülschlitze so geschichtet, daß am Kolbenboden lediglich Restgase vorhanden sind, während die Frischluft sich in den dem Zylinderdeckel benachbarten Räumen befindet. Sieht man auch diesmal von einer Umschichtung der Ladung ab, so wird das erreichbare p_i so lange konstant bleiben, bis in dem von den Auspuffschlitzen freigelassenen Teil des Hubes sich nur mehr Frischluft befindet; bei weiterer Erhöhung der Auspuffschlitze aber nimmt p_i wie bei Fall 1 linear ab, um bei einer Auspuffschlitzhöhe von 100% des Hubes den Wert 0 zu erreichen.

Bei den hier behandelten beiden Spülsystemen ist bei Abschluß der Spülschlitze am Kolbenboden Frischluft oder ein Gemisch von Frischluft und Restgasen vorhanden, so daß anzunehmen wäre, daß die gesuchte Kurve sich innerhalb der durch Fall 1 und 2 gekennzeichneten Geraden

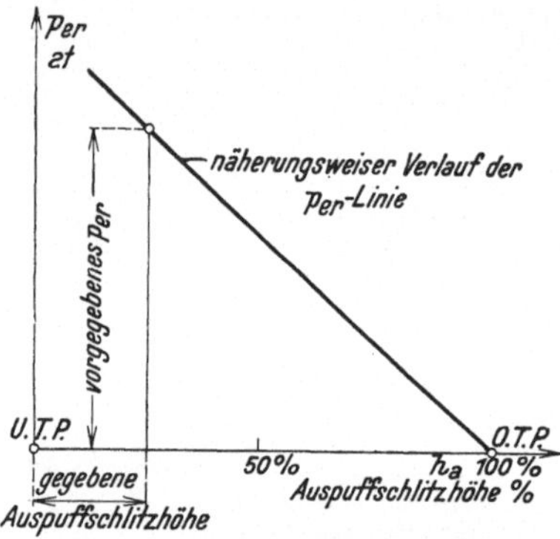

Abb. 14. Näherungsweiser Verlauf der p_{er}-Linie.

befinden wird. Da aber in der Zeitspanne vom Abschluß der Spülschlitze bis zum Abschluß der Auspuffschlitze stets noch eine Umschichtung und Vermischung der Ladung auftritt, so ist die Annäherung an den Fall 1 größer. Dazu kommt noch, daß durch eine Erhöhung der Schlitze auch der qualitative Ablauf der Spülung in dem Sinne beeinflußt wird, daß bei der Querspülung die in der Nähe des Zylinderdeckels befindlichen Räume besser gespült werden, während bei der Umkehrspülung der Restgaskern verkleinert wird.

Versuchsergebnisse über den Verlauf der p_i-Kurve sind, da die bezüglichen Versuche keineswegs einfach durchzuführen sind, nur sehr spärlich vorhanden. Vereinzelte Beobachtungen des Verfassers scheinen darauf hinzudeuten, daß die p_i-Kurve sowohl bei Quer- als auch bei Umkehrspülung in der Nähe des unteren Totpunktes, also im Bereiche der üblichen Schlitzhöhen, flacher liegt, als dem Fall 1 entspricht (s. Abb. 13). Da nun aus der p_i-Linie die p_{er}-Kurve dadurch erhalten wird, daß man den der Triebwerksreibung entsprechenden Wert des mittleren Druckes abzieht (s. Abb. 13), so wird man einen bei der Schlitzhöhenbestimmung einfach zu verwendenden und der Wirklichkeit nahekommenden Verlauf der p_{er}-Linie dadurch erhalten, daß man den Punkt, der durch die vorgegebene Auspuffschlitzhöhe und den zugehörigen Wert des mittleren Druckes p_{er}

bestimmt ist, geradlinig mit dem dem oberen Totpunkt ($h_a = 100\%$) entsprechenden Punkt der Abszissenachse verbindet (Abb. 14). Selbstverständlich bedeutet dies nur eine grobe Annäherung an die tatsächlichen Verhältnisse, die aber für die Schlitzhöhenbestimmung deshalb ausreicht, weil auch verhältnismäßig große Abweichungen im Verlaufe dieser Kurve die Schlitzhöhen nur wenig verändern.

3. Spülluftmenge und Leistung bei Kurbelkastenmaschinen.

Bei reinen Kurbelkastenmaschinen ist der Luftaufwand stets kleiner als 1. Er ist großen Veränderungen nicht unterworfen und liegt bei normalen Maschinen meist zwischen 0,75 und 0,85. Da bei Kurbelkastenmaschinen bisher fast ausschließlich Querspülung angewandt wurde und auch die Gebläseleistung nahezu unveränderlich ist, sind auch die erreichten Leistungen ziemlich einheitlich und liegen bei Auspuffschlitzhöhen von 20 bis 23% in der Nähe des Wertes $p_e = 3,00$ at. Abweichungen, hiervon werden weniger durch die verfügbare Verbrennungsluftmenge, als vielmehr durch das angewandte Einspritzverfahren und die Form des Verbrennungsraumes verursacht.

Inzwischen hat List[1] den Zusammenhang zwischen Luftaufwand und dem Gütegrad der Spülung bzw. der im Zylinder verbleibenden Spülluftmenge für verschiedene Spülsysteme in dem für die Kurbelkastenmaschine wichtigen Bereich experimentell untersucht. In den Abb. 15 und 16 sind die Ergebnisse

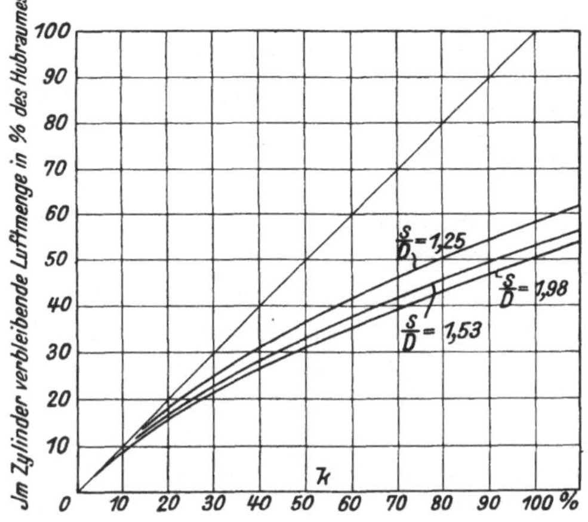

Abb. 15. Im Zylinder verbleibende Frischluftmenge in Abhängigkeit vom Luftaufwand k bei Querspülung nach H. List.

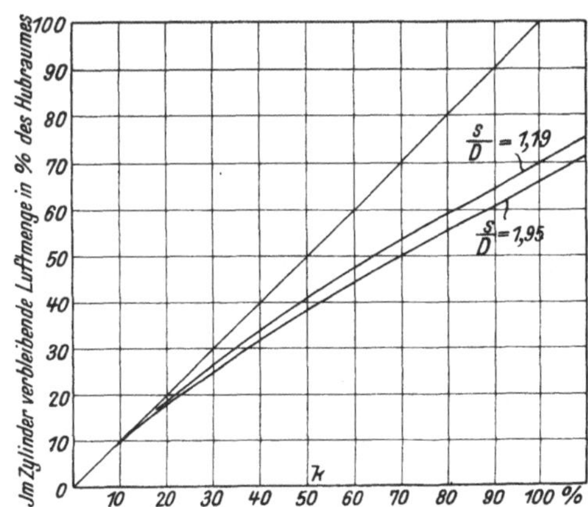

Abb. 16. Im Zylinder verbleibende Frischluftmenge in Abhängigkeit vom Luftaufwand k bei Umkehrspülung nach H. List.

---

[1] List, H.: Kurbelkastenspülung für Zweitaktmaschinen. VDI Bd. 73, S. 225 (1929).

für Quer- und Umkehrspülung wiedergegeben. Diese Unterlagen sind insbesondere geeignet, um die Veränderung des erreichbaren mittleren Druckes bei einer Änderung des Spülsystems oder des Luftaufwandes zu beurteilen.

Praktische Erfahrungen mit der Querspülung bei Kurbelkastenmaschinen haben gezeigt, daß ein Hub-Bohrungs-Verhältnis von 1,3 bis 1,4 am günstigsten ist. Bei größeren Werten wird die Spülung ungünstig, bei kleineren die Form des Verbrennungsraumes. Beides bewirkt eine Verminderung der Leistung. Dies steht auch im Einklang mit Abb. 15, nur scheint der Leistungsabfall bei größeren s/D in Wirklichkeit noch höher zu sein, als die Abb. 15 angibt.

Umkehrspülung ist bei Kurbelkastenmaschinen bisher noch nicht in größerem Umfange angewandt worden. Man wird bei ihr zunächst größere Hub-Bohrungs-Verhältnisse unbedenklich anwenden können. Sodann wird auch ein höherer mittlerer Druck zu erwarten sein, doch ist bei Neuausführungen die Leistungssteigerung zunächst vorsichtig zu bewerten, bis genaue Erfahrungen vorliegen.

Die Abhängigkeit der Leistung (bzw. des mittleren Druckes) von der Auspuffschlitzhöhe wird ungefähr den gleichen Verlauf zeigen wie bei Gebläsezweitaktmaschinen.

4. Bestimmung der Auspuffschlitzabmessungen bei Zweitaktmaschinen mit besonderem Gebläse.[1]

Die Auspuffschlitze haben die Aufgabe, beim Abwärtsgange des Kolbens die im Zylinder befindlichen Verbrennungsgase in die Auspuffleitung abzuführen und dadurch den Zylinderinhalt soweit zu entspannen, daß der Druck im Zylinder bei Eröffnung der Spülschlitze nicht oder nur wenig über dem Spülluftdruck liegt. Der Vorgang ist somit nichts anderes als der Ausfluß aus einem Gefäß, bei dem sich der Druck im Gefäß, der Ausflußquerschnitt und der Rauminhalt des Gefäßes (infolge der Kolbenbewegung) ändert. Die Veränderlichkeit des Gefäßinhaltes ist so gering, daß sie ohne weiteres vernachlässigt werden kann.

Da der Expansionsdruck bei Beginn der Schlitzöffnung (zirka 4 bis 6 kg/cm²) weit über dem Wert liegt, der dem kritischen Druckverhältnisse entsprechen würde (rund 2 at), so kann mit genügender Genauigkeit Gl. (79) für den ganzen Entspannungsvorgang angewendet werden. Bedeutet also f_a den jeweiligen Querschnitt der Auspuffschlitze, so ist die in der Zeit dz ausfließende Ladungsmenge dG (kg) gegeben durch:

$$dG = -f_a\,\mu_a\,\psi\,\sqrt{2\,g\,.\,P/v}\,.\,dz$$

Hierin ist μ_a der Ausflußbeiwert, ψ der durch Gl. (81) gekennzeichnete Wert, P (kg/m²) der Druck und v (m³/kg) das spezifische Volumen im

---

[1] Die Ausführungen der Abschnitte B 4 und B 5 lehnen sich im wesentlichen an die von M. Ringwald gegebenen Grundlagen an (Ringwald, M.: Der Auspuff- und Spülvorgang bei Zweitaktmaschinen. VDI S. 1057 u. 1079 [1923]).

Zylinder. Nimmt man an, daß die Ladung adiabatisch expandiert, so ist, wenn der Zeiger a dem Zustand bei Beginn der Entspannung zugeordnet wird:

$$(P_a/P)^{1/\varkappa} = v/v_a$$

und

$$\sqrt{P/v} = \sqrt{P_a v_a^\varkappa \cdot \frac{1}{v^{\varkappa+1}}} = \frac{1}{v^{\frac{\varkappa+1}{2}}} \cdot \sqrt{P_a v_a^\varkappa}$$

Da der Zylinderinhalt V_a als unveränderlich betrachtet wird, so ist:

$$V_a = G_a v_a = G v,$$

$$dG = -G_a v_a \cdot dv/v^2 = -V_a \cdot dv/v^2.$$

Es folgt somit:

$$\int_{z_{a1}}^{z_{s1}} f_a \cdot dz = \frac{V_a}{\mu_a \psi \sqrt{2g}} \cdot \frac{1}{\sqrt{P_a v_a^\varkappa}} \cdot \left(\frac{2}{\varkappa-1} v^{\frac{\varkappa-1}{2}} - \frac{2}{\varkappa-1} v_a^{\frac{\varkappa-1}{2}}\right);$$

hierin ist:

$$dz = \frac{30}{n \pi} \cdot d\alpha;$$

wobei n die Drehzahl der Maschine und α den Kurbelwinkel bedeutet. Weiters ist:

$$f_a = b_a (h_a - y) = \zeta_a D s \cdot \frac{h_a - y}{s}.$$

Es bedeutet b_a die Schlitzbreite, h_a die Schlitzhöhe, y den Kolbenweg, beide vom unteren Totpunkt aus gemessen, D den Zylinderdurchmesser in m, s den Hub in m, ζ_a das Verhältnis der Schlitzbreite b_a zum Durchmesser D.

Stellt man schließlich noch den Inhalt V_a durch den Zylinderinhalt $s \pi D^2/4$ dar, setzt also

$$V_a = k_2 s \pi D^2/4,$$

so wird mit Benützung der Zustandsgleichung

$$\frac{\zeta_a}{n D} \cdot \int_{\alpha_{a1}}^{\alpha_{s1}} \frac{h_a - y}{s} \cdot d\alpha = \frac{\zeta_a}{n D} \cdot S_a =$$

$$= \frac{k_2 \pi^2}{\mu_a \psi \sqrt{2g} \cdot 240} \cdot \frac{1}{\sqrt{R T_a}} \cdot (\varkappa-1) \left\{ (P_a/P)^{\frac{\varkappa-1}{2\varkappa}} - 1 \right\}. \qquad (6\,a)$$

Der Wert S_a ist von der Maschinengröße unabhängig und durch Planimetrieren leicht bestimmbar. Hierzu ist es zweckmäßig, das Integral wie folgt zu zerlegen:

$$S_a = \int_{\alpha_{a1}}^{\alpha_{s1}} \frac{h_a - y}{s} \cdot d\alpha = \frac{h_a}{s} (\alpha_{s1} - \alpha_{a1}) - \int_{\alpha_{a1}}^{\alpha_{s1}} \frac{y}{s} \cdot d\alpha.$$

Die Funktion y/s kann ein für allemal über α auf Grund der Tabelle 15 aufgetragen werden, Abb. 17; $\frac{h_a}{s} (\alpha_{s1} - \alpha_{a1})$ ist durch das Rechteck

$AA'BB'$ gegeben. Folglich wird der Wert S_a durch die Fläche $ABB''A$ dargestellt. Im allgemeinen ist die Aufgabe so gestellt, daß die Spülschlitzhöhe gegeben und die zugehörige Auspuffschlitzhöhe zu bestimmen ist. Dies wird durch Abb. 18 erleichtert. In dieser Abbildung ist die Größe S_a in Abhängigkeit von der Auspuffschlitzhöhe für verschiedene Spülschlitzhöhen aufgetragen. Sie gilt für ein Stangenverhältnis $\lambda = 0{,}25$, kann aber auch für nicht allzuweit davon abliegende Werte dieses Verhältnisses angewandt werden.

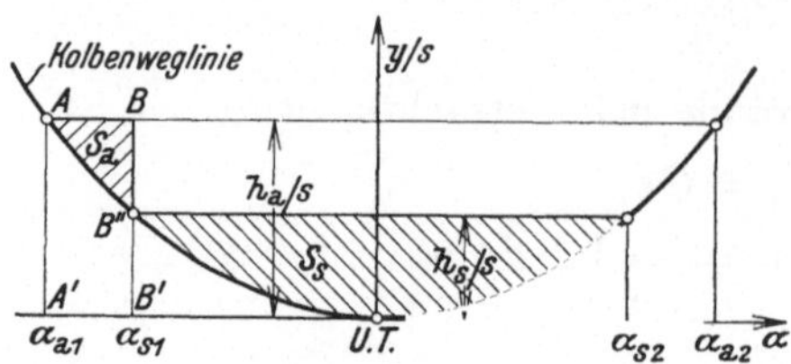

Abb. 17. Bestimmung der bezogenen Zeitquerschnitte S_a und S_s.

Auch der Klammerausdruck $(P_a/P)^{\frac{\varkappa-1}{2\varkappa}} - 1$ kann ein für alle mal errechnet und in Kurvenform dargestellt werden, Abb. 19. Im praktisch wichtigen Bereich ($P_a/P = 4$ bis 6) ändert sich der Wert des Klammerausdruckes, wie aus Abb. 19 zu ersehen ist, nicht allzusehr.

Der Wert k_2, der von der Auspuffschlitzhöhe und dem Verdichtungsverhältnis abhängig ist, verändert sich mit diesen Größen im praktisch

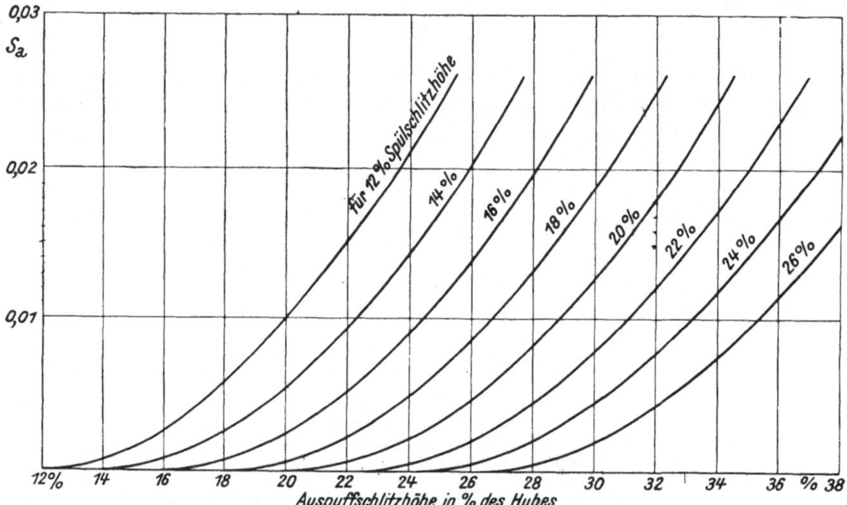

Abb. 18. Bezogener Zeitquerschnitt S_a in Abhängigkeit von der Auspuffschlitzhöhe für $\lambda = {}^1/_4$.

wichtigen Bereich nur wenig. Da überdies der Expansionsenddruck keine von vornherein bekannte oder bestimmbare Größe darstellt — er ist selbst bei gleicher Maschine und gleicher Belastung von der Einstellung und dem verwendeten Brennstoff abhängig —, liegt es nahe, die Veränderlichkeit der Größen $(P_a/P)^{\frac{\varkappa-1}{2\varkappa}} - 1$, T_a und k_2 überhaupt nicht zu berücksichtigen und den rechten Teil der Gl. (5a) zu einer Konstanten zusammenzufassen, die nach bewährten Ausführungen bestimmt wird. Dadurch wird auch die Unsicherheit in der Annahme des Ausströmbeiwertes μ_a vermieden und gleichzeitig dem Umstande Rechnung getragen, daß das Druckverhältnis P/P_a nur im ersten Abschnitt des Entspannungsvorganges kleiner ist als das kritische Druckverhältnis.

Auf diese Weise erhält man die einfache Gleichung:

$$\frac{\zeta_a}{n\,D} \cdot S_a = \text{konst.} \qquad (6)$$

Einer Bemerkung bedarf noch der Wert ζ_a; da der Auspuffstutzen hinter den Schlitzen stets stark erweitert wird, ist eine radiale Ausströmung der Verbrennungsgase möglich und es ist daher unter b_a die längs des Zylinderumfanges gemessene Breitenerstreckung der Schlitze zu verstehen. Bei ausgeführten Maschinen schwankt ζ_a zwischen den Grenzen:

$$\zeta_a = 0{,}85 \text{ bis } 1{,}05.$$

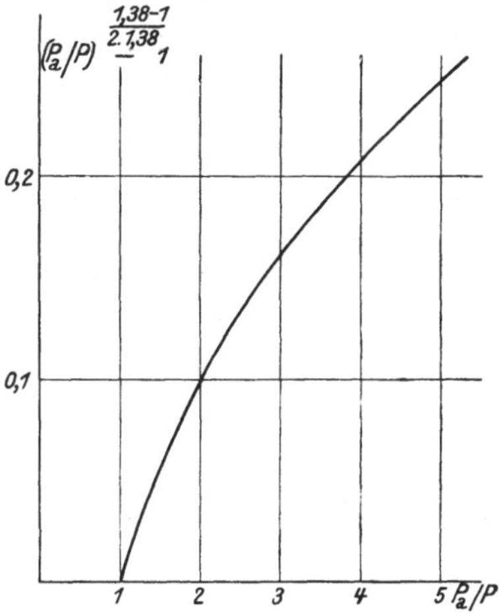

Berechnung der Konstanten:

Eine einwandfrei arbeitende Gebläsemaschine von 140 mm Durchmesser und 250 mm Hub, einer Drehzahl von 520 U/min hatte eine Auspuffschlitzhöhe von 20% und eine Spülschlitzhöhe von 14% des Hubes. Die Auspuffschlitzbreite betrug 140 mm, also $\zeta_a = 1$.

Aus der Abb. 18 entnimmt man für 14% und 20% Schlitzhöhe:

$$S_a = 0{,}0054.$$

Somit wird

$$\text{konst.} = \frac{1}{520 \cdot 0{,}14} \cdot 0{,}0054 = 0{,}000075.$$

Auch andere günstig arbeitende Maschinen geben gleiche Werte.

Die für die Bestimmung der Auspuffschlitzhöhe maßgebende Gleichung erhält daher die endgültige Form:

$$S_a = 0{,}000075 \cdot n\,D/\zeta_a. \qquad (7)$$

Bemerkenswert ist noch, daß der Unterschied Spülschlitzhöhe—Auspuffschlitzhöhe von der Spülschlitzhöhe wenig abhängig ist. Z. B. ist für $n\,D = 100$ und $\zeta_a = 1$:

$$S_a = 0{,}000075 \cdot \frac{100}{1} = 0{,}0075.$$

Mit Benützung der Abb. 18 wird also für eine Spülschlitzhöhe von 12% die Auspuffschlitzhöhe $18{,}4\%$, die Differenz also $6{,}4\%$, und für eine Spülschlitzhöhe von 20% die Auspuffschlitzhöhe $26{,}8\%$, die Differenz also $6{,}8\%$.

Abb. 19. Druckfunktion $(P_a/P)^{\frac{1{,}38-1}{2\cdot 1{,}38}} - 1$ in Abhängigkeit vom Druckverhältnis P_a/P (Hilfstafel zur Berechnung der Auspuffschlitzabmessungen).

5. Zusammenhang zwischen Spülschlitzabmessungen und Spüldruck bei Maschinen mit besonderem Gebläse.

Bei Gebläse-Zweitaktmaschinen wird man annehmen können, daß der Spülluftdruck während des Spülvorganges unveränderlich ist. Die Spülluft durchströmt zunächst die Spülschlitze, deren Querschnitt sich während des Vorganges verändert, dann den Zylinder, hierauf die Auspuffschlitze, deren Querschnitt ebenfalls veränderlich ist, und fließt schließlich durch Auspufftopf und Auspuffleitung ins Freie. Es handelt sich also um ein sehr verwickeltes Strömungsproblem, dessen Behandlung noch durch den Umstand erschwert wird, daß bei Beginn der Spülung die Restgase meist noch nicht völlig auf den Druck der Außenluft entspannt sind. Sehr erleichtert wird die Untersuchung, wenn man nach Ringwald[1] die ganze Maschine vom Spülluftaufnehmer bis zur Mündung der Auspuffleitung ins Freie als eine einzige Ausflußöffnung betrachtet, durch die die Spülluft ins Freie abströmt. Diese Öffnung sei durch die Spülschlitze dargestellt, während die übrigen Strömungswiderstände in den versuchsmäßig zu bestimmenden Ausflußbeiwert μ_s hereingenommen werden. Der Vorgang bedeutet also nichts anderes als den Ersatz aller Strömungswiderstände durch eine gleichwertige Öffnung, deren Querschnitt dem jeweiligen Spülschlitzquerschnitt proportional ist. Bezeichnet man den Spülschlitzquerschnitt mit f_s, die Strömungsgeschwindigkeit, welche bei konstantem Spüldruck während des Vorganges unveränderlich ist, mit w und das spezifische Volumen der Luft in der gleichwertigen Öffnung mit v, so ist das sekundlich durch die Öffnung durchtretende Luftgewicht:

$$G = \frac{\mu_s f_s}{v} \cdot w,$$

das in der Zeit dz durchtretende Luftgewicht also:

$$dG = \frac{\mu_s f_s}{v} \cdot w \cdot dz$$

Bezeichnet man die Schlitzbreite mit $\zeta_s D$, die Schlitzhöhe mit h_s, und ist die Neigung der Schlitze gegen die Zylinderachse gegeben durch den Winkel φ, so ist demnach:

$$f_s = \zeta_s D \cdot (h_s - y) \cdot \sin \varphi = \zeta_s D s \cdot \frac{h_s - y}{s} \cdot \sin \varphi,$$

weiters ist:

$$dz = \frac{30}{n \pi} \cdot d\alpha,$$

somit wird:

$$dG = \frac{\mu_s w}{v} \cdot \frac{30}{n \pi} \cdot \zeta_s D s \cdot \frac{h_s - y}{s} \cdot \sin \varphi \cdot d\alpha$$

und

$$G = \frac{\mu_s w}{v} \cdot \sin \varphi \cdot \frac{30}{n \pi} \cdot \zeta_s D s \int_{\alpha_{s1}}^{\alpha_{s2}} \frac{h_s - y}{s} \cdot d\alpha. \tag{8}$$

---

[1] Ringwald, M.: Der Auspuff- und Spülvorgang bei Zweitaktmaschinen. VDI S. 1057 u. 1079 (1923).

Ist weiter der in Abschnitt B 2 definierte Spülluftaufwand k und das spezifische Volumen der Außenluft v_l, so wird:

$$G = \frac{k\, s\, \pi\, D^2/4}{v_l}. \tag{9}$$

Aus Gl. (8) und (9) erhält man, wenn man den Integralwert gleich S_s setzt:

$$k\, n\, D = \frac{120}{\pi^2} \cdot \frac{v_l}{v} \cdot \mu_s\, w\, \zeta_s \sin\varphi \,.\, S_s.$$

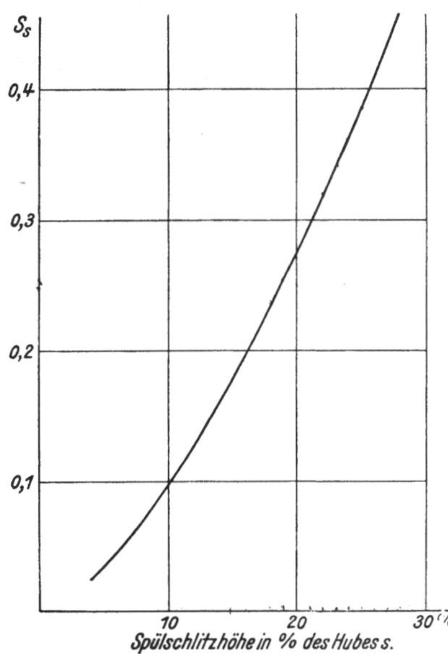

Abb. 20. Bezogener Zeitquerschnitt S_s in Abhängigkeit von der Spülschlitzhöhe für $\lambda = {}^1/_4$.

Hierin ist, wenn der Zeiger s den Zustand der Spülluft im Aufnehmer und der Zeiger l den Zustand der Außenluft kennzeichnet, entsprechend Gl. (77):

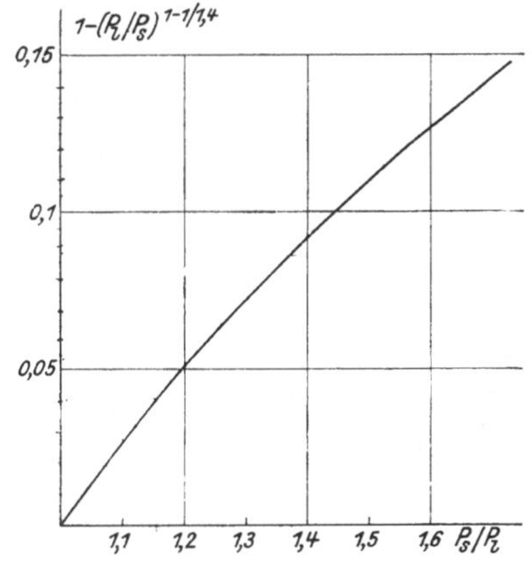

Abb. 21. Druckfunktion $1 - (P_l/P_s)^{1-1/1,4}$ in Abhängigkeit vom Druckverhältnis P_s/P_l (Hilfstafel zur Berechnung der Spülschlitzabmessungen).

$$w = \sqrt{\frac{2\,g\,\varkappa}{\varkappa - 1}} \cdot \sqrt{P_s\, v_s \left\{ 1 - (P_l/P_s)^{1-1/\varkappa} \right\}} =$$

$$= \sqrt{\frac{2\,g\,\varkappa}{\varkappa - 1}} \cdot \sqrt{R\, T_s}\, \sqrt{1 - (P_l/P_s)^{1-1/\varkappa}}.$$

Es ist:

$$\frac{120}{\pi^2} \cdot \sqrt{R \cdot \frac{2\,g\,\varkappa}{\varkappa - 1}} = 545,1.$$

Das Spülgesetz erhält daher die endgültige Form:

$$(10) \qquad k\, n\, D = 545,1 \,.\, \mu_s \cdot \frac{v_l}{v} \cdot \zeta_s \sin\varphi \,.\, S_s \,.\, \sqrt{T_s}\, \sqrt{1 - (P_l/P_s)^{\frac{\varkappa - 1}{\varkappa}}}.$$

Auch hier ist der Integralwert S_s von den Maschinenabmessungen unabhängig und durch Planimetrieren wie in Abb. 17 gezeigt, leicht zu bestimmen. In Abb. 20 ist dieser Wert für ein $\lambda = 0,25$ in Abhängigkeit von der Schlitzhöhe aufgetragen und so in jedem einzelnen Falle leicht abzugreifen.

In Gl. (10) ist die Größe des spezifischen Volumens v in der Mündung unbekannt. Da aber der Wert v_l/v kaum sehr von 1 abweichen dürfte, erscheint es zweckmäßig, diese Unsicherheit in den Ausströmbeiwert μ_s hineinzulegen und $v_l/v = 1$ zu setzen.

Weiters ist in Abb. 21 der Ausdruck $1 - (P_l/P_s)^{\frac{\varkappa-1}{\varkappa}}$ in Abhängigkeit vom Druckverhältnis P_s/P_l für ein $\varkappa = 1{,}4$ in Kurvenform dargestellt, um bei Benützung der Gl. (10) jede logarithmische Rechnung zu vermeiden.

Einer Erörterung bedarf auch noch der in die Gl. (10) einzusetzende Wert der Spülschlitzbreite $\zeta_s D$. Man ist zunächst versucht, hierfür wie bei den Auspuffschlitzen die längs des Umfanges gemessene Schlitzbreite einzusetzen. Aus der Betrachtung der Abb. 11 für Querspülung und der Abb. 12 für Umkehrspülung geht jedoch hervor, daß für die Schlitzbreite nur die tatsächliche Breite des Luftstromes einzusetzen ist, da eine zentrale Zuströmung der Luft in beiden Fällen unmöglich und auch gar nicht beabsichtigt ist. ζ_s ist daher das Verhältnis der tatsächlichen Luftstrombreite zum Zylinderdurchmesser. Lediglich bei Deflektormaschinen wird eine zentrale Einströmung angestrebt, Abb. 5. Nur in diesem Falle ist die längs des Umfanges gemessene Breitenerstreckung der Bestimmung von ζ_s zugrunde zu legen. ζ_s hat bei ausgeführten Maschinen ungefähr folgende Werte:

Querspülung mit Luftführung durch schräge Kanäle
Umkehrspülung $\left. \right\} \ \zeta_s = 0{,}7 - 0{,}85,$

Querspülung, Führung der Luft durch am Kolben angebrachten Ablenker
$$\zeta_s = 0{,}9 - 1{,}0.$$

Nunmehr ist in Gl. (10) nur noch der Wert μ_s unbekannt. Zu seiner Bestimmung sollen Versuche herangezogen werden.

1. Maschine mit Umkehrspülung:

Durchmesser $= 140$ mm, $s = 250$ mm, halbe Luftstrombreite 56 mm, daher $\zeta_s = 2.56/140 = 0{,}8$;

Spülschlitzhöhe 14%, daher nach Abb. 20 $S_s = 0{,}161$;

Neigung der Spülschlitze gegen die Zylinderachse $\varphi = 45^0$, daher $\sin \varphi = 0{,}707$;

Drehzahl $n = 520$, Luftüberschußzahl $k = 1{,}15$;

Spülufttemperatur im Aufnehmer 40^0 C, daher $T_s = 313^0$ abs. und $\sqrt{T_s} = 17{,}7$;

Spüldruck $= 1{,}15$ at abs. (Spülüberdruck $= 0{,}15$ at), daher $P_s/P_l = \dfrac{1{,}15}{1} = 1{,}15$, dafür ergibt Abb. 21

$$1 - (P_l/P_s)^{\frac{\varkappa-1}{\varkappa}} = 0{,}0392 \text{ und } \sqrt{0{,}0392} = 0{,}198,$$

somit wird entsprechend Gl. (10)

$$\mu_s = \frac{k\,n\,D}{545{,}1\,.\,\zeta_s \sin\varphi\,.\,S_s\,\sqrt{T_s}\,.\,\sqrt{\left(1-(P_l/P_s)^{\frac{\varkappa-1}{\varkappa}}\right)}} =$$

$$= \frac{1{,}15\,.\,520\,.\,0{,}14}{545{,}1\,.\,0{,}8\,.\,0{,}707\,.\,0{,}161\,.\,17{,}7\,.\,0{,}198} = 0{,}48.$$

2. Maschine mit Umkehrspülung:

Durchmesser $= 165$ mm, $s = 250$ mm, halbe Luftstrombreite $= 64$ mm, daher $\zeta_s = 128/165 = 0{,}775$;

Spülschlitzhöhe $15{,}6\%$, daher nach Abb. 20 $S_s = 0{,}19$;

Neigung der Spülschlitze gegen die Zylinderachse $\varphi = 45^0$, daher $\sin\varphi = 0{,}707$.

Erster Versuch:

Drehzahl $n = 510$, Luftüberschußzahl $k = 1{,}36$;

Spüllufttemperatur 40^0 C; $T_s = 313^0$; $\sqrt{T_s} = 17{,}7$;

Spüldruck $1{,}22$ at, daher $P_s/P_l = 1{,}22$;

$1 - (P_l/P_s)^{\frac{\varkappa-1}{\varkappa}} = 0{,}055$ (aus Abb. 21); $\sqrt{0{,}055} = 0{,}235$.

Demnach wird:

$$\mu_s = \frac{1{,}36\,.\,510\,.\,0{,}165}{545{,}1\,.\,0{,}775\,.\,0{,}707\,.\,0{,}19\,.\,17{,}7\,.\,0{,}235} = 0{,}483.$$

Zweiter Versuch:

Drehzahl $n = 510$, Luftüberschußzahl $k = 1$;

Spüllufttemperatur 35^0 C; $T_s = 308^0$ abs.; $\sqrt{T_s} = 17{,}55$;

Spüldruck $1{,}13$ at abs., daher $P_s/P_l = 1{,}13$, $1 - (P_l/P_s)^{\frac{\varkappa-1}{\varkappa}} = 0{,}034$ (aus Abb. 21); $\sqrt{0{,}034} = 0{,}184$.

$$\mu_s = \frac{1\,.\,510\,.\,0{,}165}{545{,}1\,.\,0{,}775\,.\,0{,}707\,.\,0{,}19\,.\,17{,}55\,.\,0{,}184} = 0{,}46.$$

3. Maschine mit Querspülung:

Durchmesser $= 175$, $s = 250$ mm, halbe Luftstrombreite 70 mm, daher $\zeta_s = 140/175 = 0{,}8$;

Spülschlitzhöhe 14%, daher nach Abb. 20 $S_s = 0{,}161$;

Neigung der Spülschlitze gegen die Zylinderachse $\varphi = 28^0$ C, daher $\sin\varphi = 0{,}469$.

Erster Versuch:

$n = 506$, Luftüberschußzahl $k = 1{,}35$;

Spüllufttemperatur rd. 40^0 C; $T_s = 313^0$; $\sqrt{T_s} = 17{,}7$;

Spüldruck $1{,}25$ at abs.; $P_s/P_l = 1{,}25$; daher nach Abb. 21:

$1 - (P_l/P_s)^{\frac{\varkappa-1}{\varkappa}} = 0{,}062$; $\sqrt{0{,}062} = 0{,}249$;

$$\mu_s = \frac{1,35 \cdot 506 \cdot 0,175}{545,1 \cdot 0,8 \cdot 0,469 \cdot 0,161 \cdot 17.7 \cdot 0,249} = 0,822.$$

Zweiter Versuch:

$n = 409$, Luftüberschußzahl $k = 1,35$;

Spüllufttemperatur rd. 35^0 C; $T_s = 308^0$ abs.; $\sqrt{T_s} = 17,55$;

Spüldruck 1,15 at abs.; $P_s/P_l = 1,15$, aus Abb. 21:

$$1 - (P_l/P_s)^{\frac{\varkappa-1}{\varkappa}} = 0,0392; \quad \sqrt{0,0392} = 0,198;$$

$$\mu_s = \frac{1,35 \cdot 409 \cdot 0,175}{545,1 \cdot 0,8 \cdot 0,469 \cdot 0,161 \cdot 17,55 \cdot 0,198} = 0,84;$$

Ergebnis: Wie von vornherein zu erwarten war, sind die Ausströmbeiwerte bei Maschinen mit Umkehrspülung wesentlich kleiner als bei Maschinen mit Querspülung.

Man wird demnach festsetzen können, daß beträgt:

bei Umkehrspülung: $\quad\quad \mu_s = 0,45 - 0,5,$

bei Querspülung: $\quad\quad\quad \mu_s = 0,8 \;\; - 0,85.$

Damit ist Gl. (10) in dem Sinne auswertbar, daß für eine gegebene Maschine der zu den gegebenen Schlitzabmessungen gehörige Spülluftdruck oder umgekehrt zu dem gegebenen Spüldruck die zugehörigen Schlitzabmessungen bestimmt werden können. Sie sagt aber nicht, welche Schlitzabmessungen und welcher Spülluftdruck für eine gegebene Maschine am günstigsten sind.

6. Die günstigsten Schlitzabmessungen bei Zweitaktmaschinen mit besonderem Gebläse.

Für die Festlegung der günstigsten Schlitzabmessungen können offenbar nur zwei Gesichtspunkte in Betracht kommen. Es kann entweder gefordert werden, daß die erreichbare Leistung der Maschine ein Maximum oder daß der Brennstoffverbrauch ein Minimum wird.

Die Schlitzbreite (bzw. genauer die Luftstrombreite) wird man selbstverständlich so groß machen, als es die Rücksicht auf die Konstruktion überhaupt erlaubt. Erfahrungsgemäß ist die obere Grenze hierfür bei Quer- und Umkehrspülung etwa 80% des Zylinderdurchmessers. In weiteren Grenzen kann demnach nur die Schlitzhöhe verändert werden. Eine Vergrößerung oder Verkleinerung der Spülschlitzhöhe bedeutet aber eine Erniedrigung bzw. Erhöhung des Spüldruckes und damit der Gebläseleistung. Mit der Spülschlitzhöhe verändert sich aber auch die Auspuffschlitzhöhe und damit steigt oder sinkt, wie schon im Abschnitt B 2 besprochen, die von der Maschine (ausschließlich der Gebläseleistung) abgegebene Leistung. Es muß also eine Schlitzhöhe geben, bei der die Differenz Maschinenleistung weniger Gebläseleistung ein Maximum wird.

Ist also die Abhängigkeit der reinen Maschinenleistung von der Auspuffschlitzhöhe durch die Kurve 1 (Abb. 22), die Abhängigkeit der Gebläseleistung von der Auspuffschlitzhöhe durch die Kurve 2 gegeben, so erhält man die günstigste Auspuffschlitzhöhe h_a in jenem Punkt, in welchem die in Richtung der Leistungsachse parallel verschobene Linie 1 die Linie 2 berührt.

Der Brennstoffverbrauch der Maschine hingegen wird offenbar dann ein Minimum, wenn das Verhältnis der Gebläseleistung zur reinen Maschinenleistung ein Minimum wird, wenn also das Verhältnis der Strecken BC zur Strecke AB seinen kleinsten möglichen Wert annimmt. Hierbei ist allerdings vorausgesetzt, daß der auf die reine Maschinenleistung bezogene Brennstoffver-brauch über die ganze Kurve 1 konstant bleibt, was kaum zu-treffen dürfte. Da weiter die auf diesem Wege erhaltenen Schlitz-höhen sehr groß und daher die Nutzleistung der Maschine so klein wird, daß sie wirtschaftlich nicht mehr tragbar erscheint, so kann dieser Bedingung nicht entsprochen werden und es muß der Schlitz-höhenbestimmung die erste For-derung, daß die Nutzleistung der Maschine den Höchstwert an-nehmen soll, zugrunde gelegt werden.

Für die praktische Durch-führung des Verfahrens ist es zweckmäßig, nicht die Leistung, sondern die auf den Kolben-

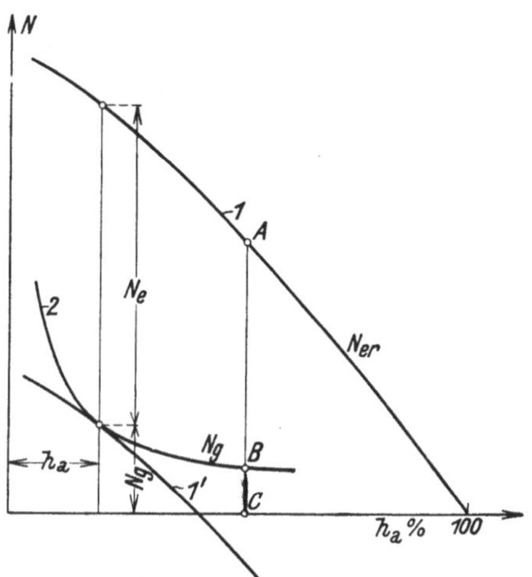

Abb. 22.   Bestimmung der günstigsten Schlitz-abmessungen.

querschnitt bezogenen Drücke zu benützen. Ist also P_s der Spülluft-druck, k die Luftüberschußzahl, η_g der Gesamtwirkungsgrad des Gebläses, so ist nach Abschnitt A 3 genau genug die Gebläseleistung:

$$N_g = \frac{\pi D^2}{4} \cdot s\,k \cdot \frac{P_s - P_l}{\eta_g} \cdot \frac{n}{60 \cdot 75} \text{ (PS)}, \qquad (11)$$

der auf den Kolbenquerschnitt bezogene Druck daher:

$$P_g = k \cdot \frac{P_s - P_l}{\eta_g} \text{ kg/m}^2 : \text{ bzw. } p_g = k \cdot \frac{p_s - p_l}{\eta_g} \text{ kg/cm}^2. \qquad (12)$$

Der Vorgang für die Bestimmung der p_g-Kurve ist daher folgender:

Es wird für eine Anzahl von Spülschlitzhöhen nach Gl. (10) der Spül-druck P_s bestimmt. Sodann wird die zu diesen Spülschlitzhöhen gehörige Auspuffschlitzhöhe nach Gl. (7) berechnet; über diesen wird dann der aus dem Spüldruck P_s mit Hilfe der Gl. (12) berechnete Druck p_g auf-getragen.

Die Linie p_{er} hingegen soll auf Grund der früheren Überlegungen als Gerade angesehen werden. Selbstverständlich wird man von dieser An-nahme nur solange Gebrauch machen, als nicht einwandfreie Versuche einen anderen Verlauf dieser Kurve ergeben.

Es sollen nun noch zur weiteren Erläuterung des Verfahrens zwei Beispiele durchgerechnet werden:

1. Beispiel:

Die Maschinenkennzahl sei gegeben mit: $n \cdot D = 80$ m/min.

Die Luftüberschußzahl betrage: $k = 1,4$;

der Druck der Außenluft: $P_l = 10000$ kg/m² abs.;

der Gebläsewirkungsgrad: 0,6.

Es komme eine Umkehrspülung nach Abb. 12 zur Anwendung, wobei die Neigung der Spülschlitze gegen die Zylinderachse 45⁰ betrage. Die Breite des Spülluftstromes sei 80% und die Breite der Auspuffschlitze 100% des Zylinderdurchmessers. Der Ausflußbeiwert betrage $\mu_s = 0,5$ und die Spüllufttemperatur 40⁰ C oder 313⁰ abs.

Man erhält dann für den Spüldruck aus Gl. (10).

$$\sqrt{1 - (P_l/P_s)^{\frac{\varkappa - 1}{\varkappa}}} = \frac{k \, n \, D}{545,1 \, \mu_s \cdot \zeta_s \sin \varphi \cdot S_s \cdot \sqrt{T_s}} =$$

$$= \frac{1,4 \cdot 80}{545,1 \cdot 0,5 \cdot 0,8 \cdot 0,707 \cdot 17,7 \cdot S_s} = 0,041/S_s.$$

Aus der Abb. 20 kann für die betreffende Spülschlitzhöhe S_s entnommen werden, worauf dann mit Benützung der Abb. 21 der Wert P_s/P_l und daraus p_g berechnet wird.

Für die Auspuffschlitzhöhe ergibt Gl. (7):

$$S_a = 0,000075 \cdot n \, D/\zeta_a = 0,000075 \cdot 80/1 = 0,006;$$

damit gibt dann Abb. 18 die zu der betreffenden Spülschlitzhöhe gehörige Auspuffschlitzhöhe.

Die Ergebnisse stellt man am besten in Tabellenform zusammen (Tabelle 3).

Tabelle 3. Bestimmung des der Gebläseleistung entsprechenden mittleren Druckes p_g und der Auspuffschlitzhöhen für verschiedene Spülschlitzhöhen. $n \cdot D = 80$.
Umkehrspülung, Luftaufwandziffer $k = 1,4$.

Spülschlitzhöhe %	12	14	16	18	20	22
S_s	0,128	0,162	0,197	0,235	0,276	0,318
$\sqrt{1 - (P_l/P_s)^{\frac{\varkappa-1}{\varkappa}}}$	0,32	0,253	0,208	0,175	0,149	0,129
$1 - (P_l/P_s)^{\frac{\varkappa-1}{\varkappa}}$	0,102	0,064	0,0432	0,0307	0,0222	0,0166
P_s/P_l	1,46	1,26	1,166	1,115	1,083	1,06
p_s (Überdruck) at	0,46	0,26	0,166	0,115	0,083	0,06

$p_g = \dfrac{1,4}{0,6} \cdot p_s$ at[1]	1,07	0,603	0,385	0,267	0,1925	0,139
S_a	0,006	0,006	0,006	0,006	0,006	0,006
Auspuffschlitzhöhe %	18,2	20,4	22,5	24,7	26,8	29,0

Damit kann dann die Kurve der p_g aufgetragen werden (Abb. 23). Für die p_{er}-Gerade erhalten wir dann einen Punkt aus Abb. 10, die für eine Luftüberschußzahl von 1,4 ein p_{er} von 5,3 kg/cm² bei einer Auspuffschlitzhöhe von 21% ergibt. Dieser Punkt und der Punkt $p_{er} = 0$ für $h_a = 100\%$ bestimmt die p_{er}-Gerade. Die parallel hierzu gelegte Tangente an die p_g-Linie ergibt im Berührungspunkt die Auspuffschlitzhöhe mit 23% bei einem $p_g = 0,36$.

Die Spülschlitzhöhe bestimmt man am besten durch Interpolation. Es ergibt sich:

Spülschlitzhöhe 16%,
,, 18%,
Auspuffschlitzhöhe 22,5%,
,, 24,7%,

somit für Auspuffschlitzhöhe 23%.

$$\text{Spülschlitzhöhe} = 16 + (18 - 16) \cdot \frac{23 - 22,5}{24,7 - 22,5} = 16 + 0,45 = \text{rund } 16,5\%.$$

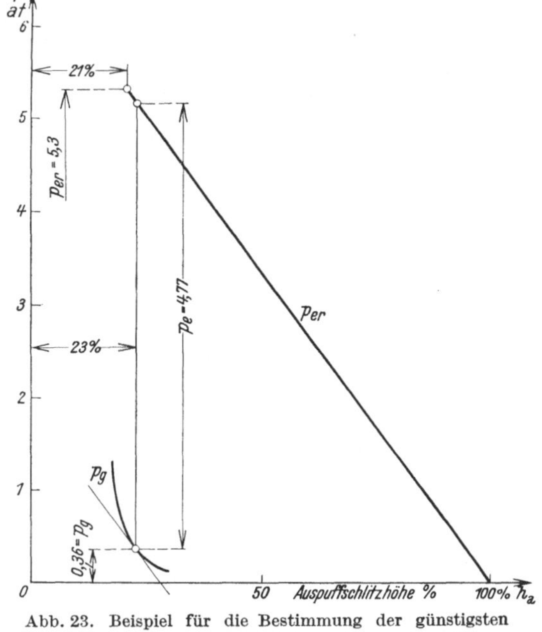

Abb. 23. Beispiel für die Bestimmung der günstigsten Schlitzabmessungen. Umkehrspülung, $nD = 80$.

Weiters ist der Spülüberdruck: $p_s = 0,360 \cdot 0,6/1,4 \approx 0,155$ kg/cm².

Und der verbleibende Höchstwert von $p_e = $ rund 4,77 kg/cm².

2. Beispiel

Die Maschinenkennzahl sei gegeben mit: $n \cdot D = 80$ m/min.

Die Luftüberschußzahl betrage: $k = 1,2$.

Der Gebläsewirkungsgrad sei 0,6, der Druck der Außenluft betrage: 10000 kg/m².

Es komme eine Querspülung nach Abb. 11 zur Anwendung, wobei die Neigung der Spülschlitze gegen die Zylinderachse 30° ($\sin \varphi = 0,5$) betrage.

[1] Hier wäre eventuell auch die Veränderlichkeit des Gebläsewirkungsgrades η_g zu berücksichtigen.

Die Breite des Spülluftstromes sei 80% und die Breite der Auspuffschlitze 100% des Zylinderdurchmessers; der Ausflußbeiwert betrage 0,8
und die Spüllufttemperatur sei mit 40° C oder 313° abs. angenommen.
Man erhält dann für den Spüldruck aus Gl. (10):

$$\sqrt{1 - (P_l/P_s)^{\frac{\varkappa-1}{\varkappa}}} = \frac{1,2 \cdot 80}{545,1 \cdot 0,8 \cdot 0,8 \cdot 0,5 \cdot 17,7 \cdot S_s} = 0,0311/S_s.$$

Für die Auspuffschlitzhöhe ergibt Gl. (7):

$$S_a = 0,000075 \cdot 80/1 = 0,006.$$

Also den gleichen Wert wie im ersten Beispiel.

Die Ergebnisse in Tabellenform ergeben:

Tabelle 4. Bestimmung des der Gebläseleistung entsprechenden
mittleren Druckes p_g und der Auspuffschlitzhöhen für verschiedene Spülschlitzhöhen. $n.D = 80$.
Querspülung, Luftaufwandziffer $k = 1,2$.

Spülschlitzhöhe %	12	14	16	18	20	22
S_s	0,128	0,162	0,197	0,235	0,276	0,318
$\sqrt{1 - (P_l/P_s)^{\frac{\varkappa-1}{\varkappa}}}$	0,243	0,192	0,158	0,1325	0,113	0,098
$1 - (P_l/P_s)^{\frac{\varkappa-1}{\varkappa}}$	0,059	0,0368	0,025	0,0175	0,0128	0,0096
P_s/P_l	1,235	1,14	1,09	1,065	1,045	1,035
p_s (Überdruck) at	0,235	0,14	0,09	0,065	0,045	0,035
$p_g = \dfrac{1,2}{0,6} \cdot p_s$ at	0,470	0,28	0,18	0,13	0,09	0,07
S_a	0,006	0,006	0,006	0,006	0,006	0,006
Auspuffschlitzhöhe %	18,2	20,4	22,5	24,7	26,8	29,0

Es kann somit die p_g-Kurve aufgetragen werden Abb. 24. Für die p_{er}-
Gerade erhalten wir einen Punkt aus Abb. 9, die für eine Luftüberschußzahl von 1,2 ein p_{er} von 4,6 kg/cm², bei einer Auspuffschlitzhöhe von 23%
ergibt. Dieser Punkt und der Punkt: $p_{er} = 0$ für $h_a = 100\%$ bestimmt
die p_{er}-Gerade. Die parallel hierzu gelegte Tangente an die p_g-Linie ergibt
im Berührungspunkt die Auspuffschlitzhöhe mit 20,4% bei einer Spülschlitzhöhe von 14%.

Der Spüldruck beträgt demnach 0,14 at Überdruck und der verbleibende Höchstwert von p_e wird 4,42 at.

Die Übereinstimmung dieser Ergebnisse mit praktisch ausgeführten
und erprobten Schlitzhöhen gibt eine nachträgliche Rechtfertigung für
die Annahme der p_{er}-Geráden.

Auf Grund der bisherigen Untersuchungen lassen sich folgende allgemeine Grundsätze für die Schlitzbemessung erkennen:

1. Qualitativ besserer Spülverlauf (steilere p_{er}-Linie) bedingt unter sonst gleichen Umständen niedrigere Schlitzhöhen und höheren Spüldruck.

2. Schlechterer Gebläsewirkungsgrad bedingt unter sonst gleichen Umständen größere Schlitzhöhen und niedrigeren Spüldruck.

3. Höhere Maschinenkennziffer erfordert größere Schlitzhöhen.

7. Auspufftopf und Auspuffleitung bei Gebläsemaschinen.

Der Auspufftopf soll bei Gebläsemaschinen möglichst rasche Entspannung der Auspuffgase bewirken. Hierzu ist ein genügend großes Topfvolumen nötig und es ist weiterhin vorteilhaft, wenn der Topf unmittelbar an den Zylinder anschließt. Das

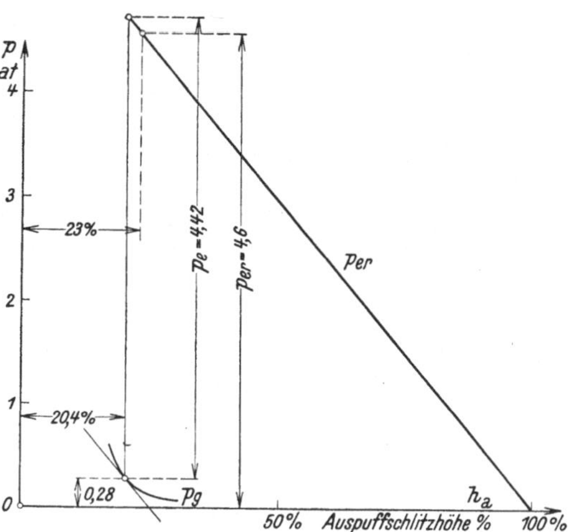

Abb. 24. Beispiel für die Bestimmung der günstigsten Schlitzabmessungen. Querspülung $nD = 80$.

Topfvolumen soll mindestens zwölfmal so groß sein als der Zylinderinhalt; größere Inhalte wirken sich meist nur günstig aus. Ebenso ist es auch empfehlenswert, ihn zu kühlen. Der Querschnitt der Abgasleitung hängt von der zu bewältigenden Abgasmenge ab. Da der Expansionsenddruck nicht sehr großen Schwankungen unterworfen ist, wird es möglich sein, den Leitungsquerschnitt f_u in ein Verhältnis zum Zylinderinhalt und der Drehzahl zu setzen·

$$s\,\frac{\pi D^2}{4}\cdot i\,.\,n = w\,.\,f_u = w\,.\,\pi\,d_u{}^2/4.$$

Hierin hat w die Dimension einer Geschwindigkeit (m/min); i ist die Zylinderzahl.

Somit folgt der Durchmesser der Abgasleitung (m):

$$d_u = \text{konst.}\,D\,.\,\sqrt{s\,.\,i\,.\,n}. \tag{13}$$

Bewährte Ausführungen ergeben für den Festwert etwa:

$$0{,}065 \text{ bis } 0{,}055,$$

dem eine mittlere Gasgeschwindigkeit von etwa 25 m/sek in der Leitung entspricht. In Gl. (13) ist D und s in m einzusetzen.

Es hat keine Nachteile, die Auspuffleitung mehrerer Zylinder zusammenzufassen, doch soll die Zahl der so gekuppelten Einheiten nicht größer sein als drei.

8. Bestimmung der Auspuffschlitzabmessungen bei Kurbelkastenmaschinen.

Die Berechnung der Auspuffschlitzabmessungen bei Kurbelkasten-maschinen ist die gleiche wie bei Gebläsemaschinen. Hier wie dort gilt streng Gl. (6a), während für den praktischen Gebrauch Gl. (6) zweck-mäßiger ist. Der Wert der Konstanten wird hier allerdings ein anderer sein und ist bewährten Ausführungen zu entnehmen. Es ist dabei zu unterscheiden zwischen Maschinen, die die Luftführung im Zylinder einem am Kolben angebrachten Deflektor und solchen, die diese Führung den Spülkanälen zuweisen. Bei letzteren hat es sich nämlich als zweck-mäßig erwiesen, die Entspannung des Zylinderinhaltes vor Eröffnung der Spülschlitze nicht vollständig durchzuführen, sondern den letzten Abschnitt dieses Vorganges bei schon geöffneten Spülschlitzen zu be-endigen. Der Grund hierfür dürfte darin zu suchen sein, daß die sehr schräge Lage der Spülkanäle (Abb. 11) die Eröffnung schleichend vor sich gehen läßt, so daß zwar Abgase in den Luftraum eintreten, die Menge derselben aber sehr klein ist und daher nicht viel schadet, während anderseits der geringe Unterschied in Spül- und Auspuffschlitzhöhe sich auf die Länge des nutzbaren Hubes (= gesamter Hub — Aus-puffschlitzhöhe) günstig auswirkt. Deflektormaschinen hingegen ent-spannen vor Eröffnung der Spülschlitze die Auspuffgase nahezu vollständig.

Für die Bestimmung des in Gl. (6) enthaltenen Festwertes seien folgende Maschinen herangezogen:

1. Deflektormaschine:

Hub-Bohrung $380 - 320$; $n = 320$.

Spülschlitzhöhe $11,3\%$, Auspuffschlitzhöhe 18%; $\zeta_a = 1,00$.

Es wird (Abb. 18) $S_a = 0,0078$.

Daher nach Gl. (6): $\quad \text{Konst.} = \dfrac{1,00}{0,320 \cdot 320} \cdot 0,0078 = 0,000076$.

2. Maschine mit Luftführung durch schräge Spülkanäle:

Hub-Bohrung $260 - 190$, $n = 500$.

Spülschlitzhöhe 19%, Auspuffschlitzhöhe 22%; $\zeta_a = 0,8$.

Nach Abb. 18 $S_a = 0,0015$.

$\text{Konst.} = \dfrac{1,00}{0,190 \cdot 500} \cdot 0,0015 = 0,0000157$.

3. Maschine mit Umkehrspülung:

Hierfür liegen, wie schon erwähnt, Versuchsergebnisse nicht vor. Es dürfte aber nicht ratsam sein, hier den Höhenunterschied, Auspuff-schlitz—Spülschlitz, so klein zu machen, wie bei den unter 2 angeführten Maschinen. Es sei daher vorgeschlagen, in diesem Falle den Festwert mit $0,00004$ anzunehmen.

Die Bestimmungsgleichung für die Auspuffschlitzhöhenbemessung erhält damit folgende Form:

$$\frac{\zeta_a}{n \cdot D} \cdot S_a = 0{,}000076 \tag{14}$$

für Deflektormaschinen,

$$\frac{\zeta_a}{n \cdot D} \cdot S_a = 0{,}000016 \tag{15}$$

für Maschinen mit Luftführung durch schräge Kanäle,

$$\frac{\zeta_a}{n \cdot D} \cdot S_a = 0{,}00004 \tag{16}$$

für Maschinen mit Umkehrspülung.

9. Bestimmung der Spülschlitzabmessungen bei Kurbelkastenmaschinen.

Die bei Gebläsemaschinen zulässige Annahme konstanten Spüldruckes, also auch unveränderlicher Luftgeschwindigkeit in den Schlitzen, kann bei Kurbelkastenmaschinen nicht mehr aufrecht erhalten werden. Um einen genügenden Liefergrad der Pumpe zu erreichen, ist es notwendig, daß der Druck im Kurbelkasten bei Beendigung der Spülung ungefähr auf die Höhe des Atmosphärendruckes abgesunken ist. Dies hat zur Voraussetzung, daß der Druckverlauf im Auspufftopf während der Spülung diesen Vorgang ermöglicht. Da der Auspuff der Spülung unmittelbar vorangeht, so wird ungefähr bei Beginn der Spülung der Druck im Auspufftopf seinen Höchstwert erreichen. Eine genügende Entleerung des Kurbelkastenraumes wird daher nur dann zu erzielen sein, wenn der Auspuffdruck gegen Ende des Spülvorganges annähernd bis zum Atmosphärendruck abgesunken ist. Wie ein derartiger Druckverlauf im Auspufftopf zu erreichen ist, soll im folgenden Abschnitt erörtert werden. Es sei zunächst nur festgehalten, daß sowohl der Spülluftdruck als auch der Gegendruck (= Auspuffdruck) während des Spülvorganges veränderlich ist.

Das in der Zeit dz in den Zylinder eintretende Luftgewicht dG ist daher nach Gl. (79)

$$dG = \mu_s f_s \psi \cdot \sqrt{2\,g\,P/v} \cdot dz.$$

Hierin ist μ_s der Ausströmbeiwert, f_s der jeweilige Schlitzquerschnitt:

$$f_s = \zeta_s\,D\,s\,\sin\varphi \cdot \frac{h_s - y}{s},$$

der Wert ψ eine durch Gl. (80) definierte Funktion des Verhältnisses P/P_u, wobei P den jeweiligen Druck im Kurbelkasten und P_u den Druck im Auspufftopf bedeutet. Weiter ist v das jeweilige spezifische Volumen der Luft im Kurbelkasten, schließlich

$$dz = \frac{30}{n\,\pi} \cdot d\alpha.$$

Der Inhalt des Kurbelkastens V_k ist während des Spülvorganges zwar veränderlich, doch ist diese Veränderlichkeit sehr gering und kann daher ohne großen Fehler vernachlässigt werden.

Bedeutet G_k das jeweils im Kurbelkasten befindliche Luftgewicht, so wird, wenn der Zeiger ′ den Zustand bei Beginn der Spülung kennzeichnet, das aus dem Kurbelkasten ausgetretene Luftgewicht:

$$G = G_k{}' - G_k = V_k/v' - V_k/v,$$

somit:

$$d\,G = -\,V_k \cdot d\,(1/v).$$

Nimmt man an, daß die Zustandsänderung im Kurbelkasten adiabatisch verläuft, so ist entsprechend Gl. (76):

$$v = v' \cdot (P'/P)^{1/\varkappa}.$$

Daher wird:

$$d\,G = -\,\frac{1}{\varkappa} \cdot \frac{V_k}{v'} \cdot (P/P')^{1/\varkappa - 1} \cdot d\,(P/P').$$

Weiters ist auch:

$$\sqrt{P/v} = \sqrt{P'/v'} \cdot (P/P')^{\frac{\varkappa + 1}{2\,\varkappa}}.$$

Schließlich läßt sich der Inhalt des Kurbelkastens als Vielfaches des Hubraumes darstellen:

$$V_k = C_k \cdot s\,\pi\,D^2/4.$$

Damit wird nach Trennung der Variabeln und Durchführung der Integration:

$$-\,\frac{1}{\mu_s\,\varkappa} \cdot \frac{C_k\,\pi^2}{120} \cdot \frac{1}{\sqrt{2\,g\,P'\,v'}} \cdot \int_{P'}^{P_u} \frac{1}{\psi} \cdot (P/P')^{\frac{1 - 3\,\varkappa}{2\,\varkappa}} \cdot d\,(P/P') =$$

$$= \frac{\zeta_s \sin \varphi}{n\,D} \cdot S_s \tag{17}$$

Das Integral auf der linken Seite der Gleichung hat negatives Vorzeichen da $d\,P$ negativ ist; daher ist die linke Seite der Gleichung positiv.

Die Funktion hinter dem Integralzeichen dieser Seite der Gleichung enthält zwei Variable: P und (in ψ enthalten) P_u. Unter der vereinfachenden Annahme $P_u = $ konst.[1] läßt sich der Wert des Integrals bestimmen. Da aber C_K (also die auf das Hubvolumen bezogene Größe des Verdichtungsraumes der Kurbelkastenpumpe) und damit der Höchstwert P' des Spülluftdruckes bei verschiedenen Maschinengrößen und Ausführungen nur wenig verschieden ist, und da weiters auch der Druckverlauf im Auspufftopf, sofern er überhaupt die als günstig erkannte Entwicklung zeigt, bei allen Maschinen angenähert gleich ist, so wird man in grober Annäherung annehmen können, daß die linke Seite der Gleichung, die von der Größe oder Drehzahl der Maschine völlig unabhängig ist, für alle Ausführungen konstant ist.

Die rechte Seite der Gleichung enthält den Wert S_s, der in Abb. 20 graphisch dargestellt ist.

Die für die Spülschlitzbemessung bei Kurbelkastenmaschinen maßgebende Beziehung erhält damit die Form:

---

[1] List, H.: Kurbelkastenspülung für Zweitaktmaschinen. VDI Bd. 73, S. 225 (1929).

$$\frac{\zeta_s \cdot \sin \varphi}{n\,D} \cdot S_s = \text{konst.} \tag{18}$$

Für die Berechnung des Festwertes seien im folgenden zwei bewährte Ausführungen herangezogen. Beide Maschinen verwendeten Querspülung, doch wurde bei der einen die Umlenkung des Luftstromes durch eine am Kolben vorgesehene Nase (Deflektor) bewerkstelligt, während die zweite zu diesem Zwecke schräggestellte Luftkanäle heranzog.

1. Maschine (Ablenker am Kolben):

Hub-Bohrung 320/380; Drehzahl $n = 320$;

$\zeta_s = 1,00$, $\varphi = 60^0$, $\sin \varphi = 0,87$;

Spülschlitzhöhe 11,3%, somit (aus Abb. 20) $S_s = 0,116$.

Es wird also:
$$\text{konst.} = \frac{1 \cdot 0,87 \cdot 0,116}{0,32 \cdot 320} = 0,00098.$$

2. Maschine (Führung der Luft durch schräge Spülkanäle):

Hub-Bohrung 190/260; Drehzahl $n = 500$;

$\zeta_s = 0,67$, $\varphi = 30^0$, $\sin \varphi = 0,5$;

Spülschlitzhöhe 19%, daher (nach Abb. 20) $S_s = 0,255$.

Es wird also:
$$\text{konst.} = \frac{0,67 \cdot 0,5 \cdot 0,255}{0,19 \cdot 500} = 0,0009.$$

Der Festwert liegt also ungefähr bei 0,0009. Die Bestimmungsgleichung für die Spülschlitzbemessung bei Querspülung erhält damit die endgültige Form:

$$\frac{\zeta_s \sin \varphi}{D\,n} \cdot S_s = 0,0009. \tag{19}$$

Die Umkehrspülung ist bei Kurbelkastenmaschinen bisher noch nicht angewendet worden. Da sie aber, wie in einem späteren Abschnitt dargelegt werden soll, auch bei dieser Motorenart Vorteile zeitigen dürfte, soll die Schlitzberechnung auch auf diese Spülung ausgedehnt werden. Da Versuchsergebnisse fehlen, muß auf die bei Gebläsemaschinen gewonnene Erkenntnis zurückgegriffen werden, daß der Ausströmbeiwert bei Umkehrspülung tiefer liegt als bei Querspülung. Es dürfte also der Festwert ungefähr im Verhältnis 0,8/0,5 zu vergrößern sein. Man wird also, solange sichere Versuchsresultate fehlen, die Schlitzbemessung bei Kurbelkastenmaschinen mit Umkehrspülung nach folgender Gleichung vornehmen:

$$\frac{\zeta_s \cdot \sin \varphi}{D \cdot n} \cdot S_s = 0,0014. \tag{20}$$

10. Der Druckverlauf im Auspufftopf.

Es wurde bisher vorausgesetzt, daß der Verlauf des Druckes im Auspufftopf ein Überschieben der Spülluft auch tatsächlich ermögliche. Wäre der Druck im Auspufftopf konstant, so könnte der Spüldruck nur bis zu dem den Widerständen der Auspuffleitung entsprechenden Betrag absinken und ein schlechter Liefergrad der Spülpumpe wäre unvermeidlich. In Wirklichkeit bilden aber Auspufftopf und Abgasleitung ein System, in welchem die Gassäule, durch die Stöße des Vorauspuffes erregt, Schwingungen ausführt. Es kommt nun darauf an, diese Schwingung derart zu leiten, daß gegen Ende der Spülperiode im Auspufftopf Unterdruck herrscht. Nur so ist die völlige Entleerung des Kurbelkastenraumes zu erhoffen. Dies wird durch die Betrachtung des Auspuff- und Spüldruckverlaufes einer Einzylindermaschine mit gut und schlecht arbeitendem Auspuffsystem bestätigt, wie er in den Abb. 25, 26, 28 und 29 in Abhängigkeit vom Kolbenweg und in den Abb. 27 und 30 in Abhängig-

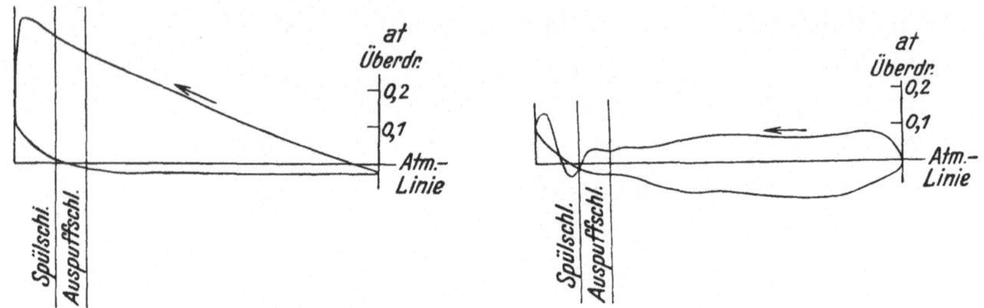

Abb. 25. Indikatordiagramm der Spülpumpe. Abb. 26. Indikatordiagramm des Auspufftopfes.

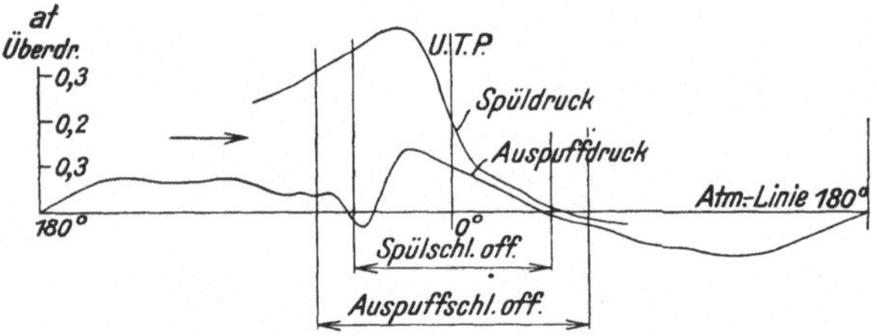

Abb. 27. Spüldruck und Auspuffdruck als Funktion des Kurbelwinkels.

Abb. 25 bis 27: Gut arbeitendes Auspuffsystem. Zylinderdurchmesser 320 mm, Hub 380 mm, Auspufftopfinhalt 245 l, Leitungsdurchmesser 150 mm, Leitungslänge 6,5 m, Drehzahl 309 U/min.

keit von der Zeit bzw. dem Kurbelweg dargestellt ist. In beiden Fällen bildet sich während der Zeit, in welcher die Schlitze überdeckt sind, eine freie Schwingung aus, deren Periode mit der rechnerisch ermittelten Eigenschwingungszeit gut übereinstimmt.

Der günstige Verlauf des Auspuffdruckes (Abb. 27) ist dadurch gekennzeichnet, daß die Eröffnung der Auspuffschlitze, also der Beginn der Störung, in dem Bereich des abfallenden Astes der Drucklinie der Eigenschwingung fällt, so daß die nunmehr wirksam werdende Störung durch den Vorauspuff den vorhandenen Schwingungszustand unterbricht und den Druck in kurzer Zeit neuerlich bis zu einem Größtwert ansteigen läßt, worauf sich wieder die freie Eigenschwingung einstellt, die gegen Ende der Spülperiode im Auspufftopf Unterdruck herstellt. Man erkennt, daß nur dieser Druckverlauf den Übertritt ausreichender Spülluftmengen in den Zylinder ermöglicht.

Bei dem in der Abb. 30 dargestellten Falle hingegen fällt die Störung in den Bereich des Druckanstieges, der vorhandene Schwingungszustand wird im wesentlichen beibehalten, nur wird die Dauer des positiven Druckausschlages gegenüber dem der Eigenschwingungszeit entsprechenden Betrage etwas vergrößert, so daß bei Abschluß der Schlitze im Topf Überdruck herrscht, der der Spülluft den Übertritt in den Zylinder verwehrt. Der indizierte Liefergrad der Spülpumpe, der im ersten Falle 80% betrug, sinkt auf 50%, und im gleichen Maße vermindert sich auch die erreichbare Höchstlast des Motors.

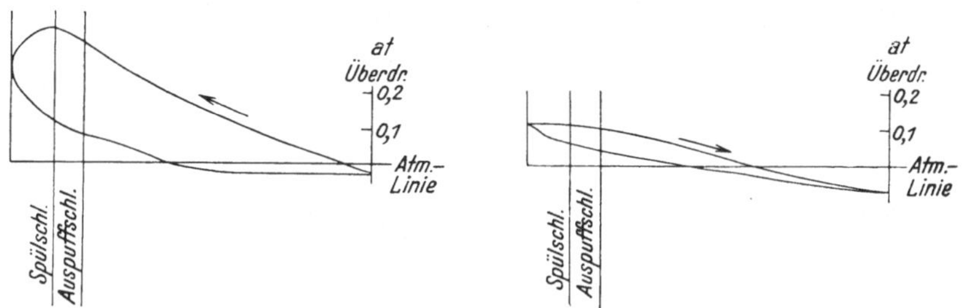

Abb. 28. Indikatordiagramm der Spülpumpe.   Abb. 29. Indikatordiagramm des Auspufftopfes.

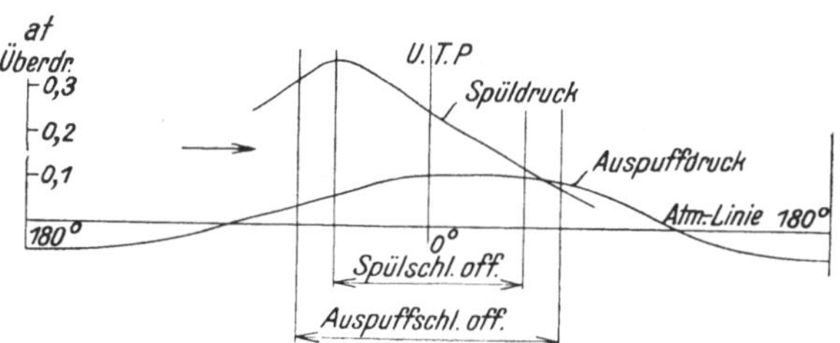

Abb. 30. Spüldruck und Auspuffdruck als Funktion des Kurbelwinkels.

Abb. 28 bis 30: Schlecht arbeitendes Auspuffsystem. Zylinderdurchmesser 320 mm, Hub 380 mm, Auspufftopfinhalt 245 l, Leitungsdurchmesser 150 mm, Leitungslänge 9 m, Drehzahl 310 U/min.

In den Abb. 31 bis 33 sind noch die entsprechenden Diagramme einer kleineren, gut arbeitenden Maschine dargestellt, die grundsätzlich den gleichen Verlauf zeigen wie das erste Beispiel.

Selbst wenn man die durch den ungünstigen Auspuffdruckverlauf bewirkte Leistungseinbuße in Kauf nehmen würde, so wäre es dennoch, wie alle Erfahrung lehrt, unzulässig, die Maschine in diesem Betriebszustand arbeiten zu lassen. Denn da der Frischluftanteil der Ladung auch bei gut arbeitenden Motoren dieser Bauart ziemlich klein ist, so würde eine weitere Verringerung dieses Anteiles die Temperaturen während des ganzen Arbeitsprozesses unter dem Einfluß der heißen Restgase erheblich erhöhen und so die Wärmebeanspruchung der Maschine, die ja auch im Normalfalle ziemlich groß ist, in unzulässiger Weise steigern, worunter nicht nur der Werkstoff des Kolbens und der Ringe, sondern auch der Schmierzustand der Zylinderlaufbahn leiden würde. Festgebrannte

Kolbenringe, übermäßige Abnützung der Ringe und des Zylinders, Kolbenverreibungen und Kolbenrisse sind die jeder Zweitaktmotorenfirma wohlbekannten Folgen.

Fast alle Kurbelkastenmaschinen arbeiten in der Nähe des Höchstwertes von nD. Demnach weichen auch die auf den Hub bezogenen Schlitzhöhen verschiedener Maschinen nur unbedeutend voneinander ab. Der als günstig erkannte Verlauf des Auspuffdruckes wird sich also dann einstellen, wenn die Periode z_0 der Eigenschwingung des Auspuffsystems

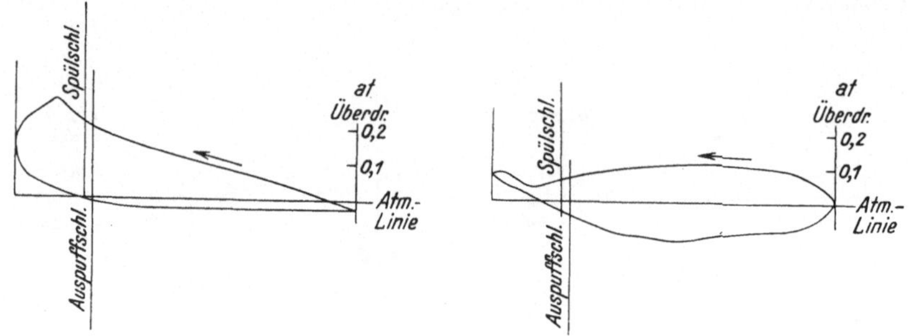

Abb. 31. Indikatordiagramm der Spülpumpe.   Abb. 32. Indikatordiagramm des Auspufftopfes.

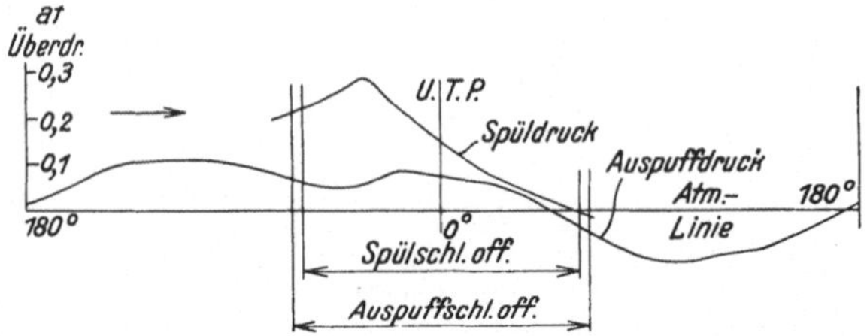

Abb. 33. Spüldruck und Auspuffdruck als Funktion des Kurbelwinkels.

Abb. 31 bis 33: Gut arbeitendes Auspuffsystem, Zylinderdurchmesser 190 mm, Hub 260 mm, Auspufftopfinhalt 36 l, Leitungsdurchmesser 125 mm, Leistungslänge 6,5 m, Drehzahl 500 U/min.

in einem bestimmten Verhältnis zur Dauer einer Umdrehung der Maschine steht. Ist n die Maschinendrehzahl, so muß also sein:

$$\frac{60}{n}\,\xi = z_0. \tag{21}$$

Bei den hier ausgeführten Beispielen beträgt:

$$\text{Abb. 25} \quad n = 309, \quad z_0 = 0{,}15 \ \text{sek}, \quad \xi = 0{,}77;$$
$$\text{,, } 28 \quad n = 310, \quad z_0 = 0{,}172 \ \text{sek}, \quad \xi = 0{,}89;$$
$$\text{,, } 31 \quad n = 500, \quad z_0 = 0{,}09 \ \text{sek}, \quad \xi = 0{,}75.$$

Zweifellos sind die kleineren Werte von ξ vorzuziehen. Man kann also festsetzen, daß ξ innerhalb der Grenzen 0,70 bis 0,75 liegen soll.

Die Dauer der Eigenschwingung z_0 folgt aus der Gl.:

$$1 - \frac{2\,\pi V_u}{z_0\,a\,f_u} \cdot \mathrm{tg}\,\frac{2\,\pi\,L}{a\,z_0} = 0 \ [1] \tag{22}$$

---

[1] Zeman, J.: Baugrenzen von Zweitaktdieselmaschinen mit Kurbelkastenspülpumpe. VDI Bd. 77, S. 1136 (1933). — Schmidt-Köln, Th.:

Da die Auspufftemperatur im Mittel 240° C beträgt, so wird die Schallgeschwindigkeit $a =$ rund 450 m/sek und Gl. (22) ist somit auswertbar. In der Abb. 34 ist die Schwingungszeit als Funktion des Öffnungsverhältnisses V_u/f_u für verschiedene Rohrlängen dargestellt. Bei Benützung der Abb. 34 ist zu beachten, daß die ihr entnommenen Werte z_0 infolge der Rohrreibung (gegebenenfalls Krümmer u. dgl.) meist etwas zu klein sind.

Topfgröße.

Mit Rücksicht auf die Herstellungskosten wird man trachten, das Volumen des Auspufftopfes möglichst klein zu halten, weil für eine gegebene Schwingungszeit z_0 dann auch der Leitungsquerschnitt klein bleibt. Da aber das Verhältnis Topfvolumen—Zylindervolumen die Drucksteigerung, also die Druckamplitude der Schwingung im Topf, dann aber auch die Stärke des Auspuffgeräusches bestimmt, darf dieses Verhältnis nicht zu klein sein. Praktisch haben sich Topfvolumina vom sechs- bis achtfachen Hubvolumen

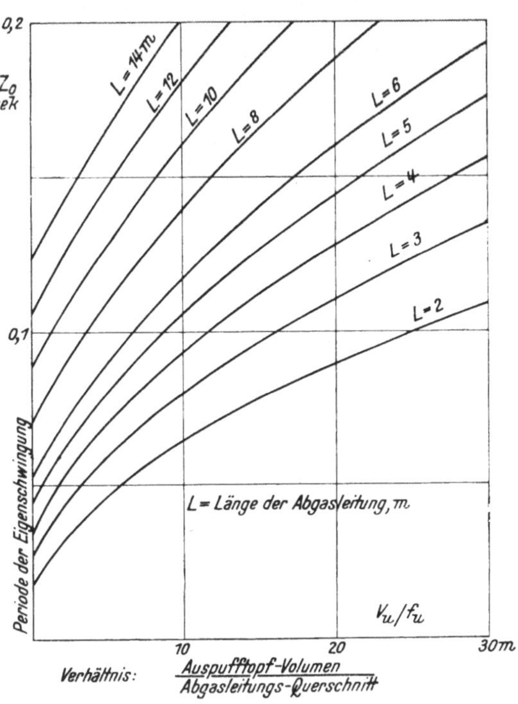

Abb. 34. Dauer der Eigenschwingung des Systems Auspufftopf—Auspuffleitung.

bewährt. Durch die Festlegung dieses Volumens und durch die gegebene Leitungslänge ist dann auch der Leitungsquerschnitt eindeutig bestimmt.

Verwendung einer zweiten Auspuffkammer.

Bei sehr langen Abgasleitungen, wie sie namentlich bei Aufstellung der Motoren in stark verbauten Gebieten vorkommen, pflegt man in die Leitung noch eine Kammer einzuschalten. Diese Kammer hat also den Zweck, in Maschinennähe die freie Atmosphäre zu ersetzen. Soll sie diese Aufgabe erfüllen, so muß ihre Eigenschwingungszeit weit über jener des zur Maschine gehörigen Auspuffsystems liegen, was hohe Werte

Schwingungen in Auspuffleitungen von Verbrennungsmotoren. Forschung Bd. 5, S. 226 (1934). — Lutz, O.: Resonanzschwingungen in den Rohrleitungen von Kolbenmaschinen. Berichte aus dem Laboratorium für Verbrennungskraftmaschinen der Techn. Hochschule Stuttgart, H. 3. Stuttgart 1934.

des Öffnungsverhältnisses der Kammer bedingt. Immer wird aber dadurch der Gleichgewichtszustand P_0, um den die Druckschwingung pendelt, durch die Widerstände der Leitung erhöht werden. Um diesen Nachteil möglichst wenig fühlbar zu machen, muß die Leitung sehr weit gemacht werden, so daß also sehr große Volumina der Kammer ausgeführt werden müssen, was eine fühlbare Belastung der Anlage bedeutet. Trotzdem ist eine Verschlechterung der Druckverhältnisse im eigentlichen Auspufftopf unvermeidlich, so daß in solchen Fällen mit einer Leistungseinbuße gerechnet werden muß. Diese Topfanordnung ist demnach ein Notbehelf, zu dem man möglichst selten greifen wird.

Mehrzylindermaschinen.

Soweit Mehrzylindermaschinen getrennte Abgasleitungen für jeden Zylinder erhalten, gelten die vorstehenden Beziehungen unverändert auch für sie.

Bei Mehrzylindermaschinen mit gemeinsamer Auspuffleitung läßt sich leider eine gleich einfache Beziehung nicht aufstellen. Damit ist aber nicht gesagt, daß diese Anordnung nicht auch gute Resultate ergeben kann, doch erfordert die Abstimmung der Abgasleitung einige Versuchsarbeit. Erfahrungsgemäß hat sich ergeben:

Es sollen nicht mehr als drei Zylinder in die gleiche Leitung auspuffen. Der Zündungsabstand der vereinigten Zylinder soll gleich groß sein (also 180^0 oder 120^0). Es scheint im allgemeinen zweckmäßiger zu sein, eine genügend weite und kurze Auspuffsammelleitung anzuordnen und diese dem Auspufftopf zuzuführen, als den gemeinsamen Topf gleichzeitig als Sammelleitung zu benützen, die Zylinder also unmittelbar an ihn anzuschließen. Für die Dimensionen der Sammelleitung, des Topfes und der Abgasleitung ins Freie lassen sich allgemeine Angaben kaum machen, sondern sie müssen von Fall zu Fall versuchsmäßig bestimmt werden. Jedenfalls sollen die Rohrquerschnitte größer sein als die der sonst gleichen Einzylindermaschinen. Hingegen kommt man häufig mit dem gleichen Topfvolumen aus.

C. Der Spülluftaufnehmer.

Da die vom Gebläse gelieferte und die in den Zylinder einströmende Luftmenge nicht in jedem Augenblicke gleich groß ist, so muß, um größere Druckschwankungen zu vermeiden, zwischen Gebläse und Zylinder ein Aufnehmer eingeschaltet werden. Der Rauminhalt des Aufnehmers wird durch den größten Druckunterschied der zu- und abgeströmten Luftmenge einerseits und durch die Größe des zulässigen Druckunterschiedes anderseits festgelegt. Um den Unterschied der in den Aufnehmer ein- und ausgetretenen Luftmenge zu bestimmen, geht man von einer bestimmten Kurbelstellung aus und trägt über den Kurbelwinkel als Ordinate die bis zu dem betreffenden Zeitpunkt vom Gebläse in den Aufnehmer geförderte und die bis dahin an die Zylinder abgegebene Luftmenge auf. Auf diese Weise erhält man zwei Linienzüge, wobei die zwischen denselben liegenden Strecken die jeweils im Aufnehmer vorhandenen Luftüber- und -unterschüsse angeben.

Die in den Zylinder eintretende, auf die Zeiteinheit bezogene Luftmenge ist, wie aus Abschnitt B 5 hervorgeht, annähernd dem jeweiligen Spülschlitzquerschnitt proportional. Trägt man also die Kolbenweglinie mit Hilfe der Tabelle 15 für die Umgebung des unteren Totpunktes in Abhängigkeit vom Kurbelwinkel auf (Linie $1'0^0 2'$, Abb. 35) und zieht in der der Schlitzhöhe entsprechenden Entfernung von der Abszissenachse eine zu dieser parallele Gerade $1'2'$, so sind die zwischen der Linie $1'0^0 2'$

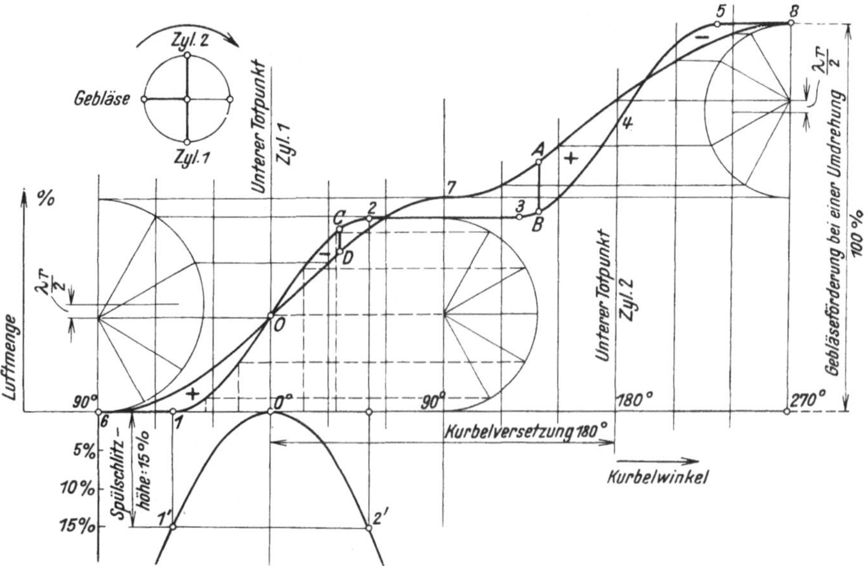

Abb. 35. In den Spülluftaufnehmer geförderte (Linienzug 6—7—8) und aus demselben austretende Luftmenge (Linienzug 1—2—3—4—5—8), abhängig vom Kurbelwinkel.

und der Geraden $1'2'$ liegenden Strecken der im betreffenden Zeitpunkt durch den Schlitz strömenden sekundlichen Luftmenge verhältnisgleich. Die Integralkurve zur Linie $1'0^0 2'$ gibt die in dem betrachteten Augenblicke in den Zylinder bereits eingetretene Luftmenge an, ist also eine der beiden gesuchten Kurven. Diese Integralkurve kann durch Teilen der Fläche $1'0^0 2'$ in Flächenstreifen und Planimetrieren dieser Streifen erhalten werden. Sie weicht aber so wenig von einer Sinuslinie ab, daß sie genau genug durch eine solche ersetzt werden kann. Daher macht das Aufzeichnen dieser Kurve keine Schwierigkeiten, da sie durch den aus Tabelle 15 zu entnehmenden, der gegebenen Schlitzhöhe zugeordneten Eröffnungswinkel und durch die auf jeden Zylinder entfallende Luftmenge eindeutig bestimmt ist. In der Abb. 35 ist die Konstruktion der Integralkurve als Sinuslinie angedeutet. Es sind nun soviele solcher Kurven aneinanderzureihen, als die Zahl der im betrachteten Zeitraum — meist eine Kurbelwellenumdrehung — gespülten Zylinder beträgt, und zwar so, daß die Mittelentfernung der Kurbelversetzung entspricht. Bei kleinen Zylinderzahlen verbleiben zwischen den Spülperioden Zeiträume, in denen keine Luft aus dem Aufnehmer abfließt, was durch eine zur Abszissenachse parallele Strecke dargestellt wird. Bei größeren Zylinderzahlen hingegen überdecken sich die Eröffnungszeiten der Spülschlitze mehr oder weniger und man erhält dann die Linie der gesamten, vom Aufnehmer abgegebenen Luftmenge durch Summierung der betreffenden Teile der Sinuslinien.

In der Abb. 35 sind die Verhältnisse für eine Zweizylindermaschine mit um 180⁰ versetzten Kurbeln dargestellt.

Nun ist noch die Kurve der vom Gebläse in den Aufnehmer geförderten Luftmenge aufzuzeichnen. Als Beispiel ist in Abb. 35 die Förderung eines doppeltwirkenden Kolbengebläses dargestellt, bei dem die untere Kolbenfläche (der Kolbenstange wegen) um 18% kleiner ist als die obere. Mit genügender Annäherung wird die von einer Kolbenpumpe geförderte Luftmenge durch die Kolbenweglinie dargestellt. Diese Linie wurde in der Abb. 35 nach dem Verfahren von Brix (Hütte II, S. 87, 26. Aufl.) für ein $\lambda = 0{,}25$ bestimmt und dabei vorausgesetzt, daß die Kurbel des Gebläses um 90⁰ gegen die Motorkurbel versetzt ist (s.

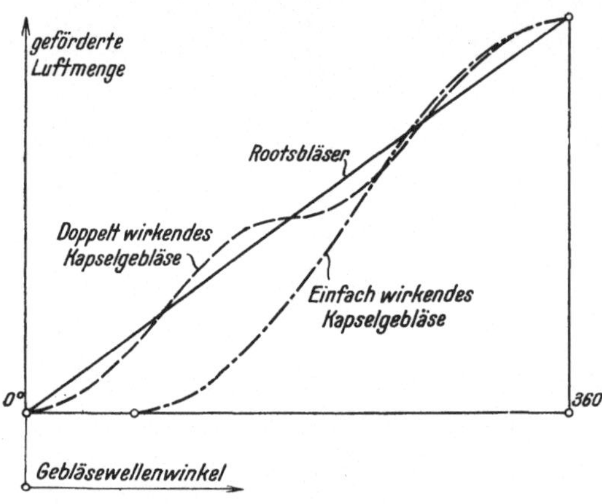

Abb. 36. Geförderte Spülluftmenge als Funktion des Gebläsewellenwinkels bei Rootsbläsern, doppelt- und einfachwirkenden Kapselgebläsen.

Kurbelschema). Dies ergibt den Linienzug 6—7—8.

Der Verlauf dieser Kurve ist selbstverständlich von dem jeweils verwendeten Gebläse abhängig. Als allgemeine Angabe diene folgendes: Bei Rootsbläsern, die praktisch gleichförmig fördern, ist die gesuchte Linie eine Gerade. Bei doppeltwirkenden Kapselgebläsen ist sie, ähnlich wie im vorliegenden Beispiel, aus zwei sinusartigen, aber — im Gegensatz zu vorliegendem Beispiel — gleich großen Kurventeilen zusammengesetzt, während sie bei einfachwirkenden Kapselgebläsen aus einem einzigen Sinusast besteht (s. Abb. 36). Die Kurve ist in jedem Falle punktweise zu bestimmen.

Bisher wurde vorausgesetzt, daß das Gebläse mit der Drehzahl des Motors umläuft. Ist dies nicht der Fall, so muß auf die Übersetzung Rücksicht genommen werden. Ist dieses Verhältnis eine ganze Zahl, so ist auch dann eine volle Umdrehung der Kurbelwelle zu untersuchen. Andernfalls müssen so viele Umdrehungen untersucht werden, als nötig sind, um in die relative Ausgangsstellung zwischen Motorkurbeln und Gebläse zurückzukommen. Bei einem Übersetzungsverhältnis von $1 : x$

also so viele Wellenumdrehungen n, als nötig sind, um das Produkt $n \cdot x$ zu einer ganzen Zahl zu machen. Endlich ist noch auf die Versetzung des Gebläses gegen die Motorkurbeln Rücksicht zu nehmen.

Der Maßstab für die geförderte Luftmenge (Ordinatenmaßstab) ist belanglos. Zu beachten ist nur, daß Anfangs- und Endpunkt beider Linien zusammenfallen muß, da ja die in den Aufnehmer eintretende und die aus ihm austretende Luftmenge gleich groß ist. Es ist daher am zweckmäßigsten, zunächst die Linie der Gebläseförderung in irgendeinem passenden Maßstab aufzutragen und dann die die Gesamtförderung darstellende Strecke so oft mal zu unterteilen, als in dem betrachteten Zeitraum Zylinder gespült werden. Dies ergibt dann den Durchmesser des Grundkreises der Sinuslinie, welche die in einen Zylinder abfließende Luftmenge darstellt.

Wie schon erwähnt, stellen die zwischen den beiden Linienzügen liegenden Strecken die jeweils im Aufnehmer vorhandenen Luftüber- bzw. -unterschüsse dar. Der Größtwert des Überschusses (Strecke AB) kennzeichnet die Stelle der größten Drucksteigerung, der Größtwert des Unterschusses (Strecke CD) die Stelle des Druckminimums im Aufnehmer.

In der Abb. 35 beträgt der Größtwert des Luftüberschusses $13,5\%$ und der Größtwert des Luftunterschusses $6,5\%$ der während einer Umdrehung geförderten Luftmenge. Daraus läßt sich angenähert die auftretende Druckschwankung oder, wenn letztere vorgeschrieben ist, das Volumen V_R des Aufnehmers berechnen. Setzt man nämlich voraus, daß die Zustandsänderung im Aufnehmer adiabatisch verläuft, und bezeichnet man das beim mittleren Spüldruck im Aufnehmer befindliche Luftgewicht mit G_R, das von der Spülpumpe bei einer Kurbelumdrehung geförderte Luftgewicht mit G_s, so muß sein:

$$\left(\frac{V_R}{G_R + 0,135\,G_s}\right)^{\varkappa} \cdot P_{s\,\max} = \left(\frac{V_R}{G_R - 0,065\,G_s}\right)^{\varkappa} \cdot P_{s\,\min} = (V_R/G_R)^{\varkappa} \cdot P_s,$$

$$\left(\frac{1}{1 + 0,135\,G_s/G_R}\right)^{\varkappa} \cdot P_{s\,\max} = \left(\frac{1}{1 - 0,065\,G_s/G_R}\right)^{\varkappa} \cdot P_{s\,\min} = P_s. \tag{23}$$

G_s muß aus der vom Gebläse angesaugten Luftmenge berechnet werden. Beträgt diese z. B. 20 l und die Temperatur der Außenluft 15^0 C bzw. 288^0 abs., so wird das spezifische Volumen der Außenluft (bei einem Druck von 10000 kg/m²) aus Gl. (74):

$$v_l = 29,26 \cdot 288/10\,000 = 0,842 \text{ m}^3/\text{kg},$$

daher:
$$G_s = 0,02/0,842 = 0,0238 \text{ kg}.$$

Weiters sei das Volumen des Aufnehmers 50 l, die Temperatur 35^0 C bzw. 308^0 abs. und der mittlere Spüldruck 14000 kg/m² abs. ($=0,4$ at Überdruck), dann wird das spezifische Volumen der Luft im Aufnehmer:

$$v = 29,26 \cdot 308/14\,000 = 0,642 \text{ m}^3/\text{kg},$$

woraus:
$$G_R = 0,05/0,642 = 0,078 \text{ kg},$$

damit wird:
$$G_s/G_R = 0,0238/0,078 = 0,305$$

und weiter:

$$P_{s\,\text{max}} = P_s\,(1 + 0{,}135\,.\,0{,}305)^\varkappa = 14\,000\,.\,1{,}0412^{1,4} = 14\,810\ \text{kg/m}^2,$$

$$P_{s\,\text{min}} = P_s\,(1 - 0{,}065\,.\,0{,}305)^\varkappa = 14\,000\,.\,0{,}9802^{1,4} = 13\,610\ \text{kg/m}^2.$$

Der größte Druckunterschied beträgt demnach $14\,810 - 13\,610 = 1200\ \text{kg/m}^2$ oder $0{,}120$ at.

Auf diese Weise läßt sich in jedem Falle entweder der auftretende Druckunterschied im Aufnehmer oder, wenn dieser vorgeschrieben ist, der Aufnehmerinhalt berechnen. Um eine genügend gleichmäßige Luftfüllung der einzelnen Zylinder sicherzustellen, soll die größte Druckschwankung nicht mehr als 10% des Spülluftüberdruckes betragen. (Im angeführten Beispiel betrug die größte Druckschwankung $100\,.\,1200/4000 = 30\%$ des Überdruckes.)

Das Verfahren ist deshalb nur ein angenähertes, weil es den Einfluß der Druckschwankungen auf die Abströmung in den Zylinder nicht berücksichtigt, sondern diese zunächst so darstellt, als wäre der Druck im Aufnehmer konstant. Für die Zwecke der Praxis dürfte jedoch die Genauigkeit des Verfahrers hinreichen.

D. Baugrenzen von Zweitaktdieselmaschinen.

Stets ist das Bestreben des Konstrukteurs dahin gerichtet, die geforderte Leistung mit dem geringsten Baustoffaufwand zu erreichen. Ein brauchbares Maß für den Baustoffaufwand bildet das Hubvolumen, weil dieses in erster Linie die Abmessungen der Maschine festlegt. Es wird somit die Ausnützung einer Maschine um so besser sein, je höher die auf die Einheit des Hubvolumens bezogene Leistung ist. Benützt man, wie üblich, das Liter als Raumeinheit, so wird die bezogene Leistung (Literleistung):

$$N_{e\,l} = \frac{N_e}{s\,\pi\,D^2/4} = 0{,}00222\,.\,p_e\,n, \tag{24}$$

wobei p_e in kg/cm^2 einzusetzen ist. Der Höchstwert der Literleistung ist also identisch mit dem Höchstwert des Produktes $p_e\,.\,n$. Der erreichbare mittlere Druck ist vom Spülverfahren, von der Leistungsaufnahme des Gebläses und von der Schlitzhöhe, die selbst wieder durch die Drehzahl bestimmt wird, abhängig. Wenn auch zu erwarten ist, daß durch Verbesserung der Spülverfahren und der Gebläsekonstruktion noch wesentliche Fortschritte erzielt werden können, so soll dennoch in den folgenden Untersuchungen diese Möglichkeit der Erhöhung der Literleistung unbeachtet bleiben, weil sie allen Drehzahlen in gleichem Maße zugute kommt. Ausgehend von den Ergebnissen der heute üblichen Spülverfahren, wird also der Grenzwert festzustellen sein, bis zu welchem eine Drehzahlsteigerung auch eine Leistungssteigerung bedeutet.

Damit soll aber durchaus nicht gesagt sein, daß es heute auch schon möglich ist, Motoren zu bauen, deren Drehzahl mit diesem Grenzwerte zusammenfällt. Denn neben der Leistungssteigerung spielt auch die Betriebssicherheit und Lebensdauer der Maschine eine entscheidende Rolle, und auch diese beiden Faktoren sind von der Drehzahl abhängig. Da aber die Technik in der Beherrschung hoher Drehzahlen immer weitere Fortschritte macht, hat die hierdurch bestimmte Drehzahlgrenze einen zeitlichen, vom jeweiligen Stande der Technik abhängigen Charakter, und es ist wahrscheinlich oder mindestens denkbar, daß sie so lange hinausgeschoben wird, bis jener Punkt erreicht wird, von dem ab eine weitere Steigerung der Drehzahl keine Erhöhung der Leistung mehr bewirkt.

1. Kurbelkastenmaschinen.

Ebenso wie bei Gebläsezweitaktmaschinen wird man auch bei Kurbelkastenmaschinen in erster Annäherung annehmen können, daß der mittlere Druck linear mit der Auspuffschlitzhöhe abnimmt.

Auch die Leistungsaufnahme der Kurbelkastenpumpe wird bei Erhöhung der Schlitze abnehmen. Um jedoch die Möglichkeit einer Drehzahlerhöhung bei Kurbelkastenmaschinen eher ungünstig zu beurteilen, soll darauf keine Rücksicht genommen werden, sondern die Pumpenleistung als unverändert angesehen werden. Damit ergibt sich in Abb. 37 für die der Pumpenleistung entsprechende Linie des mittleren Druckes p_g eine zur Abszissenachse parallele Gerade. Nach den Angaben des Abschnittes A 1 wurde p_g mit 0,15 at angenommen.

Bei Kurbelkastenmaschinen mit Querspülung und Führung der Luft

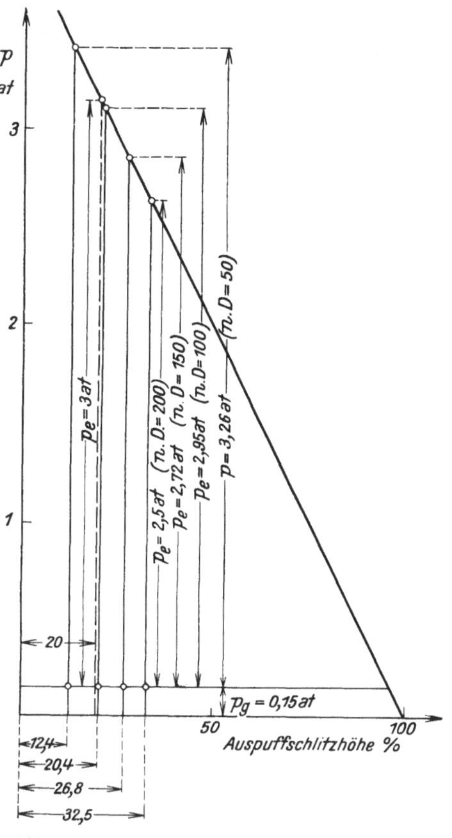

Abb. 37. Abhängigkeit des mittleren Druckes p_e von der Auspuffschlitzhöhe bei Kurbelkastenmaschinen.

durch schräge Kanäle läßt sich bei einer Auspuffschlitzhöhe von rund 20%, einwandfreie Verbrennungsverhältnisse vorausgesetzt, ein $p_e = 3$ at bei der noch ausreichenden Überlastungsmöglichkeit von etwa 15% erreichen. Damit ist auch die Gerade des mittleren Druckes p_{er} festgelegt, und es kann nunmehr der zu jeder Drehzahl gehörige Wert p_e aus dem Diagramm abgegriffen werden, wenn zuvor Spül- und Auspuffschlitzhöhe nach Gl. (15) und (19) bestimmt wurde.

Zugrunde gelegt wurde:

Für die Spülschlitze: $\zeta_s = 0,8$; $\varphi = 30^0$; $\sin \varphi = 0,5$, somit nach Gl. (19)

$$S_s = \frac{0,0009}{0,8 \cdot 0,5} \cdot n\,D = 0,00225 \cdot n\,D.$$

Für die Auspuffschlitze: $\zeta_a = 1,00$, somit nach Gl. (15)

$$S_a = \frac{0,000016}{1,00} \cdot n\,D = 0,000016 \cdot n\,D.$$

Nach der Bestimmung von S_s bzw. S_a kann dann die Spül- bzw. Auspuffschlitzhöhe der Abb. 20 und 18 (bei Zwischenwerten durch Interpolation) entnommen werden.

Tabelle 5. Literleistung einer Kurbelkastenmaschine von 1 dm Zylinderdurchmesser für verschiedene Kennziffern $n\,D$.

$n\,D$	S_s	h_s %	S_a	h_a %	p_e	Literleistung für $D = 1$ dm PS/l
50	0,1125	11	0,00080	12,4	3,26	3,62
100	0,225	17,5	0,0016	20,4	2,95	6,55
150	0,337	22,8	0,00240	26,8	2,72	9,05
200	0,45	27,8	0,0032	32,5	2,5	11,2

In Tabelle 5 sind die Ergebnisse für den Bereich $n\,D = 50$ bis 200 zusammengestellt. Daraus ergibt sich dann die Kurve Abb. 38, die die Abhängigkeit der Literleistung von der Drehzahl für eine Bezugsmaschine vom Zylinderdurchmesser 1 dm darstellt. Für jeden anderen Durchmesser folgt der Wert der Literleistung durch Multiplikation mit dem Faktor $1/D$ (D in dm). Die Kurve zeigt bis zum Werte $n\,D = 200$ noch immer steigende Tendenz.

Da die heutigen Ausführungen von Kurbelkastenmaschinen über ein $n\,D = 110$ m/min nicht hinausgehen, so ist die Möglichkeit einer Leistungserhöhung durch Drehzahlsteigerung noch offen, wenigstens soweit die Spülverhältnisse hierfür maßgebend sind. Der Grenzwert der Drehzahlsteigerung dürfte bei ungefähr $n\,D = 400$ liegen und wurde genau nicht ermittelt, weil er zu weit von den üblichen Drehzahlen abliegt.

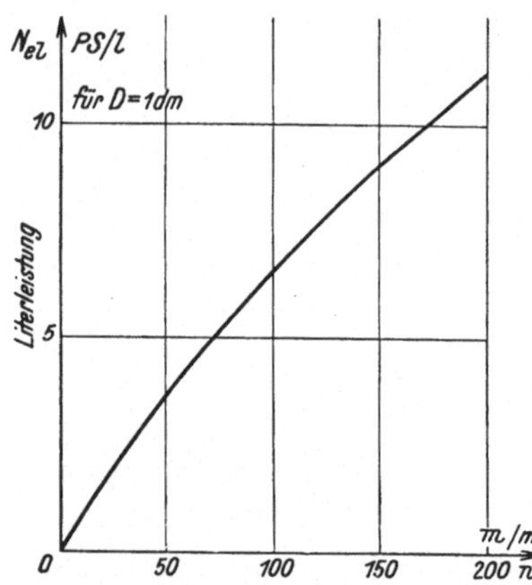

Abb. 38. Literleistung einer Kurbelkastenmaschine von Zylinderdurchmesser 1 dm als Funktion der Kennziffer n D.

Es muß an dieser Stelle nochmals ausdrücklich festgestellt werden, daß, wenn auch die theoretische Möglichkeit einer weitgehenden Drehzahlerhöhung besteht, diese an die Voraussetzung gebunden ist, daß Betriebssicherheit und Lebensdauer der Maschine hierdurch nicht gefährdet werden. Insbesondere sind es Kolben und Kolbenbolzen, die bei hohen Drehzahlen besondere Schwierigkeiten machen. Es steht außer Frage, daß diese Schwierigkeiten allmählich überwunden werden können; nach dem heutigen Stande der Erfahrung begrenzt aber die Beziehung $nD = 100$ bis 110 den Baubereich der Kurbelkastenmaschinen.

Daher wurde in Abb. 39 dieser Bereich abhängig von dem Zylinderdurchmesser für ein $nD = 100$ dargestellt und auch die Literleistung nach Gl. (24) für ein $p_e = \sim 3$ kg/cm² eingetragen. Die Gesamtleistung ist außer vom mittleren Druck und dem Zylinderdurchmesser auch vom Hub bzw. dem Hub-Bohrungs-Verhältnis abhängig. Für Querspülung ist

ein solches von 1,36 üblich, woraus sich die untere der beiden eingezeichneten Linien N_e ergibt. Es ist klar, daß man bei Verwendung eines größeren Hub-Bohrungs-Verhältnisses die gleiche Leistung bei höherer Drehzahl, also höherer Literleistung erreichen könnte. Eine Möglichkeit hierzu wäre durch die Anwendung der Umkehrspülung gegeben, von der H. List[1] nachgewiesen hat, daß sie bei einem s/D von 1,95 noch bessere Ergebnisse zeitigt als die Querspülung bei einem $s/D = 1,36$. Da praktische Ergebnisse darüber noch nicht vorliegen, wurde auch für die Umkehrspülung ein erreichbares $p_e = \sim 3$ at angenommen und damit die obere der beiden N_e-Linien festgelegt.

Anwendungsbeispiel:

Es seien Abmessungen und Drehzahl einer Kurbelkastenmaschine für eine Leistung von 40 PS zu bestimmen.

1. Querspülung: Hierfür ergibt Abb. 39 eine Drehzahl von $n = 420$, einen Zylinderdurchmesser von $D = 240$, daher einen Hub $s = 1,36 \cdot 240 = 326$.

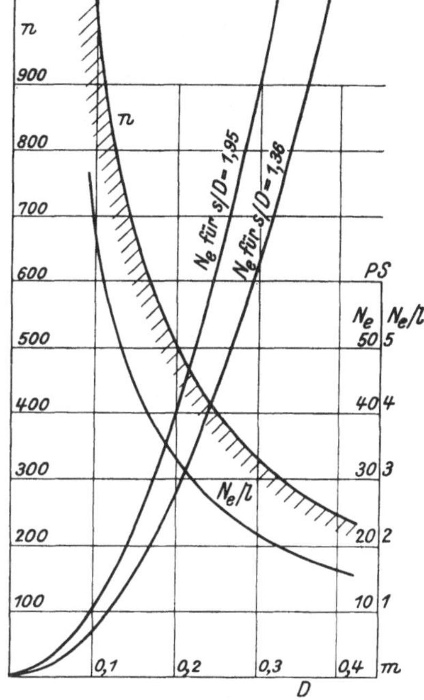

Abb. 39. Drehzahl, Literleistung und Zylinderleistung als Funktion des Zylinderdurchmessers bei Kurbelkastenmaschinen mit der Kennziffer $nD = 100$ m/Min.

Die Literleistung beträgt 2,75 PSe/l.

2. Umkehrspülung: Hierfür ergibt Abb. 39 eine Drehzahl von $n = 500$, einen Zylinderdurchmesser von $D = 200$, daher einen Hub $s = 1,95 \cdot 200 = 390$.

Die Literleistung beträgt 3,25 PSe/l.

Das Hubvolumen ist um 18% kleiner als bei Maschinen mit Querspülung.

Auch die Auspuffverhältnisse setzen der Drehzahl der Kurbelkastenmaschine eine obere Grenze, wie aus Abb. 34 zu ersehen ist. Diese Grenze

---

[1] List, H.: Kurbelkastenspülung für Zweitaktmaschinen. VDI Bd. 73, S. 225 (1929).

wird durch die Länge der Abgasleitung bestimmt. Z. B. wird man bei ortsfesten Anlagen mit mindestens 6 m Abgasleitung rechnen müssen. Bei einem Öffnungsverhältnis V_u/f_u von 2 wird dann $z_0 = 0,07$ s, und es folgt daraus die Maschinendrehzahl entsprechend der Gl. (21) mit

$$n = 60 . 0,75/0,07 = 645 \text{ U/min.}$$

Fahrzeugmaschinen gestatten in der Regel kürzere Leitungslängen, so daß die Drehzahl dieser Motoren auch entsprechend höher angesetzt werden kann.

2. Zweitaktmaschinen mit besonderem Spülgebläse.

Das im vorigen Abschnitte für Kurbelkastenmaschinen gewonnene Ergebnis, daß langhubige Motoren für die Erreichung hoher Literleistungen besser geeignet sind als kurzhubige, gilt auch für Gebläsezweitaktmaschinen. Es genügt daher, die Möglichkeit einer Drehzahlerhöhung nur für Maschinen mit Umkehrspülung, die hohe Werte des Verhältnisses s/D auszuführen gestattet, zu untersuchen.

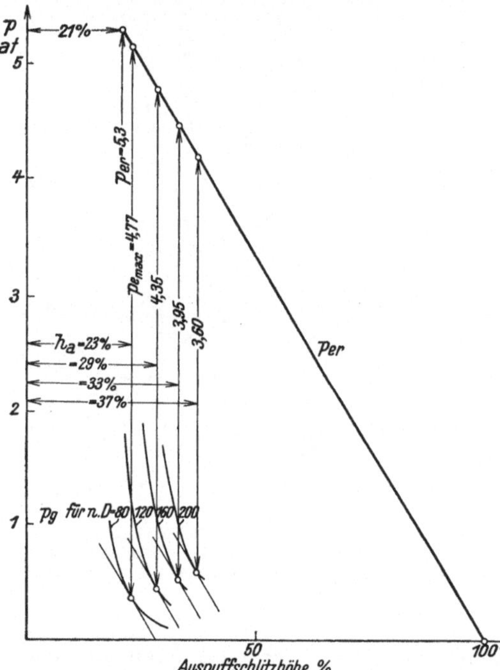

Abb. 40. Bestimmung der günstigsten Schlitzhöhen von Gebläsezweitaktmaschinen mit Umkehrspülung und einem Luftaufwand $k = 1,4$ für verschiedene Kennziffern $n D$.

Der Zusammenhang zwischen Drehzahl, Schlitzhöhe und mittlerem Druck ist im Abschnitt B dargestellt worden. Legt man der Untersuchung die gleichen Voraussetzungen zugrunde wie im Beispiel S. 28 und bestimmt die Schlitzhöhen für verschiedene Werte $n D$ (Abb. 40, Tabellen 3, 6 bis 8), so erhält man gleichzeitig das zu jedem dieser Werte gehörige $p_{e\max}$. Es muß dann nur noch die Überlastungsmöglichkeit der Maschine angenommen werden. In der Regel dürfte eine solche von 15% ausreichen. Dann wird:

$$p_e = \frac{1}{1,15} \cdot p_{e\max} = 0,87 \, p_{e\max}.$$

Man erhält somit für die Bezugsmaschine vom Zylinderdurchmesser 1 dm die Werte der Tabelle 9 (siehe S. 50).

Tabelle 6. Bestimmung des der Gebläseleistung entsprechenden mittleren Druckes p_g und der Auspuffschlitzhöhen für verschiedene Spülschlitzhöhen.

Umkehrspülung, $nD = 120$.

Spülschlitzhöhe %	14	16	18	20	22
S_s	0,162	0,197	0,235	0,276	0,318
$\sqrt{1 - (P_l/P_s)^{\frac{\varkappa-1}{\varkappa}}}$	0,38	0,312	0,261	0,223	0,194
$1 - (P_l/P_s)^{\frac{\varkappa-1}{\varkappa}}$	0,145	0,097	0,068	0,0495	0,0375
P_s/P_l	1,72	1,43	1,28	1,195	1,145
p_s (Überdruck) at	0,72	0,43	0,28	0,195	0,145
$p_g = \dfrac{1,4}{0,6} \cdot p_s$ at	1,68	1,0	0,652	0,455	0,338
S_a	0,009	0,009	0,009	0,009	0,009
Auspuffschlitzhöhe %	21,8	24	26,2	28,4	30,6

Tabelle 7. Bestimmung des der Gebläseleistung entsprechenden mittleren Druckes p_g und der Auspuffschlitzhöhen für verschiedene Spülschlitzhöhen.

Umkehrspülung, $nD = 160$.

Spülschlitzhöhe %	16	18	20	22	24
S_s	0,197	0,235	0,276	0,318	0,364
$\sqrt{1 - (P_l/P_s)^{\frac{\varkappa-1}{\varkappa}}}$	0,417	0,349	0,297	0,258	0,225
$1 - (P_l/P_s)^{\frac{\varkappa-1}{\varkappa}}$	0,173	0,121	0,088	0,0665	0,0508
P_s/P_l	1,85	1,56	1,38	1,27	1,2
p_s (Überdruck) at	0,85	0,56	0,38	0,27	0,2
$p_g = \dfrac{1,4}{0,6} \cdot p_s$ at	1,98	1,305	0,885	0,63	0,466
S_a	0,012	0,012	0,012	0,012	0,012
Auspuffschlitzhöhe %	25,3	27,5	29,7	32	34

Tabelle 8. Bestimmung des der Gebläseleistung entsprechenden mittleren Druckes p_g und der Auspuffschlitzhöhen für verschiedene Spülschlitzhöhen.

$$n\,D = 200. \qquad\qquad \text{Umkehrspülung.}$$

Spülschlitzhöhe %	20	22	24	26
S_s	0,276	0,318	0,364	0,411
$\sqrt{1 - (P_l/P_s)^{\frac{\varkappa-1}{\varkappa}}}$	0,37	0,321	0,275	0,249
$1 - (P_l/P_s)^{\frac{\varkappa-1}{\varkappa}}$	0,137	0,103	0,0755	0,0617
P_s/P_l	1,66	1,46	1,32	1,25
p_s (Überdruck) at	0,66	0,46	0,32	0,25
$p_g = \dfrac{1,4}{0,6} \cdot p_s$ at	1,54	1,07	0,745	0,583
S_a	0,015	0,015	0,015	0,015
Auspuffschlitzhöhe %	31	33,2	35,3	37,4

Auch hier zeigt also der untersuchte Teil der Literleistungskurve (Abb. 41) steigende Tendenz und erreicht bis zum Werte $n\,D = 200$ nicht den Höchstwert. Soweit also die Spülverhältnisse in Frage kommen, ist die Gebläsemaschine für den Schnellauf grundsätzlich geeignet. Dabei ist durchaus anzunehmen, daß das qualitative Spülergebnis und damit das erreichbare p_e noch wesentlich verbessert werden wird. Aber auch schon

Tabelle 9. Literleistung einer Gebläsemaschine von 1 dm Zylinderdurchmesser für verschiedene Kennziffern $n\,D$.

$n\,D$	$p_{e\,max}$ at	$p_e = 0,87\,p_{e\,max}$ at	Literleistung für $D = 1$ dm PS/l
80	4,77	4,15	7,3
120	4,35	3,8	10,0
160	3,95	3,44	12,1
200	3,6	3,13	13,8

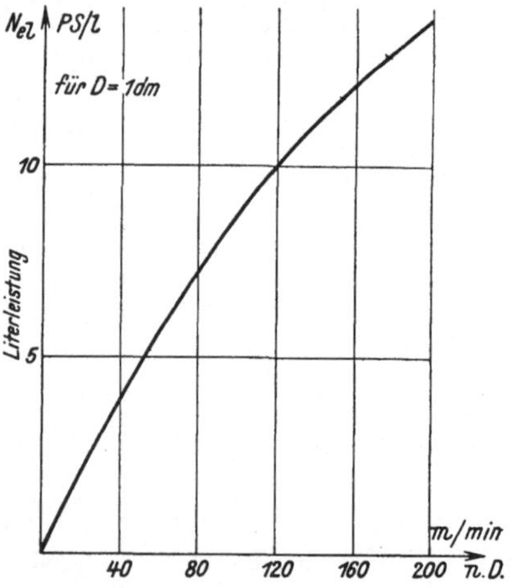

Abb. 41. Literleistung einer Gebläsezweitaktmaschine von Zylinderdurchmesser 1 dm als Funktion der Kennziffer $n\,D$ bei Umkehrspülung und einem Luftaufwand $k = 1,4$.

beim heutigen Entwicklungsstande der Spülverfahren könnte die Gebläsemaschine mit der schnellaufenden Viertaktmaschine in Wettbewerb treten.

Z. B. haben übliche Ausführungen schnellaufender Viertaktdieselmaschinen, wie sie in jüngster Zeit von mehreren Firmen für Lokomotiven gebaut werden, folgende Abmessungen:

Hub 250 mm, Bohrung 210 mm, Drehzahl 1000 U/min.

Zylinderleistung 50 PSe, daher Literleistung 5,8 PSe/l.

Die entsprechende Gebläsezweitaktmaschine würde bei einer Drehzahl von 1000 U/min und einem $nD = 200$ einen Zylinderdurchmesser von 200 mm haben und ihre Literleistung wäre daher:

$$13,8 . 1/2 = 6,9 \text{ PSe/l},$$

also um 19% höher als bei der Viertaktmaschine.

Die Schwierigkeiten, die das Triebwerk bei hohen Drehzahlen bereiten dürfte, sind jedenfalls leichter zu überwinden als bei Kurbelkastenmaschinen, weil bei Gebläsezweitaktmaschinen die Umlaufschmierung ohne weiteres angewandt werden kann. Es ist also durchaus möglich, daß sich die Gebläsemaschine schrittweise Gebiete erobert, die bisher der Viertaktmaschine vorbehalten waren.

E. Wahl des Verdichtungsverhältnisses.

Die Verdichtungsverluste nehmen, insbesondere bei kleineren Motoren und bei kleinerer Drehzahl, Werte an, die nicht mehr vernachlässigt werden können, sondern durch Erhöhung des Verdichtungsverhältnisses wettgemacht werden müssen. Verlustquellen sind die Abkühlung und die Undichtheiten des Kolbenabschlusses. Die Abkühlungsverluste lassen sich mit Hilfe der durch Nusselt bestimmten Wärmeübergangszahl annähernd berechnen, während die Undichtheitsverluste im Versuchswege bestimmt werden müssen. Die Ergebnisse beziehen sich in erster Linie auf Druckeinspritzmaschinen, die in der Regel ohne Hilfszündung anfahren müssen und bei denen daher eine genügend hohe Verdichtung besonders wichtig ist. Da aber bei Vorkammermotoren und Druckeinspritzmaschinen lediglich die Abkühlungsverluste verschieden groß sind, so wird man die Ergebnisse mit einer gewissen Annäherung auch auf Vorkammermaschinen übertragen können.

Auch der Beginn der Verdichtung bedarf bei Zweitaktmaschinen einer Untersuchung, weil sich dabei Vorgänge abspielen, die auf die Höhe der Verdichtung Einfluß haben.

1. Verdichtungsbeginn bei Zweitaktmotoren.

Bezeichnet man den Hub mit $2r$, die Höhe der Auspuffschlitze vom unteren Totpunkt gemessen mit h_a, den Verdichtungsraum mit V_0, so definiert man bei Zweitaktmotoren das Verdichtungsverhältnis ε durch:

$$\varepsilon = V_a/V_0 = \frac{(2r - h_a)\,\pi D^2/4 + V_0}{V_0}. \tag{25}$$

Demnach würde die Verdichtung dann beginnen, wenn die Kolbenkante die Auspuffschlitze eben abschließt. Vorher fließt die vom Kolben verdrängte Ladungsmenge durch den Schlitz, was eine kleine Druckerhöhung im Zylinder bedingt (Abb. 42). Auch nach dem Abschluß des Auspuff-

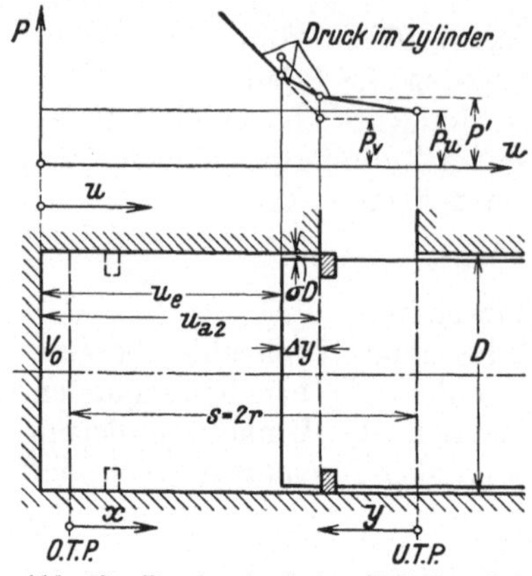

Abb. 42. Druckverlauf im Zylinder bei Abschluß der Schlitze durch den Kolben.

schlitzes durch die Kolbenkante ist die Ladung noch nicht dicht abgeschlossen, weil der Kolbenoberteil stets Spiel hat und daher ein Spalt verbleibt, durch den ein Teil der Ladung entweichen kann. Die Ladung ist erst dann völlig abgeschlossen, wenn der erste Kolbenring den Schlitz überschleift. Zweckmäßig wird dies dadurch berücksichtigt, daß man die obige Bestimmung des Verdichtungsverhältnisses beibehält und die Verdichtung mit einem Druck P_v und einer Temperatur T_v beginnen läßt, die den jeweiligen Verhältnissen entsprechen. Da es sich hier um sehr kleine Druckunterschiede handelt, sind für die Berechnung von P_v und T_v vereinfachende Annahmen (z. B. unendliche Schubstangenlänge u. a.) zulässig.

2. Druckerhöhung im Zylinder bei Abschluß der Schlitze durch die Kolbenkante.

Bei den sehr kleinen Druckunterschieden vor und hinter den Schlitzen kann genau genug die vereinfachte Ausströmformel Gl. (83) angewandt werden. Dann ist die in der Zeit dz austretende Gasmenge:

$$dG_v' = f_a \, \mu_a \cdot \sqrt{2g \cdot \frac{P - P_u}{v}} \cdot dz.$$

Darin bedeutet G_v' die durch die Schlitze ausströmende Gasmenge in kg, f_a (m²) die veränderliche Fläche der Schlitze, wobei lediglich die Auspuffschlitze berücksichtigt werden sollen, μ_a den Ausflußbeiwert, v (m³/kg) das spezifische Volumen der Ladung, P den veränderlichen Druck im Zylinder, P_u den unveränderlich angenommenen Druck hinter den Schlitzen, beide in kg/m², und g (m/sek²) die Erdbeschleunigung.

Die Auspuffschlitzfläche ist $f_a = b_a \, (h_a - y)$, wobei h_a die Schlitzhöhe in m, y (m) den Kolbenweg, beide vom unteren Totpunkt gemessen, und b_a (m) die Schlitzbreite bedeutet.

Für unendliche Stangenlänge wird:

$$y = r \, (1 - \cos \omega z),$$

$$dz = \frac{1}{\omega r} \cdot \frac{dy}{\sqrt{2 \, y/r - (y/r)^2}}.$$

In Anbetracht der sehr kleinen Druckerhöhungen sei nun die vereinfachende Annahme getroffen, daß der Überdruck im Zylinder, vom unteren Totpunkt beginnend, linear mit dem Kolbenweg ansteige, daß also $P - P_u = K\,y$, worin K einen unveränderlichen Wert bedeute.

Begnügt man sich damit, der Untersuchung mittlere Verhältnisse zugrunde zu legen, so kann man h_a mit 20% des Hubes, also $h_a/r = 0,4$, und b_a mit $\pi D/3$ einschätzen. Dafür wird:

$$d\,G_v' = \mu_a\,b_a\,(h_a - y) \cdot \sqrt{2\,g\,K\,y/v} \cdot \frac{1}{\omega\,r} \cdot \frac{d\,y}{\sqrt{2\,y/r - (y/r)^2}}\,;$$

$$G_v' = \frac{\mu_a\,b_a}{\omega} \cdot \sqrt{2\,g\,K/v} \int_0^{h_a} \frac{h_a - y}{\sqrt{2\,r - y}} \cdot d\,y\,;$$

$$\int_0^{h_a} \frac{h_a - y}{\sqrt{2\,r - y}} \cdot d\,y = \frac{2}{3}\,\{-3\,h_a + 4\,r + y\} \cdot \sqrt{2\,r - y}\,\Big|_0^{h_a} = r^{3/2} \cdot 0,05866\,;$$

$$G_v' = \frac{\mu_a\,b_a}{\omega} \cdot \sqrt{2\,g\,K/v} \cdot r^{3/2} \cdot 0,05866.$$

Das im unteren Totpunkt im Zylinder befindliche Gasgewicht sei:

$$G' = \frac{\pi\,D^2}{4} \cdot \frac{2\,r}{v} \cdot k_1,$$

dabei berücksichtigt der Beiwert k_1 den Inhalt des Verdichtungsraumes V_0, hat also den Wert $k_1 = 1 + V_0/J$, worin J den Hubraum bedeutet.

Ist P' der Druck im Zylinder bei Abschluß der Schlitze durch die Kolbenkante (also zur Zeit z_{a2}, $y = h_a$, Abb. 68), so wird:

$$P' - P_u = h_a \cdot K = \left(\frac{3 \cdot \sqrt{h_a/r}}{2 \cdot 0,05866 \cdot \sqrt{2\,g}}\right)^2 \cdot$$
$$\cdot (G_v'/G')^2 \cdot (\omega\,D\,k_1)^2/\mu_a^2 \cdot v =$$
$$= 13,33\,(G_v'/G')^2 \cdot (\omega\,D\,k_1)^2/\mu_a^2 \cdot v. \quad (26)$$

Wenn man annimmt, daß die Zustandsänderung adiabatisch verläuft, was bei den sehr kleinen Druck- und Temperaturunterschieden genau genug zutreffen dürfte, so ist, anderseits:

$$P' = P_u \left(\frac{(V_0 + J)/G'}{V_a/(G' - G_v')}\right)^\varkappa =$$
$$= P_u \left(\frac{V_0 + J}{V_a}\right)^\varkappa \cdot (1 - G_v'/G')^\varkappa. \quad (27)$$

Das Verhältnis $(V_0 + J)/V_a$ ist zwar eine Funktion des Verdichtungsverhältnisses, doch ist diese Veränderlichkeit so gering, daß man den Verdichtungsraum näherungsweise gleich 6% des Hubraumes setzen kann. Dann wird:

$$\left(\frac{V_0 + J}{V_a}\right)^{1,4} = 1,339. \quad (28)$$

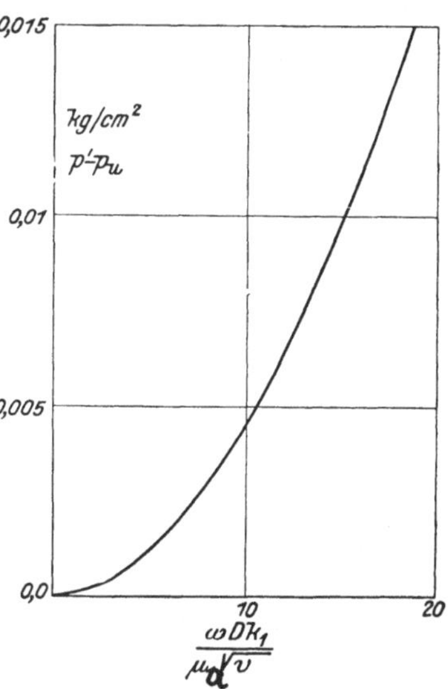

Abb. 43. Die bei Abschluß der Schlitze durch die Kolbenkante auftretende Drucksteigerung $p' - p_u$ als Funktion der Kennziffer $\omega\,D\,k_1/\mu_a\sqrt{v}$.

Aus den Gl. (26), (27) und (28) läßt sich $P'-P_u$ am besten graphisch bestimmen. Als Ergebnis erhält man $P'-P_u$ als Funktion von $\omega D k_1/\mu_a \cdot \sqrt{v}$. Diese Abhängigkeit ist in Abb. 43 dargestellt, aus der der Druckanstieg jeweils entnommen werden kann.

Das angegebene Berechnungsverfahren für P' bedeutet zwar nur eine grobe Annäherung, die aber bei der geringen Bedeutung dieses Druckanstieges hinreichen dürfte.

3. Luftverlust in der Zeit vom Abschlusse der Schlitze durch die Kolbenkante bis zum Überschleifen des ersten Kolbenringes über die Schlitzkante.

In diesem Zeitabschnitt ist die Ladung noch nicht dicht abgeschlossen, da ein Spalt von der Breite des halben Kolbenspieles σD (Abb. 42) und einer Länge gleich der Auspuffschlitzbreite offen bleibt. Für die Berechnung der in der Zeit dz austretenden Verlustmenge läßt sich Gl. (83) verwenden. Das in dieser Gleichung einzusetzende Zeitdifferential dz kann ausgedrückt werden durch das Zylindervolumen V, bzw. durch die Größe $u = \dfrac{V}{\pi D^2/4} = = x + \dfrac{V_0}{\pi D^2/4}$. Es ist nämlich für unendliche Schubstangenlänge:

$$d V = \frac{\pi D^2}{4} \cdot r \sin \omega z \, . \, d \omega z.$$

In der Zeit z_{a2} bis z_e (siehe auch Abb. 68) verändert sich $\sin \omega z$ so wenig, daß für $a/r = 0,4$ (Auspuffschlitzhöhe 20% des Hubes) und für eine bezogene Entfernung des ersten Kolbenringes von der Kolbenkante von 4 bis 11% ($= 100 \, \Delta y/2\,r$) mit einem unveränderlichen Mittelwert $\sin \omega z = 0,96$ gerechnet werden kann. Damit wird für gleichbleibende Drehzahl, bei Verwendung des Wertes $u = \dfrac{V}{\pi D^2/4}$:

$$d z = 4 \, . \, d V/0,96 \, . \, \pi D^2 r \omega = d u/0,96 \, . \, r \omega.$$

Die Druck-Weg-Linie kann mit genügender Annäherung als Polytrope angesehen werden, deren vorläufig noch unbekannter Exponent m den Verlusten entsprechend zu wählen ist. Es wird dann gemäß Gl. (76):

$$P \, . \, V^m = P' \, . \, V_a{}^m \quad \text{und} \quad P = P' \, . \, (V_a/V)^m = P' \, . \, (u_a/u)^m.$$

Die in der Zeit dz durch die vom Kolbenspiel herrührende Öffnung f'' verlorengehende Ladungsmenge ist somit:

$$d G_v'' = f'' \, \mu_1 \, . \, \sqrt{2 g \cdot \frac{P-P_u}{v}} \cdot d z =$$

$$= \frac{f'' \, \mu_1}{0,96} \cdot \sqrt{2\,g/v} \, . \, \sqrt{P'(u_a/u)^m - P_u} \, . \, d u/r \, \omega;$$

P' ist von P_u stets nur sehr wenig verschieden, so daß man nach Einführung der Größe

$$H = \int\limits_{u_{a2}}^{u_e} \sqrt{(u_a/u)^m - 1} \, . \, d u/2 r \tag{29}$$

setzen kann:

$$G_v'' = \frac{2 \, f'' \, . \, \mu_1}{0,96 \, . \, \omega} \cdot H \, . \, \sqrt{2\,g\,P_u/v}. \tag{30}$$

Setzt man wieder eine Auspuffschlitzbreite von $b_a = \pi D/3$ voraus, so ist bei einem halben Kolbenspiel $\sigma D : f'' = \sigma D^2 \pi/3$.

Das im Zeitpunkt z_{a2} im Zylinder befindliche Gasgewicht läßt sich ausdrücken durch:

$$G'' = \frac{\pi D^2}{4 v} \cdot 2\, r\, k_2, \tag{31}$$

wobei:

$$k_2 = V_a/J = \frac{V_0 + \dfrac{\pi D^2}{4}(s - h_a)}{\dfrac{\pi D^2}{4} s}, \tag{32}$$

man erhält damit:

$$G_v''/G'' = 6{,}15 \cdot \frac{\sigma \mu_1}{k_2 r \omega} \cdot \sqrt{P_u v} \cdot H. \tag{33}$$

H hängt in erster Linie von der Entfernung $\Delta y/2r$ des ersten Kolbenringes von der Kolbenkante ab; demgegenüber ist der Einfluß des Ver-

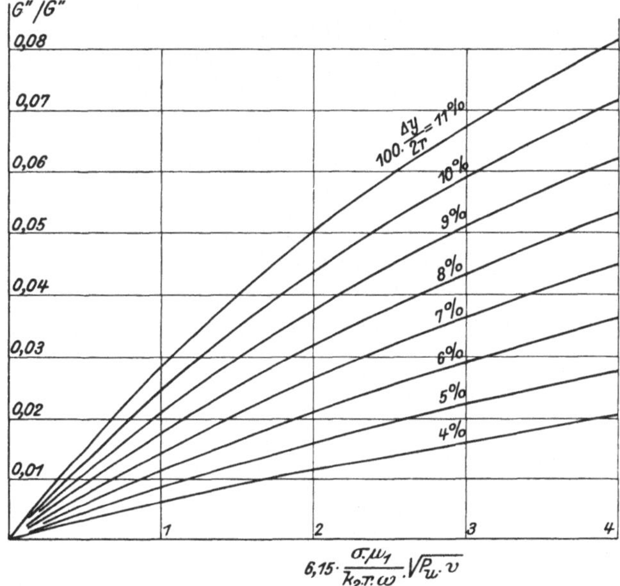

Abb. 44. Der vor Abschluß der Schlitze durch den ersten Kolbenring auftretende relative Ladungsverlust G_v''/G'' als Funktion der Kennziffer $6{,}15 \cdot \dfrac{\sigma \cdot \mu_1}{k_2 r \omega} \cdot \sqrt{P_u v}$.

dichtungsraumes verschwindend klein, so daß, wie früher, mit einem Mittelwert von 6% des Hubvolumens gerechnet wurde. Damit läßt sich H für verschiedene $\Delta y/2r$ und m bestimmen.

Nimmt man weiter an, daß die Zustandsänderung adiabatisch erfolgt, so ergibt sich der Enddruck im Zeitpunkt z_e aus:

$$P = P' \cdot (V_a/V_e)^m = P' \cdot \left(\frac{V_a/G''}{V_e/(G'' - G_v'')}\right)^\varkappa = P' \cdot (V_a/V_e)^\varkappa \cdot (1 - G_v''/G'')^\varkappa,$$

woraus:

$$G_v''/G'' = 1 - (V_e/V_a)^{1-m/\varkappa}. \tag{34}$$

Die Gl. (33) und (34) bilden die Bestimmungsgleichungen für die beiden Unbekannten G_v''/G'' und m. Trägt man G_v''/G'' nach Gl. (33) und (34) über m als Ordinate auf, so erhält man im Schnittpunkt beider Kurven die gesuchten Größen. Führt man dies für verschiedene $\Delta y/2r$ und $6{,}15\,\dfrac{\sigma\,\mu_1}{k_2\,r\,\omega}\cdot\sqrt{P_u\,v}$ durch, so läßt sich G_v''/G'' in Kurvenform als Funktion dieser beiden Größen darstellen und ist so in jedem einzelnen Fall mühelos ablesbar (Abb. 44).

Ist aber G_v''/G'' bekannt, so folgt der gesuchte Verdichtungsanfangsdruck aus der Gleichung:

$$P_v = P'(1 - G_v''/G'')^{\varkappa}. \tag{35}$$

4. Abkühlungsverluste während der Verdichtung.

Mit der Nusseltschen Gleichung[1] für den Wärmeübergang erhält man unter Vernachlässigung des Strahlungsgliedes für die während der Verdichtung auf die Fläche O m² in der Zeit dz (sek) übergehende Wärmemenge:

$$dQ = -\frac{0{,}99}{36 \cdot 10^{14/3}} \cdot (1 + 1{,}24\,w_K) \cdot \sqrt[3]{P^2\,T} \cdot O \cdot (T - T_w) \cdot dz,$$

worin P (kg/m²) den abs. Druck, T die abs. Temperatur der Ladung, T_w die abs. Temperatur der Fläche O und w_K (m/sek) die mittlere Kolbengeschwindigkeit bedeutet. Zu dieser Gleichung kommen noch hinzu:

Die Zustandsgleichung des Gases:

$$P V = G R T. \tag{75}$$

V Gesamtvolumen der Ladung m³, G Gewicht der Ladung kg, R Gaskonstante.

Die allgemeine Wärmegleichung:

$$dQ = G c_v d T + A P d V. \tag{68}$$

c_v spezifische Wärme bei konst. Volumen, A Wärmewert der Arbeitseinheit.

Die geometrische Beziehung:

$$O = 4\,V/D + O_0 - 4\,V_0/D.$$

D Zylinderdurchmesser, V_0 Rauminhalt und O_0 Oberfläche des Verdichtungsraumes in m bzw. m³ und m².

Eine Beziehung zwischen V und z, die bei einem Kurbelradius r (m) und einem Schubstangenverhältnis λ für unveränderliche Winkelgeschwindigkeit ω lautet:

$$V = (V_0 + D^2 \pi r/4) + \left(\cos\omega z + \frac{1}{2}\lambda\sin^2\omega z\right)D^2\pi r/4. \tag{36}$$

---

[1] Nusselt: Der Wärmeübergang in der Verbrennungskraftmaschine. Forschungsarbeiten H. 264.

Berücksichtigt man, daß:

$$A\,R/c_v = \varkappa - 1, \quad \text{worin:}\quad \varkappa = c_p/c_v,$$

und führt man die nachfolgenden Größen ein:

$$B = \frac{0,99}{36\cdot10^{14/3}}\cdot\frac{T_w}{G\cdot c_v}\cdot(1+1,24\,w_K)\cdot\sqrt[3]{G^2\,R^2}\cdot\frac{1}{\omega}\cdot\left(\frac{16\,\pi\,r}{D}\right)^{1/3} =$$

$$= 0{,}000\,002\,1866\cdot\frac{T_w}{c_v\sqrt[3]{G}\cdot\omega}\cdot(1+1,24\,w_K)\,R^{2/3}\cdot(r/D)^{1/3}\,; \qquad (37)$$

$$C = O_0/D\,\pi\,r - \frac{V_0}{D^2\,\pi\,r/4}\,, \qquad (38)$$

so erhält man die Differentialgleichung:

$$d\,T/d\,z = T\cdot\left[-(\varkappa-1)\cdot\omega\,\frac{d\ln\left(\dfrac{V}{D^2\,\pi\,r/4}\right)}{d\,\omega\,z} + B\cdot\omega\left\{\left(\frac{V}{D^2\,\pi\,r/4}\right)^{1/3} + C\cdot\right.\right.$$

$$\left.\left.\cdot\left(\frac{V}{D^2\,\pi\,r/4}\right)^{-2/3}\right\}\right] - T^2\cdot\left[\frac{B\,\omega}{T_w}\cdot\left\{\left(\frac{V}{D^2\,\pi\,r/4}\right)^{1/3} + C\cdot\left(\frac{V}{D^2\,\pi\,r/4}\right)^{-2/3}\right\}\right]. (39)$$

In dieser Gleichung sind die Faktoren von T und T^2 bis auf die Größen T_w, c_v und $\varkappa$ nur von z abhängig.

Zur Lösung von Gl. (39) wurde $T_w =$ konst. gesetzt. Beim Anfahren des Motors ist dies sicherlich zulässig, weil T_w dann über die ganze gasberührte Fläche nahezu den gleichen Wert hat. Aber auch für die Berechnung der während des normalen Betriebes auftretenden Verdichtungstemperatur dürfte der durch die Annahme $T_w =$ konst. begangene Fehler klein sein, wie aus folgender Überlegung hervorgeht:

An einer bestimmten Stelle verändert sich T_w während eines Kolbenspieles nach Eichelberg[1] nur wenig, so daß man auf diese Veränderlichkeit keine Rücksicht zu nehmen braucht. Vom Orte ist T_w in der Weise abhängig, daß es seinen Höchstwert an der Oberfläche des Verdichtungsraumes, seinen Kleinstwert hingegen ungefähr in der Mitte des Kolbenlaufes annimmt, während das kurbelseitige Zylinderende von den durch die Auspuffschlitze strömenden Abgasen wieder erheblich erwärmt wird. Es dürften also die Temperaturunterschiede in der Wand nicht allzu große sein, wenn man von einigen örtlich meist eng begrenzten Stellen absieht, an denen durch Werkstoffanhäufung u. dgl. die Wärmeabfuhr sehr schlecht ist.

Unter T_w hat man den Mittelwert aller Wandtemperaturen über der jeweiligen Oberfläche O zu verstehen. Da einerseits O_0 stets einen erheblichen Teil der gesamten gasberührten Fläche ausmacht (bei Verdichtungsbeginn zirka 55%) und deshalb den Hauptteil der an das Kühlwasser übergehenden Wärmemenge durchleitet, anderseits der Wärmeübergang

---

[1] Eichelberg, G.: Temperaturverlauf und Wärmespannnngen im Verbrennungsmotor. Forschungsarbeiten H. 263.

bei den unteren Kolbenlagen deshalb nicht sehr ins Gewicht fällt, weil sowohl die Temperaturunterschiede Ladung-Wand als auch die Wärmeübergangszahl klein sind, so kommt man zu dem Ergebnisse, daß die Veränderlichkeit von T_w auch aus diesem Grunde nicht allzu groß sein dürfte. Es wird in Gl. (38) mit einem Wert einzusetzen sein, der etwas unter der mittleren Wandtemperatur des Verbrennungsraumes liegt.

Das Verhältnis der spezifischen Wärmen $\varkappa$ und die spezifische Wärme bei konstantem Volumen c_v sind Temperaturfunktionen, was, wie auch sonst üblich, durch Einsetzen des entsprechenden Mittelwertes berücksichtigt werden soll.

Unter diesen Voraussetzungen ist Gl. (39) als Bernoullische Differentialgleichung lösbar. Man erhält für die Verdichtungstemperatur zur Zeit z:

$$1/T = e^{\;(\varkappa-1)\ln V/V_a - B \cdot \int\limits_{z_{a2}}^{z}\left\{\left(\frac{V}{D^2\,\pi\,r/4}\right)^{1/3} + C\cdot\left(\frac{V}{D^2\,\pi\,r/4}\right)^{-2/3}\right\}d\,(\omega z)} \cdot \left[1/T_v + \right.$$

$$+ \frac{B}{T_w}\cdot\int\limits_{z_{a2}}^{z} e^{\;-(\varkappa-1)\ln V/V_a + B\cdot\int\limits_{z_{a2}}^{z}\left\{\left(\frac{V}{D^2\,\pi\,r/4}\right)^{1/3} + C\cdot\left(\frac{V}{D^2\,\pi\,r/4}\right)^{-2/3}\right\}d\,(\omega z)} \cdot$$

$$\left. \cdot\left\{\left(\frac{V}{D^2\,\pi\,r/4}\right)^{1/3} + C\cdot\left(\frac{V}{D^2\,\pi\,r/4}\right)^{-2/3}\right\}d\,(\omega z)\right]. \tag{40}$$

Beschränkt man sich auf die Bestimmung der Verdichtungsendtemperatur, so wird hierfür: $V = V_0$; weiters ist $V_a/V_0 = \varepsilon$, dem Verdichtungsverhältnis.

Führt man noch die Hilfsgrößen U und W ein, wobei:

$$U = e^{\;-B\cdot\int\limits_{z_{a2}}^{z}\left\{\left(\frac{V}{D^2\,\pi\,r/4}\right)^{1/3} + C\cdot\left(\frac{V}{D^2\,\pi\,r/4}\right)^{-2/3}\right\}d\,(\omega z)}; \tag{41}$$

$$W = B\cdot\int\limits_{z_{a2}}^{z} e^{\;-(\varkappa-1)\ln V/V_a + B\cdot\int\limits_{z_{a2}}^{z}\left\{\left(\frac{V}{D^2\,\pi\,r/4}\right)^{1/3} + C\cdot\left(\frac{V}{D^2\,\pi\,r/4}\right)^{-2/3}\right\}d\,(\omega z)} \cdot$$

$$\cdot\left\{\left(\frac{V}{D^2\,\pi\,r/4}\right)^{1/3} + C\cdot\left(\frac{V}{D^2\,\pi\,r/4}\right)^{-2/3}\right\}d\,(\omega z), \tag{42}$$

so erhält man schließlich für die Verdichtungsendtemperatur:

$$T = \frac{T_v\,\varepsilon^{\varkappa-1}}{U\,(1 + W\,T_v/T_w)}. \tag{43}$$

Für die Darstellung des Verdichtungsverlaufes als Polytrope folgt der Polytropenexponent, der den gleichen Endzustand ergibt aus Gl. (76):

$$m = \varkappa - \frac{\log\,[U\,(1 + W\,T_v/T_w]}{\log\,\varepsilon}. \tag{44}$$

Die Werte U und W sind in den Abb. 45 und 46 angegeben. Bei ihrer Bestimmung wurde angenommen:

$$\varkappa = 1{,}39,$$
$$\lambda = 0{,}25.$$

Verdichtungsbeginn: 20% nach dem unteren Totpunkt.

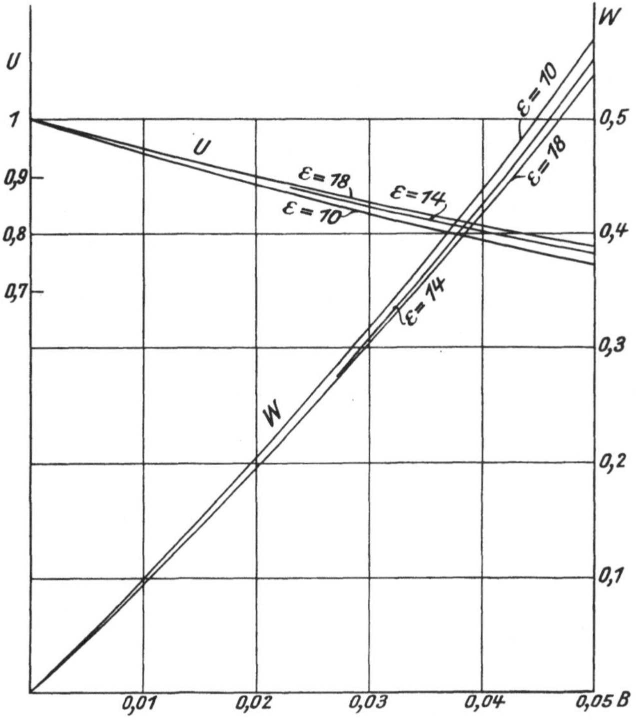

Abb. 45. Die zur Bestimmung des Polytropenexponenten m nötigen Hilfsgrößen U und W als Funktion der für die Abkühlungsverluste maßgebenden Kennziffer B. Bereich $B = 0{,}0$ bis $0{,}05$.

Ferner wurde gesetzt:

$$C = 4{,}6 \left(\frac{V_0}{D^2 \pi r/4} \right)^{2/3} \frac{V_0}{D^2 \pi r/4}, \qquad (38\,\text{a})$$

was aus Ähnlichkeitsprinzip für die Oberfläche des Verdichtungsraumes:

$$O_0 = K \cdot \sqrt[3]{V_0{}^2},$$

mit $K = 15$ und einem Verhältnis $r/D = 0{,}68$ folgt.

Der Einfluß der Größe C sowie des Verdichtungsbeginnes (Auspuffschlitzhöhe) auf U und W ist übrigens gering, so daß die angegebenen Werte über einen verhältnismäßig weiten Bereich gelten und in den meisten praktisch vorkommenden Fällen angewandt werden können.

Auch vom Verdichtungsverhältnis ist der Polytropenexponent wenig abhängig. Beispielsweise beträgt bei $B=0{,}04$ der Unterschied für $\varepsilon=12$ und $\varepsilon=18$ nur zirka 0,31%, ist also in Hinblick auf den Genauigkeitsgrad der Nusseltschen Formel belanglos. Die wichtigste Bestimmungsgröße für den Wärmeübergang ist der Wert B, der praktisch innerhalb der Grenzen 0,02 und 0,05 schwankt.

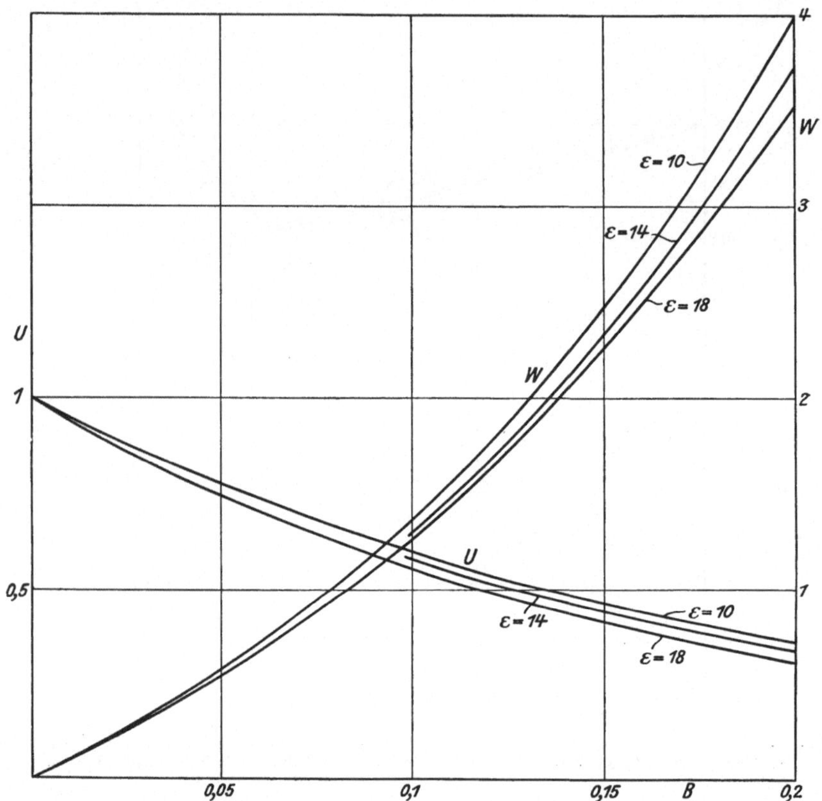

Abb. 46. Die zur Bestimmung des Polytropenexponenten m nötigen Hilfsgrößen U und W als Funktion der für die Abkühlungsverluste maßgebenden Kennziffer B, Bereich $B = 0{,}0$ bis $0{,}2$.

Die vorstehenden Ableitungen beziehen sich in erster Linie auf Druckeinspritzmaschinen. Bei Vorkammermotoren ist die Oberfläche des Verbrennungsraumes und damit der Wert C größer als bei Strahlmaschinen, doch ist dieser Umstand nicht sehr von Einfluß, weil bei der Bestimmung von U und W ohnehin mit einem verhältnismäßig großen O_0 gerechnet wurde. Mehr von Bedeutung dürften die im Brenner auftretenden hohen Gasgeschwindigkeiten sein, die sich aber leicht dadurch berücksichtigen lassen, daß bei der Berechnung von B statt der mittleren Kolbengeschwindigkeit w_k ein entsprechend höherer Wert eingesetzt wird. Dies wird aber nur beim Anfahren notwendig sein. Während des Betriebes dürfte

infolge der hohen Brennertemperaturen die durchströmende Gasmenge
eher erwärmt als gekühlt werden. Für den Normalbetrieb wird man daher
mit genügender Genauigkeit die Verdichtungsendtemperatur ebenso wie
bei Strahlmaschinen berechnen können. Die Bestimmung der beim Anfahren auftretenden Verdichtungstemperatur hingegen ist bei Vorkammermotoren meist überflüssig, weil sie ja doch ohne Hilfszündung nicht auskommen.

5. Gasverluste während der Verdichtung.

Nach dem völligen Abschluß der Schlitze durch die Kolbenringe tritt
längs der Kolbenwand eine Gasströmung auf, die ganz der Strömung
durch ein Labyrinth entspricht. Durch das Kolbenspiel werden zwischen
je zwei Ringen Räume geschaffen, die zusammen mit den durch den
Unterschied des Innendurchmessers der Ringe und dem Durchmesser der
zugehörigen Nut bedingten Ringräumen die Kammern dieses Labyrinthes
bilden. Die engen Spalten zwischen den Kolbenringen und ihren Auflage-
flächen sowie zwischen den Ringen und der Zylinderwand stellen im
Verein mit den Ringschlössern die Drosselstellen dar. Die Berechnung
der durch dieses Labyrinth ausströmenden Gasmengen setzt die Kenntnis
des für derartig enge Spalten geltenden Ausflußgesetzes voraus. Leider
stehen diesbezüglich keine eingehenden Versuchsergebnisse zur Verfügung. Lediglich Stodola[1] hat eine kurze Versuchsreihe veröffentlicht,
deren Ergebnis sich folgendermaßen zusammenfassen läßt:

1. Das ausströmende Gasgewicht läßt sich durch die Gleichung:

$$G = \psi \bar{f} . \sqrt{P/v}$$

darstellen, wobei ψ in Abhängigkeit vom Druckverhältnis nach einem
annähernd elliptischen Gesetz bis zur Erreichung eines kritischen Druck-
verhältnisses zunimmt, dann aber konstant bleibt.

2. Das kritische Druckverhältnis wird mit abnehmender Spaltweite
kleiner.

Unter diesen Voraussetzungen läßt sich nachweisen, daß der Durch-
fluß durch ein Labyrinth durch den Ausfluß aus einer gleichwertigen
Öffnung f, wobei $f < \bar{f}$, also durch die Gleichung:

$$G = \psi f . \sqrt{P/v}, \tag{45}$$

mit einem für alle Werte von P und v konstanten Querschnitt f und einem
unveränderlichen Wert ψ ersetzt werden kann, solange das Druckverhältnis der letzten Stufe kleiner ist als das kritische. Ist hingegen dieses Verhältnis größer als das kritische, so gibt es keine gleichwertige Öffnung mit
einem für alle Werte von P und v gleichbleibenden Querschnitt.

Da die Funktion ψ nicht bekannt ist, erscheint es zwecklos, bei der
Berechnung der Gasverluste den Unterschied des Ausströmgesetzes im
über- und unterkritischen Gebiet zu berücksichtigen, um so mehr, als die

---

[1] Stodola, A.: Dampf- und Gasturbinen, 6. Aufl., S. 153. Berlin: Julius
Springer. 1924.

gleichwertige Öffnung im Versuchswege bestimmt und dadurch der begangene Rechnungsfehler ausgeglichen wird. Demnach soll die einfache Gl. (45) mit gleichbleibendem ψ während des ganzen Verdichtungshubes der Berechnung der Gasverluste zugrunde gelegt werden, obwohl sie streng nur solange gilt, als das Druckverhältnis der letzten Stufe kleiner ist als das kritische.

In einem beliebigen Zeitpunkt z der Verdichtung sei der Zylinderinhalt V (m³) und die Temperatur der Ladung T; innerhalb der Zeit dz rücke der Kolben um dx vor. Bezeichnet man mit dV das vom Kolben in der Zeit dz verdrängte Volumen, setzt also

$$dV = \frac{\pi D^2}{4} \cdot dx,$$

so kann man sich dV aus zwei Teilen zusammengesetzt denken. Den ersten Teil dV' schiebt der Kolben als Gasverlust ins Freie, während der zweite Teil dV'' der Volumsänderung durch polytropische Verdichtung gekennzeichnet ist. Man kann also setzen:

$$dV = dV' + dV''.$$

dV' entwickelt man aus Gl. (45) und der Zustandsgleichung des Gases:

$$dV' = -f\psi \cdot \sqrt{R \cdot T} \cdot dz; \tag{46}$$

dV'' erhält man aus der Polytropengleichung zu

$$dV'' = -\frac{1}{m-1} \cdot \frac{V}{T} \cdot dT.$$

Für konstante Winkelgeschwindigkeit wird daraus mit Hilfe der Gl. (36)

$$\frac{dT}{dz} = -T^{3/2}f\psi \cdot \sqrt{R} \cdot (m-1) \cdot \frac{1}{V} + T \cdot (m-1) \cdot \omega \cdot \frac{d(\ln V)}{d(\omega z)}.$$

Die Lösung dieser Bernoullischen Differentialgleichung lautet:

$$1/\sqrt{T} =$$

$$= (V/V_a)^{\frac{m-1}{2}} \cdot \left[1/\sqrt{T_v} + E \cdot \left(\frac{V_a}{D^2 \pi r/4} \right)^{\frac{m-1}{2}} \cdot \int_{z_{a1}}^{z} \left\{ \frac{V}{D^2 \pi r/4} \right\}^{-\frac{m+1}{2}} d(\omega z) \right]$$

Worin E den Wert hat:

$$E = \frac{m-1}{2} \cdot f\psi \cdot \sqrt{R} \cdot \frac{1}{\omega D^2 \pi r/4}. \tag{47}$$

Beschränkt man sich auf die Bestimmung der Verdichtungsendtemperatur, so wird hierfür ($V_a/V_0 = \varepsilon$)

$$T = \frac{\varepsilon^{m-1} \cdot T_v}{(1 + EX \cdot \sqrt{T_v})^2} \tag{48}$$

mit

$$X = \left(\frac{V_a}{D^2 \pi r/4} \right)^{\frac{m-1}{2}} \int_{z_{a2}}^{z} \left(\frac{V}{D^2 \pi r/4} \right)^{-\frac{m+1}{2}} \cdot d(\omega z). \tag{49}$$

X ist in Abb. 47 für die üblichen Verdichtungsverhältnisse und für verschiedene Polytropenexponenten m dargestellt.

E entspricht für die Gasverluste ganz dem Wert B bei den Abkühlungsverlusten. Es ist naheliegend, die in E enthaltene Größe f in eine Be-

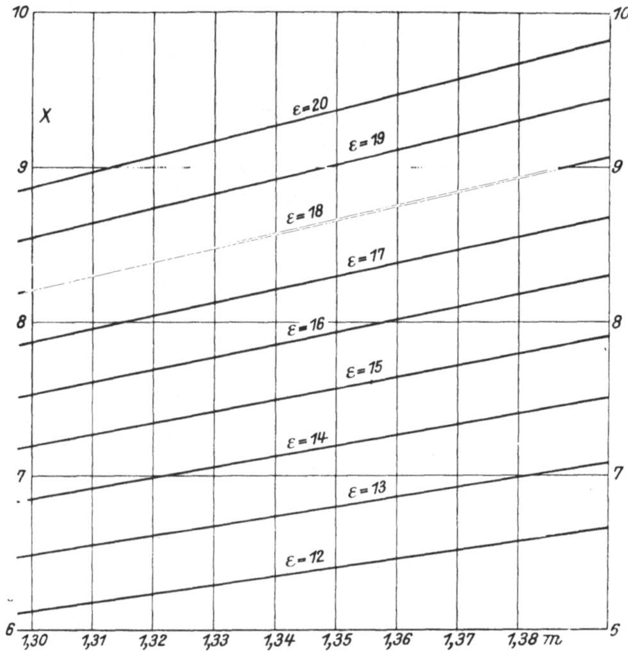

Abb. 47. Die zur Bestimmung der Undichtheitsverluste nötige Hilfsgröße X als Funktion des Polytropenexponenten m.

ziehung zum Zylinderdurchmesser D zu bringen, sie z. B. proportional dem Kolbenumfang zu setzen, also

$$f = \text{konst.}\ D$$

und

$$F = \frac{2\,\psi \cdot \text{konst.}}{\pi}, \tag{50}$$

dann wird

$$E = F \cdot (m-1)\,\sqrt{R/\omega}\,D\,r. \tag{51}$$

F stellt also eine jeder Maschine eigentümliche unveränderliche Größe dar.

6. Zusammenfassung der Abkühlungs- und Undichtheitsverluste.

Der Einfluß der Ladungsverluste auf die Kompression kann durch die Wirkung eines veränderlichen, während der Zustandsänderung stetig zunehmenden Verdichtungsraumes ersetzt werden. Da der Polytropenexponent vom Verdichtungsverhältnis und daher auch von den Ladungsverlusten praktisch unabhängig ist, läßt er sich aus Gl. (44) mit Hilfe des tatsächlichen oder eines in Hinblick auf die Ladungsverluste angenommenen niedrigeren Verdichtungsverhältnisses (bei den Anwendungsbeispielen wird stets $\varepsilon = 12$ verwendet) mit genügender Genauigkeit errechnen. Setzt man dann diesen Exponenten in die Gl. (48) ein, so ist die wirklich auftretende Verdichtungsendtemperatur und damit auch alle übrigen Zustandsgrößen ohne weiteres bestimmbar. Allerdings bedeutet diese Methode insofern eine Ungenauigkeit, als der nach Gl. (44) errechnete Polytropenexponent nur einen Mittelwert vorstellt, während er in Wirklichkeit sich im Verlaufe der Verdichtung ändert. Da diese Ungenauigkeit auf die Größe der Undichtheitsverluste einwirkt und zur Bestimmung dieser ein versuchsmäßig festzulegender Beiwert herangezogen werden muß, so bedeutet dieser Beiwert die Korrektur auch dieses Fehlers.

Demnach ist der praktische Vorgang bei der Berechnung des Verdichtungszustandes folgender:

1. Es wird zunächst der Anfangszustand festgelegt.

2. Die Größe B wird nach Gl. (37) bestimmt, woraus sich dann mit Hilfe des tatsächlichen oder eines angenommenen Verdichtungsverhältnisses m nach Gl. (44) berechnen läßt.

3. Dann wird mit Hilfe der Gl. (48) die Verdichtungstemperatur bestimmt, nachdem der Beiwert durch den Versuch festgelegt oder auf Grund von Ergebnissen anderer Maschinen geschätzt wurde.

7. Die Bestimmung des Beiwertes F.

Es dürfte zweckmäßig sein, an dieser Stelle eine Versuchsreihe durchzurechnen, weil dies den Rechnungsgang am besten erläutert. Da sich die Notwendigkeit, den Beiwert F im Versuchswege zu bestimmen, verhältnismäßig häufig ergeben dürfte, soll zunächst besprochen werden, was bei der Vornahme derartiger Versuche zu beachten ist.

Da die auftretenden Verluste um so genauer bestimmt werden können, je größer sie sind, sollen die Versuche bei möglichst kleiner Drehzahl durchgeführt werden. Man wird auch trachten, bei der Annahme der Größen T_v, T_w und bei den von der Zusammensetzung der Ladung abhängigen Größen c_v, R und v sicher zu gehen. Alle diese Bedingungen sind beim Anfahren aus dem kalten Zustande erfüllt. Die Drehzahl ist klein, T_v und, wenn man das Kühlwasser absperrt, auch T_w gleich der Außentemperatur, schließlich die Zusammensetzung der Ladung, da es sich um reine Luft handelt, bekannt. Da die Wirkung des Auspuffes wegfällt und bei der niedrigen Drehzahl genügend Zeit zur Verfügung steht, um die durch die Spülluft etwa hervorgerufene Schwingung in der Auspuffleitung abklingen zu lassen, kann auch mit Sicherheit der Druck hinter den Schlitzen dem Druck der Atmosphäre gleichgesetzt werden.

Bei der Beurteilung von Versuchen während des Betriebes des Motors ist hingegen folgendes zu beachten:

Es ist üblich, die Höhe der Verdichtung, da sie aus einem vollständigen Diagramm nicht mit Sicherheit abgelesen werden kann, bei abgeschaltetem

Brennstoff zu indizieren. Allerdings ist der so bestimmte Verdichtungsenddruck meist etwas höher als der, der bei Normalfahrt, also im belasteten Zustande auftritt. Dies rührt daher, daß die Wirkung der Auspuffschwingung, die beim Abschlusse der Auspuffschlitze im Auspufftopf und meist auch im Zylinder Unterdruck herstellt (s. Abschnitt B 10), wegfällt. Je nachdem, ob der Zeitraum, der zwischen der letzten Zündung und der Diagrammabnahme liegt, groß oder klein ist, wird T_w von dem bei normalem Betriebe auftretenden Wert mehr oder weniger absinken, wobei auch noch die dem Versuche vorangehende Belastung sowohl der Größe als auch der Zeitdauer nach von Bedeutung ist. Naturgemäß beeinflußt die Wandtemperatur wieder die Verdichtungsanfangstemperatur, so daß die Annahme von T_w und T_v auf gewisse Schwierigkeiten stößt. Die Ladung wird man als reine Luft ansehen können, da meist einige Hübe zwischen der letzten Zündung und der Diagrammabnahme liegen. Die Bestimmung des Druckes hinter den Schlitzen ist nicht ganz sicher. Es entfällt zwar die Wirkung des Auspuffes, doch ist es immerhin möglich, daß die Spülluft eine Schwingung in der Abgasleitung hervorruft. Es läßt sich daher nicht angeben, ob eine Erhöhung oder Erniedrigung des Umgebungsdruckes gegenüber der Atmosphäre zu erwarten ist, ausgenommen bei Gebläsezweitaktmaschinen, bei denen eine Erhöhung dieses Druckes wahrscheinlich ist. Da die auftretenden Über- oder Unterdrücke außerordentlich klein sind, können sie auch durch Schwachfederdiagramme, deren Angaben ja stets sehr unsicher sind, nicht bestimmt werden. Da die Ladungsverluste bei höheren Drehzahlen an sich klein sind, so verursachen schon geringe Fehler bei der Bestimmung oder Annahme einer der besprochenen Größen erhebliche Unterschiede in dem Wert F, während umgekehrt auch verhältnismäßig große Abweichungen in der Annahme von F keine allzu großen Differenzen in den Verdichtungsendtemperaturen bzw. -drücken ergeben.

Es empfiehlt sich daher, bei der Auswertung von Versuchen folgenden Vorgang einzuhalten: Der Wert F wird aus dem Anfahrversuch berechnet; damit wird die Verdichtungsendtemperatur bei höherer Drehzahl mit möglichster Anpassung an die Versuchsbedingungen bestimmt und mit den gemessenen Werten verglichen.

Beispiel:

Der benützte Dieselmotor war eine Dreizylindermaschine mit Kurbelkastenspülpumpe und direkter Einspritzung. Die Auspuffleitung war für jeden Zylinder getrennt verlegt, so daß eine gegenseitige Beeinflussung der Zylinder über die Auspuffleitung nicht stattfinden konnte.

Die Kennwerte des Motors sind folgende:
Hub und Bohrung: 0,18/0,13 (m), $r/D = 0{,}69$;
Normalleistung: 30 PS;
Normaldrehzahl: 625 U./min.;
Verdichtungsraum, einschließlich Indikator: 0,000128 m³;
Auspuffschlitzhöhe: 41 mm (23% des Hubes);

daher nutzbarer Hub: 77%;

Volumen bei Verdichtunsbeginn: $V_a = 0,001845 + 0,000128 =$
  $= 0,001973$ m³;

Verdichtungsverhältnis: $\varepsilon = 15,4$;

Durchmesserdifferenz Kolbenoberteil-Zylinder: zirka 0,9 mm;

daher: $\sigma = 0,0035$;

Entfernung des ersten Kolbenringes von der Kolbenkante: 19 mm;

daher: $100 . \Delta y / 2r = 10,5\%$;

$k_1 = 0,77/14,4 + 1 = 1,0535$, $\quad k_2 = 0,77/14,4 + 0,77 = 0,8235$;

ferner wurde angenommen: $\mu_a = 0,6$, $\mu_1 = 0,5$.

a) Anfahrversuch.

Bei abgeschaltetem Brennstoff wird die kalte Maschine mit der einen Zylinder beaufschlagenden Luftanlaßvorrichtung durchgedreht, die Drehzahl gemessen und die erreichte Verdichtung an einem der beiden nicht mit der Anlaßvorrichtung versehenen Zylinder bestimmt.

Gemessene Werte:

Drehzahl: $n = 60$, $\omega = 6,28$, $w_K = 0,36$;

Verdichtungsendspannung: 26,8 kg/cm² abs.;

Raumtemperatur: 12^0 C $(285^0$ abs.$)$;

Wandtemperatur: 12^0 C $(285^0$ abs.$)$.

Bestimmung des Verdichtungsanfangszustandes:

Das spezifische Volumen ist angenähert:

$$v = R\,T/P = 29,26 \cdot 285/10\,000 = 0,833 \text{ m}^3/\text{kg}.$$

Damit wird $\qquad \omega D k_1/\mu_a \sqrt{v} = 1,555$,

woraus $\qquad P' = 10\,001$ kg/m² (aus Abb. 43);

ferner $\qquad 6,15 \cdot \dfrac{\sigma\,\mu_1}{k_2\,r\,\omega} \cdot \sqrt{P_u\,v} = 2,11$,

woraus $\qquad G_v''/G'' = 0,049$ (aus Abb. 44).

Der Anfangszustand der Ladung ist somit gekennzeichnet durch:

$$P_v = P'\,(1 - G_v''/G'')^{1,4} = 9320 \text{ kg/m}^2,$$
$$T_v = 279,3^0 \text{ abs.},$$
$$v\ \ = 0,875 \text{ m}^3/\text{kg}.$$

Bestimmung des Polytropenexponenten:

$$G = V_a/v = 0,002255 \text{ kg } (G^{1/3} = 0,1313).$$

Schätzt man die Verdichtungsendtemperatur zunächst mit 366^0 C ein, so ist die Mitteltemperatur der Zustandsänderung

$$t_{\text{mitt.}} = 189^0,$$

woraus [Gl. (69)] $\quad c_v = 0,172 + 0,0000366 . 189 = 0,1789$ kcal/kg.

Damit wird B nach Gl. (37):

$$B = 0,0512, \text{ hierfür (aus Abb. 46)}$$

und für $\qquad \varepsilon = 12$ wird $U = 0,75$, $W = 0,576$;

$$\frac{\log . \left[U \left(1 + W . \, T_v / T_w\right)\right]}{\log \varepsilon} = 0{,}0583,$$

ferner ist [Gl. (71)]

$$\varkappa = 1 + \frac{1{,}985}{4{,}9 + 0{,}00106 \; 1{,}985 \; t_{\text{mitt.}}} = 1{,}389,$$

$$m = 1{,}389 - 0{,}0583 = 1{,}33.$$

Damit wird

$$T = T_v \left(P/P_v\right)^{\frac{m-1}{m}} = 642{,}5^0 \, \text{abs.} \; (369{,}5^0 \, \text{C}),$$

ferner

$$T = \frac{\varepsilon^{m-1} \, T_v}{\left(1 + E \, X . \sqrt{T_v}\right)^2},$$

wobei $\qquad\qquad X = 7{,}56$ (aus Abb. 47),

somit $\qquad\qquad E = 0{,}000276$ und

$$F = \frac{E \, \omega \, D \, r}{(m-1) \; R^{1/2}} = 0{,}0000114.$$

b) Versuch bei mittlerer Drehzahl.

Der Motor läuft kurze Zeit leer, dann wird der Brennstoff einem Zylinder genommen und mit den beiden anderen die Drehzahl erhalten. Drehzahl und Verdichtungsenddruck des zündungslosen Zylinders werden gemessen.

Gemessene Werte:

Drehzahl: $n = 325$, $\omega = 34$, $w_K = 1{,}95$ m/sek;
Verdichtungsendspannung: $36{,}5$ kg/cm² abs.;
Raumtemperatur: 12^0 C.

Da der Rechnungsgang durch den ersten Versuch klargestellt ist, genügt es, im folgenden die Resultate nebst den wichtigsten Zwischenwerten anzugeben.

T_v und T_w muß geschätzt werden. Es sei angenommen:

$$T_v = 323^0 \, \text{abs.,} \qquad\qquad T_w = 373^0 \, \text{abs.}$$

Es wird: $\qquad P' = 10\,030$ kg/m², $\quad G_v''/G'' = 0{,}012.$

Damit wird: $\qquad P_v = 9860$ kg/m², $\qquad v = 0{,}958$ m³/kg,

$$G = 0{,}00\,206 \; \text{kg.}$$

Schätzt man die Verdichtungsendtemperatur zunächst mit 550^0 C ein, so wird $\quad c_v = 0{,}183$, $\qquad\qquad B = 0{,}0295$, $\qquad U = 0{,}85$,
$\qquad\qquad W = 0{,}31$ (für $\varepsilon = 12$), $\quad \varkappa = 1{,}38$, $\qquad m = 1{,}35.$

Mit $\qquad\qquad F = 0{,}0000114$ wird $E = 0{,}0000542$;

ferner $\qquad\qquad X = 7{,}72$ (für $m = 1{,}35$ und $\varepsilon = 15{,}4$).

Man erhält schließlich: $\qquad T = 825^0$ abs.,

$$p = \quad 37{,}3 \; \text{kg/cm}^2 \; \text{gegen den}$$

gemessenen Wert von $\qquad\qquad 36{,}5$ kg/cm².

c) **Versuch bei hoher Drehzahl.**

Die Versuchsdurchführung war die gleiche wie unter b, nur war der Motor vorher kurze Zeit belastet, so daß T_w höher angenommen werden muß.

Gemessene Werte:

$n = 625$, $\omega = 65{,}4$, $w_K = 3{,}75$ m/sek;

Verdichtungsendspannung: 42 kg/cm² abs.;

Raumtemperatur: 12° C.

T_v wird angenommen zu 328° abs., T_w zu 423° abs.

Zwischenwerte:

$P' = 10\,110$ kg/m², $P_v = 100\,18$ kg/m², $v = 0{,}956$ m³/kg,

$c_v = 0{,}1838$, $B = 0{,}0287$,   woraus $m = 1{,}359$,

$X = 7{,}78$, $E = 0{,}000029$, $T = 868{,}2°$ abs.,

$p = 40{,}2$ gegen den gemessenen Wert von 42,0 kg/cm².

Der begangene Fehler bleibt also kleiner als 2 at, was mit Rücksicht auf den Genauigkeitsgrad der Indikatorangabe als ausreichend angesehen werden kann. Der Umstand, daß T_v und T_w geschätzt werden muß, bedingt eine gewisse Unsicherheit der Rechnung, die aber deshalb nicht ins Gewicht fällt, weil bei T_v der Fehlgriff nicht groß sein kann, während eine falsche Wahl von T_w innerhalb gewisser Grenzen praktisch bedeutungslos ist, wie man sich durch eine kurze Vergleichsrechnung überzeugen kann.

Bei anderen Motoren angestellte Versuche gaben ziemlich große Abweichungen des Wertes F, was weiter nicht verwunderlich ist, da es sich um Maschinen ganz verschiedener Herkunft und verschiedenen Betriebszustandes handelte. Diesen Beobachtungen zufolge kann sich F innerhalb der Grenzen

$$0{,}00001 \text{ bis } 0{,}00004$$

bewegen. In der Mehrzahl der Fälle aber liegt F zwischen

$$0{,}00001 \text{ und } 0{,}00002.$$

Höhere Werte treten nur dann auf, wenn der Zustand der Kolbenringe oder der Zylinderlaufbahn nicht mehr einwandfrei ist. Ähnliche Versuche sind auch von anderer Seite gemacht worden. In der ATZ[1] erschien ein Bericht, der die Ergebnisse amerikanischer Untersuchungen über die Dichtheit von Kolbenringen brachte. Leider ist dieser Bericht nicht sehr ausführlich, insbesondere fehlt die Angabe, ob bei den Vergleichsversuchen am Prüfapparat mit ruhendem Luftdruck und am laufenden Motor Kolben und Ringe gleicher Abmessungen verwendet wurden, doch ist dies anzunehmen. Die mit konstantem Luftdruck vorgenommene Prüfung läßt mit Hilfe der Gl. (46) den in diesem Buche verwendeten Wert F unter bestimmten Voraussetzungen berechnen, so daß ein Vergleich der

---

[1] Dichtheitsprüfung an Kolbenringen. Automobiltechn. Z. S. 457 (1931).

Resultate möglich ist. Bezüglich der Durchführung der Versuche muß auf den genannten Aufsatz verwiesen werden. Hier sei nur folgendes angeführt: Ein mit zwei Kolbenringen und einem Ölabstreifring versehener Kolben von 127 mm Durchmesser wurde einem ruhenden Luftdruck von 5,6 at (vermutlich Überdruck) ausgesetzt und die entweichende Luftmenge mittels einer Gasuhr gemessen. Bei Verwendung der im Dieselmotorenbau üblichen Ringe ergab sich eine Verlustmenge von 42 bis 60 l in der Minute, vermutlich von Atmosphärendruck.

Nimmt man an, daß die Temperatur der Druckluft und der entweichenden Luft gleich groß war, so ergibt dies eine Verlustmenge von 0,000106 bis 0,000151 m³/sek vom Zustande der Druckluft. Nach Gl. (46) wird also:

$$d\,V'/d\,z = f\psi \cdot \sqrt{R.\,T} = 0{,}000106 \text{ bis } 0{,}000151.$$

Nimmt man weiter an, daß die Temperatur der Druckluft 15⁰ C betragen habe, so wird:

$$f\psi = \frac{d\,V'}{d\,z} \cdot \frac{1}{\sqrt{R.\,T}} = 0{,}000001155 \text{ bis } 0{,}000002310;$$

also nach Gl. (50)

$$F = 2f\psi/D\pi = 0{,}0000058 \text{ bis } 0{,}0000083,$$

d. h. F ist etwa halb so groß, als die früher angeführten Versuche ergaben. Wenn auch die Vergleichsbasis nicht als ganz einwandfrei angesehen werden kann und geringere Verluste bei der durch eine Kolbenspezialfirma gebauten neuen Anlage verständlich sind, so scheint aus diesem Vergleiche doch hervorzugehen, daß die Einpassung der Ringe im Zweitaktdieselmotorenbau nicht immer die gleiche Güte erreicht wie beim Automotor.

Es kann somit zusammengefaßt werden:

Der Wert F liegt bei normalen Werkstattausführungen innerhalb der Grenzen 0,00001 und 0,00002, wobei der niedrige Wert der besseren, der höhere der schlechteren Werkstattarbeit entspricht. Liegen daher Versuchsergebnisse von Motoren der gleichen Werkstätte vor, so wird man diese auch auf Neukonstruktionen übertragen können. Ist dies aber nicht der Fall, so wird man zunächst wohl mit dem Mittelwert von

$$F = 0{,}000015$$

rechnen und das Ergebnis bei der Erprobung der Maschine überprüfen.

8. Verdichtungsverhältnis und Maschinengröße.

Der Wert E wird mit kleiner werdender Maschinengröße (D und r) auch bei gleichbleibendem Beiwert F immer größer. Soll demnach die Verdichtungstemperatur gleich hoch bleiben, so muß das Verdichtungsverhältnis bei kleineren Motoren höher gewählt werden.

Für Druckeinspritzmaschinen ist die Forderung maßgebend, daß der Motor aus dem kalten Zustande anspringen soll. Versuche des Verfassers an einer Reihe von Maschinen haben ergeben, daß eine Verdichtungsendtemperatur von 380⁰ C bei den üblichen Einspritzdüsen und Brennstoffpumpen sichere Zündung beim Anfahren erwarten läßt. Nimmt man an, daß auch die Anfahrdrehzahl bei kleinen und großen Maschinen gleich ist, wobei man etwa mit $\omega = 8$ rechnen kann, so läßt sich daraus ε in jedem Fall berechnen. In Abb. 48 ist das Verdichtungsverhältnis als Funktion der Maschinengröße dargestellt. Die Rechnungsgrundlagen waren:

$$\text{Verdichtungsendtemperatur} \ldots \ldots \ 380^0 \text{ C}$$
$$\text{Verdichtungsanfangstemperatur} \ldots \ \ \ 0^0 \text{ C}$$

(wodurch auch die beim Abschlusse der Schlitze auftretenden Verluste berücksichtigt erscheinen)

$$\text{Hub-Bohrungs-Verhältnis} \ldots 1{,}36$$
$$\text{Beiwert } F \ldots \ldots \ldots \ldots \ldots \ 0{,}00001 \text{ und } 0{,}00002$$

Dabei wurde ε aus Gl. (48) berechnet, nachdem zuvor m mit $\varepsilon = 12$ bestimmt wurde. X muß zunächst geschätzt und nach einer vorläufigen Durchrechnung entsprechend Abb. 47 verbessert werden, worauf man die Rechnung wiederholt.

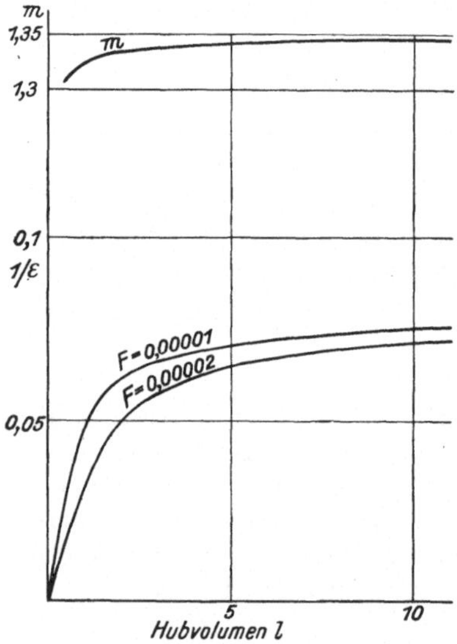

Die Abb. 48 soll die Wahl des nötigen Verdichtungsverhältnisses erleichtern. Da sich höhere Verdichtungsverhältnisse als etwa $\varepsilon = 20$ kaum ausführen lassen, so muß bei sehr kleinen Maschinen das Anlassen durch eine Hilfszündung erleichtert werden, oder es müssen höhere Anfahrdrehzahlen ermöglicht werden.

Bei Vorkammermaschinen muß stets eine Hilfszündung vorgesehen werden, weil die in die Vorkammer eintretende Luft durch den beim Anfahren noch kalten Brenner so stark abgekühlt wird, daß sie nicht mehr die Zündtemperatur erreicht. Die während des Betriebes erreichte Verdichtung ist aber, da der Wert $n D$ (also auch ωD) bei großen und kleinen Maschinen meist ziemlich gleich groß ist, nur linear von der Maschinengröße abhängig. Die Notwendigkeit, das Verdichtungsverhältnis der Maschinengröße anzupassen, wird sich also nicht im gleichen Maße fühlbar machen wie bei Strahlmaschinen. Meist wird ein solches von $\varepsilon = 14$ ausgeführt. Nur bei sehr kleinen Abmessungen oder sehr niedrigen Drehzahlen wird es notwendig sein, die Verdichtung zu überprüfen. Dabei kann, wie schon erwähnt, von den gleichen Voraussetzungen ausgegangen werden wie bei Druckeinspritzmaschinen, da im Betriebe die kühlende Wirkung des Brenners entfällt.

Abb. 48. Kehrwert des Verdichtungsverhältnisses in Abhängigkeit vom Zylinderinhalt für $F = 0{,}00001$ und $0{,}00002$.

9. Vereinfachte Berechnung der Verdichtungsspannung.

Bei neu zu entwerfenden Maschinen ist das Verdichtungsverhältnis nach den Angaben des Abschnittes E 8 anzunehmen und dann die Verdichtungsspannung bei der Normaldrehzahl zu bestimmen, damit daraus der Verbrennungsdruck abgeschätzt werden kann. Für diesen Zweck sind die Gl. (37), (44) und (48) etwas zu umständlich. Sie sollen daher im folgenden vereinfacht oder durch graphische Darstellung ersetzt werden.

Gl. (37) läßt sich wie folgt umformen:

$$B = 0,000002186 \cdot \frac{T_w}{c_v \sqrt[3]{G \cdot \omega}} \cdot (1 + 1,24\, w_K) \cdot R^{2/3} \cdot (r/D)^{1/3} =$$

$$= 0,000002186 \cdot R^{2/3} \cdot \sqrt[3]{\frac{r/D}{k_2 \cdot \frac{\pi D^2}{4} \cdot 2\, r \cdot 1/v}} \cdot \frac{T_w}{c_v\, n\, \pi/30} \cdot (1 + 1,24\, w_K) =$$

$$= 0,000002186 \cdot \frac{30}{\pi} \cdot \frac{R^{2/3}}{c_v} \cdot \sqrt[3]{\frac{2\, v}{\pi\, k_2}} \cdot \frac{T_w}{D\, n\, \pi/30} \cdot (1 + 1,24\, w_K).$$

In dieser Gleichung können für c_v, v und k_2 mit hinreichender Genauigkeit Mittelwerte eingesetzt werden. Es wurde angenommen:

$$c_v = 0,18,$$
$$\sqrt[3]{v} = 0,96,$$
$$k_2 = 0,83.$$

Damit wird:

$$B = 0,000968\, \frac{T_w}{n\, D} \cdot (1 + 1,24\, w_K). \quad (52)$$

Aus B kann der Polytropenexponent bestimmt werden, wenn das Verhältnis T_v/T_w und $\varkappa$ bekannt sind. In Tabelle 10 sind die fraglichen Werte zusammengestellt und in Abb. 49 ist überdies der Polytropen exponent in Abhängigkeit von B für drei verschiedene Werte T_v/T_w angegeben, so daß in den meisten Fällen m nach Berechnung von B unmittelbar dieser Abbildung entnommen werden kann.

Daraus ergibt sich dann die Verdichtungsendspannung zu:

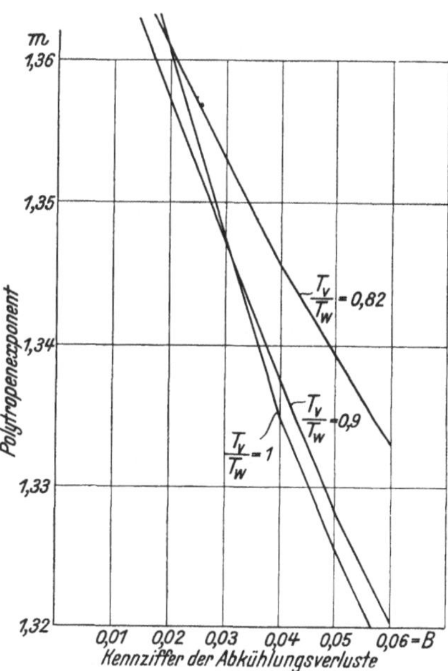

Abb. 49. Polytropenexponent m in Abhängigkeit von dem für die Abkühlungsverluste maßgebenden Beiwerte B für verschiedene Werte des Verhältnisses der Verdichtungsanfangstemperatur T_v zur Wandtemperatur T_w.

$$P = \frac{\varepsilon^m\, P_v}{(1 + E\, X \sqrt{T_v})^{\frac{2m}{m-1}}}. \quad (53)$$

Tabelle 10. Kennzahlen für die Verdichtung.

	Anfahren	Niedere Drehzahlen	Hohe Drehzahlen
$\varkappa \sim$	1,39	1,38	1,375
$T_v \sim$	278 bis 288	310 bis 330	320 bis 340
$\sqrt{T_v} \sim$	16,7 bis 17	17,6 bis 18,2	17,8 bis 18,5
$T_w \sim$	278 bis 288	335 bis 380	380 bis 430
$T_v/T_w \sim$	1	0,93 bis 0,87	0,84 bis 0,79
Mittelwert von $T_v/T_w \sim$	1	0,9	0,82

F. Brennstoffeinspritzung, Verbrennung und Verbrennungsraum.

Bei kleineren Zweitaktmotoren wird heute ausschließlich die kompressorlose Arbeitsweise angewendet, der Brennstoff also ohne Zuhilfenahme von Druckluft in den Verbrennungsraum eingeführt. Die gebräuchlichsten Ausführungsformen sind das Vorkammerverfahren und das Druckeinspritzverfahren, wozu in jüngster Zeit noch das Luftspeicherverfahren hinzugekommen ist, das aber im wesentlichen nur eine Weiterentwicklung des Druckeinspritzverfahrens bedeutet. Bei allen diesen Verfahren wird Brennstoff durch die Brennstoffpumpe unter hohen Druck gesetzt und durch verhältnismäßig enge Öffnungen in den Brennraum eingespritzt. Die dadurch bewirkte hohe Eintrittsgeschwindigkeit verleiht dem Brennstoff genügend große Durchschlagskraft, während die Luftreibung die Auflockerung und Zerstäubung des Strahles besorgt. Das Druckeinspritzverfahren ist auf diese Wirkung allein angewiesen, erfordert also höhere Pumpendrücke als das Vorkammerverfahren, das durch eine Vorverbrennung den Brennstoffstrahl auflockert und für die Verbrennung vorbereitet. An der Mechanik der Brennstoffeinspritzung ändert das angewandte Verfahren nichts, lediglich die auftretenden Drücke und Geschwindigkeiten sind in ihrer Größe verschieden.

1. Mechanik der Brennstoffeinspritzung.

Hubvolumen der Brennstoffpumpe.

Das bei Normalleistung N_e je Hub benötigte Brennstoffvolumen ist, wenn b_e den Brennstoffverbrauch in kg/PS$_e$h, n die Drehzahl und γ kg/m³ das spezifische Gewicht des Brennstoffes bedeutet:

$$\frac{N_e \cdot b_e}{60 \cdot n \cdot \gamma}.$$

Die Brennstoffpumpe muß aber auch bei Überlast noch ausreichen. Rechnet man mit einer Überlast von 20%, wobei auch der Brennstoffverbrauch um 20% höher sei als bei Normallast, so wird, wenn man einen Liefergrad der Brennstoffpumpe von 0,9 voraussetzt, das Hubvolumen der Pumpe mindestens: $1,2 \cdot 1,2/0,9 = 1,6$ mal so groß gemacht werden müssen, als der Normalverbrauch beträgt. In Wirklichkeit aber muß dieser Wert noch erheblich überschritten werden, da man einen Teil der Nockenerhebungskurve, nämlich den, in welchem der Plunger verzögert und wieder zum Stillstand gebracht wird, für die Einspritzung nicht ausnützen kann. Aus diesem Grunde pflegt man das Hubvolumen der Pumpe zwei- bis viermal so groß zu machen, als der Normalverbrauch beträgt. Dabei entsprechen die kleinen Werte großen, die großen Werte kleinen Maschinen.

Die geförderte Brennstoffmenge muß durch den Reglereingriff der jeweiligen Belastung der Maschine angepaßt werden können. Hierfür sind heute drei Verfahren in Verwendung:

1. Sobald die Pumpe die nötige Brennstoffmenge gefördert hat, wird Saug- und Druckraum kurzgeschlossen. Der Zeitpunkt, in welchem dies geschieht, wird vom Regler beeinflußt.

2. Der Hub der Pumpe steht unter Reglereinfluß und wird der jeweiligen Belastung angepaßt (Hubregelung, Schrägnockenregelung).

3. Während des ganzen Förderhubes der Pumpe wird eine Nebenöffnung, deren Querschnitt vom Regler bestimmt wird, offengehalten (Spindelregelung).

Bei den Pumpen der Gruppe 1 und 2 ist daher die Einspritzdauer veränderlich, bei den Pumpen der Gruppe 3 ist die Einspritzzeit unveränderlich,

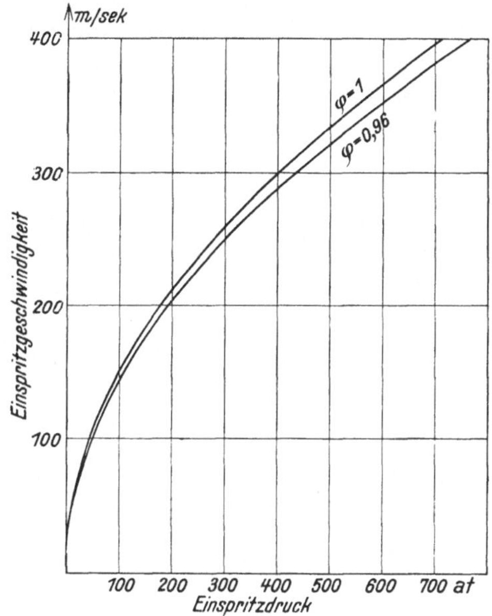

Abb. 50. Einspritzgeschwindigkeit in Abhängigkeit vom Einspritzdruck.

hingegen die sekundliche Fördermenge und damit der Einspritzdruck veränderlich. Bei den Pumpen der Gruppen 1 und 2 ist die Dauer der Einspritzung außer von der Belastung auch vom Betriebszustand der Pumpe und des Motors abhängig und meist nicht unmittelbar festzustellen. Es ist daher üblich, unter Einspritzwinkel schlechthin die Dauer der ganzen Nockenerhebung zu verstehen. Die wirkliche Einspritzdauer bei Normallast beträgt dann je nach der Überbemessung der Pumpe nur ein Viertel bis zur Hälfte dieses Wertes.

Brennstoffdruck und Einspritzgeschwindigkeit.

Ist w_P die Geschwindigkeit und F_P die Fläche des Pumpenplungers, F_D der Querschnitt und α der Kontraktionsbeiwert der Düsenöffnungen, so ist für die Pumpen nach Gruppe 1 und 2 die Einspritzgeschwindigkeit:

$$w = w_P \cdot \frac{F_P}{F_D \cdot \alpha}. \tag{54}$$

Bedeutet weiter φ den Geschwindigkeitsbeiwert, so wird der Druck vor den Düsenöffnungen [nach Gl. (66)]:

$$P = \frac{w^2}{2\,g \cdot \varphi^2} \cdot \gamma. \tag{55}$$

In Abb. 50 ist w in Abhängigkeit von P für $\varphi = 1$ und $\varphi = 0{,}96$ angegeben. Der von der Pumpe zu bewältigende Druck ist um den Widerstand des Pumpendruckventils (zirka 20 bis 30 at), die Leitungswiderstände und den Verdichtungsdruck größer als der durch Gl. (55) angegebene Druck vor den Düsenöffnungen.

Der Antrieb der Brennstoffpumpen erfolgt bei allen neueren Konstruktionen ausnahmslos durch Nocken. Die Geschwindigkeits- und Beschleunigungsverhältnisse beim Nockentrieb sind nachfolgend zusammengestellt:

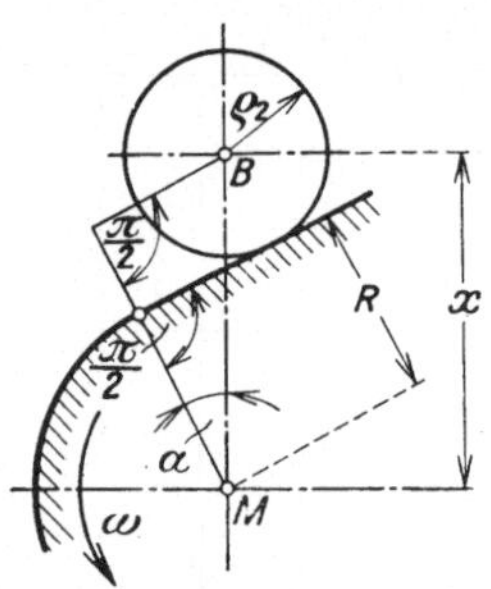

Abb. 51. Nocke und Rolle, gerade Nockenflanke.

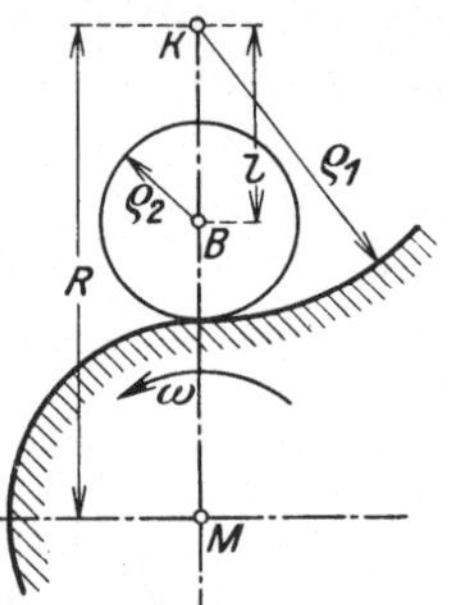

Abb. 52. Nocke und Rolle, kreisbogenförmige Nockenflanke.

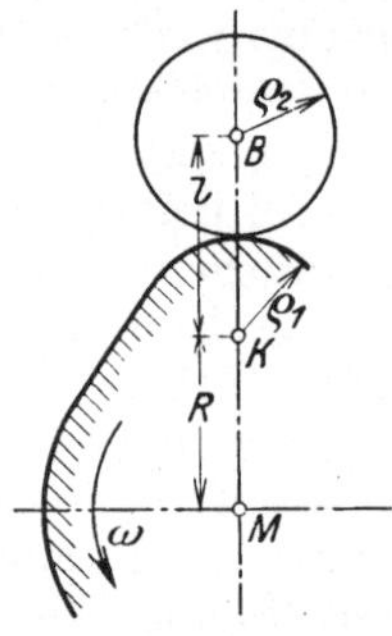

Abb. 53. Nocke und Rolle, kreisbogenförmige Nockenflanke.

a) Die Nockenflanke ist eine Gerade, Abb. 51. In diesem Falle führt das rechnerische Verfahren am raschesten zum Ziele. Es ist mit den Bezeichnungen der Abb. 51:

Der Rollenweg:

$$x = \frac{R + \varrho_2}{\cos a}. \tag{56}$$

Die Geschwindigkeit:

$$w_P = d\,x/d\,z = \frac{\omega\,(R + \varrho_2)\sin a}{\cos^2 a}. \tag{57}$$

Die Beschleunigung:

$$b_P = \frac{d\,w_P}{d\,z} = \omega^2\,(R + \varrho_2)\,\frac{1 + \sin^2 a}{\cos^3 a}. \tag{58}$$

Zur Abkürzung der Rechnung diene nachfolgende Tabelle:

Tabelle 11. Geschwindigkeits- und Beschleunigungsbeiwerte bei geradflankigen Nocken.

a	0^0	2^0	4^0	6^0	8^0	10^0	12^0	14^0	16^0	18^0	20^0
$\dfrac{\sin a}{\cos^2 a}$	0	0,03494	0,0701	0,1057	0,1274	0,1795	0,2173	0,257	0,2983	0,3416	0,3873
$\dfrac{1 + \sin^2 a}{\cos^3 a}$	1	1,002	1,0123	1,028	1,05	1,0787	1,1147	1,1588	1,2114	1,2735	1,346

b) Die Nockenflanke ist ein Kreisbogen, Abb. 52 und 53. Hierfür ist es zweckmäßiger, Geschwindigkeit und Beschleunigung zeichnerisch zu bestimmen, da dieses Verfahren zwar zumeist eine große Zeichenfläche beansprucht, trotzdem aber weniger umständlich und zeitraubend ist als die Rechnung. Es wird der Nockentrieb als Kurbeltrieb aufgefaßt, bei dem die Entfernung des Mittelpunktes der Kreisbogenflanke von der Drehachse der Nocke den Kurbelradius R und der Radius der Flanke ϱ_1 vermehrt oder vermindert um den Radius der Rolle ϱ_2 die Länge l der Schubstange darstellt. Da das Stangenverhältnis $\lambda = \dfrac{R}{\varrho_2 \pm \varrho_1}$ häufig größer ist als 1, dürfen nur die genauen Verfahren zur Bestimmung von w_P und b_P angewandt werden.

Bestimmung der Geschwindigkeit w_P, Abbildung 54 und 55.

Man trägt am Kurbelradius MK den Wert $R.\omega$ in einem beliebigen Maßstab auf, Strecke MK', zieht $K'D$ parallel zur Stangenrichtung BK und erhält w_P in der Strecke MD im gleichen Maßstab wie $R\,\omega$.

Bestimmung der Beschleunigung b_P, Abb. 54 und 55, nach dem Verfahren von Mohr.

Ausgehend vom Punkte D zieht man DF parallel zu MB bis zum Schnittpunkt mit der Geraden MK, zieht FG parallel zu MD bis zum Schnittpunkt G mit der Geraden DK'; errichtet in G eine Senkrechte zu DK' (bzw. zu BK) und erhält in der Strecke MH die gesuchte Beschleunigung b_P. Maßstab von b_P: Gilt bei der Geschwindigkeitsbestimmung der Maßstab

$$1\ \text{cm} = a\ \text{m/sek},$$

so ist der Beschleunigungsmaßstab:

$$1\ \text{cm} = a.\omega\ \text{m/sek}^2.$$

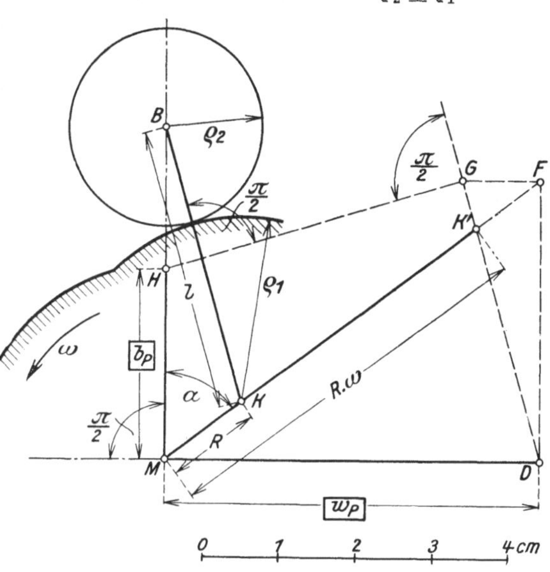

Abb. 54. Bestimmung der Rollengeschwindigkeit und -beschleunigung bei kreisbogenförmiger Nockenflanke.

Vorzeichen von b_P: Liegt MH auf der gleichen Seite von M wie B, so wird die Rolle verzögert (b_P negativ), liegt sie auf der entgegengesetzten Seite, so wird die Rolle beschleunigt (b_P positiv). Die der Verzögerung entsprechende Massenkraft muß von der Rückholfeder aufgebracht werden.

Beispiel Abb. 54:

$$R = 0{,}025 \text{ m}, \quad \omega = 80, \quad R\,\omega = 2 \text{ m/sek}.$$

Es werde der Maßstab für die Geschwindigkeiten gewählt zu:

$$1 \text{ cm} = 0{,}4 \text{ m/sek} \quad (\text{also } a = 0{,}4).$$

Daher ist $R\,\omega$ dargestellt durch eine Strecke von $2/0{,}4 = 5$ cm.

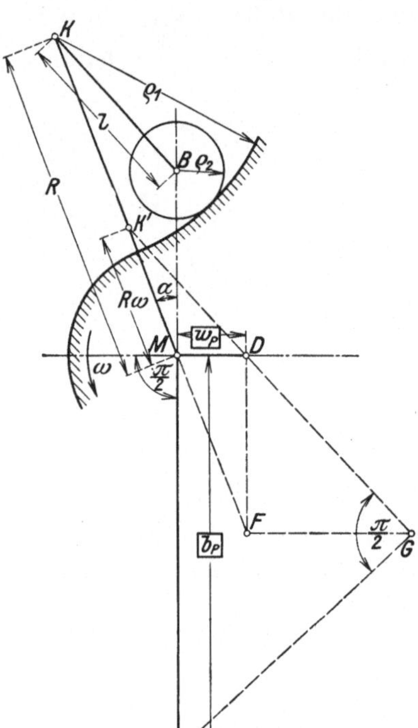

MD ergibt sich aus Abb. 54 mit 4,9 cm, daher ist:

$$w_P = 4{,}9 \cdot 0{,}4 = 1{,}96 \text{ m/sek}.$$

Der Maßstab für b_P beträgt:

$$1 \text{ cm} = 0{,}4 \cdot \omega = 0{,}4 \cdot 80 = 32 \text{ m/sek}^2.$$

Die Strecke MH ergibt sich aus Abb. 54 mit 2,5 cm, daher ist:

$$b_P = -2{,}5 \cdot 32 = -80 \text{ m/sek}^2 \; (\text{verzögert}).$$

Das zeichnerische Verfahren für die Bestimmung von b_P versagt im Totpunkt. Für diesen Punkt ist (genau!) im Falle der Abb. 53:

$$b_P = -R\omega^2(1 + R/l) \; (\text{Verzögerung}), \quad (59)$$

im Falle der Abb. 52:

$$b_P = +R\,\omega^2(1 - R/l) \qquad (60)$$
$$(\text{Beschleunigung}).$$

Abb. 55. Bestimmung der Rollengeschwindigkeit und -beschleunigung bei kreisbogenförmiger Nockenflanke.

Die Beschleunigungsverhältnisse sind nur für die Berechnung der Rückholfeder wichtig. Da hierfür die größte auftretende Verzögerung maßgebend ist und diese meist beim Übergang in die obere Rastkurve auftritt, genügt es in der Regel, Gl. (59) auszuwerten, um sie zu finden.

Die Nockenflanken werden immer aus Geraden und Kreisbögen zusammengesetzt, so daß durch Fall a und b alle auftretenden Fälle bestimmbar sind. Bei gleichen Geschwindigkeitsverhältnissen werden die Nockenprofile um so flacher, je größer der Nockendurchmesser ist. Dies bedeutet geringere Kreuzkopfdrücke in der Rollengeradführung, aber auch kleinere Beanspruchungen der Nocke und Rolle. Es ist daher stets zu empfehlen, Nocke und Rolle so groß zu machen, als irgend möglich.

Die Nockenerhebungskurve kann nicht so gestaltet werden, daß die Einspritzung gleich mit einer bestimmten endlichen Geschwindigkeit beginnt, sondern es wird eine wenn auch kurze Beschleunigungszeit in Kauf genommen werden müssen, innerhalb der die Plungergeschwindigkeit von Null bis zu dem erstrebten Wert ansteigt. Die Einspritzung wird also zunächst mit verhältnismäßig kleiner Geschwindigkeit beginnen. Darunter leidet sowohl die Durchschlagskraft als auch die Zerstäubung des Brennstoffes. Die mangelnde Durchschlagskraft wäre nicht sehr schädlich, weil zu Beginn der Verbrennung auch in unmittelbarer Umgebung der Düse genügend Sauerstoff zur Verfügung steht, um diese verhältnismäßig kleinen Brennstoffmengen zu verbrennen. Schädlich ist der Umstand, daß durch die mangelhafte Zerstäubung der Zündverzug vergrößert wird, was harten Gang der Maschine (Klopfen) zur Folge hat. Wird zwischen die Rolle des Pumpenantriebes und den Nockengrundkreis Spiel eingeschaltet (Rollenlose), so trifft die Nockenflanke schlagartig auf die Rolle auf und die Plungerbewegung beginnt theoretisch sofort mit einem endlichen Wert. Durch die Zusammendrückbarkeit aller in Frage kommenden Teile ist allerdings auch dann eine Beschleunigungszeit vorhanden, die aber sehr kurz ausfällt. Mit Rücksicht auf die Dauerhaftigkeit der Nocke und Rolle, dann auch des Pumpengeräusches wegen kann man von diesem Mittel nur im beschränkten Maße Gebrauch machen. Größere Rollenlosen als 0,1 bis 0,2 mm sind daher selten anzutreffen.

Ähnliches gilt auch für das Ende der Einspritzung. Auch hier ist es unmöglich, die Einspritzung schlagartig zu beenden, sondern es muß eine Verzögerungsperiode in Kauf genommen werden. Dies ist für die Verbrennung sehr schädlich, da in diesem Zeitpunkt der Sauerstoff in der Umgebung der Düse zum Großteil verbraucht ist, Brennstoffteilchen also, die nicht genügend tief in den Verbrennungsraum eindringen oder nicht genügend fein zerstäubt sind, überhaupt nicht mehr zur Verbrennung gelangen. Bei Pumpen, die nach der Regelungsart 2 und 3 arbeiten, muß also der Übergang zur Druckrast möglichst scharf gemacht werden. Bei Pumpen mit der Regelungsart 1 kann durch die Form der Nockenerhebungskurve das Einspritzende nicht beeinflußt werden, sondern es ist hierfür lediglich der Querschnitt und die Eröffnungsgeschwindigkeit des Überströmventils (oder Schiebers) maßgebend.

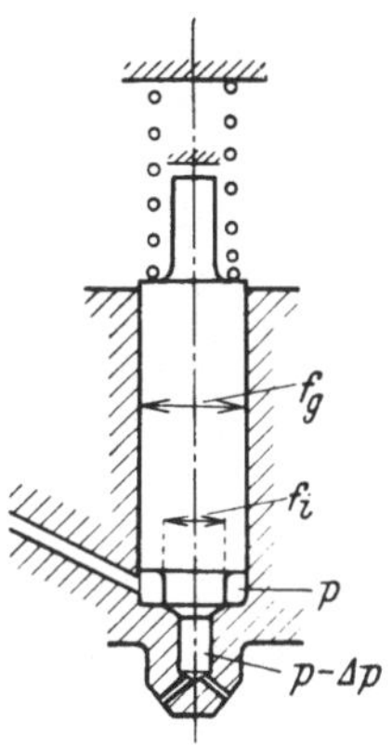

Abb. 56. Geschlossene Düse.

Die geschlossene Düse (Brennstoffventil).

Als Mittel, die schädlichen Erscheinungen bei Beginn und Ende der Einspritzung einzuschränken, hat sich die geschlossene Düse eingeführt und bewährt. Man versteht darunter ein hydraulisch durch den Brennstoffdruck selbst gesteuertes Ventil, das unmittelbar vor den eigentlichen Düsenöffnungen angeordnet ist, Abb. 56. Es öffnet dann, wenn die vom Brennstoffdruck auf die Ringfläche $f_g - f_i$ ausgeübte Kraft die Federkraft übersteigt, und schließt, wenn die vom Brennstoffdruck auf die Gesamtfläche f_g des Düsenplungers ausgeübte Kraft kleiner wird als die Federkraft. Man wäre somit versucht anzunehmen, daß die Einspritzung mit dem vollen Öffnungsdruck beginnt und beim Erreichen des Schließdruckes abbricht. In Wirklichkeit sind die Vorgänge wesentlich verwickelter.

Es sei die auf die Zeiteinheit bezogene Liefermenge der Pumpe in Abhängigkeit von der Zeit bzw. dem Kurbelwinkel gegeben. Wäre keine geschlossene Düse vorhanden, so würde dem ein Einspritzdruck entsprechen, der aus der Liefermenge und dem Querschnitt der Düsenbohrungen nach Gl. (54) und (55) berechnet werden kann, Abb. 57 und 58. Die Druckleitung ist durch das Pumpendruckventil einerseits und das Brennstoffventil anderseits abgeschlossen. Daher wird sich in ihr auch während der Saugperiode ein Druck p_1 erhalten, der aber niedriger ist als der Öffnungsdruck p_2. Beim Einsetzen der Pumpenförderung wird zunächst der Druck in der Leitung von p_1 auf den Öffnungsdruck ansteigen. Dieser Druckanstieg währt eine Zeitspanne, die durch die Liefermenge der Pumpe einerseits und der Elastizität der in Frage kommenden Räume anderseits bestimmt wird. Beim Erreichen des Eröffnungsdruckes beginnt der Düsenplunger anzuheben. Nun muß ein Teil der Pumpenförderung den vom Düsenplunger freigegebenen Raum auffüllen. Die Größe dieses Teiles hängt vom Querschnitt und der Geschwindigkeit der Nadel, also von ihrer Masse, dem Federgesetz und dem Brennstoffdruckverlauf ab. Ist die Pumpenförderung in diesem Zeitabschnitt ausreichend groß, so wird zwar der Druck vor dem Ventil absinken, doch wird dies durch den Druckanstieg vor den Düsenöffnungen, der auf die Fläche f_i wirkt, wettgemacht. Die Nadel setzt dann ihre Bewegung fort.

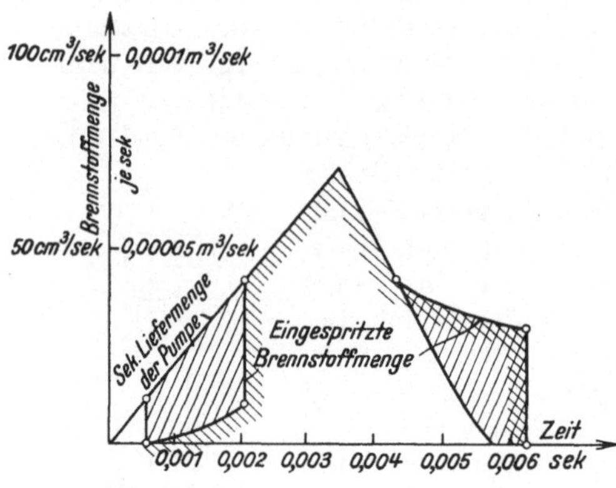

Abb. 57. Eingespritzte Brennstoffmenge.

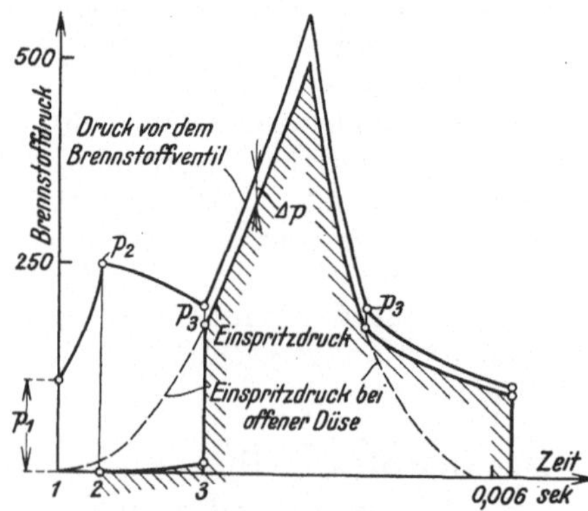

Abb. 58. Brennstoffdruckverlauf als Funktion der Zeit bei geschlossener Düse.

Reicht hingegen die Pumpenförderung noch nicht aus, so wird die Nadel so lange anheben und wieder schließen (Knarren des Ventiles), bis die Pumpenförderung auf den entsprechend hohen Wert gestiegen ist. Jedenfalls aber ist die für die Einspritzung zur Verfügung stehende Ölmenge in diesem Zeitabschnitt kleiner, als der Pumpenförderung entsprechen würde, und daher auch der Einspritzdruck tiefer als bei offener Düse. Es wird also zunächst scheinbar das Gegenteil dessen erreicht, was beabsichtigt war. Tatsächlich aber sind die hier in Frage kommenden Ölmengen so klein, daß sie den Einspritzvorgang nicht sehr belasten, allerdings unter der Voraussetzung, daß die Pumpenförderung genügend rasch ansteigt.

Sobald die Düsennadel auf ihre Hubbegrenzung auftrifft, tritt schlagartig eine Vergrößerung der Einspritzmenge auf den vollen, der Pumpenförderung entsprechenden Betrag auf, und der Einspritzdruck steigt ebenso plötzlich auf den Wert, der dem Druck bei offener Düse entsprechen würde, ist aber immer noch kleiner als der Öffnungsdruck der Düse. Denn für diesen gilt:

$$(f_g - f_i) \cdot p_2 = P_f.$$

Während im Zeitpunkt 3

$$(f_g - f_i) \cdot p_3 + f_i (p_3 - \Delta p) = P_f$$

ist. Da nun die Federkraft P_f infolge der sehr kleinen Nadelhube (0,2 bis 0,6 mm) sich kaum ändert, muß $p_3 < p_2$.

Von jetzt ab entspricht der Einspritzdruck ganz dem bei offener Düse, lediglich der Druck vor dem Ventil ist um den Ventilwiderstand Δp größer als bei dieser.

Umgekehrt ist der Vorgang bei Beendigung der Einspritzung. Die Düsennadel beginnt sich zu senken, wenn die Bedingung

$$(f_g - f_i) \cdot p_3 + f_i (p_3 - \Delta p) = P_F$$

erfüllt ist, der Druck also auf den gleichen Wert wie im Zeitpunkte 3 gesunken ist.

Die in den Verbrennungsraum eintretende Brennstoffmenge wird aber jetzt durch die vom Düsenplunger verdrängte Menge ergänzt, der sich mit steigender Geschwindigkeit absenkt. Die Einspritzmenge und der Einspritzdruck ist daher größer, als der Fördermenge der Pumpe entsprechen würde, und die Förderung hört schlagartig auf, wenn die Nadel auf ihren Sitz auftrifft. Die schraffierten Flächen Abb. 57 stellen die von der Nadel verdrängte Brennstoffmenge dar (Fläche mal Hub), sind also untereinander gleich groß.

Sieht man von der kleinen, im Zeitraum 2 bis 3 eintretenden Brennstoffmenge ab, so besteht die Wirkung der geschlossenen Düse zunächst darin, daß Beginn und Ende der Einspritzung später eintreten, als der Nockenerhebungskurve entsprechen würde, dann aber vor allem darin, daß Beginn und Ende härter einsetzen als bei der offenen Düse.

Obwohl die Wirkung der geschlossenen Düse von ihren Abmessungen (Plungerdurchmesser und Hub, Plungermasse und Federkraft) abhängig ist, so ist doch auch der Verlauf der Nockenerhebung von maßgebendem Einfluß. Nur dann, wenn alle diese Faktoren zusammenstimmen, kann der Vorteil der geschlossenen Düse voll ausgenutzt werden. Allerdings kann heute der Konstrukteur nur auf die Nockenerhebungskurve Einfluß nehmen, da Pumpen und Düsen in der Regel von einer Spezialfirma fertig bezogen werden und er sich daher an marktgängige Typen halten muß.

2. Das Vorkammerverfahren.

Bei diesem Verfahren, Abb. 59, wird der Brennstoff in einem einzigen Strahle in eine dem Hauptverbrennungsraum vorgeschaltete, von ihm durch den mit Öffnungen versehenen Brenner getrennte Kammer eingespritzt. Man weiß bis heute noch sehr wenig Sicheres über die Vorgänge in der Vorkammermaschine, und es hat sich daher auch noch keine einheitliche Ansicht über die Wirkungsweise derselben herausgebildet. Sieht man indessen von allen Hypothesen über die Vergasung oder die chemische Veränderung des Brennstoffes in der Vorkammer ab, so können folgende Vorgänge als feststehend angesehen werden:

Ein Teil des eingespritzten Brennstoffes verbrennt in der Vorkammer, wodurch in derselben eine Drucksteigerung hervorgerufen wird, die bewirkt, daß der Kammerinhalt in den Hauptverbrennungsraum abströmt und dabei den noch nicht verbrannten Brennstoff mit sich führt, mit dem im Hauptverbrennungsraum vorhandenen Sauerstoff verwirbelt und so zur Verbrennung bringt.

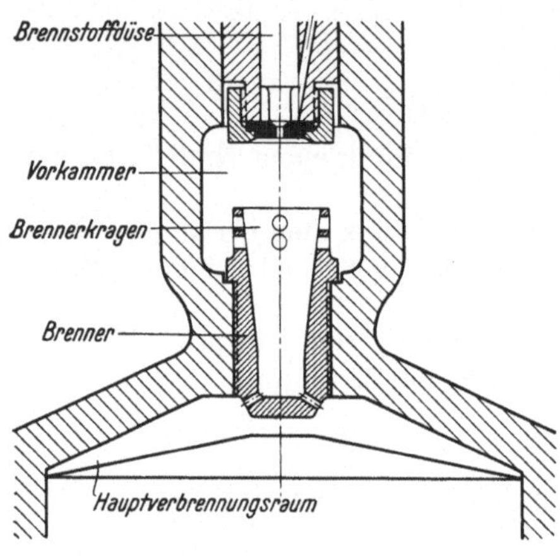

Abb. 59. Vorkammer.

Um diese Wirkung zu erzielen, müssen demnach folgende Bedingungen erfüllt sein:

1. Da die gesamte Brennstoffmenge durch die Vorkammer hindurchgeht, muß das Maß der Teilverbrennung durch die in der Vorkammer befindliche Sauerstoffmenge bestimmt werden.

2. Die Zündung muß in der Vorkammer erfolgen, es muß also entweder die Verdichtungsendtemperatur des gasförmigen Vorkammerinhaltes die Zündtemperatur erreichen, oder es müssen heiße Metallteile die Zündung einleiten.

3. Soll der gesamte eingespritzte und in der Vorkammer nicht verbrannte Brennstoff mit ausreichender Geschwindigkeit in den Hauptverbrennungsraum eingeführt werden, so muß die Brennstoffeinspritzung vor Beendigung der Teilverbrennung abgeschlossen werden.

4. Der in der Vorkammer nicht verbrannte Brennstoff muß so gelagert werden, daß die aus der Kammer ausströmenden Gase ihn erfassen und mit sich führen können.

Soll der Motor betriebssicher sein, so treten hierzu noch Bedingungen, die die Unveränderlichkeit der erstrebten Vorgänge, wenigstens für eine gewisse Zeit und für alle möglichen Betriebsverhältnisse gewährleisten:

5. Der Brennstoff darf während seines Aufenthaltes in der Vorkammer keine Gelegenheit zur Ölkohlenbildung haben.

6. Die Temperatur der vorhandenen Metallteile darf niemals so hoch ansteigen, daß eine Zerstörung derselben möglich wird.

Zu 1. Man wird annehmen können, daß die aus Frischluft und Restgasen bestehende Ladung während der Verdichtung soweit verwirbelt wird, daß sie gegen Ende der Verdichtung ein ziemlich homogenes Gemisch bildet. Die in die Vorkammer eintretende Sauerstoffmenge wird also durch den Rauminhalt der Kammer bestimmt.

Zu 2. Bei Zweitaktmaschinen, insbesondere aber bei Kurbelkastenmotoren besteht bei Beginn der Verdichtung die Ladung zu einem recht erheblichen Teil aus heißen Restgasen. Daher ist auch die Kompressionsendtemperatur hoch und reicht sicherlich hin, um die Entzündung herbeizuführen. Die Verwendung glühender Metallteile ist also mindestens bei Zweitaktmaschinen überflüssig.

Zu 3. Dieser Bedingung kann in zweierlei Weise entsprochen werden: entweder durch Anpassen der Brennstoffeinspritzzeit an die Dauer der Teilverbrennung oder umgekehrt durch Anpassen der Zeitdauer der Teilverbrennung an die Einspritzzeit.

Da die Verbrennung in der Vorkammer an der Mantelfläche des Einspritzkegels vor sich gehen dürfte, so beeinflußt die Strahllänge diese Reaktionsfläche und damit die Zeitdauer der Verbrennung in der Vorkammer. Eine größere Länge des Brennstoffstrahles wird also kürzere Verbrennungszeiten ergeben und umgekehrt. Ein weiteres Mittel zur Beeinflussung der Verbrennungszeit ist die Anwendung eines meist mit dem Brenner einstückig hergestellten Kragens, der in die Vorkammer hineinragt und den Brennstoffstrahl umhüllt. Er behindert somit den Zutritt der Verbrennungsluft zum Brennstoff, und es läßt sich durch seine Länge sowie durch die Zahl, Anordnung und Größe der in ihm befindlichen Bohrungen der Ablauf der Teilverbrennung in der Vorkammer regeln.

Zweifellos verschleppt das Vorkammerverfahren den Ablauf der gesamten Verbrennung und begünstigt ein dem Wirkungsgrade des Motors schädliches Nachbrennen. Man wird also, um dem soweit als möglich entgegenzuwirken, trachten müssen, die Teilverbrennung in der Vorkammer und damit die Einspritzung tunlichst rasch zu beenden. Da die bei Zweitaktmaschinen stets in verhältnismäßig großen Mengen vorhandenen Restgase die Gasladung verunreinigen und dadurch die Reaktionsgeschwindigkeit bei der Verbrennung herabsetzen, so wird man den Brennerkragen lieber ganz weglassen und überdies die Strahllänge in der Vorkammer verhältnismäßig lang wählen. Als Folge davon muß dann auch die Einspritzzeit beschränkt werden.

Zu 4. Es ist keinesfalls anzunehmen, daß der in der Vorkammer nicht verbrannte Brennstoff sich im Brenner niederschlägt und dann erst durch das Abblasen der Vorkammer neuerlich zerstäubt wird. Wahrscheinlich ist es, daß der durch den eigentlichen Einspritzvorgang bereits zerstäubte Brennstoff noch im schwebenden Zustande vom austretenden Gasstrom erfaßt und weiter beschleunigt, vielleicht auch noch weiter zerteilt wird. Man wird daher trachten, die Brennstofftröpfchen auf ihrem Wege zu den Ausblaseöffnungen nicht zu behindern (Lage der Ausblaseöffnungen an tiefster Stelle!) und den Brenner und die Ausblaseöffnungen so anzuordnen, daß die Tröpfchen dort vom Gasstrom erfaßt werden, wo er bereits genügend Geschwindigkeit besitzt, um ihnen den nötigen Richtungswechsel aufzuzwingen. Da man den Brennerdurchmesser nicht zu groß machen kann, ist es notwendig, den Brennstoffstrahl zusammenzuhalten, also in einen möglichst schlanken Kegel einzuspritzen. Besitzt der Brenner einen Kragen, so besteht die Gefahr, daß Brennstoffteilchen in den Raum seitlich des Brenners gelangen und verlorengehen.

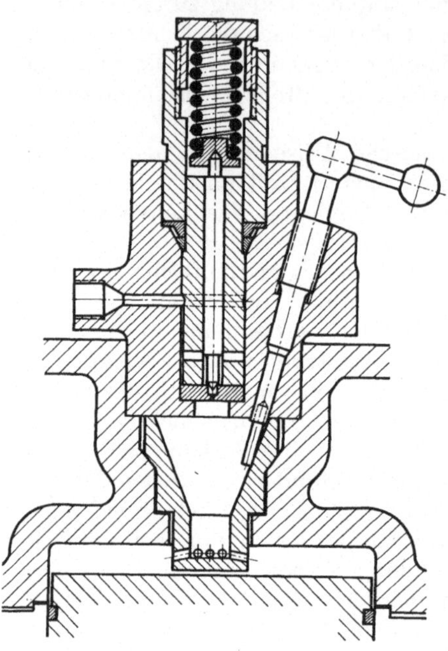

Abb. 60. Vorkammer und Verbrennungsraum einer kleinen Kurbelkastenmaschine von Deutz.

Auch aus diesem Grunde dürfte der Brennerkragen eher schaden als' nützen.

Zu 5. Ölkohlebildung tritt in der Regel an jenen Stellen auf, an denen sich Brennstoff niederschlagen kann und dann höheren Temperaturen in Abwesenheit von Sauerstoff ausgesetzt wird. Der Raum am Boden der Vorkammer seitlich des Brennerkragens ist daher für die Kohlenbildung besonders günstig. Wenn man also nicht von vornherein auf die Ausbildung eines Kragens verzichtet, so muß wenigstens dafür gesorgt werden, daß kein Brennstoff in solche Räume gelangen kann.

Zu 6. Durch die bei der Spülung im Zylinder zurückbleibenden Restgase werden die Temperaturen während des ganzen Arbeitsprozesses verhältnismäßig höher liegen als bei Viertaktmaschinen. Der Brenner, der ja nur indirekt gekühlt wird, neigt daher bei ungünstiger Formgebung zum Verzundern, in schwereren Fällen auch zum Abschmelzen. Die Verwendung hitzebeständiger Materialien (Monel-Metall, hochprozentige Nickelstähle) allein hilft nicht immer. Es soll also von vornherein darauf geachtet werden, daß die Flächen, in denen der Brenner den Zylinderdeckel berührt und die allein für die Wärmeableitung in Frage kommen, ausreichend groß bemessen werden.

Aus dem Vorstehenden wird man schließen können, daß sich Vorkammern der einfachsten Bauart, etwa in der Art der Ausführungen von Benz oder Deutz (Abb. 60 und 61), für den Zweitaktmotorenbau am besten eignen. Damit stehen auch die praktischen Erfahrungen durchaus im Einklang.

Nach dem Austritt aus den Ausblaseöffnungen muß dem Brennstoff-Gas-Gemisch eine genügende Entwicklungsmöglichkeit geboten werden,

wenn auch die Strahllängen kürzer sein können als bei Druckeinspritzmaschinen. Unter zirka 60% der für die Strahlmaschinen angegebenen
Mindestlängen (Abb. 62) soll man nicht herunter gehen. Hingegen ist die
Vorkammermaschine auf die dem Strahl zur Verfügung stehende Breite
weniger empfindlich und genügen hierfür je nach Größe der Maschine
5 bis 12 mm.

Konstruktive Angaben:

Rauminhalt der Vorkammer: 30 bis 40% des gesamten Verdichtungsraumes.

Zahl und Anordnung der Ausblaseöffnungen sind nicht nur
von der Vorkammerbauart, sondern auch von der Form des Haupt-
verbrennungsraumes abhängig. Die Zahl der Öffnungen liegt zwischen
6 und 10. Das Verhältnis des Kammerinhaltes in Kubikzentimetern
zum Querschnitt aller Ausblaseöffnungen
in Quadratzentimetern liegt innerhalb der
Grenzen 80 bis 200 cm.

Die Einspritzdauer soll kurz sein
und 12° Kurbelwinkel nicht übersteigen.

Die in der Literatur häufig vertretene
Ansicht, daß die Einspritzdrücke besonders niedrig sein können, stimmen mit den
Erfahrungen des Verfassers durchaus nicht
überein. In der Regel liegen diese Drücke
innerhalb der Grenzen 150 bis 250 at.

Zapfendüsen soll man nicht verwenden. Der zarte Zapfen ist bei Reinigungs-
arbeiten stets der Gefahr ausgesetzt, beschädigt oder verbogen zu werden, was zur
Folge hat, daß die Düse schief spritzt. Es
ist daher besser, von vornherein einfache
Lochdüsen zu nehmen und sie vor dem
Einbau sorgfältig zu prüfen.

Eine Vorkammer läßt sich nicht am Reiß-
brett festlegen. Stets wird der Versuch noch
erhebliche Korrekturen der ursprünglichen
Anordnung bringen. Es ist daher unumgäng-
lich notwendig, auf diese Änderungen von vornherein Rücksicht zu nehmen.

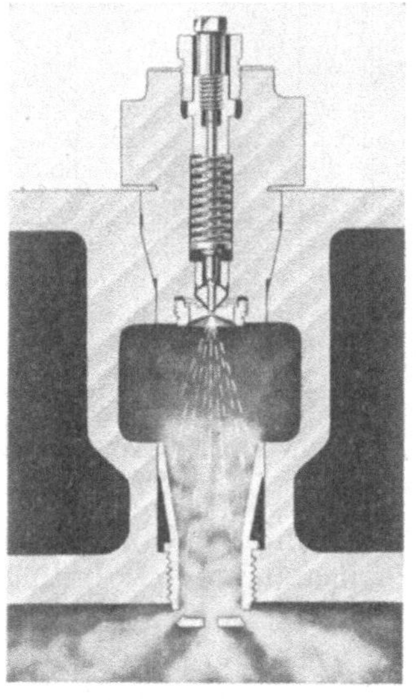

Abb. 61. Vorkammer und Verbrennungsraum der Motorenwerke Mannheim vorm. Benz A. G.

Man wird den Vorkammerinhalt zunächst kleiner machen, als man für
richtig hält, dafür aber die Möglichkeit vorsehen, durch Nachdrehen den
Inhalt stufenweise zu erhöhen, um den günstigsten Wert feststellen zu
können.

Der Sitz der Brennstoffdüse soll so ausgeführt werden, daß man durch
Beilegen oder Abdrehen die richtige Lage der Düse ermitteln kann.

Brenner mit verschiedener Zahl, Anordnung und Größe der Ausblaseöffnungen müssen durchgeprobt werden, um die günstigste Form zu
finden.

Schließlich sind auch Brennstoffdüsen mit verschiedenen Querschnitten und Nocken mit verschiedenen Einspritzwinkeln vorzusehen.

Das Prüffeld muß dann in einer systematisch angelegten Versuchsreihe die günstigste Anordnung festlegen.

3. Das Strahl- oder Druckeinspritzverfahren.

Einfacher und in seiner Wirkungsweise durchsichtiger als das Vorkammerverfahren ist das Strahlverfahren. Hier liegt die Aufgabe vor, den Brennstoff mechanisch entsprechend fein zu zerstäuben und gleichzeitig den Brennstoffteilchen eine so hohe Durchschlagskraft zu erteilen, daß sie ihren Weg durch den Verbrennungsraum so lange fortsetzen können, bis sie verbrannt sind. Beide Bedingungen erfüllt die einfache Mündung in sehr vollkommener Weise, wenn der Brennstoff mit genügend hohem Druck aus ihr austritt. Es hat sich gezeigt, daß jedes Mittel, welches die Zerstäubung erhöht, wie in die Düse eingebaute Spiraleinsätze, Blenden usw., die Durchschlagskraft herabsetzt und so die Verbrennung beeinträchtigt. Die Verteilung des Brennstoffes wird daher nur so vorgenommen, daß man die Zahl der Brennstoffstrahlen der Größe des Verbrennungsraumes anpaßt. Die Richtung der Strahlen hingegen wird lediglich durch die Form des Verdichtungsraumes bedingt.

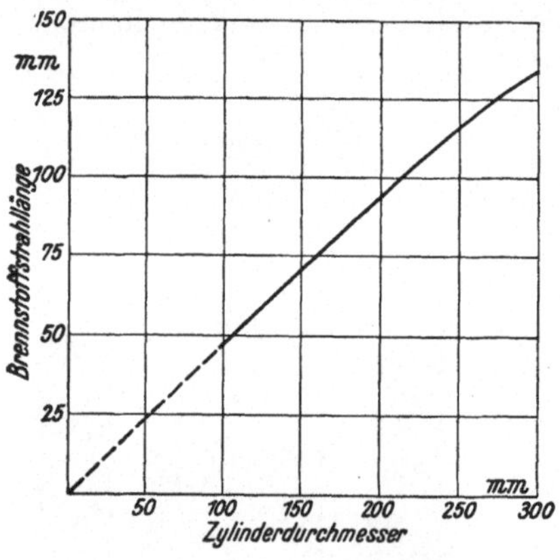

Abb. 62. Mindestlänge des Brennstoffstrahles bei Druckeinspritzmaschinen.

Der notwendige Einspritzdruck liegt zwischen 300 und 800 at, manchmal auch noch höher. Kleinere, schnellaufende Maschinen erfordern höhere Drücke, als große langsamlaufende. Bei offenen Düsen müssen die Drücke höher sein als bei geschlossenen. Eine genaue Vorausbestimmung des Einspritzdruckes ist im allgemeinen nicht möglich, aber auch gar nicht notwendig, da dies durch die Abmessungen der Düsenbohrungen leicht den jeweiligen Verhältnissen angepaßt werden kann. Die üblichen Pumpenbauarten entsprechen den Anforderungen, die auch hohe Drücke an sie stellen, meist ohne weiteres.

Sehr wichtig ist es, daß der Strahl genügend lang ist. Bei den Verhältnissen, wie sie bei kleineren Zweitaktmaschinen vorherrschen, kann man die Strahllänge überhaupt nicht groß genug machen. Sie soll aber jedenfalls die in Abb. 62 angegebenen Mindestwerte nicht unterschreiten.

Die Zahl der Düsenbohrungen schwankt zwischen 2 und 5. Als Anhalt diene die nachfolgende Tabelle:

Tabelle 12. Zahl der Düsenbohrungen für verschiedene Zylinderdurchmesser bei Druckeinspritzung.

Zylinderdurchmesser mm..	90 bis 120	120 bis 200	200 bis 350
Zahl der Düsenbohrungen	2	2 bis 4	4 bis 5 eventuell ein Mittelstrahl

Diagramme:	Beginn Einspritz. (Gemessen am Nockenanlauf in Graden v. O.T.)	Brennstoffverbrauch g/PS$_{er}$h	Zündrucksteigerung kg/cm² über CO.
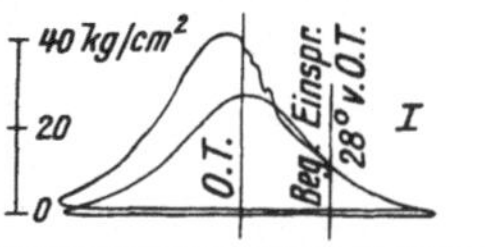 I	28,7° vor O.T.	188,5	15,5
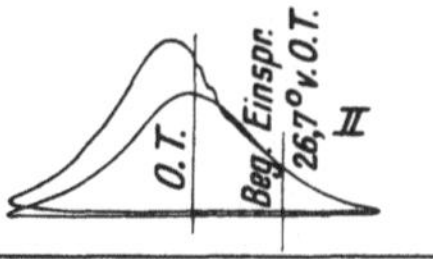 II	26,7° vor O.T.	191	13
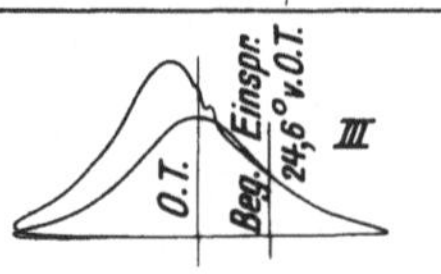 III	24,6° vor O.T.	194	12,5
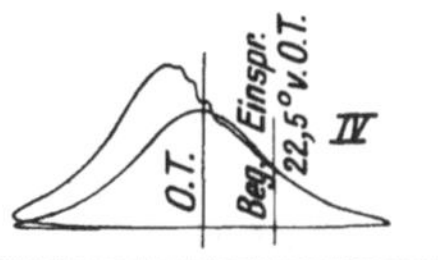 IV	22,5° vor O.T.	195,5	11
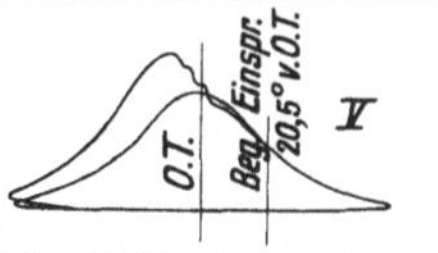 V	20,5° vor O.T.	196	9
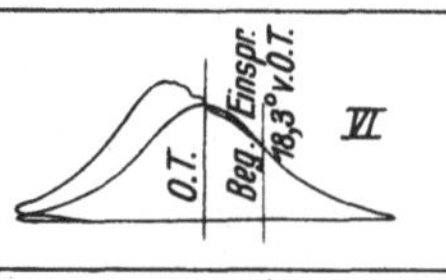 VI	18,3° vor O.T.	198	6
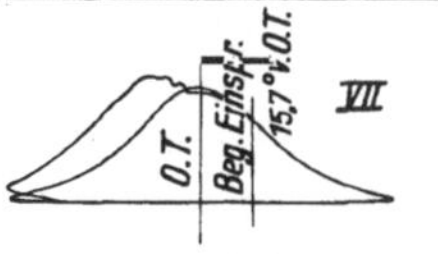 VII	15,7° vor O.T.	205	2

Abb. 63. Drucksteigerung und Brennstoffverbrauch abhängig vom Einspritzzeitpunkt. Aufgenommen
an einer Kurbelkastenmaschine von 320 mm Zylinderdurchmesser und 380 mm Hub bei $n = 325$ U/min.

Hat der Verbrennungsraum eine entsprechende Tiefenerstreckung in Richtung der Zylinderachse, wie dies bei den kegeligen Formen zutrifft, so kann bei größeren Maschinen auch ein Mittelstrahl unter Umständen Vorteile bringen.

Der Durchmesser der Bohrungen soll nicht unter 0,35 bis 0,45 mm sinken. Man hat auch bei kleinen Motoren stets die Möglichkeit, durch Verkürzen der Einspritzzeit auf diese Größen zu kommen.

Der Einspritzwinkel beträgt meist 15 bis 25⁰, bei größeren, langsamlaufenden Maschinen zuweilen noch mehr. Der Antriebsnocken der Brennstoffpumpe wird je nach der Schnelläufigkeit so eingestellt, daß der Pumpenplunger etwa 15 bis 25⁰ vor dem oberen Totpunkt seinen Nutzhub beginnt. Früheres Einspritzen bedeutet größere Drucksteigerung, aber auch niedrigeren Verbrauch und meist auch höhere Leistung als späterer Einspritzbeginn. In Abb. 63 sind diese Zusammenhänge dargestellt. Die Daten entstammen Versuchen, die an einer Kurbelkastenmaschine von 320 mm Durchmesser und 380 mm Hub bei einer Drehzahl von $n = 325$ U/min vorgenommen wurden und gelten natürlich nur für diese Maschine.

Die bei Strahlmaschinen zur endgültigen Festlegung der günstigsten Verhältnisse nötige Versuchsarbeit ist im Vergleiche zur Vorkammermaschine geringfügig. Eine Anzahl Düsenplatten mit verschiedener Anzahl, Richtung und verschiedenem Durchmesser der Bohrungen sind zu erproben, doch ist der Bereich, in dem diese Größen schwanken können, von vornherein ziemlich eng begrenzt. Weiters sind Nocken mit verschiedenen Einspritzwinkeln vorzusehen und schließlich ist noch der richtige Zeitpunkt des Einspritzbeginnes durch den Versuch festzulegen.

4. Gestaltung des Verbrennungsraumes.

Um eine vollständige Verbrennung zu erreichen, ist es notwendig, dem eingespritzten Brennstoff den jeweils benötigten Luftsauerstoff zuzuführen. Bei beiden heute in Verwendung stehenden Einspritzsystemen wird der Brennstoff in mehr oder weniger aufgelockerten Strahlen in den Verbrennungsraum eingeführt. Diese Strahlen treffen nur bei Beginn der Einspritzung auf Frischluft. Die später eintretenden Brennstoffteilchen würden ein immer sauerstoffärmeres Gemisch von Frischluft und Verbrennungsgasen vorfinden, wenn nicht die noch vom Spülvorgang herrührende oder aber die durch die Verbrennung selbst hervorgerufene Luftbewegung Sauerstoff aus den von den Strahlen nicht bestrichenen Teilen des Verbrennungsraumes herbeischaffen würde.

Für die Verbrennung günstig ist eine Luftbewegung, deren Richtung die Richtung der Brennstoffstrahlen senkrecht kreuzt, weil so der Verbrennung die größte mögliche Reaktionsfläche geboten wird. Da das Einspritzorgan in den allermeisten Fällen zentral angeordnet ist, soll die Luft um die Zylinderachse kreisen. Die vom Spülvorgang herrührende Bewegung liegt anfänglich in einer Ebene, die die Zylinderachse enthält, also senkrecht zu der als günstig erkannten Richtung. Sie geht aber im Laufe der Verdichtung in eine um die Zylinderachse kreisende Bewegung über, weil die Strömung in dieser Richtung die geringsten Widerstände findet. Tatsächlich kann man in Fällen, in denen die Brennstoffstrahlen die Wand des Zylinderdeckels oder den Kolbenboden streifen, deutlich die Verwehung des Strahles feststellen. Bei Zweitaktmaschinen ist also die kreisende Luftbewegung, die bei Viertaktmotoren durch Schirme an den Einlaßventilen erzwungen wird, von vornherein gegeben. Während aber bei Viertaktmaschinen die Geschwindigkeit der Strömung beeinflußt werden kann, ist dies bei Zweitaktmotoren nicht ohne weiteres möglich. Deshalb muß die Zahl der Brennstoffstrahlen der Luftgeschwindigkeit angepaßt werden.

Die Vorkammermaschine ist in weit geringerem Maße als die Strahlmaschine von der im Zylinder vorhandenen Luftbewegung abhängig, weil das Abblasen der Vorkammer selbst eine sehr energische Durchwirbelung des Zylinderinhaltes bewirkt. Deshalb ist die Anzahl der

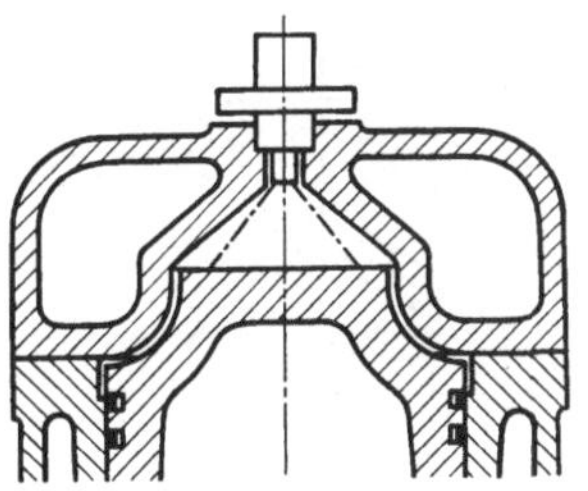

Abb. 64. Verbrennungsraum mit Verdrängerkolben.

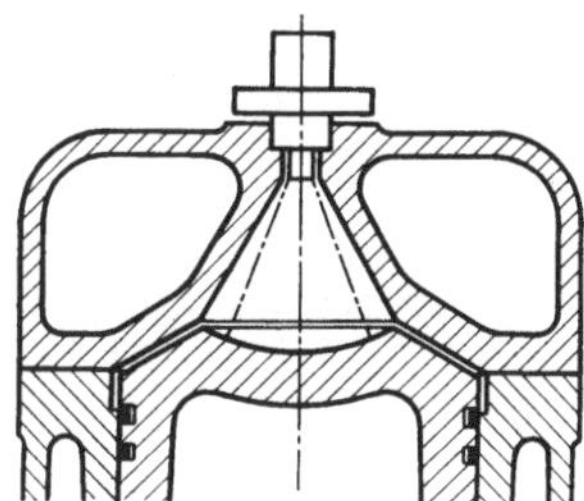

Abb. 65. Bei Kurbelkastenmaschinen häufig angewandter Verbrennungsraum. Schwache Verdrängerwirkung.

Brennstoffstrahlen für das Strahl- und Vorkammerverfahren selbst bei sonst gleicher Bauart der Maschine ganz verschieden.

Die Einspritzung endet bei Zweitaktmaschinen ungefähr dann, wenn der Kolben den oberen Totpunkt erreicht hat. Die Verbrennung selbst aber wird erst wesentlich später abgeschlossen. Bei Beginn der Einspritzung findet der Brennstoff stets Luftsauerstoff in genügenden Mengen vor. Ungleich wichtiger ist es, dafür zu sorgen, daß auch gegen Ende der Verbrennung Sauerstoff zur Verfügung steht. Es ist also den Vorgängen, die sich beim Beginne des Abwärtsganges des Kolbens abspielen, die größte Beachtung zu schenken. Solche Formen des Verbrennungsraumes, die in diesem Zeitabschnitt Luft der eigentlichen Verbrennungszone entziehen, werden daher weniger günstig wirken. Hierher gehören alle Bauformen, die eine mehr oder minder ausgeprägte Verdrängerwirkung, Abb. 64, aufweisen. Sie wurden ursprünglich angewandt, um beim Aufwärtsgange des Kolbens dem Verbrennungsraum Luft mit großer Geschwindigkeit zuzuführen und dadurch die Zerstäubung des Brennstoffes zu verbessern. Bei dem heutigen hohen Entwicklungsstande der Pumpen und Einspritzorgane kann auf diese Unterstützung aber durchaus verzichtet werden, und es hat sich gezeigt, daß der schädliche Einfluß des Verdrängers, nämlich der Entzug von Luft gegen Ende der Verbrennung, weitaus überwiegt. Vergleichsversuche ergaben ein zirka 10%iges Absinken der Leistung bei Verwendung eines Verdrängers.

Weniger stark ausgeprägt, aber immer noch merkbar ist die Verdrängerwirkung bei der Form nach Abb. 65.

Am günstigsten aber sind zweifellos die scheibenförmigen Verbrennungsräume (Abb. 66 und 67), weil bei ihnen auch bei Beginn des Kolbenabwärtsganges die gesamte Luft in der Verbrennungszone bleibt.

Die Form des Verbrennungsraumes wird außer durch das Verdichtungsverhältnis, das aber nur in engen Grenzen veränderlich ist, hauptsächlich durch das Hub-Bohrungs-Verhältnis beeinflußt. Ist dieses Verhältnis klein, was namentlich bei der Querspülung der Fall ist, so ist es überhaupt nur durch Ausschalten eines Teiles der Kolbenfläche möglich, den Verdichtungsraum in Richtung der Zylinderachse die nötige Erstreckung zu

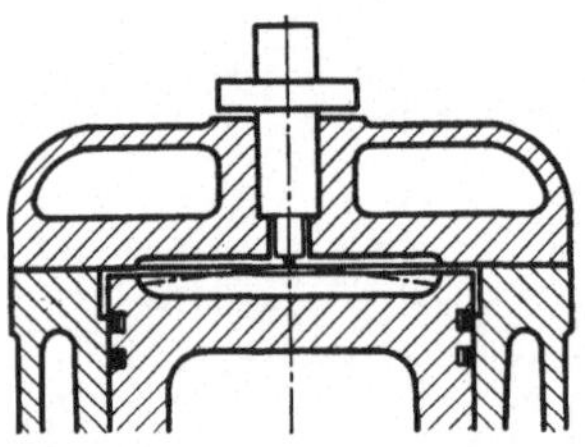

Abb. 66.   Flacher   scheibenförmiger   Verbrennungsraum.

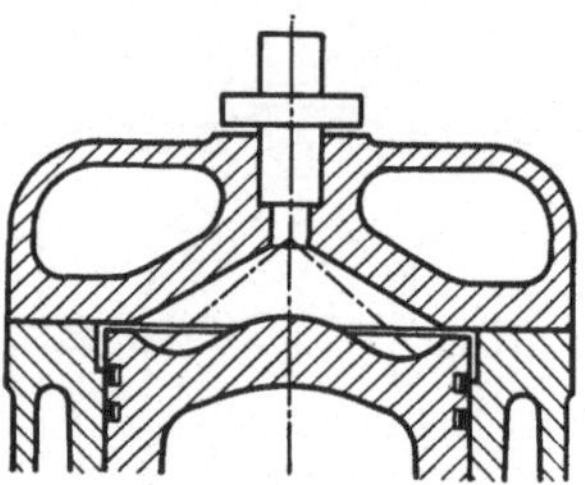

Abb. 67.   Flacher Verbrennungsraum.

geben. Es bleibt dann eben nichts anderes übrig, als zu den Bauformen der Abb. 65 zu greifen. Namentlich Kurbelkastenmaschinen zeigen häufig eine derartige Ausbildung des Verbrennungsraumes. Besonders ungünstig werden die Verhältnisse bei Vorkammermaschinen, bei denen der Hauptverbrennungsraum durch den Fortfall des Vorkammerraumes um zirka 30 bis 40% kleiner ist als bei Strahlmaschinen.

5. Drucksteigerung bei der Verbrennung.

Die thermodynamische Untersuchung der der Dieselmaschine zugrunde liegenden Kreisprozesse ist in den Spezialwerken über Wärmelehre sowie in fast allen Büchern über Dieselmaschinen durchgeführt worden, so daß es sich erübrigt, eine solche an dieser Stelle zu wiederholen. Es genügt, die Ergebnisse dieser Untersuchungen festzuhalten:

Damit ist der Wirkungsgrad und die erreichbare Leistung abhängig von folgenden Bestimmungsgrößen:

1. Der Höhe der Verdichtung.

2. Von der Zeitdauer der Verbrennung. Dabei wird stets vorausgesetzt, daß die Verbrennung im oberen Totpunkt beginnt. Bei gleicher Verdichtungshöhe liefern dann kürzere Verbrennungszeiten bessere Ergebnisse als längere. Grenzfälle sind:

a) Die Verbrennung wird im oberen Totpunkt beendet (Verpuffungs-verfahren): beste Ausnützung des Brennstoffes, aber größte Druck-steigerung.

b) Die Verbrennung findet bei gleichbleibendem Druck statt (Gleich-druckverfahren): schlechteste Ausnützung des Brennstoffes, aber ge-ringste Drucksteigerung.

3. Von der Güte der Verbrennung.

Es ist aber nicht möglich, an der wirklichen Maschine diese drei Größen innerhalb weiterer Grenzen zu beeinflussen, mindestens dann nicht, wenn das Einspritzsystem und die Form des Verbrennungsraumes vorgegeben sind. Daher ist auch das Maß der auftretenden Druck-steigerung bei der Verbrennung durch die Konstruktion im wesentlichen gegeben, wie aus den folgenden Überlegungen hervorgeht:

In der Wahl der Verdichtungshöhe ist man durchaus nicht frei. Eine untere Grenze bildet die Notwendigkeit, daß die Maschine aus dem kalten Zustande anfahren muß, während eine obere durch den Umstand gesetzt ist, daß der Inhalt des Verbrennungsraumes ein gewisses Mindestmaß nicht unterschreiten darf, weil sonst die Form des Verbrennungsraumes zu ungünstig und dadurch der Gütegrad der Verbrennung schlecht wird. Je nach Größe der Maschine schwankt die Verdichtungsspannung zwischen 30 und 50 at.

Die Zeitdauer der Verbrennung kann durch Verändern des Einspritz-zeitpunktes und der Dauer der Einspritzung in gewissen Grenzen beeinflußt. werden. Auch dies hängt aber von der zu erreichenden Höchstlast und dem geforderten Brennstoffverbrauch ab, die selbst wieder vom Ablauf der Verbrennung und daher von der Form des Verbrennungsraumes ab-hängig sind. Bei Verbrennungsräumen, die auch noch beim Abwärtsgange des Kolbens eine gute Ausnützung der Verbrennungsluft und damit einen hohen Gütegrad der Verbrennung gewährleisten, wird man die Ver-brennung länger hinausziehen können und daher niedrigere Höchstdrücke erhalten. Bei Verbrennungsräumen aber, bei denen eine mehr oder weniger stark ausgeprägte Verdrängerwirkung auftritt, muß die Verbrennung möglichst nahe dem Totpunkt beendet werden, und man hat daher auch höhere Verbrennungsdrücke zu gewärtigen. Da aber auch bei kürzester Einspritzzeit das Nachbrennen nicht unter ein gewisses Maß herab-gedrückt werden kann, so bedingen solche Verbrennungsräume trotz der hohen Drücke schlechtere Ausnützung des Brennstoffes und niedrigere Höchstlast. Bei Vorkammermaschinen ist es überhaupt nicht möglich, im gleichen Maße wie bei Strahlmaschinen durch Vorverlegen und Ver-kürzen der Einspritzzeit die Verbrennung zu beschleunigen. Aus-gesprochen ungünstige Formen des Verbrennungsraumes machen sich daher hier ebenso bemerkbar wie bei Strahlmaschinen, trotzdem die heftigere Durchwirbelung die Verbrennung im gewissen Grade verbessert.

Wie ohne weiteres einzusehen, ist auch die Menge des eingebrachten Brennstoffes (die zugeführte Wärmemenge) für die Drucksteigerung maß-gebend. Unter sonst gleichen Umständen werden daher Maschinen mit höherem mittleren Drucke auch größere Höchstdrücke ergeben.

Neben diesen Umständen scheint auch die absolute Größe der Drehzahl auf den Höchstdruck in dem Sinne von Einfluß zu sein, daß höhere Drehzahlen auch höhere Drucksteigerungen erfordern.

Alle diese Zusammenhänge lassen sich kaum rechnerisch erfassen. Als Ersatz hierfür soll die nachfolgende Tabelle 13 dienen, die aus Erfahrungswerten zusammengestellt ist und für Strahlmaschinen gilt. Bei Vorkammermaschinen muß in jenen Fällen, in denen Schnelläufigkeit, der mittlere Druck oder die Form des Verbrennungsraumes eine größere Drucksteigerung erfordern würde, als dieses Verfahren zu geben imstande ist, mit einer erheblichen Leistungseinbuße gegenüber der Strahlmaschine gerechnet werden.

Tabelle 13. Drucksteigerung bei der Verbrennung.

Kennzeichnende Merkmale der Maschine	Drucksteigerung at
Langsamlaufende ($n = 250$ bis 350) große Maschinen, kleines p_e, günstige Form des Verbrennungsraumes.	10 bis 12
Langsamlaufende große Maschinen, kleines p_e, weniger günstige Form des Verbrennungsraumes. Normallaufende mittlere Maschinen, kleines p_e, günstige Form des Verbrennungsraumes.	12 bis 15
Raschlaufende kleinere Maschinen, kleines p_e, günstige Form des Verbrennungsraumes. Langsamlaufende größere Maschinen, hohes p_e, günstige Form des Verbrennungsraumes.	15 bis 20
Raschlaufende kleinere Maschinen, kleines p_e, ungünstige Form des Verbrennungsraumes. Normallaufende mittlere Maschinen, hohes p_e, günstige Form des Verbrennungsraumes.	20 bis 25
Schnellaufende kleinere Maschinen, hohes p_e, günstige Form des Verbrennungsraumes. Normallaufende mittlere Maschinen, hohes p_e, weniger günstige Form des Verbrennungsraumes.	25 bis 30
Schnellaufende kleine Maschinen, hohes p_e, weniger günstige Form des Verbrennungsraumes.	30 bis 35

6. Der Brennstoffverbrauch.

Eine sichere Vorausbestimmung des Brennstoffverbrauches ist selbstverständlich nicht möglich, da insbesondere der Gütegrad der Verbrennung einer rechnerischen Behandlung durchaus unzugänglich ist. Immerhin liegen heute schon so viele Versuchsergebnisse in dieser Beziehung vor, daß wenigstens angegeben werden kann, was für Ziffern erreicht werden können. Allgemein kann man feststellen, daß der Gütegrad der Verbrennung und damit der indizierte Verbrauch b_i um so günstiger wird, je reichlicher der der Verbrennung zur Verfügung stehende Luftüberschuß ist. Da anderseits der mechanische Wirkungsgrad mit sinkender Belastung abnimmt (da die mechanischen Verluste von der Belastung fast unabhängig sind), so ergibt sich, daß das Minimum des effektiven Verbrauches, also die Stelle, an der der Wert $b_e = b_i/\eta_m$ seinen Kleinstwert erreicht, bei einer Belastung erreicht wird, die erfahrungsgemäß ungefähr 15 bis 25% niedriger ist als die Höchstleistung, die der Motor eben noch abgeben kann. Auf diesen Punkt bezogen, beträgt der erreichbare, indizierte, spezifische Brennstoffverbrauch bei Maschinen mit Druckeinspritzung:

$$
\begin{aligned}
&\left.\begin{array}{l}\text{Zylinderinhalt größer als } 15\,\text{l} \ldots \\ \text{Drehzahlen } n = 250 \text{ bis } 400 \ldots \end{array}\right\} \; b_i = 135 \text{ bis } 150 \text{ g/PSi h} \\
&\left.\begin{array}{l}\text{Zylinderinhalt } 7 \text{ bis } 15\,\text{l} \ldots \\ \text{Drehzahlen } n = 350 \text{ bis } 500 \ldots \end{array}\right\} \; b_i = 140 \text{ bis } 155 \text{ g/PSi h} \\
&\left.\begin{array}{l}\text{Zylinderinhalt } 4 \text{ bis } 7\,\text{l} \ldots \\ \text{Drehzahlen } n = 450 \text{ bis } 600 \ldots \end{array}\right\} \; b_i = 155 \text{ bis } 160 \text{ g/PSi h} \\
&\left.\begin{array}{l}\text{Zylinderinhalt } 2 \text{ bis } 4\,\text{l} \ldots \\ \text{Drehzahlen } n = 500 \text{ bis } 700 \ldots \end{array}\right\} \; b_i = 155 \text{ bis } 170 \text{ g/PSi h} \\
&\left.\begin{array}{l}\text{Zylinderinhalt kleiner als } 2\,\text{l} \ldots \\ \text{Drehzahlen größer als } 700 \ldots \end{array}\right\} \; b_i = 155 \text{ bis } 180 \text{ g/PSi h}
\end{aligned}
$$

Bei Vorkammerverfahren liegt der Verbrauch um rund 10% höher.

Die günstigsten mechanischen Wirkungsgrade zeigen größere Kurbelkastenmaschinen. Er liegt hier fast stets über 75% und erreicht zuweilen 80 bis 83%. Aus diesem Grunde weisen solche Motoren zuweilen sehr günstige Verbrauchsziffern auf, die auch tiefer liegen können als 180 g/PSi h. Gebläsemaschinen haben naturgemäß niedrigere mechanische Wirkungsgrade, weshalb es bei diesen Maschinen nur selten gelingt, den Verbrauch gleich niedrig zu halten. Bei solchen Maschinen kann man den mechanischen Wirkungsgrad schätzen, da die Gebläseleistung bekannt sein muß und die mechanischen Verluste des Triebwerkes (einschließlich Brennstoffpumpen- und Reglerantrieb) rund 15% der indizierten Maschinenleistung betragen.

G. Bestimmung der Hauptabmessungen, Beispiele.

Beim Entwurf einer Maschine ist die Leistung stets vorgegeben. Bei normalen Serienmaschinen meist die Zylinderleistung selbst, bei Fahrzeugmaschinen häufig nur die Gesamtleistung, so daß die Zylinder-Zahl und -Leistung wählbar ist. Bei der Festlegung der Drehzahl hingegen wird der Konstrukteur größere Freiheiten haben, da von vornherein meist nur bestimmt ist, ob die Maschine langsam-, normal- oder schnellaufend sein soll. Es ist nach den Untersuchungen der Abschnitte B und D klar, daß hierfür nicht die absolute Größe der Drehzahl, sondern nur der Wert $n \cdot D$ maßgebend ist. Um einen ungefähren Anhalt über die Grenzen der einzelnen Bereiche zu haben, sei festgesetzt, daß man ansehen kann:

Maschinen mit einem $n.D < 70$ als Langsamläufer,
"   "   " $n.D = 70$ bis 100 „ Normalläufer,
"   "   " $n.D > 100$ „ Schnelläufer.

Für den Bereich der Langsam- und Normalläufer liegen praktische Ausführungen in genügender Zahl vor, so daß dieses Gebiet als gesichert angesehen werden kann. Zweitaktschnelläufer sind hingegen bisher noch nicht bekannt geworden, das Gebiet ist technisches Neuland. Aus den Untersuchungen des ersten Teiles geht hervor, daß es theoretisch durchaus möglich und vorteilhaft ist, Maschinen zu bauen, die in diesen Bereich fallen. Praktisch wird man mit Schwierigkeiten rechnen müssen, die vornehmlich den einwandfreien Kolbenlauf betreffen, aber durchaus nicht unüberwindlich sein dürften.

Bei der Festsetzung der Drehzahl wird man überdies darauf Rücksicht nehmen müssen, ob der betreffende Motor als Antriebsmaschine für Drehstromgeneratoren in Frage kommt. In solchen Fällen muß man sich an die Umlaufszahlen normaler Drehstromgeneratoren halten, die für die übliche Periodenzahl von 50/sek nachstehend angeführt sind.

Tabelle 14. Drehstromdrehzahlen für eine Periodenzahl von 50/sek.

Polzahl des Generators	40	36	32	28	24	20	16	12	10	8	6	4	2
n	150	166	188	214	250	300	375	500	600	750	1000	1500	3000

Zusammenfassend kann man feststellen, daß für die Bestimmung der Hauptabmessungen der Maschine in der Regel die Zylinderleistung (seltener die Gesamtleistung) und der Wert $n.D$ vorgegeben ist. Grundsätzlich gilt als Ausgangspunkt für die Berechnung die Gleichung:

$$N_e = \frac{\frac{\pi}{4} \cdot D^2 \cdot p_e \cdot s \cdot n}{60 \cdot 75} \tag{61}$$

(in dieser Gleichung ist entweder D in cm und p_e in at oder D in m und p_e in kg/m², s immer in m einzusetzen).

Praktisch wird man allerdings von dieser Gleichung meist keinen Gebrauch machen, sondern bequemer auf die Kurven der Literleistung, Abb. 38, 39 und 41, zurückgreifen.

Bei der Festlegung des mittleren Druckes bzw. der Literleistung ist auf die Leistungsreserve (Überlastbarkeit), welche die Maschine aufweisen soll, Rücksicht zu nehmen. Es muß hier besonders auf den Unterschied in der Beanspruchung von Stabil- und Schiffsmaschinen hingewiesen werden. Während erstere die Nennleistung in der Regel nur kurzzeitig abgeben müssen und fast stets unterbrochenen Betrieb haben (8 bis 12 Stunden täglich), müssen Schiffsmaschinen dauernd unter Volllast arbeiten und stehen dabei tage-, häufig wochenlang ununterbrochen in Betrieb. Da überdies längerdauernde Überlastperioden oft vorkommen, ist es unerläßlich, eine größere Leistungsreserve vorzusehen, bzw. die Nennleistung von Schiffsmotoren kleiner anzusetzen als diejenige gleichgroßer Stabilmotoren. An sich ist bei fast allen Zweitaktmotoren die Leistungsreserve ziemlich klein und beträgt manchmal nur wenige Prozente der Nennleistung. Sie sollte jedoch mindestens betragen:

bei Stabilmotoren ...... 10 bis 15%,
„ Schiffsmotoren ..... 20 „ 25%.

Die Kurven der Literleistung, Abb. 38, 39 und 41, sind auf eine Überlastbarkeit von rund 15% abgestimmt. Für Schiffsmaschinen sind daher die Angaben dieser Kurven noch zu vermindern.

Weiters ist auf das Einspritzsystem Rücksicht zu nehmen. Die Angaben der Abschnitte B 2 und B 3 beziehen sich auf Druckeinspritzmaschinen mittlerer Güte. Erfahrungsgemäß geben Vorkammermaschinen meist eine um 10% kleinere Leistung, was gegebenenfalls auch zu berücksichtigen ist.

Kurbelkastenmaschinen.

Bei Kurbelkastenmaschinen ist die von der Spülpumpe gelieferte Luftmenge großen Schwankungen nicht unterworfen und dementsprechend ist auch die erreichbare Leistung bei verschiedenen Bauarten ziemlich gleich groß. Meist gelangt Querspülung zur Anwendung und hierfür ist der der Nennleistung entsprechende mittlere Druck bei Strahlmaschinen mit gutem Verbrennungsraum und einer Auspuffschlitzhöhe von 20 bis 23% etwa 3 at, wobei noch eine Leistungsreserve von 10 bis 15% zur Verfügung steht. Maschinen mit Umkehrspülung sind bisher nicht bekannt geworden, doch werden gegebenenfalls die Abb. 15 und 16 einen zahlenmäßigen Vergleich gestatten.

Ist die Zylinderleistung und die Kennziffer $n.D$ gegeben, so greift man auf Abb. 38 zurück, die die Literleistung (15% Leistungsreserve) von Kurbelkastenmaschinen vom Zylinderdurchmesser 1 dm angibt. Gegebenenfalls ist die aus der Kurve abgegriffene Literleistung noch zu verkleinern (Vorkammermaschinen, Schiffsmaschinen) oder zu vergrößern (Umkehrspülung). Aus der Zylinderleistung N_e und der Literleistung N_{el} für den Durchmesser 1 dm ergibt sich:

$$\frac{N_e}{N_{el} \cdot \frac{1}{D}} = \pi D^2 s/4,$$

wobei die Längen D und s in dm einzusetzen sind. Es folgt daraus:

$$D^2 = \frac{4 N_e}{\pi \cdot N_{el} \cdot (s/D)}. \tag{62}$$

Da das Hub-Bohrungs-Verhältnis (dem Spülverfahren und den besonderen Verhältnissen entsprechend) gewählt werden muß, ist aus dieser Gleichung D bestimmbar. Ist D bekannt, so kann aus der Kennziffer n und aus dem Hub-Bohrungs-Verhältnis s berechnet werden.

In der Regel werden Kurbelkastenmaschinen mit einer Kennziffer gebaut, die bei $n \cdot D = 100$ liegt. In diesem Falle kann Abb. 39 herangezogen werden, die für eine gegebene Zylinderleistung unmittelbar den Durchmesser und die Drehzahl angibt. (In der Abb. 39 sind nur die Kurven für $s/D = 1{,}36$ und $1{,}95$ eingezeichnet; dazwischenliegende Werte können interpoliert werden.)

In allen Fällen können dann die Schlitzabmessungen mit Hilfe der Gl. (14) bis (16) und (18) bis (20) bestimmt werden.

Kurbelkastenmaschinen mit erhöhtem Luftaufwand.

Die von der normalen Kurbelkastenpumpe gelieferte Luftmenge beträgt rund 80% des Zylinderinhaltes. Steht eine größere Luftmenge zur Verfügung (s. S. 4), so wird zunächst auf Grund der Listschen Kurven, Abb. 15 und 16, die Leistungserhöhung gegenüber der gewöhnlichen Kurbelkastenmaschine abgeschätzt und die aus Abb. 38 bzw. 39 erhaltene Literleistung um den gleichen Betrag erhöht. Der weitere Berechnungsgang ist dann derselbe wie bei der normalen Kurbelkastenmaschine.

Auch die Schlitzabmessungen sind nach den Gl. (14) bis (16), (18) bis (20) zu berechnen, doch wird man, um der erhöhten Spülluftmenge gerecht zu werden, den unveränderlichen Wert in den Gl. (18) bis (20) um einen Betrag erhöhen, der der Luftmengensteigerung verhältnisgleich ist.

Zweitaktmaschinen mit besonderem Gebläse.

Es wird zunächst die Luftaufwandziffer k festgelegt und sodann aus der Abb. 9 bzw. 10 der entsprechende mittlere Druck entnommen; weiters muß der Gesamtwirkungsgrad des Gebläses bekannt sein, worauf die Bestimmung der Schlitzabmessung und der zur Verfügung stehende Höchstwert des mittleren Druckes mit Hilfe des Wertes $n \cdot D$ nach den Angaben des Abschnittes B erfolgen kann. Dieser Höchstwert wird um den Betrag der Leistungsreserve verkleinert, worauf dann die Zylinderabmessungen nach Gl. (61) bestimmt werden können.

In der Regel wird man den Luftaufwand bei Maschinen mit Umkehrspülung in der Nähe des günstigen Wertes 1,4 halten. Da auch der Wirkungsgrad brauchbarer Gebläse ungefähr bei 0,6 liegt, kann man in diesem Falle aus Abb. 41 die Literleistung (Leistungsreserve 15%) für den Durchmesser 1 dm entnehmen, worauf die Berechnung der Hauptabmessungen in gleicher Weise wie bei Kurbelkastenmaschinen vorgenommen wird. Die Schlitzabmessungen werden dann der Abb. 40 entnommen, gegebenenfalls für Zwischenwerte von $n \cdot D$ entsprechend interpoliert.

1. Beispiel.

Es sind die Hauptdaten einer Kurbelkastenmaschine mit Querspülung und Luftführung durch schräge Spülkanäle zu ermitteln, die im normalen Drehzahlbereich arbeiten und eine Zylinderleistung von 25 PSe bei einer Überlastbarkeit von 10 bis 15% aufweisen soll.

Zylinderabmessungen und Drehzahl.

Für eine Leistung von 25 PSe ergibt Abb. 39 einen Zylinderdurchmesser von 188 mm, wobei die Drehzahl 535 U/min und das Hub-Bohrungs-Verhältnis $s/D = 1,36$ beträgt (Querspülung!). Man wird wählen:

$$D = 190 \text{ mm},$$
$$s = 260 \text{ mm},$$
$$n = 500 \text{ U/min}.$$

(Mit Rücksicht auf die Umlaufszahl von Drehstromgeneratoren.)

Damit wird:

$$p_e = \frac{N_e \, 60 \cdot 75}{\dfrac{D^2 \pi}{4} \cdot s \cdot n} = \frac{25 \cdot 60 \cdot 75}{283 \cdot 0,26 \cdot 500} = 3,05 \text{ kg/cm}^2,$$

ist also zulässig.

Spül- und Auspuffschlitze.

Für die Berechnung der Spülschlitze ist Gl. (19) heranzuziehen, wobei vorausgesetzt werde:

Die Neigung der Spülkanäle gegen die Zylinderachse:

$$\varphi = 30^0; \quad \sin \varphi = 0,5.$$

Das Verhältnis der Luftstrombreite zum Zylinderdurchmesser:

$$\zeta_s = 0,7.$$

Damit wird:

$$S_s = \frac{0,0009 \cdot D \, n}{\zeta_s \sin \varphi} = \frac{0,0009 \cdot 0,19 \cdot 500}{0,7 \cdot 0,5} = 0,245.$$

Somit wird nach Abb. 20 die Schlitzhöhe:

$$h_s = 18,5\% \text{ oder } 48 \text{ mm}$$

und die Luftstrombreite:

$$0,7 \cdot 190 = 133 \text{ mm}.$$

Es sei weiter vorausgesetzt, daß das Verhältnis der Auspuffschlitzbreite zum Zylinderdurchmesser betrage:

$$\zeta_a = 1,00.$$

Dann ergibt Gl. (15):

$$S_a = 0,000016 \cdot \frac{D \, n}{\zeta_a} = 0,000016 \cdot \frac{0,19 \cdot 500}{1,0} = 0,00152,$$

wofür Abb. 18 eine Schlitzhöhe von

$$h_a = \text{rund } 22\% \text{ oder } 57 \text{ mm ergibt.}$$

Die Erstreckung der Auspuffschlitze über den Zylinderumfang beträgt:

$$1,0 \cdot 190 = 190 \text{ mm}.$$

Auspufftopf und Leitung.

Das Topfvolumen sei gleich dem achtfachen Zylinderinhalt angenommen, betrage daher:

$$8 \cdot 7,35 = 59 \text{ l} = 0,059 \text{ m}^3.$$

Nach Gl. (21) soll die Periode der Eigenschwingungszahl des Auspuffsystems betragen:

$$z_0 = \frac{60}{n} \cdot 0,75 = 60 \cdot 0,75/500 = 0,09 \text{ sek.}$$

Rechnet man mit einer normalen Auspuffrohrlänge von 6 m, so wird dafür nach Abb. 34 das Verhältnis

$$V_u/f_u = 5.$$

Somit muß der Leitungsquerschnitt betragen:

$$f_u = 0{,}059/5 = 0{,}0118 \text{ m}^2,$$

was einem Rohrdurchmesser von

$$0{,}123 \text{ m oder } 123 \text{ mm}$$

entspricht. Es wird daher ein 5″-Rohr Anwendung finden.

Abschätzung des Verbrennungshöchstdruckes (Konstruktionsdruck).

Es sei gute Werkstattarbeit vorausgesetzt, so daß der für Kolbenundichtheiten maßgebende Beiwert zu 0,000015 angenommen werden kann. Hierfür ergibt Abb. 48 ein notwendiges Verdichtungsverhältnis von

$${}^1\!/_\varepsilon = 0{,}715, \quad \varepsilon = 14.$$

Das nutzbare Hubvolumen beträgt:

$$(s - h_a)\, \pi D^2/4 = (2{,}6 - 0{,}58)\, \pi \cdot 1{,}9^2/4 = 5{,}7 \text{ l}.$$

Somit wird der Verdichtungsraum:

$$V_0 = \frac{5{,}7}{\varepsilon - 1} = 5{,}7/13 = 0{,}438 \text{ l} = 438 \text{ cm}^3.$$

Es wird also:

$$k_1 = 1 + V_0/J = 1 + 0{,}438/7{,}35 = \text{rund } 1{,}06.$$

Weiters wurde angenommen:

$$\mu_a = 0{,}6,$$
$$v = 0{,}9 \text{ m}^3/\text{kg}.$$

Dies ergibt:

$$\omega D\, k_1/\mu_a \sqrt{v} = 52{,}3 \cdot 0{,}19 \cdot 1{,}06/0{,}6 \cdot \sqrt{0{,}9} = 18{,}6,$$

wofür man aus Abb. 43 erhält:

$$p' - p_u = 0{,}0149 \text{ kg/cm}^2$$

oder (für $p_u = 1 \text{ kg/cm}^2$)

$$P' = 10\,149 \text{ kg/m}^2.$$

Das Spiel des Kolbenoberteiles betrage 1 mm; somit wird

$$\sigma = \frac{1}{2 \cdot 190} = 0{,}00263,$$

ferner

$$k_2 = V_a/J = \frac{5{,}7 + 0{,}438}{7{,}35} = 0{,}835$$

angenommen werde:
$$\mu_1 = 0{,}5,$$

weiters sei
$$\sqrt{P_u\, v} = \sqrt{10\,000 \cdot 0{,}9} = 95;$$

damit wird:

$$6{,}15 \cdot \frac{\sigma\, \mu_1}{k_2\, r\, \omega} \cdot \sqrt{P_u\, v} = 6{,}15 \cdot \frac{0{,}00263 \cdot 0{,}5 \cdot 95}{0{,}835 \cdot 0{,}13 \cdot 52{,}3} = 0{,}135.$$

Die Entfernung des obersten Kolbenringes von der Kolbenkante betrage 20 mm; dann ist

$$100\, \varDelta\, y/s = 100 \cdot 20/260 = 7{,}7\%.$$

Hierfür ergibt Abb. 44

$$G_v''/G'' = 0,0025.$$

Es wird (Gl. 35):

$$P_v = P'\,(1 - G_v''/G'')^{1,4} = 10\,149\,(1 - 0,0025)^{1,4} = 10\,114\;\text{kg/m}^2.$$

Zur Bestimmung des für die Abkühlungsverluste maßgebenden Beiwertes B ist erforderlich:

Die Kolbengeschwindigkeit:

$$w_K = s\,n/30 = 0,26\,.\,500/30 = 4,33\;\text{m/sek.}$$

Die Wandtemperatur T_w, die mit

$$T_w = 393^0\;\text{abs.}\;(120^0\;\text{C})$$

angenommen werde. Daher wird nach Gl. (52)

$$B = 0,000968 \cdot \frac{T_w\,(1 + 1,24\,.\,w_K)}{n\,D} = \frac{0,000968\,.\,393\,(1 + 1,24\,.\,4,33)}{500\,.\,0,19} = 0,0255.$$

Hierfür gibt Abb. 49 ($T_v/T_w = 0,82$):

$$m = 1,356.$$

Mit $F = 0,000015$ und $\sqrt{R} = 5,409$ wird:

$$E = F\,(m - 1)\,\frac{\sqrt{R}}{\omega\,D\,r} = 0,000015\,.\,0,356\,.\,\frac{5,409}{52,3\,.\,0,19\,.\,0,13} = 0,0000223.$$

Abb. 47 ergibt für $\varepsilon = 14$ und $m = 1,356$:

$$X = 7,23.$$

Weiters sei angenommen

$$T_v = 322^0\;\text{abs.,}$$

so daß nach Gl. (53)

$$P = \frac{\varepsilon^m\,P_v}{(1 + E\,X\,\sqrt{T_v})^{\frac{2\,m}{m-1}}} = 35\,400\;\text{kg/m}^2 = 35,4\;\text{at abs.}$$

Man wird demnach mit einer Verdichtungsendspannung von rund 35 at Überdruck rechnen müssen. Nach Tabelle 13 beträgt die zu erwartende Drucksteigerung ungefähr

$$15\;\text{bis}\;20\;\text{at,}$$

so daß der der Festigkeits- und Triebwerksberechnung zugrunde zu legende Konstruktionsdruck ungefähr

$$55\;\text{kg/cm}^2$$

beträgt.

2. Beispiel.

Es sind die Hauptdaten einer Gebläsezweitaktmaschine mit Umkehrspülung zu ermitteln. Die Zylinderleistung betrage 40 PSe, die Überlastbarkeit soll etwa 15% betragen. Die Maschine soll ein Normalläufer sein, also etwa ein

$$n\,.\,D = 80\;\text{m/min}$$

aufweisen. Der Luftüberschuß soll 40% betragen und das zu verwendende Gebläse habe einen Gesamtwirkungsgrad von 60%.

Zylinderabmessungen, Drehzahl und Schlitzgröße.

Die Spülverhältnisse wurden bereits im Beispiel S. 28 durchgerechnet
Es ergab sich ein Höchstwert des mittleren Druckes von

$$p_{e\max} = 4{,}77 \text{ at.}$$

Demnach wird das bei einer Überlastbarkeit von 15% der Berechnung
der Nennleistung zugrunde zu legende

$$p_e = 4{,}15 \text{ at.}$$

Es soll weiter ein Hub-Bohrungsverhältnis von $s/D = 1{,}6$ zur Anwendung
kommen, was bei Umkehrspülung durchaus angemessen erscheint. Somit wird:

$$N_e = 40 = \frac{P_e \cdot \dfrac{\pi D^2}{4} \cdot s\,n}{60 \cdot 75} = \frac{P_e \cdot \dfrac{\pi D^2}{4} \cdot 1{,}6 \cdot D\,n}{60 \cdot 75} =$$

$$= \frac{\dfrac{P_e \cdot D^2 \cdot (D\,n)}{4}}{\dfrac{1}{1{,}6 \cdot \pi} \cdot 60 \cdot 75} \quad (P_e \text{ in kg/m}^2,\ D \text{ in m}),$$

woraus:

$$D^2 = \frac{4 \cdot 60 \cdot 75}{1{,}6 \cdot \pi} \cdot \frac{N_e}{P_e\,D\,n} = \frac{4 \cdot 60 \cdot 75}{1{,}6 \cdot \pi} \cdot \frac{40}{41\,500 \cdot 80} = 0{,}043\,\text{m}^2,$$

$$D = 0{,}207\,\text{m}.$$

Damit würde:
$$D = 207 \text{ mm},$$
$$s = 331 \text{ mm},$$
$$n = 386 \text{ U/min}.$$

Mit Rücksicht auf die Umlaufszahlen normaler Drehstromgeneratoren
wäre es erwünscht, die Drehzahl mit 375 anzusetzen. Es sei also angenommen:

$$\left.\begin{array}{l} D = 210 \text{ mm,} \\ s = 340 \text{ mm,} \\ n = 375, \end{array}\right\} \quad \begin{array}{l} \text{Zylinderinhalt } 11{,}78 \text{ l,} \\[4pt] \omega = 39{,}3 \text{ 1/sek.} \end{array}$$

Diese Werte entsprechen einem p_e von 4,03 at, so daß eine etwas größere
Leistungsreserve als 15% zu erwarten sein wird. Der Wert $n \cdot D$ weicht so
wenig von 80 ab, daß die hierfür gewonnenen Ergebnisse ohne weiteres Anwendung finden können. Es ist daher (s. S. 28):

die Spülschlitzhöhe: 16,5% oder 55 mm,
die Auspuffschlitzhöhe: 23 % oder 78 mm,
der Spülüberdruck: 0,155 at.

Die vom Gebläse zu liefernde Luftmenge beträgt je Zylinder und Umdrehung:
$$1{,}4 \cdot 11{,}78 = 16{,}5 \text{ l}$$

und die Gebläseleistung je Zylinder [Gl. (11)]
$$N_g = 0{,}0165 \cdot \frac{1550 \cdot 375}{0{,}6 \cdot 60 \cdot 75} = 3{,}55 \text{ PS.}$$

Für die Einzylindermaschine wird ein Topfvolumen (S. 31) von
$$12 \cdot 11{,}7 = 140 \text{ l}$$

und nach Gl. (13) ein Durchmesser der Auspuffleitung von:
$$d = 0{,}06 \cdot D \cdot \sqrt{s \cdot i \cdot n} = 0{,}06 \cdot 0{,}21 \sqrt{0{,}34 \cdot 1 \cdot 375} = 0{,}142 \ (\text{ca. } 5^{1}/_{2}{}'')$$
nötig sein.

Abschätzung des Verbrennungshöchstdruckes (Konstruktionsdruckes).

Bei Voraussetzung eines Beiwertes $F = 0,000015$ ist nach Abb. 48 zu wählen:

$$1/\varepsilon = 0,075,$$
$$\varepsilon = 13,3.$$

Der Verdichtungsraum erhält somit einen Inhalt von:

$$V_0 = \frac{\dfrac{\pi D^2}{4}(s - h_a)}{\varepsilon - 1} = 9,05/12,3 = 0,736\,1 = 736\ \text{cm}^3.$$

Es wird also:

$$k_1 = 1 + \frac{V_0}{J} = 1 + 0,736/11,78 = 1,0625.$$

Weiters sei angenommen:
$$\mu_a = 0,6,$$
$$v = 0,9.$$

Dies ergibt: $\quad \omega D k_1/\mu_a \sqrt{v} = 39,3 \cdot 0,21 \cdot 1,0625/0,6 \cdot 0,95 = 15,3,$

wofür man aus Abb. 43 erhält:

$$p' - p_u = 0,0102\ \text{at}$$

oder (für $p_u = 1$ at) $\qquad P' = 10\,102\ \text{kg/m}^2.$

Das Spiel des Kolbenoberteiles betrage 1,5 mm, somit wird:

$$\sigma = \frac{1,5}{2 \cdot 210} = 0,0036,$$

ferner:

$$k_2 = V_a/J = \frac{0,736 + 9,05}{11,78} = 0,83;$$

angenommen werde:
$$\mu_1 = 0,5,$$

und es sei
$$\sqrt{P_u v} = \sqrt{10\,000 \cdot 0,9} = 95;$$

damit wird:

$$6,15 \cdot \frac{\sigma \cdot \mu_1}{k_2\, r\, \omega} \sqrt{P_u v} = 6,15 \cdot \frac{0,0036 \cdot 0,5 \cdot 95}{0,83 \cdot 0,17 \cdot 39,3} = 0,19.$$

Die Entfernung des obersten Kolbenringes von der Kolbenkante betrage 25 mm; dann ist: $\quad 100 \cdot \Delta y/s = 100 \cdot 25/340 = 7,35^0/_0.$

Hierfür gibt Abb. 44 $\qquad G_v''/G'' = 0,0035.$

Somit wird der Verdichtungsanfangsdruck:

$$P_v = P'(1 - G_v''/G'')^{1,4} = 10\,102\,(1 - 0,0035)^{1,4} = 10\,050\ \text{kg/m}^2.$$

Zur Bestimmung des für die Abkühlungsverluste maßgebenden Beiwertes B ist erforderlich:
Die Kolbengeschwindigkeit:

$$w_K = s\,n/30 = 0,34 \cdot 375/30 = 4,25\ \text{mm/sek.}$$

Die Wandtemperatur, die mit

$$T_w = 393^0\ \text{abs. } (120^0\ \text{C})$$

angenommen werden soll. Es wird nach Gl. (52)

$$B = 0,000968\,\frac{T_w(1 + 1,24\,w_K)}{n\,D} = \frac{0,000968 \cdot 393\,(1 + 1,24 \cdot 4,25)}{375 \cdot 0,21} = 0,03.$$

Hierfür gibt Abb. 49
$$m = 1{,}353.$$

Mit $F = 0{,}000015$ und $\sqrt{R} = 5{,}409$ wird:

$$E = F\,(m-1)\,\frac{\sqrt{R}}{\omega\,D\,r} = 0{,}000015 \cdot 0{,}353 \cdot \frac{5{,}409}{39{,}3 \cdot 0{,}21 \cdot 0{,}17} = 0{,}0000205\,;$$

Abb. 47 gibt für $\varepsilon = 13{,}3$ und $m = 1{,}353$:

$$X = 6{,}94.$$

Weiters sei angenommen:
$$T_v = 322^0 \text{ abs,}$$
so daß nach Gl. (53)

$$P = \frac{\varepsilon^m\,P_v}{(1 + E\,X\,\sqrt{T_v})^{\frac{2\,m}{m-1}}} = 32\,700 \text{ kg/m}^2 = 32{,}7 \text{ at abs.}$$

Man wird demnach mit einer Verdichtungsendspannung von rund 32 at Überdruck rechnen müssen.

Nach Tabelle 11 beträgt die zu erwartende Drucksteigerung ungefähr

$$20 \text{ bis } 25 \text{ at,}$$

so daß der der Festigkeits- und Triebwerkberechnung zugrunde zu legende Konstruktionsdruck mit ungefähr

$$57 \text{ at}$$

anzusetzen sein wird.

3. Beispiel.

Es sind die Hauptdaten einer für Fahrzeugzwecke bestimmten raschlaufenden Gebläsezweitaktmaschine zu bestimmen. Es soll Umkehrspülung zur Anwendung kommen, die Leistung soll 60 PSe betragen und die Schnellläufigkeit soll durch die Kennziffer $n.D = 160$ gekennzeichnet sein. Mit Rücksicht auf das Maschinengewicht soll die Literleistung nicht allzusehr unter 15 PSe/l sinken.

Zylinderabmessungen, Drehzahl und Schlitzabmessungen.

Unter der Voraussetzung einer Luftüberschußzahl von 1,4 und eines Gebläsewirkungsgrades von 0,6 gibt Abb. 41 die auf eine Maschine vom Zylinderdurchmesser 1 dm bezogene Literleistung für ein $n.D = 160$ mit

$$12 \text{ PS/l}$$

an, wobei eine Überlastbarkeit von etwa 15% zu erwarten sein wird. Bei einer Literleistung von 15 PS muß daher der Zylinderdurchmesser betragen:

$$D = 1 \cdot 12/15 = 0{,}8\,\text{dm} = 80\,\text{mm.}$$

Bei Umkehrspülung ist ein Hub-Bohrungs-Verhältnis von 1,8 durchaus zulässig. Es wird somit:

$$s = 1{,}8 \cdot 80 = \sim 145 \text{ mm.}$$

Somit beträgt der Zylinderinhalt

$$J = 0{,}73\,1$$

und die Zylinderleistung

$$N_e = 0{,}73 \cdot 15 = 11 \text{ PS.}$$

Es sind somit

$$60/11 = \sim 6$$

Zylinder nötig, wobei die Leistungsreserve größer als 15% sein wird. Die Maschine erhält somit folgende Abmessungen:

Leistung	60 PS (Höchstlast: $66 + 66.0{,}15 = 76$ PS)
Zylinderzahl	6
Drehzahl	2000 U/min $\qquad$ ($\omega = 209$ 1/sek)
Zylinderdurchmesser	80 mm
Hub	145 mm

Die Schlitzabmessungen betragen nach Abb. 40:

Auspuffschlitz: Höhe $h_a = 33\%$ (50 mm),
Spülschlitz: Höhe $h_s = 23\%$ (33 mm).

Weiters ist nach Abb. 40: $\qquad p_g = 0{,}44 \text{ kg/cm}^2.$

Daher ist der Spüldruck:

$$p_s = 0{,}44 . 0{,}6/1{,}4 = 0{,}19 \text{ at},$$

und die Gebläseleistung

$$N_g = \frac{1{,}4 . 6 . 0{,}00073 . 1900 . 2000}{0{,}6 . 60 . 75} = 8{,}6 \text{ PS}.$$

Abschätzung des Verbrennungshöchstdruckes (Konstruktionsdruck).

Nach Abb. 48 würde einer Maschine von 0,73 l Zylinderinhalt selbst unter Voraussetzung eines Beiwertes $F = 0{,}00001$ ein Verdichtungsverhältnis von

$$\varepsilon = 25 \quad (1/\varepsilon = 0{,}04)$$

entsprechen. Ein so kleiner Verdichtungsraum ist kaum ausführbar. Man wird sich daher entschließen müssen, entweder die Anfahrdrehzahl höher anzusetzen, als einem $\omega = 8$ entspricht, was durchaus möglich ist, oder aber zu einer Hilfszündung (beim Anfahren) zu greifen. Jedenfalls aber wird man mit Rücksicht auf die Form des Verbrennungsraumes das Verdichtungsverhältnis nicht höher wählen als

$$\varepsilon = 17.$$

Damit wird der Verdichtungsraum:

$$V_0 = \frac{\dfrac{\pi D^2}{4} . (s - h_a)}{\varepsilon - 1} = 0{,}49/16 = 0{,}0305 \text{ l} = 30{,}5 \text{ cm}^3.$$

Es wird also:

$$k_1 = 1 + V_0/J = 1 + 30{,}5/733 = 1{,}0416.$$

Weiters sei angenommen:

$$\mu_a = 0{,}6,$$
$$v = 0{,}9.$$

Dies ergibt:

$$\omega D k_1/\mu_a \sqrt{v} = 209 . 0{,}08 . 1{,}0416/0{,}6 . 0{,}9 = 30{,}5;$$

wofür man aus Abb. 43 erhält:

$$p' - p_u = 0{,}032 \text{ kg/cm}^2$$

oder (für $p_u = 1$ at) $\qquad P' = 10320 \text{ kg/m}^2.$

Das Spiel des Kolbenoberteiles betrage 0,6 mm; somit wird:

$$\sigma = \frac{0,6}{2\,.\,80} = 0,00375;$$

ferner:

$$k_2 = V_a/J = \frac{490 + 30,5}{730} = 0,715;$$

angenommen werde:

$$\mu_1 = 0,5,$$

$$\sqrt{P_u\,v} = 95;$$

damit wird:

$$6,15\,.\,\frac{\sigma\,\mu_1}{k_2\,r\,\omega}\,\sqrt{P_u\,v} = \frac{6,15\,.\,0,00375\,.\,0,5}{0,715\,.\,0,0725\,.\,209}\,.\,95 = 0,101.$$

Die Entfernung des obersten Kolbenringes von der Kolbenkante betrage 15 mm; damit ist

$$100\,.\,\varDelta y/s = 100\,.\,15/145 = 10,3\%.$$

Hierfür gibt Abb. 44　　　$G_v{''}/G{''} = 0,003.$

Somit wird der Verdichtungsanfangsdruck:

$$P_v = P'\,(1 - G_v{''}/G{''})^{1,4} = 10\,320\,(1 - 0,003)^{1,4} = 10\,277\ \mathrm{kg/m^2}.$$

Zur Bestimmung des Beiwertes B ist erforderlich:
Die Kolbengeschwindigkeit

$$w_K = s\,n/30 = 0,145\,.\,2000/30 = 9,7\ \mathrm{m}.$$

Die Wandtemperatur, die mit $T_w = 393^0$ abs. (120^0 C) eingeschätzt werden soll. Damit wird Gl. (52)

$$B = 0,000968\,\frac{T_w\,(1 + 1,24\,w_K)}{n\,.\,D} = \frac{0,000968\,.\,393\,.\,(1 + 1,24\,.\,9,7)}{2000\,.\,0,08} = 0,031.$$

Hierfür gibt Abb. 49　　　$m = 1,352.$

Mit

$$F = 0,000015 \text{ und } \sqrt{R} = 5,409$$

wird

$$E = F\,(m - 1)\,\frac{\sqrt{R}}{\omega\,.\,D\,.\,r} = 0,000015\,.\,0,352\,\frac{5,409}{209\,.\,0,08\,.\,0,0725} = 0,0000235.$$

Abb. 47 gibt für $\varepsilon = 17$ und $m = 1,352$

$$X = 8,31.$$

Weiters sei angenommen:　　　$T_v = 322^0$ abs.,

so daß nach Gl. (53)

$$P = \frac{\varepsilon^m\,P_v}{(1 + E\,X\,\sqrt{T_v})^{\frac{2\,m}{m-1}}} = 46\,100\ \mathrm{kg/m^2} = 46,1\ \mathrm{at}.$$

Man wird daher mit einer Verdichtungsendspannung von rund 45 at Überdruck rechnen.

Nach Tabelle 11 beträgt die zu erwartende Drucksteigerung ungefähr 30 at, so daß der der Festigkeits- und Triebwerkberechnung zugrunde zu legende Konstruktionsdruck mit ungefähr

$$75 \text{ at}$$

anzusetzen sein wird.

H. Anhang: Zusammenstellung der im ersten Teil verwendeten Beziehungen aus Mechanik und Wärmelehre.

1. Mechanik.

Kurbeltrieb (Abb. 68):

	Schubstange unendlich lang	Schubstange endlich	
Kolbenweg:	$x = r(1 - \cos\alpha)$	$x = r[1 - \cos\alpha + (\lambda/2)\sin^2\alpha]$.	(63)
Kolbengeschwindigkeit:	$w = r.\omega.\sin\alpha$	$w = r.\omega.\sin\alpha(1 + \lambda\cos\alpha)$.	(64)
Kolbenbeschleunigung:	$b = r.\omega^2.\cos\alpha$	$b = r.\omega^2(\cos\alpha + \lambda\cos 2\alpha)$.	(65)

In der nachfolgenden Tabelle 15 sind die Kolbenwege für die Stangenverhältnisse $\lambda = 0,25$ und $\lambda = 0,222$ für Winkelintervalle von 5^0 angegeben. Dabei bedeutet x den auf den Hub $s = 1$ bezogenen Kolbenweg, gerechnet vom oberen Totpunkt, y den auf den Hub $s = 1$ bezogenen Kolbenweg, gerechnet vom unteren Totpunkt. Es ist also

$$y = 1 - x.$$

Ausfluß eines tropfbar flüssigen Körpers:

Bedeutet w die Ausflußgeschwindigkeit in m/sek, g die Erdbeschleunigung m/sek², γ kg/m³ das spezifische Gewicht der Flüssigkeit, P den Druck der Flüssigkeit kg/m² und φ den Geschwindigkeitsbeiwert, so ist

$$w = \varphi\sqrt{2\,g\,P/\gamma}. \qquad (66)$$

Bedeutet weiter f den Ausflußquerschnitt m², α den Kontraktionsbeiwert, $\mu = \alpha.\varphi$ die Ausflußzahl, so ist die sekundlich ausströmende Flüssigkeitsmenge

$$Q\,(\text{m}^3/\text{sek}) = \alpha.\varphi.f\sqrt{2\,g\,P/\gamma} =$$
$$= \mu.f\sqrt{2\,g\,P/\gamma}. \qquad (67)$$

2. Wärmelehre.

Die Wärmegleichungen für ideale Gase:

$$\left.\begin{array}{l} dQ = c_v.dT + A\,P.dv, \\ dQ = c_p.dT - A\,v.dP \\ dQ = (1/R)(c_p.P.dv + c_v.v.dP). \end{array}\right\} \quad (68)$$

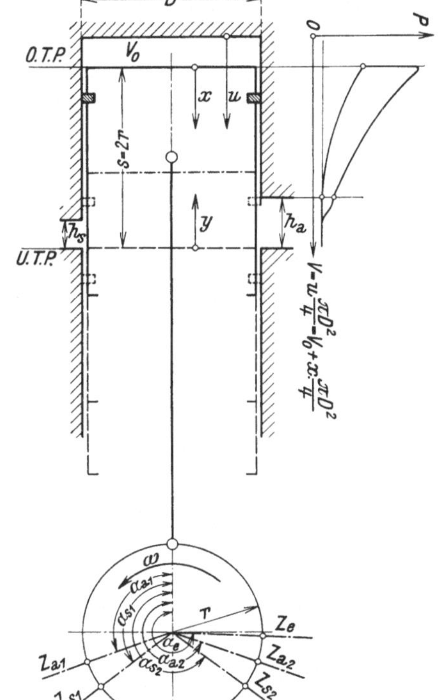

Abb. 68. Kurbeltrieb.

Hierin ist:

Q die zu- (oder ab-) geführte Wärmemenge (kcal.) T die abs. Temperatur, $A = 1/427$ der Wärmewert der Arbeitseinheit, P kg/m² der abs. Druck und v m³/kg das spez. Volumen des Gases. Weiters ist R die Gaskonstante und c_v und c_p die spez. Wärme bei konstantem Volumen bzw. bei konstantem Druck. Nach Schüle ist für Luft:

$$c_v = 0{,}172 + 0{,}000\,036\,6 . t \tag{69}$$

$$c_p = 0{,}241 + 0{,}000\,036\,6 . t \tag{70}$$

(t Temperatur in C-Graden).

Tabelle 15. Kolbenweg in Abhängigkeit vom Kurbelwinkel.

a Winkel, den die Kurbel mit der O. T.-Lage einschließt	Stangenverhältnis $\lambda = \dfrac{1}{4}$		Stangenverhältnis $\lambda = \dfrac{1}{4,5}$		a
	Kolbenweg vom O. T. x	Kolbenweg vom U. T. y	Kolbenweg vom O. T. x	Kolbenweg vom U. T. y	
0	0,00	1,00	0,00	1,00	0
5	0,0024	0,9976	0,0023	0,9977	5
10	0,0095	0,9905	0,0093	0,9907	10
15	0,0212	0,9788	0,0208	0,9792	15
20	0,0375	0,9625	0,0367	0,9633	20
25	0,0580	0,9420	0,0568	0,9432	25
30	0,0827	0,9173	0,0809	0,9191	30
55	0,1111	0,8889	0,1088	0,8912	35
40	0,1430	0,8570	0,1401	0,8599	40
45	0,1779	0,8221	0,1744	0,8256	45
50	0,2156	0,7844	0,2114	0,7886	50
55	0,2556	0,7444	0,2508	0,7492	55
60	0,2974	0,7026	0,2921	0,7079	60
65	0,3407	0,6593	0,3348	0,6652	65
70	0,3850	0,6150	0,3786	0,6214	70
75	0,4298	0,5702	0,4230	0,5770	75
80	0,4747	0,5253	0,4677	0,5323	80
85	0,5194	0,4806	0,5122	0,4878	85
90	0,5635	0,4365	0,5563	0,4437	90
95	0,6066	0,3934	0,5994	0,4006	95
100	0,6484	0,3516	0,6414	0,3586	100
105	0,6886	0,3114	0,6819	0,3181	105
110	0,7270	0,2730	0,7206	0,2794	110
115	0,7633	0,2367	0,7574	0,2426	115
120	0,7974	0,2026	0,7921	0,2079	120
125	0,8292	0,1708	0,8244	0,1756	125
130	0,8584	0,1416	0,8542	0,1458	130
135	0,8851	0,1149	0,8815	0,1185	135
140	0,9090	0,0910	0,9061	0,0939	140
145	0,9302	0,0698	0,9279	0,0721	145
150	0,9487	0,0513	0,9469	0,0531	150
155	0,9643	0,0357	0,9631	0,0369	155
160	0,9772	0,0228	0,9764	0,0236	160
165	0,9872	0,0128	0,9867	0,0133	165
170	0,9943	0,0057	0,9941	0,0059	170
175	0,9986	0,0014	0,9985	0,0015	175
180	1,00	0,000	1,00	0,0000	180

Nach Schüle ist das Verhältnis der spez. Wärme für zweiatomige Gase

$$c_p/c_v = \varkappa = 1 + \frac{1{,}985}{4{,}9 + 0{,}00106 \cdot t}. \qquad (71)$$

Weiters besteht die Beziehung:

$$c_p - c_v = A\,R, \qquad (72)$$

daher ist

$$A\,R/c_v = \varkappa - 1. \qquad (73)$$

Die Zustandsgleichung für ideale Gase lautet:

$$P \cdot v = R \cdot T. \qquad (74)$$

Hierin ist R die Gaskonstante, die für Luft den Wert hat:

$$R = 29{,}26.$$

Für ein bestimmtes Gasgewicht G (kg) läßt sich diese Gleichung auch in folgender Form anschreiben:

$$P \cdot V = G \cdot R \cdot T, \qquad (75)$$

wobei V das Gesamtvolumen (m³) bedeutet.

Adiabatengleichungen:

$$\left.\begin{aligned}
P \cdot V^\varkappa &= \text{unveränderlich,} \quad & P_1/P_2 &= (V_2/V_1)^\varkappa, \\[4pt]
T \cdot V^{\varkappa-1} &= \text{unveränderlich,} \quad & T_1/T_2 &= (V_2/V_1)^{\varkappa-1}, \\[4pt]
T/P^{\frac{\varkappa-1}{\varkappa}} &= \text{unveränderlich,} \quad & T_1/T_2 &= (P_1/P_2)^{\frac{\varkappa-1}{\varkappa}}.
\end{aligned}\right\} \qquad (76)$$

Polytropengleichungen sind gleich den Adiabatengleichungen, nur ist statt des Verhältnisses der spezifischen Wärmen $\varkappa$ der Polytropenexponent m einzusetzen.

Ausfluß von Gasen aus einer Öffnung mit dem Querschnitt f.

Bedeutet der Zeiger i den Gaszustand im Gefäß, aus dem das Gas ausströmt, der Zeiger a den Zustand (Druck) des Gases im Gefäß, in das es einströmt, so ist die Ausflußgeschwindigkeit:

$$w = \varphi \sqrt{2\,g\,\frac{\varkappa}{\varkappa-1} \cdot P_i \cdot v_i \left[1 - (P_a/P_i)^{\frac{\varkappa-1}{\varkappa}}\right]}, \qquad (77)$$

solange $(P_a/P_i) > \left(\dfrac{2}{\varkappa+1}\right)^{\frac{\varkappa}{\varkappa-1}}$; ist aber P_a/P_i kleiner als dieser Wert, so ist:

$$w = \varphi \sqrt{2\,g\,\frac{\varkappa}{\varkappa+1} \cdot P_i \cdot v_i}. \qquad (78)$$

Die Ausflußmenge ist allgemein

$$G = \mu \cdot f \cdot \psi \cdot \sqrt{2\,g \cdot P_i/v_i}, \qquad (79)$$

wobei im Bereich $\quad P_a/P_i > \left(\dfrac{2}{\varkappa+1}\right)^{\frac{\varkappa}{\varkappa-1}}\;\psi$ den Wert hat:

$$\psi = \sqrt{\frac{\varkappa}{\varkappa-1}\left[(P_a/P_i)^{2/\varkappa} - (P_a/P_i)^{\frac{\varkappa+1}{\varkappa}}\right]} \qquad (80)$$

Im Bereich $P_a/P_i \leqq \left(\dfrac{2}{\varkappa+1}\right)^{\frac{\varkappa}{\varkappa-1}}$ hingegen hat ψ den unveränderlichen Wert:

$$\psi = \left(\frac{2}{\varkappa+1}\right)^{\frac{1}{\varkappa-1}} \sqrt{\frac{\varkappa}{\varkappa+1}}. \qquad (81)$$

Auch hier bedeutet φ den Geschwindigkeitsbeiwert, α den Kontraktionsbeiwert und $\mu = \alpha.\varphi$ die Ausflußzahl.

Für kleine Druckgefälle ist angenähert:

$$w = \varphi\,\sqrt{2\,g.v.(P_i - P_a)}\,; \qquad (82)$$

$$G = \mu.f\,\sqrt{\frac{2\,g}{v}\,(P_i - P_a)}\,. \qquad (83)$$

Zweiter Teil.

Konstruktion.

A. Spülpumpen.

1. Kurbelkastenpumpen.

Die Aufgabe, die Kolbenunterseite für die Spülluftbeschaffung nutzbar zu machen, beschränkt sich im wesentlichen darauf, den Kurbelkastenraum, der den schädlichen Raum der Pumpe vorstellt, so klein zu halten als möglich, ihn gegen die Außenluft dicht abzuschließen und die nötigen Saugventile vorzusehen.

Die Wände des Kurbelkastens müssen also nahe an den vom Triebwerk bestrichenen Raum herangeführt werden. Das zulässige Spiel beträgt bei kleinen Motoren 5 mm und weniger, bei großen 10 bis 12 mm. Die Kurbelwelle ist mit Gegengewichten zu versehen, die die Kurbelschenkel zu einem möglichst geschlossenen Drehkörper ergänzen. Bei sehr kleinen Motoren ist es zweckmäßig, sie durch volle Kurbelscheiben zu ersetzen. Der für die Bewegung des Schubstangenkopfes nötige Raum weicht von der Form eines Drehkörpers ab und ragt

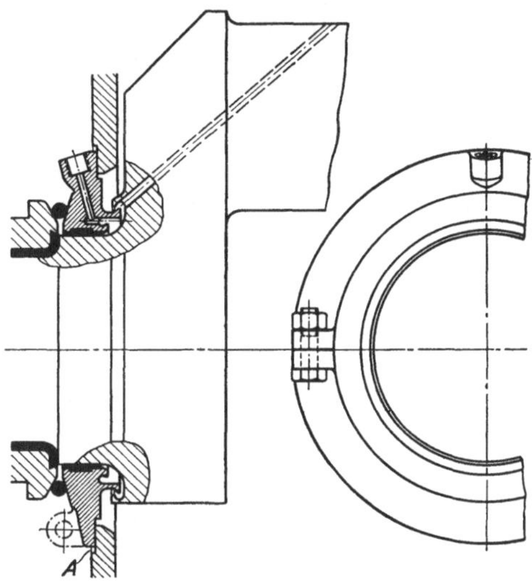

Abb. 69. Zweiteiliger Dichtring zur Abdichtung des Wellenaustrittes aus dem Kurbelkasten (Außenring). Der Ring dient auch der Schmierölzuführung zum Kurbelzapfen. Bauart Climax.

über den von den Kurbelschenkeln und den Gegengewichten beanspruchten Raum heraus. Der Kurbelkasten erhält daher meist eine Rinne von der Breite des Kurbellagers, die sich dieser Form anpaßt. An der tiefsten Stelle der Rinne ist ein kleiner Ölsumpf vorzusehen, in den die Ölablaßleitung mündet (Abb. 164).

Der Kurbelwelleneintritt ist durch besondere Dichtringe abzuschließen. Die Konstruktion dieser Ringe hat darauf Rücksicht zu nehmen, daß die Welle sich mit fortschreitender Lagerabnützung senkt und daß die Ringe diese Bewegung zulassen müssen. Je nachdem, ob die Ringe von außen zugänglich sein sollen (was immer vorzuziehen ist) oder nicht, unterscheidet man Außen- und Innenringe. Die Abb. 69 bis 71 zeigen die üblichen Ausführungen. Neben der Abdichtung des Kurbelkastens gegen Luftverluste müssen die Ringe auch verhindern, daß das von den Hauptlagern abfließende Öl in den Kurbelkasten gesaugt wird. Dies ist mit Sicherheit nur dann zu erreichen, wenn das Öl von den Hauptlagern abfließen kann, ohne an die gleitenden Flächen der Ringe zu gelangen. Ganz läßt sich dies nur erreichen, wenn die Distanz zwischen Lagerende und Kurbelschenkel verhältnismäßig groß gemacht wird. Da

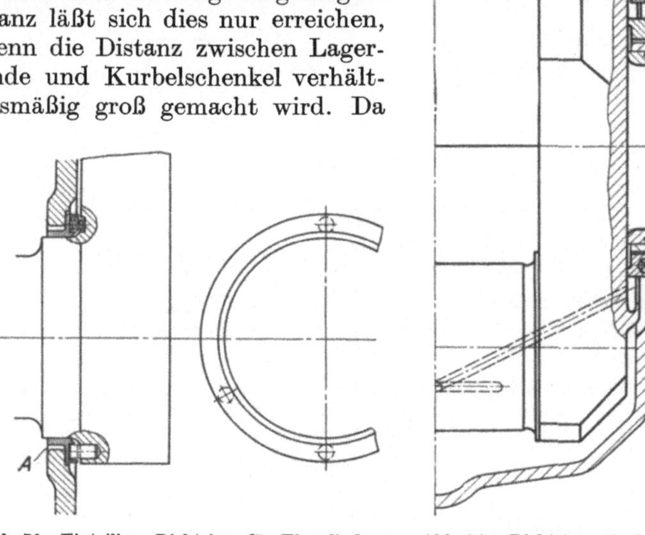

Abb. 70. Einteiliger Dichtring für Einzylindermaschinen (Innenring).

Abb. 71. Dichtring (Außenring) und Kurbelzapfenschmierung. Bauart Climax.

dies aber die Baulänge der Maschine und die Abmessungen der Welle stark vergrößert, so begnügt man sich meist mit einem Kompromiß und muß dafür einen erhöhten Ölverbrauch in Kauf nehmen.

Statt der Saugventile werden heute fast ausschließlich Klappen verwendet, die meist aus gehärteten und geschliffenen Stahlblechstreifen von etwa 0,3 mm Stärke bestehen. Von den früher üblichen Lederklappen ist man ganz abgekommen.

Um die Beanspruchung der Klappen in den zulässigen Grenzen (zirka 2000 kg/cm²) zu halten, soll die Durchbiegung f (Abb. 72) bei Klappen von 0,3 mm Stärke nicht größer sein als durch die Gleichung:

$$f/l^2 = 0{,}015 \tag{84}$$

definiert ist (f und l in cm).

Die günstigste Form der Klappenöffnungen folgt aus der Forderung, daß die Luftgeschwindigkeit in der Öffnung und unter der Klappe gleich groß sein soll. Nimmt man an, daß die Feder sich in Parabelform durchbiegt, so muß also sein:

$$l \cdot b = 2 \cdot \frac{1}{3} \, l \cdot f + b \cdot f,$$

woraus:

$$l/b = \frac{3}{2}\,(l-f) \cdot 1/f. \tag{85}$$

Für 0,3-mm-Klappen folgt somit aus den Gl. (84) und (85):

$$
\begin{aligned}
l &= 6 & 8 & \quad 10 & \quad 12 & \quad \text{cm} \\
f &= 0{,}55 & 1 & \quad 1{,}5 & \quad 2{,}2 & \quad \text{,,} \\
b &= 0{,}4 & 0{,}7 & \quad 1{,}2 & \quad 1{,}8 & \quad \text{,,}
\end{aligned}
$$

Die auf die mittlere Kolbengeschwindigkeit bezogene Luftgeschwindigkeit in den Klappen soll keinesfalls größer sein als 15 m/sek. Vorteilhafter ist es aber, sie noch niedriger, etwa mit 12 m/sek anzusetzen. Daraus erhält man die Anzahl i der Klappen aus der Gleichung

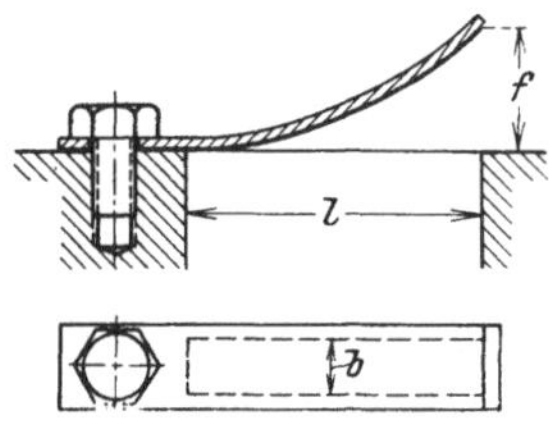

Abb. 72. Luftklappen.

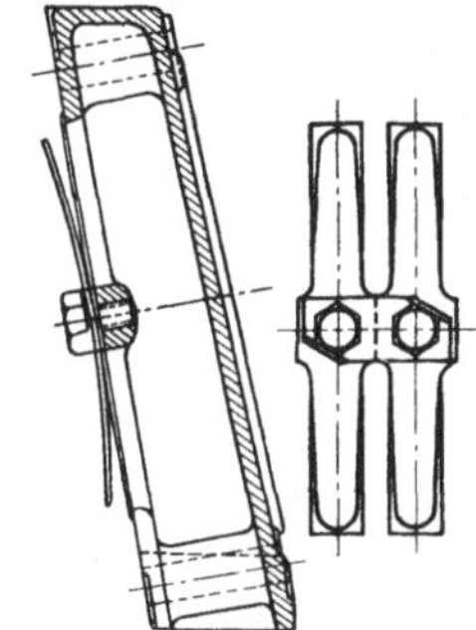

Abb. 73. Luftklappe mit angebautem Ansaugkrümmer. Bauart Graz.

$$l \cdot b \cdot i \; (12 \text{ bis } 15) = \frac{s \cdot n}{30} \cdot D^2 \, \pi/4. \tag{86}$$

In Gl. (86) sind alle Längenmaße in m einzusetzen.

Die Klappen sollen so groß gemacht werden, daß sie um etwa 2 bis 3 mm die Klappenöffnungen überdecken. Als Hubbegrenzung verwendet man am besten sanft gebogene Blechstreifen, die etwas größer sind als die Stahlklappen. Das Biegen dieser Streifen muß mit großer Sorgfalt vorgenommen werden, da Knicke in denselben die Lebensdauer der Klappen herabsetzen. Hubbegrenzer und Klappen werden gelocht und gemeinsam durch eine Kopf- oder Stiftschraube niedergehalten. Die die Klappen aufnehmende Platte wird gewöhnlich aus Gußeisen ausgeführt und sorgfältig geschliffen. Die Klappenöffnungen werden eingegossen oder eingefräst. Um das Ansauggeräusch zu dämpfen, wird die Luft häufig durch die Grundplatten angesaugt. Der hierzu nötige Krümmer kann mit der Luftklappenplatte einstückig gegossen werden (Abb. 73).

2. Kolbengebläse.

Die Konstruktion der bei Zweitaktmotoren verwendeten Kolbengebläse hält sich durchaus in dem für diese Maschinen herkömmlichen Rahmen. Es muß lediglich getrachtet werden, die Abmessungen des Gebläses auf diejenigen des eigentlichen Motors abzustimmen. Dies bedingt

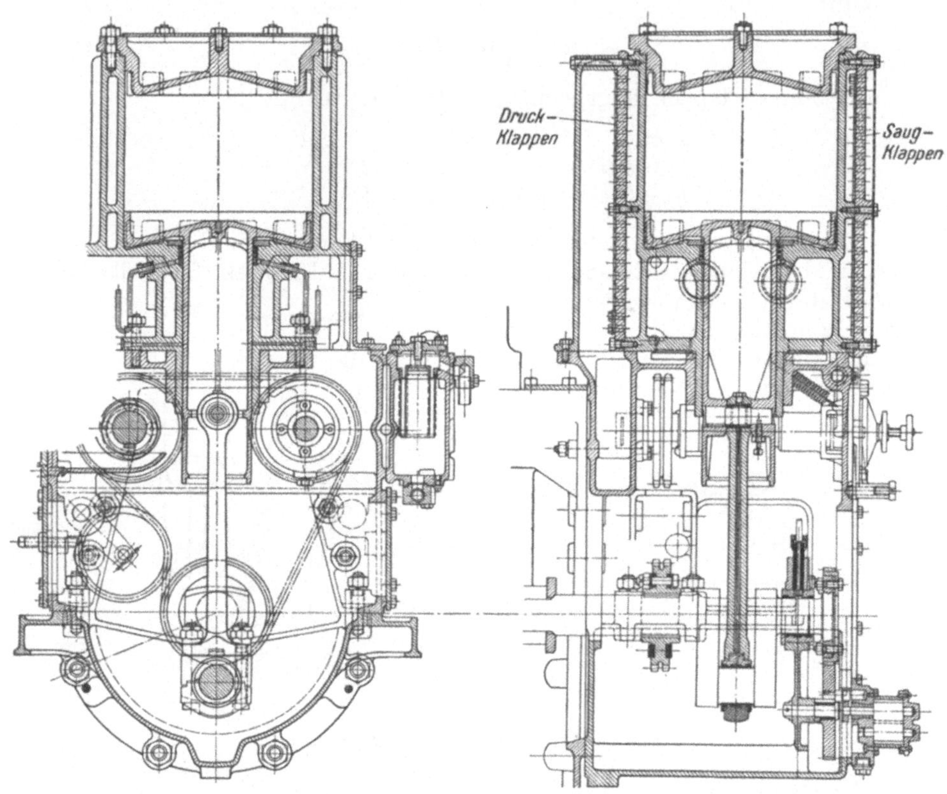

Abb. 74. Kolbengebläse mit Kreuzkopfkolben. Bauart Graz. Antrieb von der Kurbelwelle.

in der Regel, daß die Bauhöhe der Pumpe möglichst beschränkt wird. Man vermeidet es deshalb häufig, einen eigenen Kreuzkopf anzuwenden, sondern greift lieber zum sogenannten Kreuzkopfkolben (Abb. 74 und 76), der es gestattet, die Bauhöhe auf ein Mindestmaß herabzudrücken. Aus dem gleichen Grunde wird auch der Hub meist kleiner gewählt als derjenige des Motors, was ein verhältnismäßig kleines Hub-Bohrungs-Verhältnis (kleiner als 1) zur Folge hat. Da der zu überwindende Gegendruck klein ist, braucht man bei Bemessung des schädlichen Raumes nicht allzu ängstlich zu sein, da dessen Einfluß auf den Liefergrad innerhalb gewisser Grenzen nur klein ist. Dadurch wird die Unterbringung der Saug- und Druckventile erleichtert.

Als Abschlußorgane werden Plattenventile oder Stahlklappen, wie bei den Kurbelkastenmaschinen, verwendet. Die mittlere Luftgeschwindigkeit in denselben soll möglichst 15 m/sek nicht überschreiten, weil

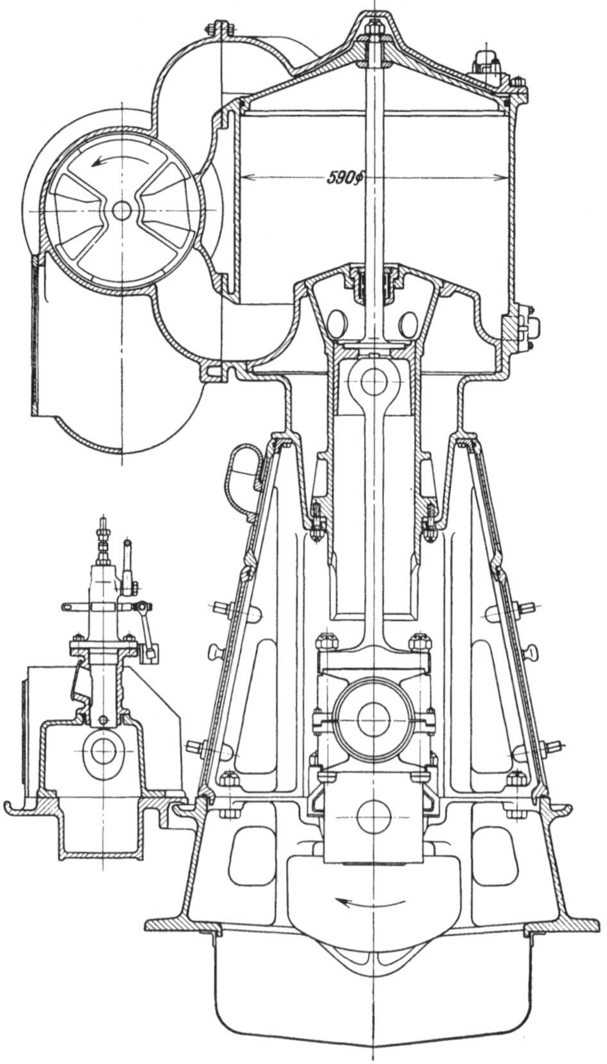

Abb. 75. Kolbengebläse mit Drehschiebersteuerung. Bauart NOHAB. Antrieb von der Kurbelwelle.

sonst der Liefergrad in der Regel stark absinkt. Die Ventilfeder oder die Blechstärke der Klappen ist durch den Versuch zu bestimmen, da diese sich nicht mit Sicherheit vorausberechnen lassen.

Neben den selbsttätigen Abschlußorganen finden auch Drehschieber (Abb. 75) Verwendung, die zwar teuer sind und die Konstruktion durch die Notwendigkeit eines eigenen Antriebes verwickeln, dafür aber auch zuverlässiger arbeiten.

Der Kolben wird als einfacher Scheibenkolben ausgeführt. Kolbenringe sind bei Spülüberdrücken bis zu etwa 0,4 at überflüssig. Da die Beanspruchungen des Kolbens klein sind, wird er mit Rücksicht auf die Massenkräfte in der Regel aus Aluminium oder besser aus Silumin hergestellt. Die Belastung des oberen Schubstangenlagers soll mäßig sein und wird meist mit etwa 60 bis 80 kg/cm² angenommen. Besondere Sorg-

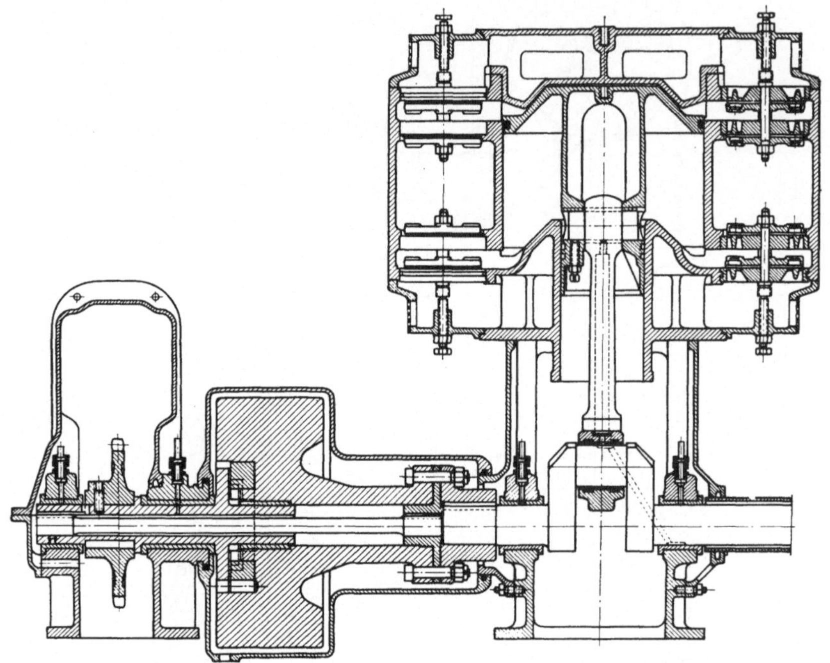

Abb. 76. Schnellaufendes Kolbengebläse. Bauart Atlas. Antrieb durch Rollenkette.

falt ist der Ölabdichtung des Arbeitsraumes zuzuwenden. Ist ein eigener Kreuzkopf vorhanden, so beschränkt sich diese Aufgabe lediglich auf die Abdichtung der Kolbenstange, was durch eine einfache Stopfbüchse bewerkstelligt werden kann. Hingegen ist man bei Kreuzkopfkolben gezwungen, nach innen dichtende Ringe zu verwenden, die im oberen Ende der Gleitbahn eingebaut werden. Das von ihnen abgestreifte Öl ist zu sammeln und dem Kurbelkasten wieder zuzuführen.

Die Konstruktion des übrigen Triebwerkes bietet keinerlei Schwierigkeiten. Sämtliche Beanspruchungen werden niedriger gehalten, als dies beim Motortriebwerk üblich ist. Besondere Vorsicht ist bei der Bemessung der Schubstangenschrauben am Platze. Die verhältnismäßig kleinen Triebwerkskräfte ermöglichen es, ihre Beanspruchung unter 200 kg/cm² zu halten.

Da Gebläsezweitaktmaschinen fast ausnahmslos mit Umlaufschmierung ausgerüstet sind, wird auch das Gebläsetriebwerk an diese angeschlossen.

Der Antrieb erfolgt in der Regel von der Motorwelle aus, die dann eine eigene Kröpfung für das Gebläse erhält, doch sind auch Bauarten bekanntgeworden, bei denen der Pumpe eine eigene Kurbelwelle zugeordnet wird, die durch einen Kettentrieb angetrieben wird und mit höherer Drehzahl umläuft als die Motorwelle (Abb. 76).

3. Zweizahnpumpen (Rootsbläser).

Trotz des günstigen Gesamtwirkungsgrades dieser Gebläse stellen sich ihrer Verwendung im Zweitaktmotorenbau, wie schon erwähnt, in ihrer heutigen Form große Schwierigkeiten konstruktiver Natur entgegen. Aus diesem Grunde soll daher hier auf eine nähere Darstellung dieser Gebläse verzichtet werden, was um so leichter geschehen kann, als von den Firmen, welche solche herstellen, alle näheren Daten eingeholt werden können.

Dennoch muß darauf hingewiesen werden, daß die Entwicklung von Bauarten, die einen organischen Anbau an den Motor gestatten würden und deren Gewicht und Raumbedarf entsprechend herabgedrückt wäre, durchaus möglich erscheint. In diesem Zusammenhange soll auf die bei Vergaserfahrzeugmotoren verwendeten Aufladegebläse, ferner auf die im Flugzeugmotorenbau üblichen Ausführungen hingewiesen werden.

Als Ausführungsbeispiel für einen Rootsbläser sei auf das Gebläse der Ärzener Maschinenfabrik hingewiesen, das an dem Motor der Deutschen Werke Kiel angebaut wurde (Abb. 223).

4. Kapselgebläse.

Neben den Kolbenluftpumpen scheinen Kapselgebläse für die Verwendung an Zweitaktmotoren, besonders für kleinere hochtourige Einheiten, geeignet zu sein. Es muß allerdings festgestellt werden, daß die Entwicklung dieser Gebläse noch in den Anfängen steckt und daß es noch vieler Arbeit bedürfen wird, um das Gebläse selbst, wie auch seinen Antrieb zu einem völlig betriebssicheren Element des Motors zu machen. Aus diesem Grunde muß sich die Darstellung darauf beschränken, die heute bereits vorhandenen Anfänge wiederzugeben und auf ihre Eignung für den Zusammenbau mit dem Motor zu untersuchen. Dabei erscheint es zweckmäßig, auch solche Konstruktionen zu behandeln, die zwar nicht (oder noch nicht) im Dieselmotorenbau Anwendung gefunden haben, aber hierfür geeignet erscheinen, mindestens aber erkennen lassen, in welcher Richtung die Entwicklung sich bewegen soll oder welche Richtung sie nicht nehmen darf.

Einfachwirkende Kapselgebläse.

Gebläse der Grazer Waggon- und Maschinenfabriks AG., Abb. 77.

In einem kreiszylindrischen Gehäuse ist eine Welle zentrisch gelagert, auf welcher ein zylindrischer Verdrängerkörper exzentrisch aufgekeilt ist.

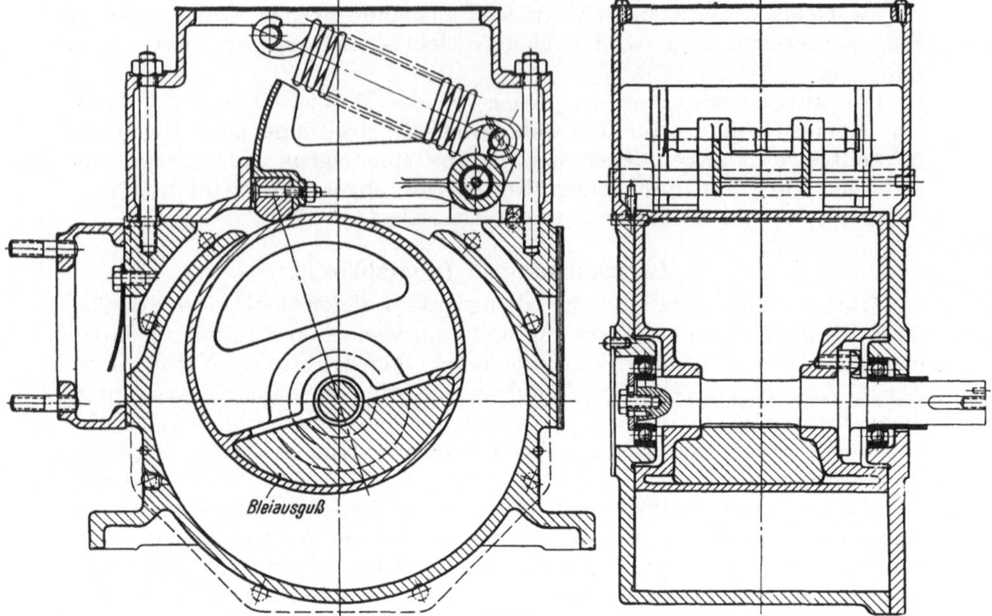

Abb. 77. Einfachwirkendes Kapselgebläse. Bauart Graz. Trennung des Saug- und Druckraumes durch eine kraftschlüssig bewegte Zunge.

Der Saug- und Druckraum wird durch eine Zunge getrennt, die durch Zugfedern an den Verdränger angepreßt wird und um eine Achse schwingt. Um die schwingenden Massen möglichst klein zu halten, ist die Zunge selbst aus Silumin hergestellt, während die auf dem Verdränger gleitende Leiste aus Hartstoff besteht.

Das Gebläse ist nur für kleine und mittlere Drehzahlen geeignet, weil sonst die Rückholfedern sehr stark und die durch sie hervorgerufenen Beanspruchungen in der Zunge zu hoch werden. Da die Bewegung der Zunge kraftschlüssig ist, kommt es zuweilen vor, daß sie hängen-

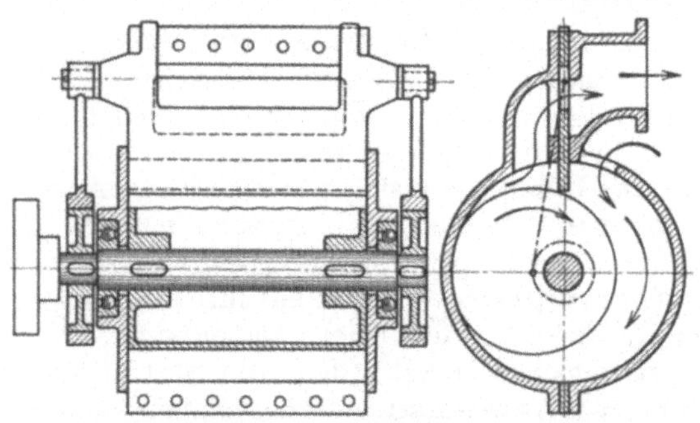

Abb. 78. Einfachwirkendes Kapselgebläse. Bauart Sulzer. Trennung des Saug- und Druckraumes durch einen zwangsläufig bewegten Schieber.

bleibt. Dies wirkt sich nicht nur in einer Verminderung der geförderten Luftmenge aus, sondern hat auch zur Folge, daß beim Wiederauftreffen des Verdrängers auf die Zunge Stöße auftreten, die bei öfteren Wiederholungen den Bruch der Zunge herbeiführen. Auch die Federaufhängung bereitete insofern Schwierigkeiten, als an dieser Stelle bedeutende Abnützungen auftreten.

Der Gesamtwirkungsgrad dieses Gebläses lag bei etwa 50%, während der Liefergrad ungefähr 80 bis 85% betrug.

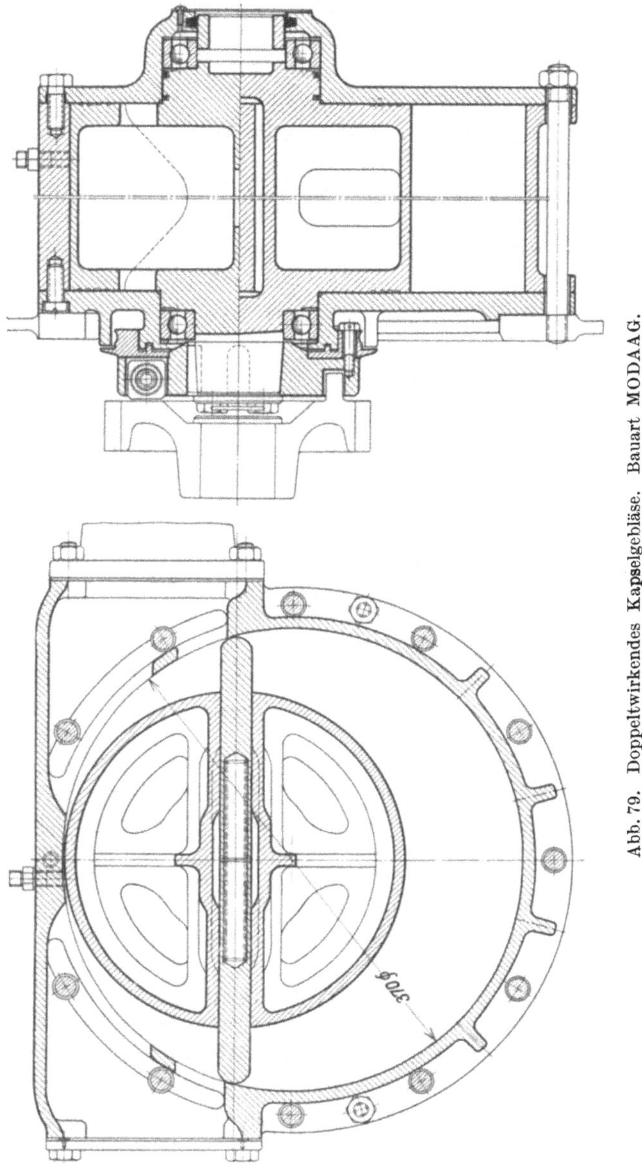

Abb. 79. Doppeltwirkendes Kapselgebläse. Bauart MODAAG.

Gebläse der Gebr. Sulzer, Abb. 78.

Die Konstruktion ist ähnlich wie die des vorstehend geschilderten Gebläses, nur wird die Trennung des Saug- und Druckraumes durch einen

8*

Schieber besorgt, der zwangsläufig von einem Exzenter angetrieben ist. Das Gebläse ist daher auch für höhere Drehzahlen geeignet und der mechanische Wirkungsgrad dürfte wesentlich besser sein, da die Reibung zwischen Schieber und Verdränger vermieden oder doch stark vermindert ist.

Doppelt- und mehrfachwirkende Kapselgebläse.

Gebläse der Motorenfabrik Darmstadt AG., Abb. 79.

In einem gußeisernen kreiszylindrischen Gehäuse ist der ebenfalls gußeiserne Verdrängerkörper exzentrisch gelagert. Er trägt in Schlitzen zwei Schieber, die aus Hartstoff hergestellt sind und durch die Fliehkraft nach außen gedrückt werden. Um die Bewegung beim Anfahren und bei

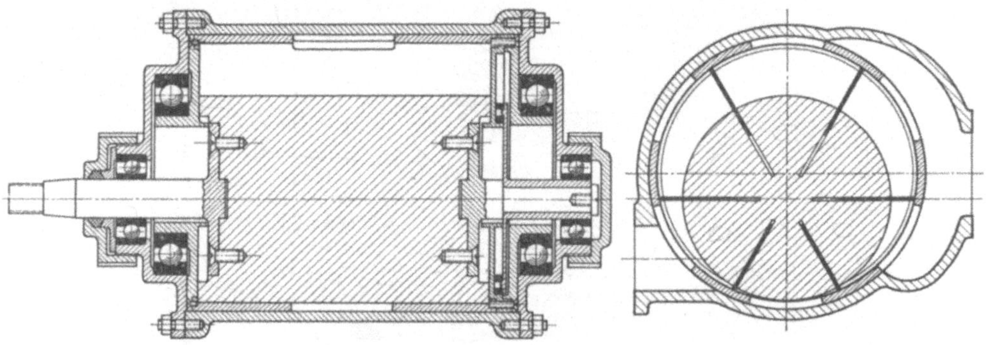

Abb. 80. Mehrfachwirkendes Kapselgebläse von Cozette.

kleiner Drehzahl sicherzustellen, sind überdies zwischen die Schieber Druckfedern eingeschaltet.

Das Gebläse ist direkt mit der Kurbelwelle gekuppelt, also verhältnismäßig langsamlaufend ($n = 500$). Der Liefergrad ist sehr gut, der mechanische Wirkungsgrad ausreichend. Für höhere Drehzahlen wäre es allerdings wegen der dann auftretenden Reibungsverluste wenig geeignet. Auch so beträgt die Temperatur der Spülluft, die die entwickelte Reibungswärme abführt, im Dauerbetrieb schon etwa 50° C.

Im übrigen hat sich das Gebläse gut bewährt und ist betriebssicher.

Cozette-Gebläse, Abb. 80.

Dieses Gebläse wird vorwiegend zur Aufladung von Viertakt-Vergasermotoren verwendet. Das Prinzip ist das gleiche wie das des vorhergehenden Gebläses, nur ist die Schieberanzahl vergrößert und die Fliehkräfte werden durch einen zwangläufig mitlaufenden Käfig abgefangen. Die Reibungsverluste sind daher wesentlich kleiner, weshalb diese Bauart auch für hohe Drehzahlen geeignet ist.

Zoller-Gebläse, Abb. 81.

Auch dieses Gebläse wird hauptsächlich zur Aufladung von Benzinmotoren verwendet. Es sind vier oder sechs Schieber vorgesehen, von denen je zwei gegenüberliegende verbunden sind. Die Bewegung der-

selben wird nicht durch die Gehäusewand, sondern durch an den Gehause-
deckeln zentrisch angeordnete kreiszylindrische Ansätze erzwungen, an
den die Schieber mit ebenen Schuhen gleiten. Demnach kann das Ge-

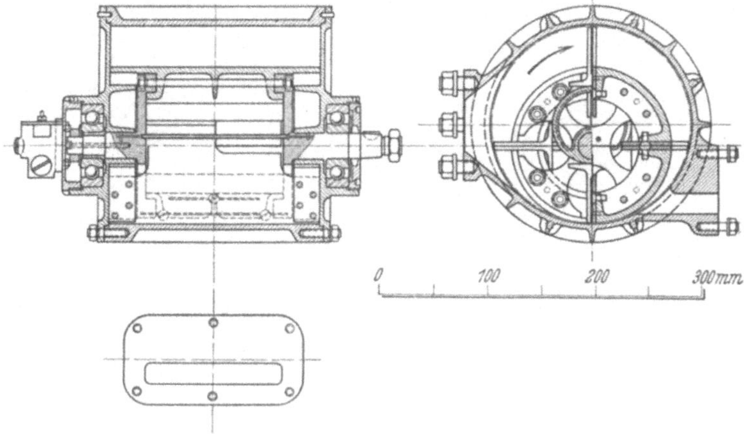

Abb. 81. Mehrfachwirkendes Kapselgebläse von Zoller.

häuse auch nicht kreisrund ausgeführt werden, sondern ist entsprechend
der Bahn der Schieberenden nach einem ganz schwachen Oval (Kreis-
konchoide) geformt. Durch die Verbindung je zweier Schieber wird die
Fliehkraft stark herabge-
setzt und der verbleibende
freie Rest wird an den
Führungsansätzen abgefan-
gen, so daß nur geringe
Reibungsverluste auftre-
ten. Auch dieses Gebläse
ist daher für hohe Dreh-
zahlen geeignet.

Venediger[1] hat die
·Liefermenge und die Lei-
stungsaufnahme von Zoller-
Gebläsen untersucht. In
Abb. 82 sind die Ergeb-
nisse für ein Gebläse von

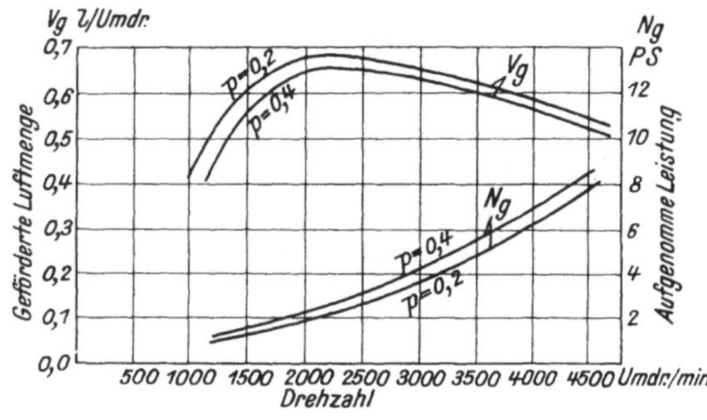

Abb. 82. Liefermenge und Leistungsaufnahme eines Zoller-
gebläses von 0,9 l theoretischem Fördervolumen bei Gegendrücken von 0,2 und 0,4 kg/cm² nach Venediger.

einer theoretischen Fördermenge von 0,9 l/Umdrehung wiedergegeben.

Gebläse von Baudot und Hardoll, Abb. 83.

Das Gebläse arbeitet nach dem gleichen Prinzip wie das Zoller-
Gebläse, nur ist die konstruktive Durchbildung der Schieberführung etwas
anders gelöst. Eine im Gehäuse zentrisch angeordnete feste Achse trägt

---

[1] Venediger, H. J.: Untersuchungen an schnellaufenden Auflade-Dreh-
kolbenverdichtern. ATZ S. 579 u. 619 (1933).

Kugellager, die die Drehbewegung der Schieber aufnehmen, während die
hin- und hergehende Bewegung durch eine Kulisse ermöglicht wird, die

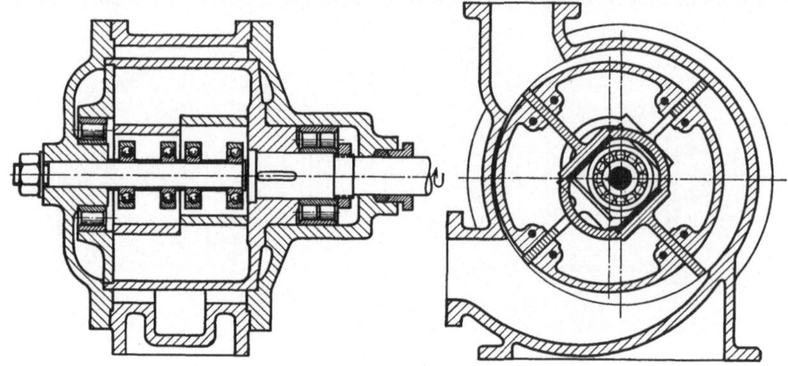

Abb. 83. Mehrfachwirkendes Kapselgebläse von Baudot und Hardoll.

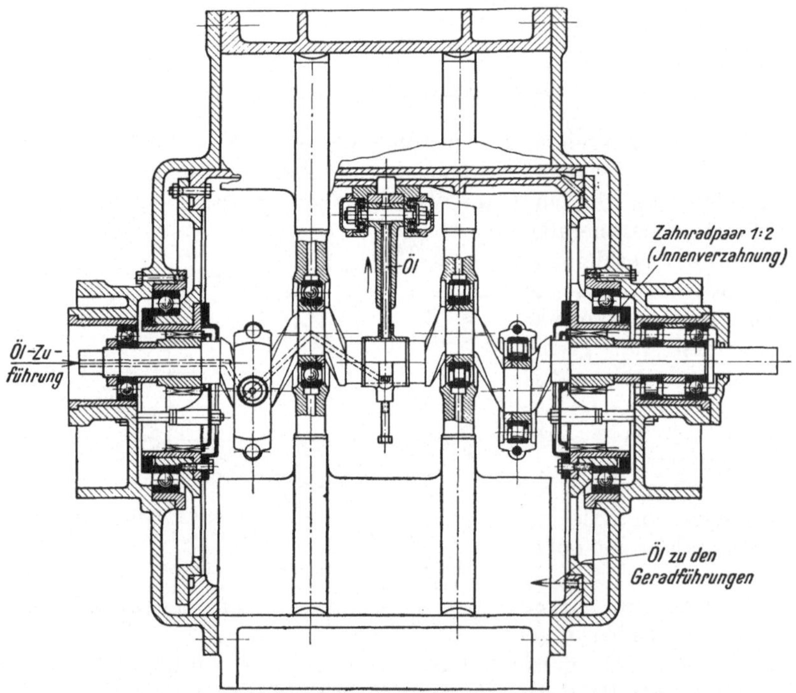

Abb. 84. Mehrfachwirkendes Kapselgebläse. Bauart Powerplus.

an den Außenringen der Kugellager gleiten. Das Gebläse wird für Drehzahlen bis zu 1000 U/min gebaut.

Powerplus-Gebläse, Abb. 84 und 85.

Das Gebläse benützt die Tatsache, daß der Zentriwinkel gleich dem

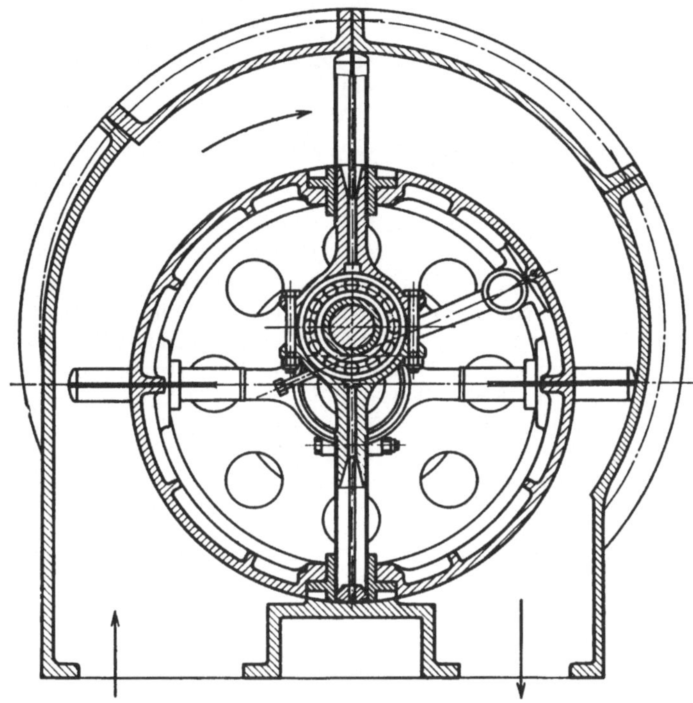

Abb. 85. Kreuzriß zu Abb. 84.

doppelten Peripheriewinkel ist (Schema Abb. 86); wird also der durchgehende Kolben auf einer Kurbel vom Radius r, die Verdrängerachse B hingegen um den Betrag r gegen die Wellenachse C versetzt gelagert, so wird, wenn der Verdränger mit der halben Drehzahl der Kurbelwelle umläuft, der Kolben in jeder Stellung die Verdrängerachse B schneiden. Der Verdränger kann daher ebene Führungen für den Kolben erhalten. Das Gehäuse, dessen Achse C ist, kann, da die Kolbenlänge unveränderlich ist, nicht kreiszylindrisch ausgeführt, sondern muß nach einem ganz schwachen Oval geformt werden. Die konstruktive Verwirklichung dieses Prinzips ist in Abb. 84 und 85 dargestellt.

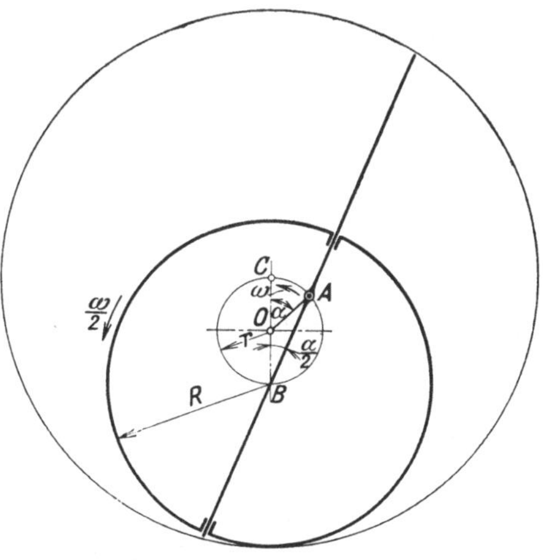

Abb. 86. Arbeitsweise des Powerplus-Gebläses.

Der Verdränger wird durch zwei Zahnradpaare (Innenverzahnung) von der Kurbelwelle angetrieben. Die Kolben sind in Kugeln auf der Welle gelagert; die Schmierung sämtlicher Lager wie auch der Kolbenführungen erfolgt durch die hohle Kurbelwelle.

5. Allgemeine Bemerkungen über die Konstruktion von Kapselgebläsen.

Wie aus den Beispielen ersichtlich, treten bei Kapselgebläsen ziemlich verwickelte Bewegungsvorgänge auf. Es ist daher stets notwendig, eine eingehende kinematische Untersuchung des Triebes vorzunehmen. Ein Beispiel einer derartigen Untersuchung findet sich in der Arbeit von A. Steller.[1] Auf Grund der Untersuchung ist es möglich, die auftretenden Beanspruchungen, die Gleitbahn und Lagerdrücke zu bestimmen. Dabei wird man meist feststellen, daß die vom Förderdruck herrührenden Kräfte gegenüber den Massenkräften klein sind und nicht als Grundlage

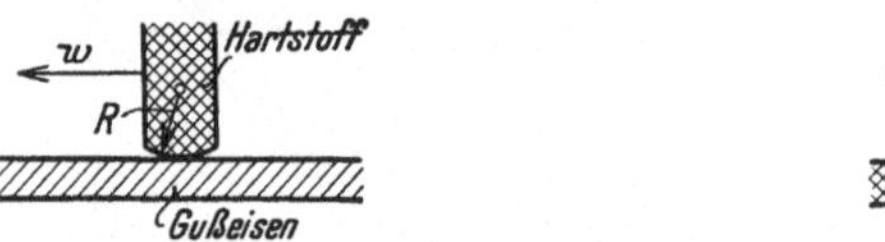

Abb. 87. Reibung von Hartstoff auf Gußeisen.

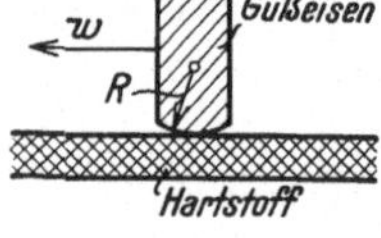

Abb. 88. Reibung von Gußeisen auf Hartstoff.

für die Bemessung der fraglichen Teile und Lagerstellen benützt werden können.

Da die Lagerstellen in den seltensten Fällen gegen den Arbeitsraum dicht abgeschlossen werden können, müssen Lager verwendet werden, die nur wenig Schmierung benötigen. Für reine Drehbewegungen kommen daher ausschließlich Wälzlager in Frage. Daneben treten aber stets auch gleitende Bewegungen auf, deren Aufnahme Schwierigkeiten bereitet, da man auch hier stets mit knapper Schmierung auskommen muß. Für solche Stellen hat sich Hartstoff bewährt, der auch bei spärlicher Schmierung nicht zum Fressen neigt. Hierbei ist folgendes zu beachten: Die Zerstörung des Hartstoffes tritt stets durch Verkohlen ein, daher ist die von der betreffenden Stelle aufzunehmende Reibungsarbeit einerseits und die Kühlung anderseits für die noch zulässige Belastung der Gleitbahnen maßgebend. Die Anordnung nach Abb. 88 ist daher der in Abb. 87 dargestellten vorzuziehen. Leider sind die bisher vorliegenden Erfahrungen noch zu wenig umfangreich, um allgemeine Angaben über die zulässigen Belastungen und Gleitgeschwindigkeiten zu machen. Für die Anordnung Abb. 87 liegen dem Verfasser einige Versuchsergebnisse vor, die im folgenden wiedergegeben werden sollen:

Anordnung nach Abb. 87.
Hartstoff auf Gußeisen: $R = 2$ cm; etwas geschmiert!

---

[1] Steller, A.: Leistungsverluste im Drehkolbenverdichter. VDI Bd. 76, S. 1218 (1932).

Mittlere Belastung je cm Berührungslinie: 2 kg/cm.
Gleitgeschwindigkeit: 6,5 m/sek.

Einwandfreier Betrieb.

Gleiche Anordnung: $R = 1,8$ cm; etwas geschmiert!
Mittlere Belastung je cm Berührungslinie: 6 kg/cm.
Gleitgeschwindigkeit: 10 m/sek.

Beginnende Verkohlung des Hartstoffes.

Gleiche Anordnung: $R = 2$ cm; nicht geschmiert!
Gleitgeschwindigkeit: 9,5 m/sek.

Einwandfreier Betrieb bis zu einer Belastung von 5,5 kg/cm. Darüber hinaus tritt Verkohlen des Hartstoffes auf.

Es ist zu erwarten, daß bei der Anordnung nach Abb. 88 höhere Belastungen und Gleitgeschwindigkeiten aufgenommen werden können.

Für die Abschätzung der mechanischen Verluste ist schließlich auch die Kenntnis des Reibungsbeiwertes nötig. Auch hierüber liegen nur spärliche Erfahrungswerte vor, die aber immerhin ausreichen, um erkennen zu lassen, daß man mit verhältnismäßig hohen Werten dieses Beiwertes wird rechnen müssen. Der Reibungsbeiwert dürfte ungefähr betragen:

bei trockenen Gleitflächen: $> 0,2$ (nach Angabe von R. Bosch),
bei spärlich geschmierten Gleitflächen: $> 0,15$,
bei gutgeschmierten Gleitflächen: $0,12$ und weniger.

6. Antrieb der Kapselpumpen.

Für den direkten Antrieb der Pumpe steht nur das dem Schwungrad entgegengesetzte Kurbelwellenende zur Verfügung. Gerade an dieser Stelle der Welle aber treten verhältnismäßig große Schwingungsausschläge auf, die in das Gebläse gelangen und häufig zu Störungen Anlaß geben. Es ist deshalb stets zweckmäßiger, von der direkten Kupplung abzusehen. Dann kann der Antrieb in die Gegend des Schwungrades verlegt werden, eine Stelle, die an sich fast schwingungsfrei ist, und es kann weiter der Antrieb elastisch gehalten werden, so daß dann der ruhige Antrieb des Gebläses gesichert ist. Weiters ist bei dieser Anordnung auch die Möglichkeit, das Gebläse mit höherer Drehzahl laufen zu lassen und das Übersetzungsverhältnis mit einfachen Mitteln abändern zu können, von großem Vorteil.

Bei direktem Antrieb muß die Kupplung zwischen Welle und Gebläse so ausgebildet werden, daß einerseits ein leichter Ausbau des Gebläses möglich ist, andererseits muß darauf Bedacht genommen werden, daß sich die Kurbelwelle im Betrieb infolge der Lagerabnützung allmählich senkt, während das Gebläse, das stets mit Wälzlagern ausgerüstet ist, dieser Bewegung nicht folgen kann. Die Kupplung muß daher kleinere Achsdifferenzen zulassen. Meist werden Kreuzscheibenkupplungen angewendet, deren Prinzip in Abb. 89 dargestellt ist. Die Kupplung ist sehr reichlich zu bemessen, weil durch die Schwingungen der Kurbelwelle Drehmomente durch sie hindurchgehen, die häufig ein Mehrfaches des Gebläsemomentes ausmachen. Aus dem gleichen Grunde ist in diesem Falle auch die Gebläsewelle stärker zu bemessen, als der Gebläseleistung entsprechen würde.

Für übersetztlaufende Gebläse haben sich Rollenbüchsenketten auch bei hohen Kettengeschwindigkeiten sehr bewährt, allerdings unter der

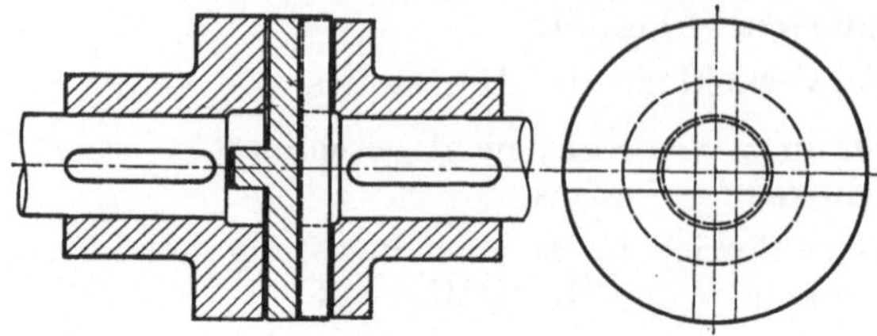

Abb. 89. Kreuzscheibenkupplung.

Voraussetzung, daß nur erstklassige Ketten verwendet werden. Die Wahl der Kettengröße und die Anordnung des Triebes erfolgt am besten im Einvernehmen mit der betreffenden Kettenfirma.

Der Kettentrieb wirkt außerordentlich schwingungs- und stoßdämpfend, so daß weitere Maßnahmen nicht notwendig sind, wenn der Antrieb in der Nähe des Schwungrades abgenommen wird. Ist dies jedoch nicht der Fall, so sollte stets noch eine elastische Kupplung eingeschaltet werden. Bei den verhältnismäßig kleinen Leistungen, die dabei in Frage kommen, sind Gummipufferkupplungen sehr geeignet. Abb. 90 zeigt eine derartige Konstruktion. Es ist dabei allerdings zu bemerken, daß die Gummieinlagen stark verschleißen, was aber nicht sehr von Bedeutung ist, da deren Ersatz keine großen Kosten verursacht.

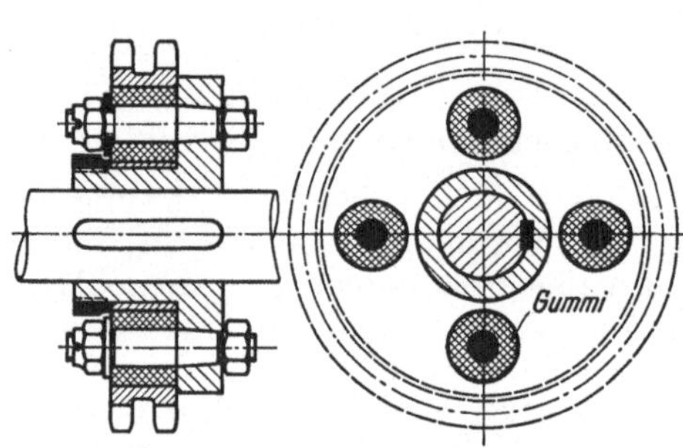

Abb. 90. Gummipufferkupplung.

Mit Zahnradtrieben liegen dem Verfasser gleich gute Erfahrungen nicht vor. Meist gibt auch die Verwendung von Ketten konstruktiv günstigere Lösungen. Jedenfalls wird man in Fällen, in denen Zahnräder als Gebläseantrieb herangezogen werden müssen, trachten, den Trieb genügend elastisch zu halten. Elastische Kupplungen und die Anwendung von Hartstoffrädern dürfte zu empfehlen sein. Auch die Bemessung der Räder soll sehr vorsichtig erfolgen.

B. Brennstoffpumpen und ihr Antrieb.

Die hohen Anforderungen an die Zuverlässigkeit und Gleichförmigkeit der Funktion der Brennstoffpumpen, die schweren Beanspruchungen ihrer Teile, die richtige Auswahl und Behandlung der verwendeten Baustoffe, haben namentlich kleine und mittlere Motorenfabriken vor eine Aufgabe gestellt, der sie kaum gewachsen waren. In Erkenntnis dieser Tatsache hat die feinmechanische Industrie die Herstellung dieses Bauteiles übernommen. Die Erfahrungen mit selbstgebauten und fertiggekauften Pumpen sprechen so eindeutig für letztere, daß bei Neukonstruktionen nur mehr solche Verwendung finden werden.

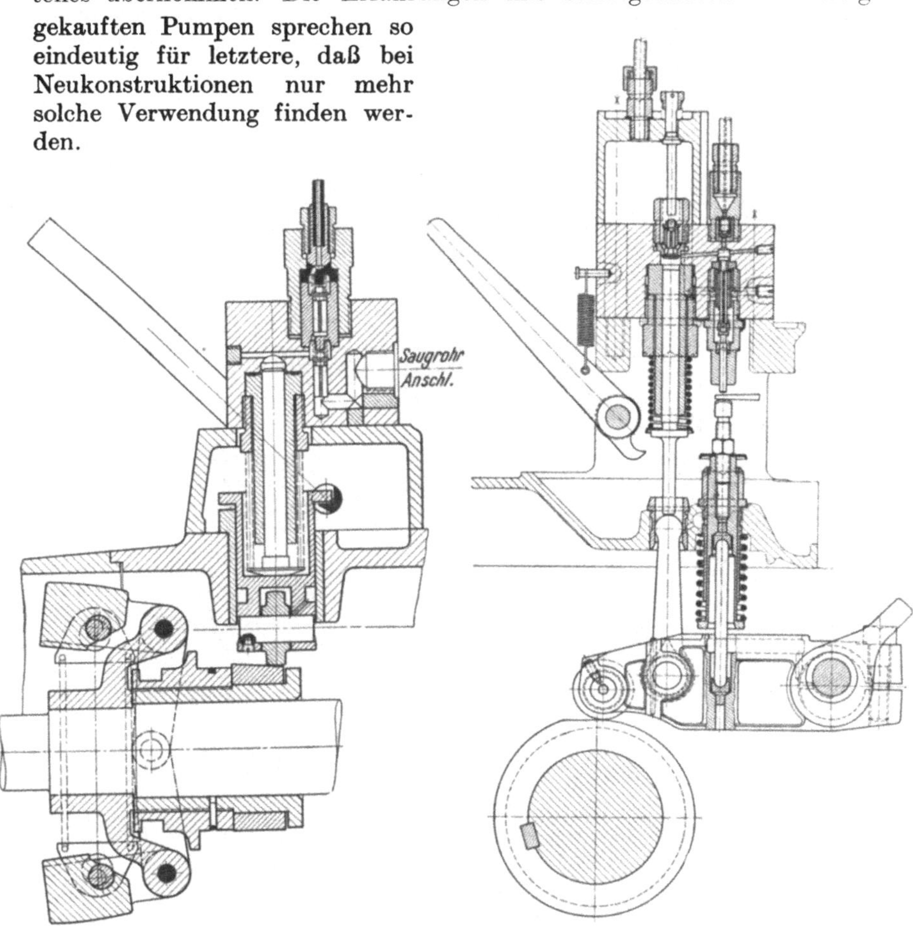

Abb. 91. Brennstoffpumpe mit Schrägnocken-regelung. Bauart Jung.

Abb. 92. Brennstoffpumpe mit nichtentlastetem Überströmventil samt Antrieb. Bauart Graz.

1. Ältere Bauarten von Brennstoffpumpen.

Pumpen mit Hubregelung, bei denen also der Plungerhub der wechselnden Belastung angepaßt wird, finden sich besonders häufig in Verbindung mit einem vom Regler verstellten Schrägnocken (Abb. 91). Die Konstruktion der Pumpe selbst wird verhältnismäßig einfach, Schwierigkeiten zeigten sich weniger in der Pumpe selbst, als vielmehr in ihrem Antrieb.

Als Normalkonstruktion für größere Motoren können die Pumpen mit
Aufstoßventil angesehen werden. Da der Querschnitt und die Eröffnungsgeschwindigkeit des Überströmventils maßgebend für die rasche Beendigung des Einspritzvorganges und damit auch für die Güte der Verbrennung ist, so gelangte man bald zu entlasteten Ventilen, die kleinere
Reglerrückdrücke ergaben als nicht entlastete, dafür aber auch die Konstruktion der Pumpe wesentlich verwickelten. Abb. 92 zeigt eine Pumpe
mit nicht entlastetem, Abb. 93 und 94 Pumpen mit entlastetem Aufstoßventil.

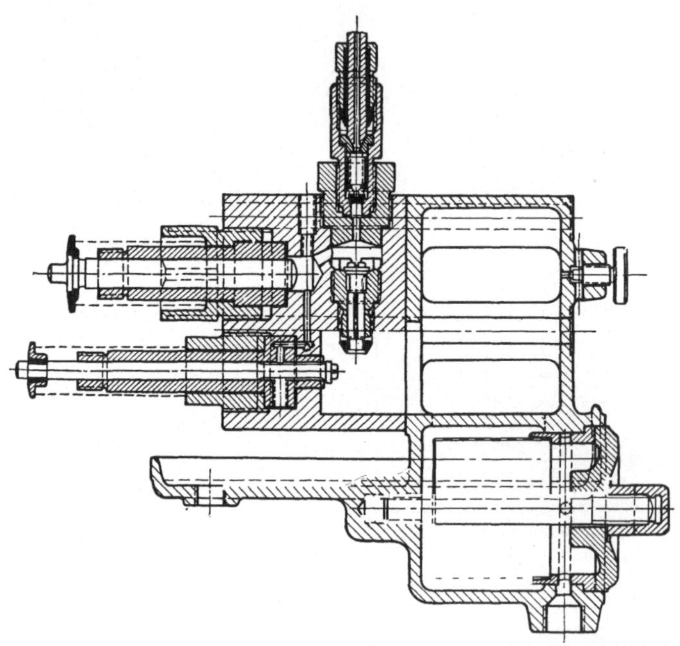

Abb. 93. Brennstoffpumpe mit entlastetem Überströmventil. Bauart Climax.

Allgemeine Richtlinien für den Entwurf.

Für den Pumpenkörper ist guter Stahl zu verwenden; gußeiserne oder
Stahlgußkörper haben sich nicht bewährt. Der Pumpentotraum ist möglichst klein zu halten, doch ist darauf zu achten, daß die Durchtritts-
querschnitte genügend groß bleiben. Weiters ist es günstig, wenn das
Aufstoßventil möglichst nahe dem Druckventil angeordnet wird. Schon
Spuren von Luft unterbinden die Tätigkeit der Pumpe. Damit selbst-
tätige Entlüftung während des Betriebes eintritt, ist das Druckventil an
der höchsten Stelle anzuordnen, Luftsäcke sind ängstlich zu vermeiden,
beim Zusammenbau der Pumpe muß leichte Entlüftung möglich sein.
Plunger und Plungerbüchse werden eingeschliffen. Als Material für den
Plunger wird Einsatzstahl verwendet, der Plunger ist zu härten und vor-
zuschleifen. Die Büchsen sollen nicht zu lang sein, da dies das Ausreiben

und Einschleifen des Plungers erschwert, ohne seine Dichtigkeit zu verbessern; Büchsenlängen von fünf- bis sechsfachem Plungerdurchmesser genügen reichlich.

Die Ventilsitze werden eben oder kegelig ausgeführt. Kegelige Sitze haben den Vorteil, daß sie leichter nachgeschliffen werden können. Die außerordentlich hohen Beanspruchungen machen es notwendig, sowohl das Ventil als auch den Sitz zu härten. Daher müssen die Ventilsitze in den Pumpenkörper eingesetzt werden. Nur bei ganz kleinen und niedrig beanspruchten Pumpen (Vorkammermaschinen) werden die Sitze zuweilen in den Pumpenkörper selbst eingefräst.

Im übrigen sei auf die Abb. 91—94 verwiesen, aus denen die üblichen Ausführungsformen der Pumpen und ihrer Bauteile entnommen werden können.

2. Neuere Brennstoffpumpen.

Als Beispiel für die von der feinmechanischen Industrie herausgebrachten

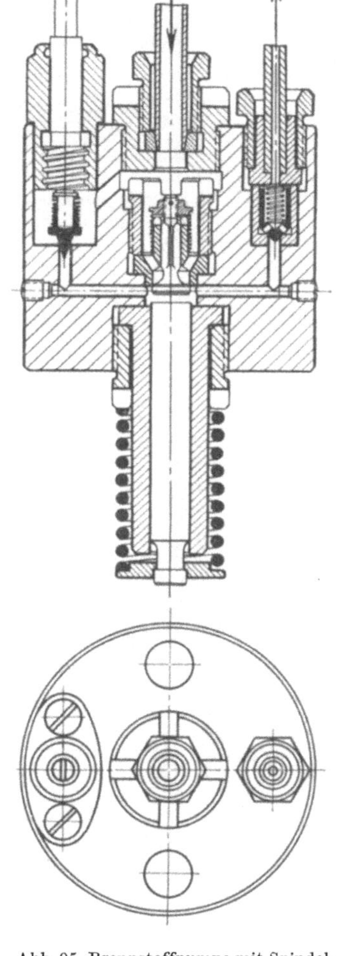

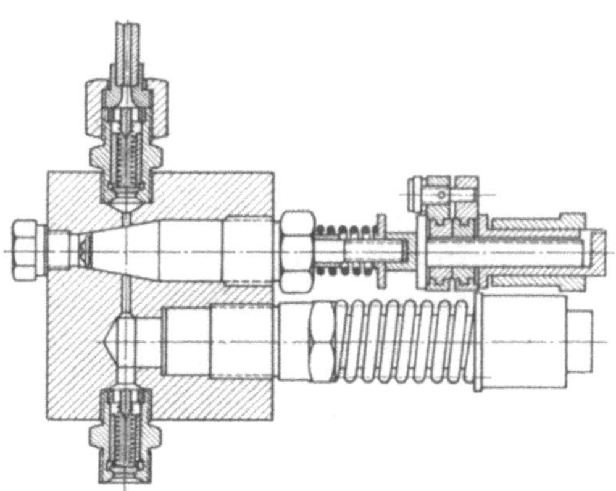

Abb. 94. Brennstoffpumpe mit entlastetem Überströmventil. Bauart Hille.

Abb. 95. Brennstoffpumpe mit Spindelregelung von Friedr. Deckel, München.

modernen Brennstoffpumpen seien die Erzeugnisse der bedeutendsten Firmen auf diesem Gebiete angeführt.

Eng an die traditionellen Bauformen schließen sich die Konstruktionen der Firma Friedrich Deckel, München, an, die in Abb. 95 und 96 dargestellt sind. Bei den größeren Modellen erfolgt die Regelung durch ein entlastetes Aufstoßventil, bei den kleinen durch eine dauernd offen gehaltene Nebenöffnung, die durch eine Spindel verstellt wird. Bei letzteren sind die

Verstellkräfte sehr klein und der Regler bleibt rückdruckfrei. Für Schiffsmaschinen ist diese Pumpe dann geeignet, wenn ihre Regelung durch eine Tourenverstellung über den Regler erfolgt.[1]

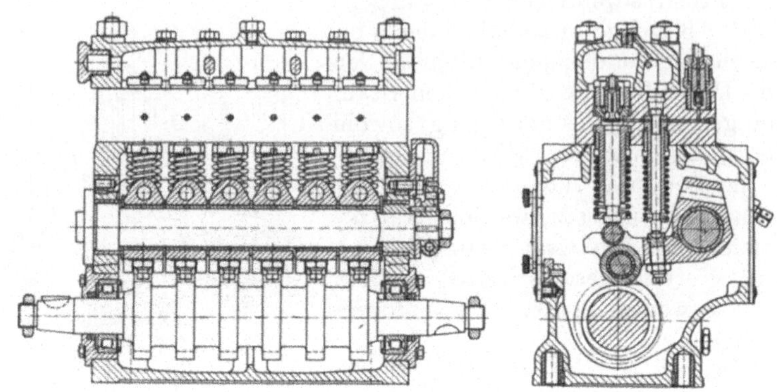

Abb. 96. Brennstoffpumpen mit entlastetem Überströmventil samt Antrieb von Friedr. Deckel, München.

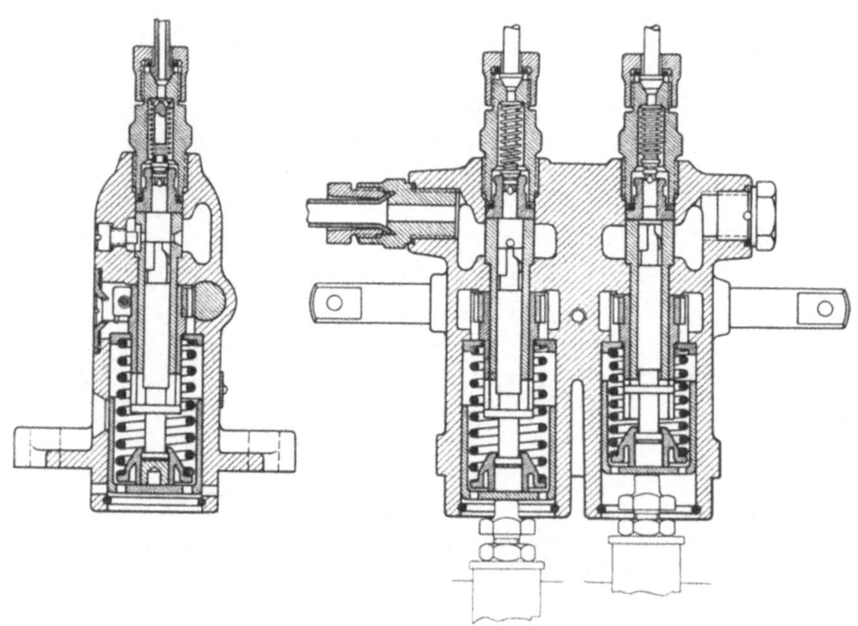

Abb. 97. Brennstoffpumpe mit Schiebersteuerung von Rob. Bosch, Stuttgart.

Eigene Wege ist die Firma Robert Bosch, Stuttgart, gegangen (Abb. 97). Die Regelung der Fördermenge erfolgt zwar auch hier durch

<hr>

[1] Zeman, J.: Verhalten von Brennstoffpumpen mit Spindelregelung im Schiffsbetrieb. Werft, Reederei, Hafen, S. 45 (1934).

Kurzschließen des Saug- und Druckraumes, doch wird dies nicht durch ein Ventil, sondern durch im Plunger eingefräste Nuten und durch Schlitze in der Plungerbüchse bewerkstelligt. Durch Verdrehen des Kolbens

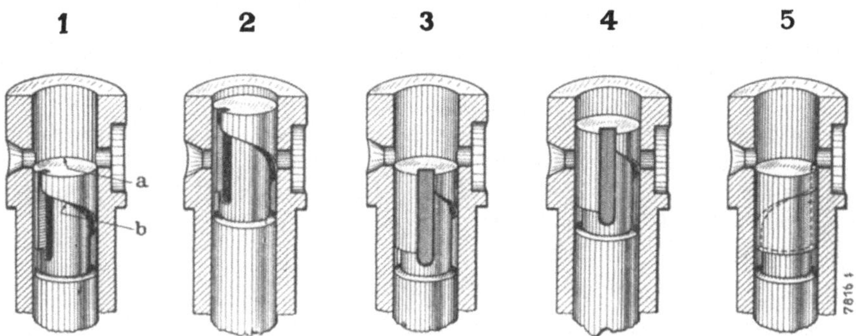

Abb. 98. Füllungsänderung bei der Pumpe von Rob. Bosch. Kante *a* steuert den zeitlich unveränderlichen Beginn der Förderung, Kante *b* steuert das Ende der Förderung. 1 und 2 Vollförderung, 3 und 4 Halbförderung, 5 Nullförderung; 1 und 3 Kolben im unteren Totpunkt, 2 und 4 Stellung des Kolbens bei Förderende.

kann der Zeitpunkt des Kurzschlusses verändert werden (Abb. 98). Die Reglerbewegung wird durch eine Zahnstange auf den Kolben übertragen. Die Verstellkräfte sind klein und der Regler bleibt rückdruckfrei.

Alle fertig gekauften Pumpen werden mit oder ohne angebauten Antrieb geliefert. Im übrigen sei auf die Druckschriften der betreffenden Firmen verwiesen.

3. Brennstoffbehälter, Saugleitung und Filter.

Der hohen Drehzahlen wegen muß der Brennstoff der Pumpe unter Druck zugeführt werden, weshalb der Brennstoffbehälter (Tagesbehälter) etwa 1 bis 3 m über der Pumpe angeordnet wird. Dieser Behälter wird in der Regel für achtstündigen Vollastbetrieb bemessen und selbst durch eine Flügelpumpe aus den eigentlichen Vorratsbehältern, die bei größeren Anlagen meist im Freien unter Flur angeordnet sind, gefüllt. Als Tagesbehälter verwendet man einfache zylindrische Blechgefäße, die durch einen lose aufgesetzten Deckel abgeschlossen werden. Die Brennstoff-

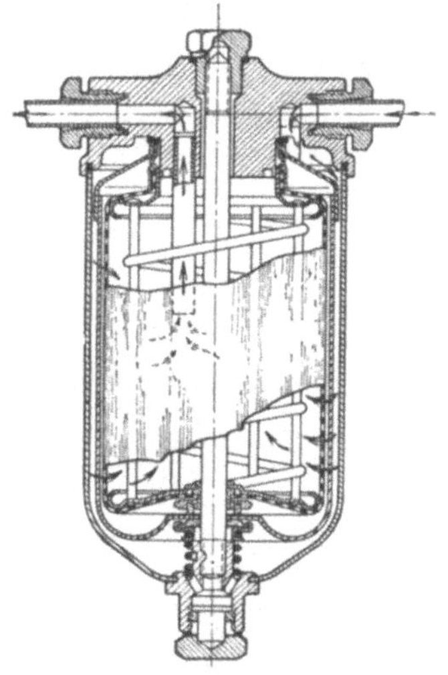

Abb. 99. Brennstoffilter von Rob. Bosch.

saugleitung wird etwa 5 bis 10 cm über den Behälterboden angeordnet, so daß sich Wasser und sonstige Verunreinigungen unterhalb des Bereiches der Saugleitung ansammeln können. Ein an der tiefsten Stelle vorgesehener Schlammablaß ermöglicht die zeitweilige Entleerung des

Sumpfes. Bei größeren Anlagen ist der Tagesbehälter mit einem Standanzeiger zu versehen.

Die Saugleitung wird aus Gas- oder Kupferrohren hergestellt und soll
sehr reichlich bemessen werden. Der Querschnitt der Leitung soll jedenfalls nicht kleiner sein als 2,5 mm² je PSe. Bei kleineren Maschinen über-
schreitet man diesen Wert meist noch erheblich. Die Leitung, die durch
einen am Behälter angebrachten Hahn abgeschlossen werden kann, führt
zunächst zu einem möglichst reichlich bemessenen Filter (Abb. 99), das
bei größeren Anlagen als Doppelfilter ausgebildet ist, und von hier aus mit
möglichst gleichmäßigem Gefälle, das die Bildung von Luft- oder Wasser-
säcken ausschließt, zur Pumpe. Häufig wird unmittelbar vor der Pumpe
noch ein zweites feineres Filter eingeschaltet (Abb. 93).

4. Druckleitung.

Für die Druckleitung kommen starkwandige Stahlrohre von 2 bis
4 mm Innen- und 8 bis 12 mm Außendurchmesser in Frage. Die Anschluß-

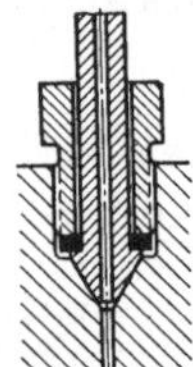

Abb. 100. Rohrverbindung für Brennstoff-
Druckleitungen; Bund angestaucht.

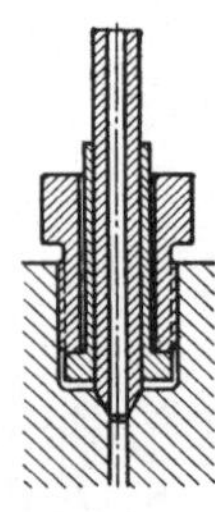

Abb. 101. Rohrverbindung für Brennstoff-
Druckleitungen; Bund hart angelötet.

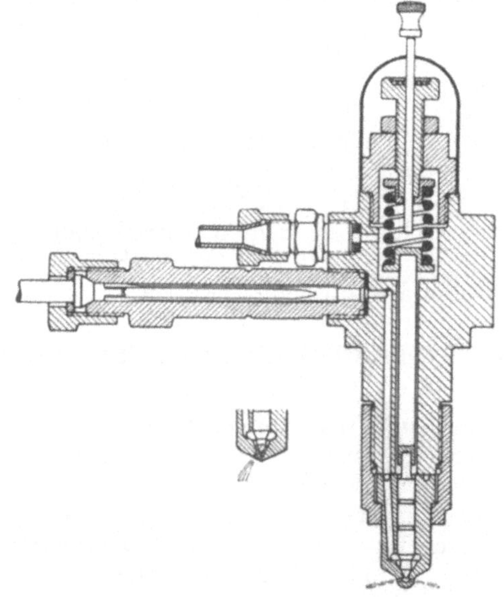

Abb. 102.   Geschlossene Brennstoffdüse von Rob. Bosch
mit angebautem Druckfilter.

bunde für die Verbindung mit Pumpe und Düse werden entweder angestaucht (Abb. 100) oder hart angelötet (Abb. 101). Die Ausführung nach
Abb. 100 ist, wenn sachgemäß ausgeführt, stets vorzuziehen. Rob. Bosch
hat für diesen Zweck eine eigene Stauchpresse herausgebracht. Die
angelieferten Stahlrohre sind innen durch Zunder u. dgl. verunreinigt.
Während der ersten Betriebszeit lösen sich diese Verunreinigungen ab,
verstopfen die Düse und geben dauernd Anlaß zu Störungen. Deshalb

werden die Rohre entweder durch Sandstrahlgebläse gereinigt oder man läßt sie durch eine eigene Pumpe getrennt vom Motor einige Stunden einlaufen. Dieser letztere Vorgang ist zeitraubend, aber sicherer als sonstige Reinigungsverfahren.

Bei den meisten Düsenmodellen von Rob. Bosch wird der eigentlichen Düse noch ein Druckfilter vorgeschaltet (Abb. 102); diese Anordnung ist sehr zu empfehlen, enthebt aber nicht davon, den Brennstoff vor Eintritt in die Pumpe sorgfältig zu reinigen.

5. Brennstoffdüsen.

Offene Düsen können bei kleineren Motoren bis etwa 20 PS Zylinderleistung angewendet werden. Sie ergeben recht einfache Konstruktionen, wie aus Abb. 103, die eine typische Ausführung zeigt, zu ersehen ist.

Bei größeren Maschinen sind geschlossene Düsen unbedingt vorzuziehen. Auch diese werden heute in der Regel von der feinmechanischen Industrie fertig bezogen. In Abb. 104 ist eine ältere Konstruktion der Climax-Motorenwerke, in den Abb. 105 und 102 Düsen der Firma Friedrich Deckel und Rob. Bosch dargestellt. Die fertig bezogenen Düsen müssen sorgfältig gekühlt werden, da die Nadel sonst leicht hängen bleibt.

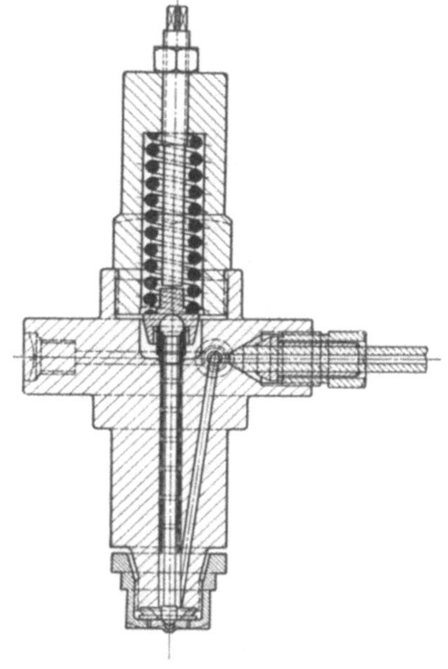

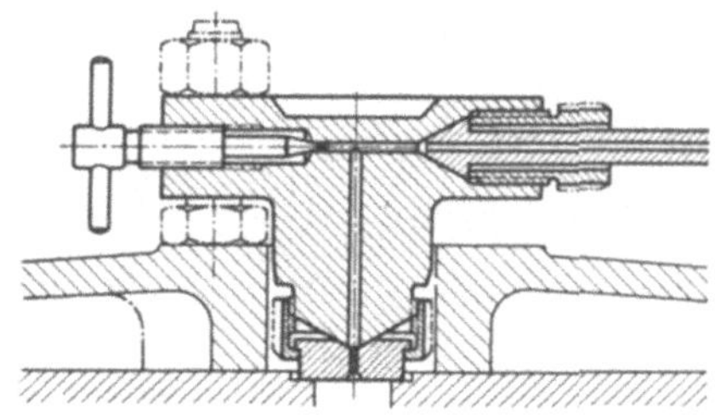

Abb. 103. Offene Düse, Bauart Graz.

Abb. 104. Geschlossene Düse, ältere Ausführung von Climax.

6. Brennstoffpumpenantrieb.

Die Bewegung wird von Nocken durch Rollen abgenommen, die entweder in einer Geradführung (Abb. 109) oder in einem Hebel (Abb. 107) gelagert sind. Die letztere Anordnung hat den Vorteil, daß der Einspritzzeitpunkt innerhalb enger Grenzen leicht verstellt werden kann, aber den Nachteil, daß eine Geradführung nachgeschaltet werden muß, um den Pumpenplunger von Seitenkräften zu entlasten. Erfolgt die Regelung der Brennstoffpumpe durch ein Aufstoßventil, so wird der Antrieb des letzteren von der Plungerbewegung abgenommen. Die Abb. 106 bis 109 zeigen die für diesen Zweck üblichen Anordnungen, Abb. 92, 96, 110 bis 112 ausgeführte Pumpenantriebe.

Nocken und Rollen.

Der Berechnung sind die **Hertz**schen Gleichungen zugrunde zu legen, wobei aber zu beachten ist, daß die aus ihnen errechneten Beanspruchungen lediglich als Vergleichswerte zu betrachten sind. Für eine zylindrische Nocke mit dem Krümmungsradius ϱ_1 (cm) und eine zylindrische Rolle vom Radius ϱ_2 (cm) (Abb. 53) ist dann

$$\sigma_{\max} = 0,42 \sqrt{\frac{PE}{l}(1/\varrho_1 + 1/\varrho_2)}. \quad (87)$$

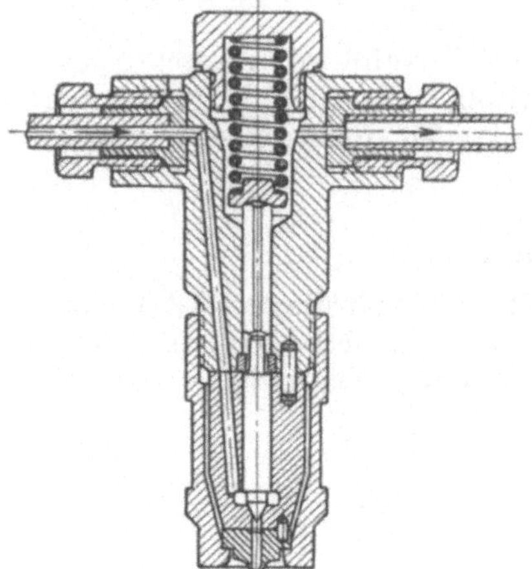
Abb. 105. Geschlossene Düse von Friedr. Deckel.

Hierin ist l (cm) die Breite von Nocke und Rolle, E (kg/cm²) der Elastizitätsmodul und P (kg) die Belastung. Bewährte Ausführungen zeigen ein $\sigma_{\max}$ von 10000 bis 20000 kg/cm² für im Einsatz gehärtete und geschliffene Nocken und Rollen.

Aus der Gleichung ist ersichtlich, daß $\sigma_{\max}$ bei einer gegebenen Mitteldistanz von Nocke und Rolle ($= \varrho_1 + \varrho_2$) seinen kleinsten Wert für

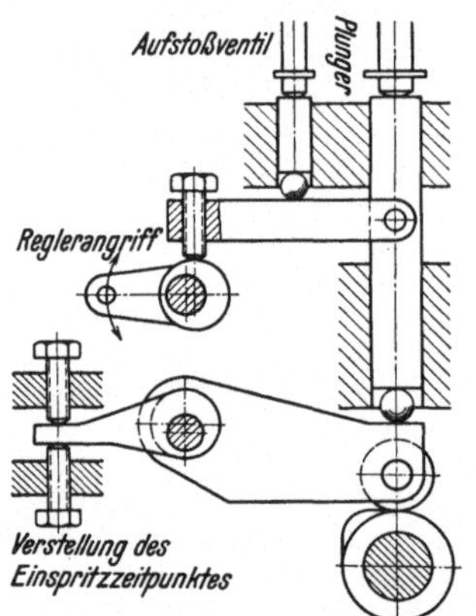

Abb. 106. Schema des Pumpenantriebes und der Regelung bei Brennstoffpumpen mit Überströmventil. Fall 1.

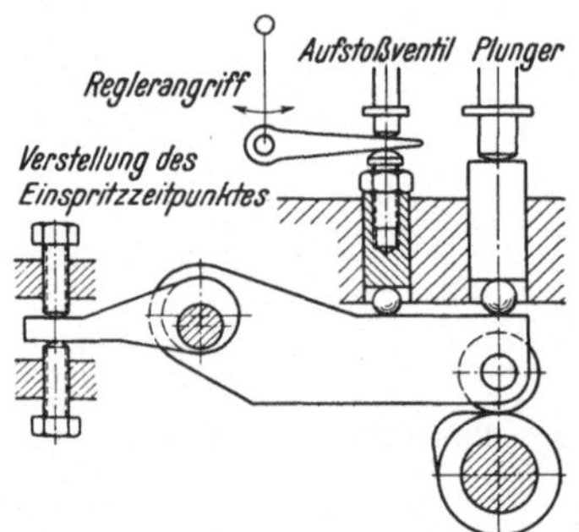

Abb. 107. Schema des Pumpenantriebs und der Regelung bei Brennstoffpumpen mit Überströmventil. Fall 2.

$\varrho_1 = \varrho_2$ annimmt. Der Rollendurchmesser soll also möglichst groß gemacht werden, was den weiteren Vorteil zeitigt, daß auch die Drehzahl der Rolle kleiner wird.

Besonders ungünstig wird die Beanspruchung der Schrägnocken, weil hier die Rolle gewölbt werden muß und daher nur Punktberührung zwischen Nocke und Rolle auftritt. Die Oberfläche der Rolle wird meist als Kugel ausgeführt, deren Radius ϱ_2 ist. Die Oberfläche der Nocke an der am meisten gefährdeten Stelle ist eine Fläche, die in jeder Richtung

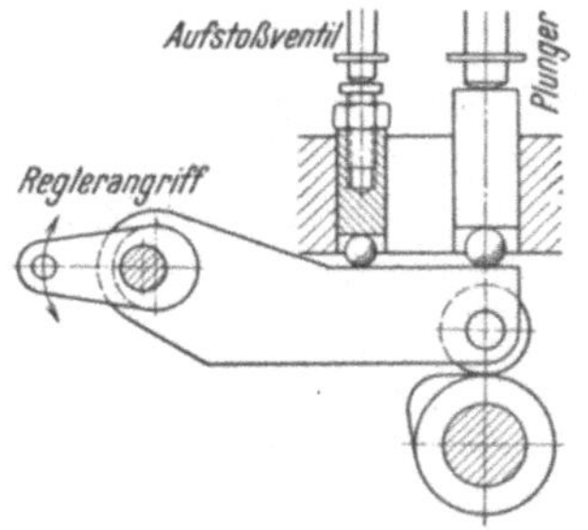

Abb. 108. Schema des Pumpenantriebs und der Regelung bei Brennstoffpumpen mit Überströmventil. Fall 3.

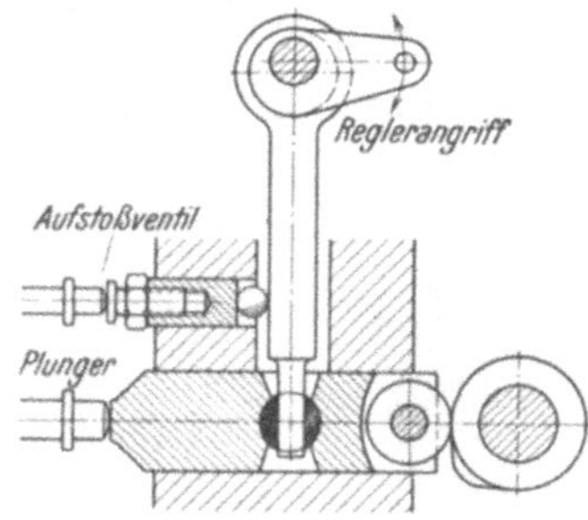

Abb. 109. Schema des Pumpenantriebs und der Regelung bei Brennstoffpumpen mit Überströmventil. Fall 4.

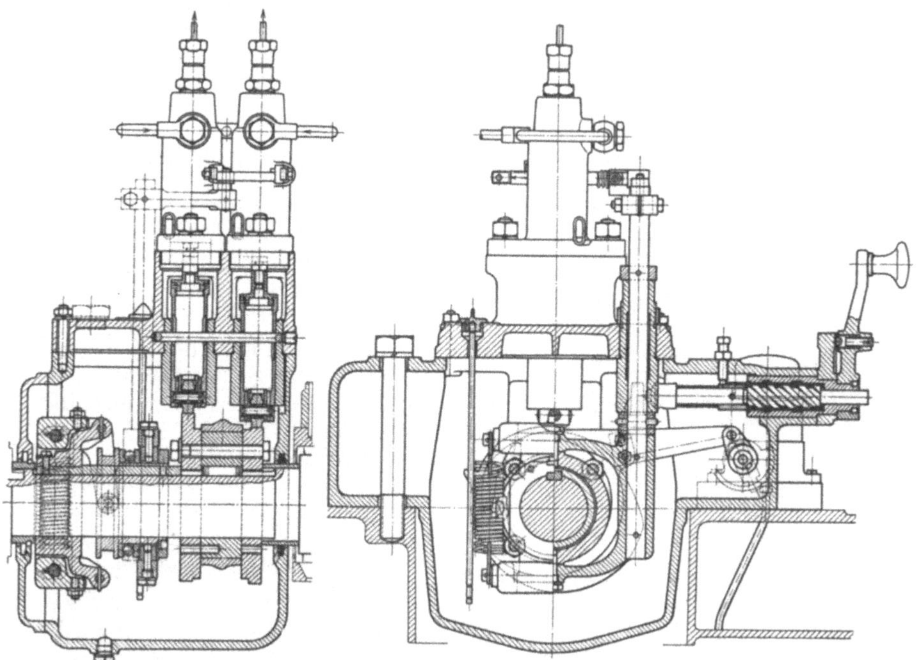

Abb. 110. Brennstoffpumpenantrieb und Regelung, Bauart Climax (für Bosch-Pumpen).

einen anderen Krümmungshalbmesser hat, deren kleinster Radius ϱ_1 ist. Man wird für die Festigkeitsrechnung sicher gehen, wenn man sie als Kugel mit dem Radius ϱ_1 auffaßt. Die Hertzsche Gleichung für die Berührung zweier Kugeln gibt die (ebenfalls nur als Vergleichswert anzunehmende) Spannung:

$$\sigma_{max} = 0{,}39 \sqrt[3]{P E^2 (1/\varrho_1 + 1/\varrho_2)^2}. \tag{88}$$

Auch hier wird σ_{max} für $\varrho_1 = \varrho_2$ ein Minimum. Man wird hier mit σ_{max} nicht höher gehen als:

$$30\,000 \text{ kg/cm}^2.$$

Die Schrägnockenregelung darf nur bei ganz kleinen Motoren bis etwa 8 PS und bei Vorkammermotoren angewendet werden. Bei größeren Motoren haben sich damit stets große Schwierigkeiten ergeben.

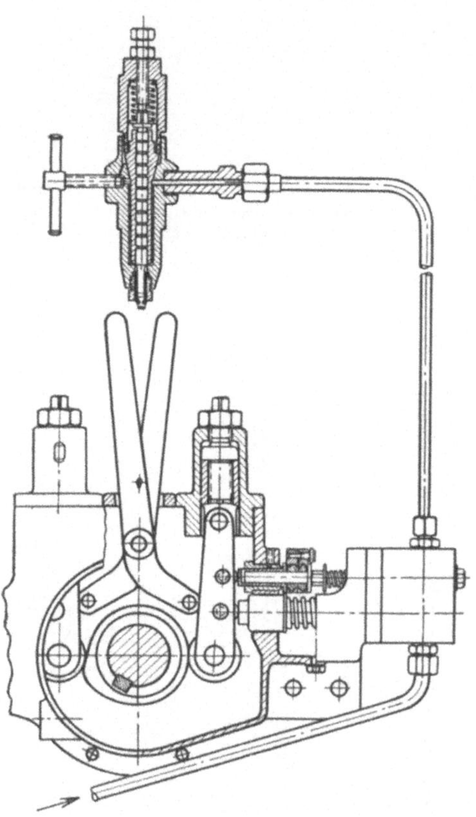

Abb. 111. Brennstoffpumpenantrieb, Regelung, Einspritzdüse, Bauart Hille. Pumpe hierzu Abb. 94.

Die Rolle wird mit einer fest eingepreßten und verstemmten Büchse aus bester Bronze versehen. Der in die Geradführung oder den Antriebshebel eingesetzte, im Einsatz gehärtete und geschliffene Rollenbolzen wird durch Kegelstift oder Schraube gesichert. Der auf die Zapfenprojektion bezogene Lagerdruck soll nicht höher sein als

$$k = 250 \text{ kg/cm}^2.$$

Der Brennstoffpumpenantrieb wird an die Umlaufschmierpumpe oder den Druckschmierapparat angeschlossen. Zuweilen wird das Schmiermittel auch dem Ölsumpf entnommen und durch eine Spritzscheibe einer höher gelegenen Sammelstelle zugeführt, von der aus es der Geradführung zufließt. Die Schmierung des Rollenbolzens muß sehr reichlich sein und wird dem Lager in der Regel durch den hohlen Bolzen zugeführt. In jüngster Zeit hat sich für die Rollen auch das Nadellager eingebürgert, das an die Schmierung geringere Anforderungen stellt.

Der aus den Leckstellen der Pumpe austretende Brennstoff muß gesammelt und sorgfältig vor der Vermischung mit Schmieröl bewahrt werden. Eine völlige und befriedigende Trennung von Brennstoff und Schmieröl ist nur bei liegenden Pumpen möglich, die aber jetzt nur mehr wenig verwendet werden. Bei stehenden Pumpen muß durch auf die Geradführungen aufgesetzte Schirme getrachtet werden, den Übelstand der Schmierölverdünnung auf ein Mindestmaß herabzusetzen.

Verstellung des Einspritzzeitpunktes.

Besitzt der Pumpenantrieb eine Verstellmöglichkeit für den Einspritzbeginn, so können die Nocken fest aufgekeilt werden. Diese Lösung ist stets vorzuziehen. Andernfalls muß die Verstellmöglichkeit in die Nocke verlegt werden. Abb. 113 und 114 zeigen derartige Konstruktionen.

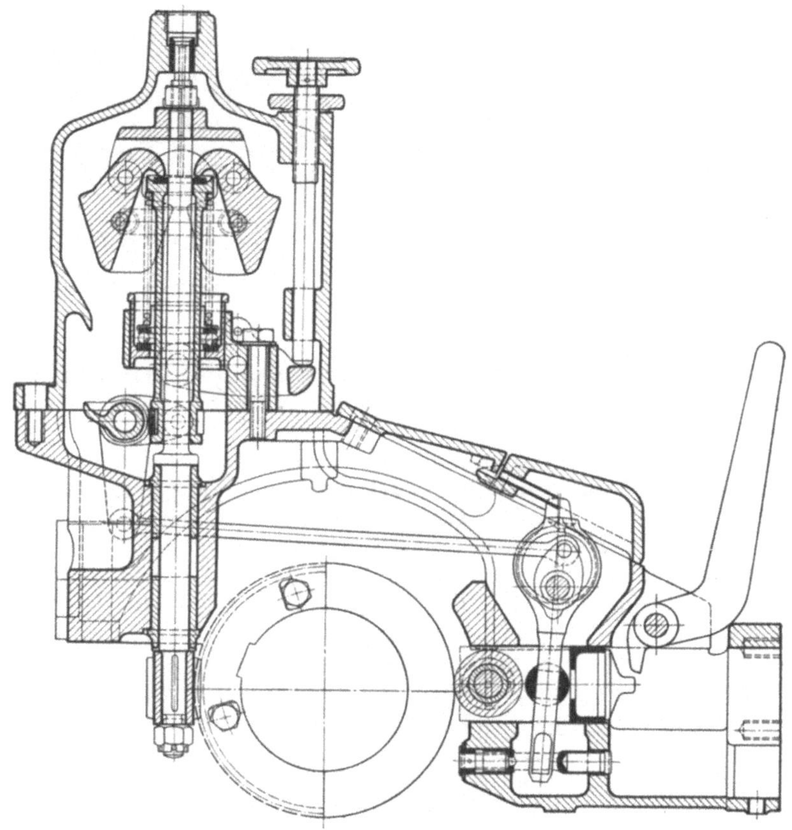

Abb. 112. Brennstoffpumpenantrieb und Regelung einer liegenden Brennstoffpumpe, Bauart Climax. Pumpe hierzu Abb. 93.

Umsteuerung der Brennstoffpumpe.

Es ist stets möglich, die Einspritzung so abzustimmen, daß sie beendet ist, bevor der Kolben den oberen Totpunkt erreicht hat. Führt man daher den Nocken bezüglich des dem oberen Totpunkt entsprechenden Radialstrahles symmetrisch aus, so ist für die Einspritzung keine besondere Umsteuerung nötig, da die Maschine einfach in der Richtung weiterläuft, in der sie angeworfen wird. Allerdings ist dann eine besondere Feineinstellung des Einspritzzeitpunktes bei der Erprobung der Maschine

unmöglich, weil dadurch auch die Einstellung für die gegensätzliche
Fahrtrichtung verändert wird. Es ist daher nötig, an einer Versuchsmaschine die beabsichtigte Nockenform und den Einspritzzeitpunkt genau
zu untersuchen und erst darnach den Nocken festzulegen. Diese recht
unbedeutende Mehrarbeit macht sich durch den Wegfall einer besonderen Umsteuerung für die Brenn-
stoffpumpen reichlich bezahlt.

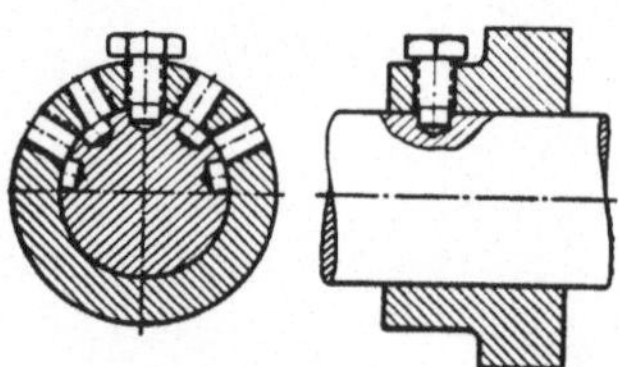

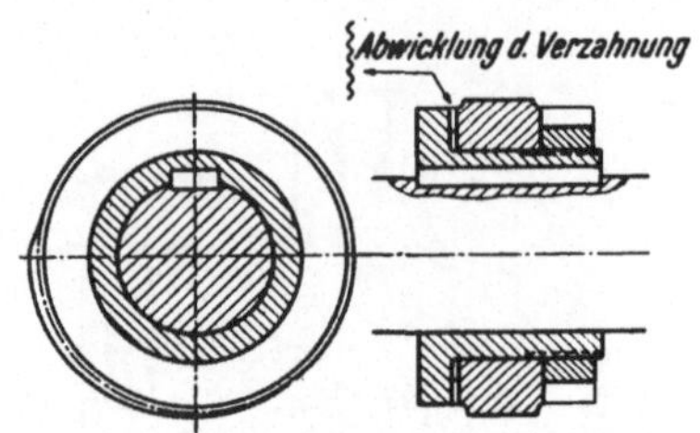

Abb. 113.　Verstellbare Nocke.　Der Winkelabstand der Gewindelöcher in der Nocke ist
etwas kleiner als der Winkelabstand der Fixier-
bohrungen in der Welle.

Abb. 114.　Verstellbare Nocke.　Nocke und
Nockennabe sind gezahnt.

C. Regler.

Das Vorhandensein von Spezialwerken über die Berechnung und
Konstruktion der Regler erübrigt es, an dieser Stelle darauf näher einzugehen.

Bei fast allen Verwendungszwecken des Zweitaktdieselmotors ist die
Möglichkeit der Tourenverstellung notwendig oder wenigstens erwünscht.
Die Praxis bevorzugt daher Reglerkonstruktionen, die eine Drehzahlverstellung in einfacher Weise ermöglichen. Dies ist der Fall bei Reglern
mit nur einer Längsfeder, und solche Regler werden daher auch häufig
angewendet Abb. 112, 115, 116. Ihr Nachteil, daß bei der Drehzahlverstellung der Ungleichförmigkeitsgrad sich ändert, wird dabei
bewußt in Kauf genommen. Regler, die nicht wenigstens die
nachträgliche Anbringung einer Tourenverstellung zulassen, sollen,
außer bei ganz kleinen und billigen Maschinen, nicht angewendet
werden.

Brennstoffpumpen, bei denen der Eröffnungszeitpunkt des Überström-
ventiles durch einen Exzenter verstellt wird (Abb. 106, 108, 109), ergeben
hohe, stoßartige Rückdrücke auf die Reglermuffe. Insbesondere Einzylindermaschinen beanspruchen dann den Regler sehr, und es ist in
solchen Fällen notwendig, nicht nur die Reglerenergie hoch zu wählen,
sondern auch die Gelenke sorgfältig und kräftig auszubilden und zu
schmieren, weil das stete Arbeiten des Reglers sonst unvermeidlich in
kurzer Zeit zu Abnützungen und sonstigen Störungen führt. Das
gleiche gilt auch für die bei Schrägnocken angewendeten Regler
(Abb. 91).

Ist hingegen die Regelung rückdruckfrei (Abb. 95, 97, 107), so kann
der Regler leichter und einfacher gehalten werden.

Der Ungleichförmigkeitsgrad wird je nach dem Verwendungszweck
zwischen 4 und 10% angenommen. Er soll stets so groß sein als möglich.

Bei ganz kleinen Maschinen und bei Verwendung von Schrägnocken
wird der Regler häufig direkt auf die Kurbelwelle aufgesetzt. Der Nachteil
dieser Anordnung besteht darin, daß die Reglerdrehzahl klein ist und
daß ein Kurbelwellenende dadurch meist vollständig verbaut wird. Bei
größeren Maschinen wird daher in der Regel eine eigene Reglerwelle

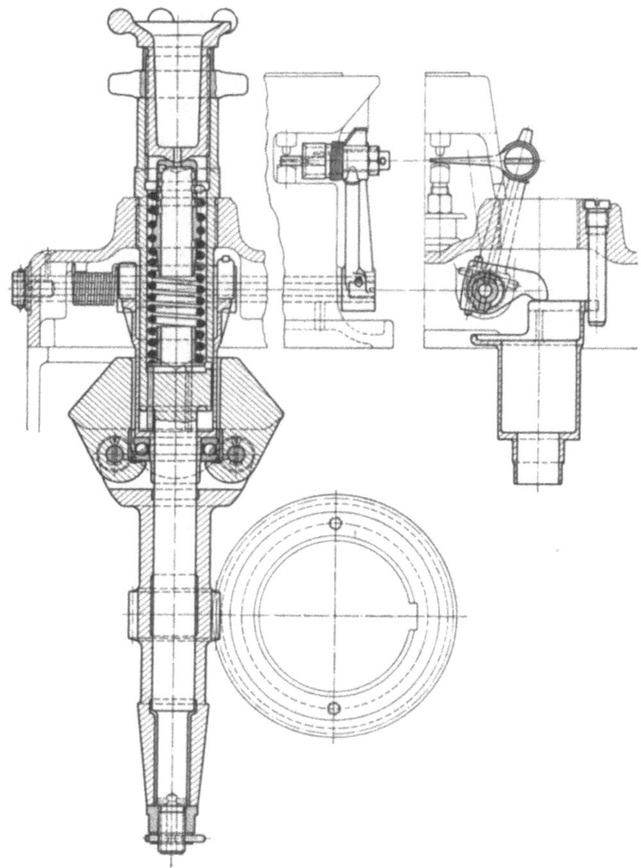

Abb. 115. Stehender Regler mit Drehzahlverstellung, Bauart Graz. (Zu Abb. 92.)

angeordnet. Der Antrieb derselben kann durch Schrauben- oder Kegelräder erfolgen. Erstere laufen ruhiger, sind aber größerer Abnützung
unterworfen als Kegelräder. Um Stöße vom Regler fernzuhalten, wird er
zuweilen auch elastisch angetrieben. Zu diesem Zwecke werden zwischen
Regler und Antrieb weiche Federn eingeschaltet.

Bei Schiffsmaschinen erfolgt der Reguliereingriff in der Regel
von Hand aus. In diesem Falle muß ein Sicherheitsregler vorgesehen
werden, der das Überschreiten der höchst zulässigen Drehzahl ver-

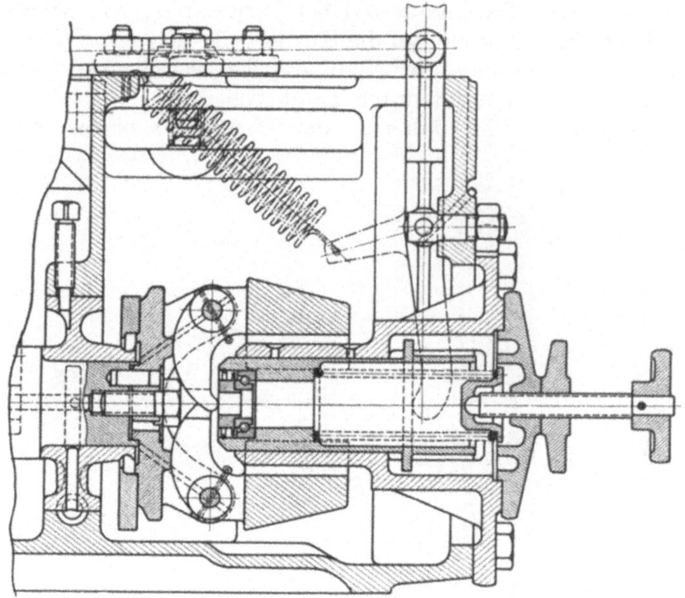

Abb. 116.　Liegender Regler mit Drehzahlverstellung, Bauart Graz.

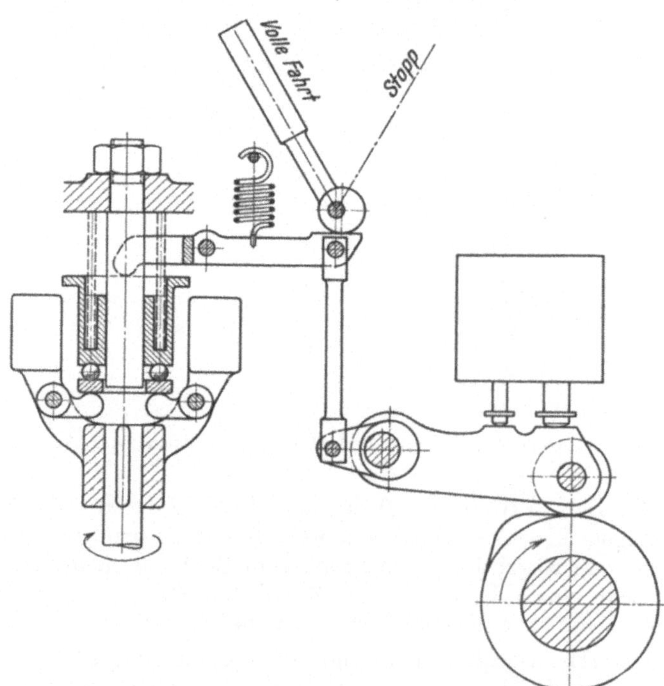

Abb. 117. Reglerangriff bei Schiffsmaschinen. Sicherheits- und Handfahrtregler greifen kraftschlüssig ein.

Tabelle 16. Kenngrößen des Reglers und des Reglerantriebes für Zweitaktdieselmotoren.

| | Muffen-druck | Arbeits-verm. | Reglerantrieb Modul | |
| | | | Schrauben-rad | Kegelrad |
	kg	cmkg	mm	mm
Rückdruck-freie Regelung — kleine Einheiten Zylinderleist. 10 PS ...	15	18	2,5	2
große Einheiten Zylinderleist. 100 PS ..	35	70	4	4
Regelung mit stoßartigen Rückdrücken: kl. Einheiten, Zylinderleist. 10 PS ...	50	75	3	3
gr. Einheiten, Zylinderleist. 100 PS ..	100	200	5	5
Schrägnockenregelung	50	75	—	—

hindert, im normalen Drehzahlenbereich aber nicht arbeitet. Für solche Zwecke sind daher auch astatische oder labile Regler geeignet. Greift der Sicherheitsregler am normalen Reguliergestänge an, so dürfen der Handfahrt- und der Sicherheitsregler mit dem Gestänge nicht zwangsläufig, sondern nur kraftschlüssig verbunden werden, um zu verhindern, daß sich beide in der Funktion gegenseitig stören (Schema Abb. 117). Eine andere Lösung ergibt sich, wenn man den Regler direkt auf das Überströmventil wirken läßt (Abb. 118).

Der direkte Reguliereingriff von Hand aus ist nur bei solchen Pumpen zulässig, bei denen die Brennstoffmenge im wesentlichen nur von der jeweiligen Regelstellung, nicht aber von der Drehzahl abhängig ist, darf daher bei Brennstoffpumpen mit Spindelregelung nicht angewendet werden. Hier muß der Reguliereingriff stets mit Hilfe einer Tourenverstellung über den Regler vorgenommen werden.[1] Auch bei anderen Pumpenkonstruktionen ist diese Anordnung dann anzuwenden, wenn die Schiffsmaschine besonders niedere Drehzahlen stabil halten soll.

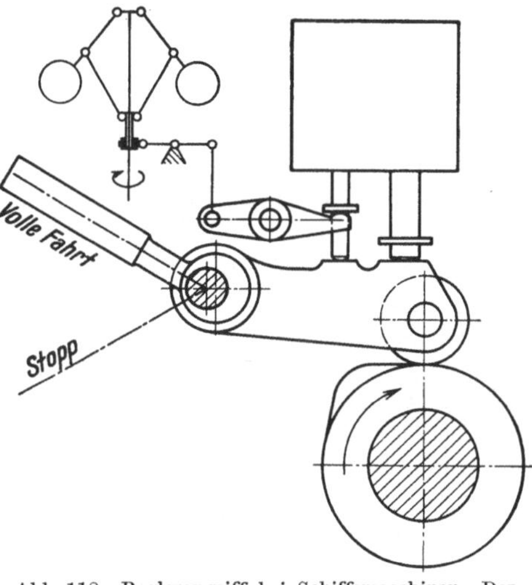

Abb. 118. Reglerangriff bei Schiffsmaschinen. Der Sicherheitsregler wirkt direkt auf das Überströmventil.

---

[1] J. Zeman: Verhalten von Brennstoffpumpen mit Spindelregelung im Schiffsbetrieb. Werft, Reederei, Hafen S. 45 (1934).

D. Zylinder und Zylinderdeckel.

Zylinder.

Kurbelkastenmaschinen haben in der Regel einzelstehende Zylinder, die entweder bis zur Grundplatte herabgezogen werden und dann gleichzeitig den Kurbelkastenraum nach oben abschließen, oder aber auf ein meist niedriges Gestell aufgesetzt werden.

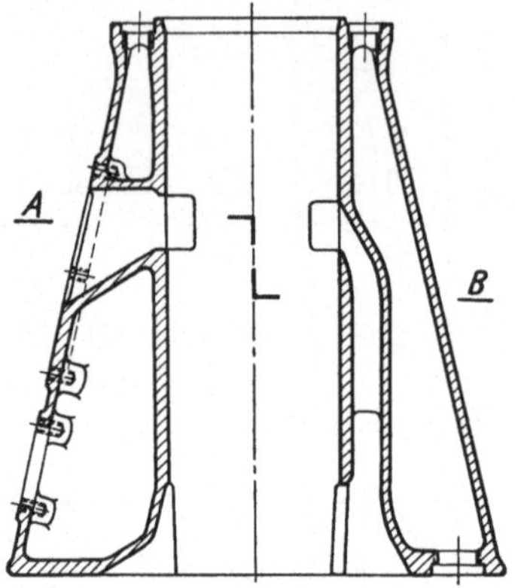

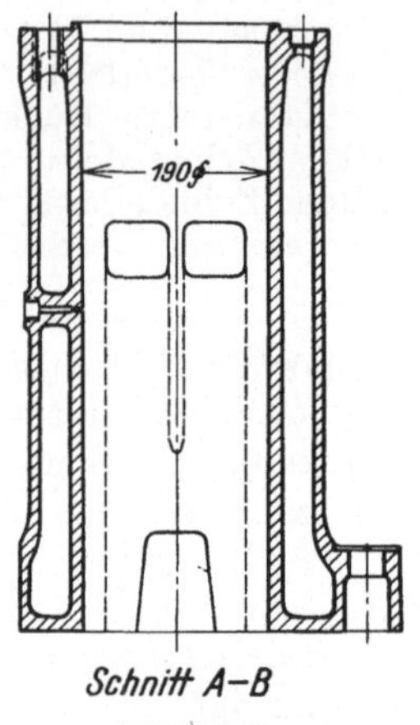

Schnitt A–B

Gebläsezweitaktmaschinen werden als Kasten- oder Gestellmaschinen ausgeführt. Im ersten Falle sind die Zylinder einzeln auf den Kasten aufgesetzt (Abb. 220), im zweiten Falle alle Zylinder in einem Block vereinigt (Abb. 225).

Die Laufbüchse kann eingesetzt oder mit dem Wassermantel zu einem Gußstück vereinigt werden.

Die Laufbüchse einstückig gegossener Zylinder (Abb. 119 bis 125) wird durch die Verbrennungsgase beheizt und nimmt daher im Betriebe eine höhere Temperatur an als der Mantel. Der mittlere Temperaturunter-

Abb. 119. Zylinder einer Kurbelkastenmaschine. Bauart Graz.

schied zwischen diesen beiden Teilen dürfte zwischen 30 und 60⁰ liegen. Da die freie Ausdehnung der Büchse durch den Mantel behindert ist, werden durch den Temperaturunterschied in der Büchse Druck- und im Mantel Zugspannungen hervorgerufen. Die vom Verbrennungsdruck herrührende Axialkraft bringt Zugspannungen in den Zylinder, die sich den Wärmespannungen überlagern, also die Druckbeanspruchung der Büchse verkleinern und die Zugbeanspruchung des Mantels vergrößern.

Die Wärmespannungen lassen sich annähernd rechnerisch erfassen. Ist β die Ausdehnungszahl des Gußeisens ($= 0{,}000011$), f_m der Querschnitt des Mantels, f_B der Querschnitt der Büchse, l die Zylinderlänge und t der Temperaturunterschied, so wäre die freie Längenausdehnung der Büchse:

$$\varDelta l = \beta \cdot t \cdot l.$$

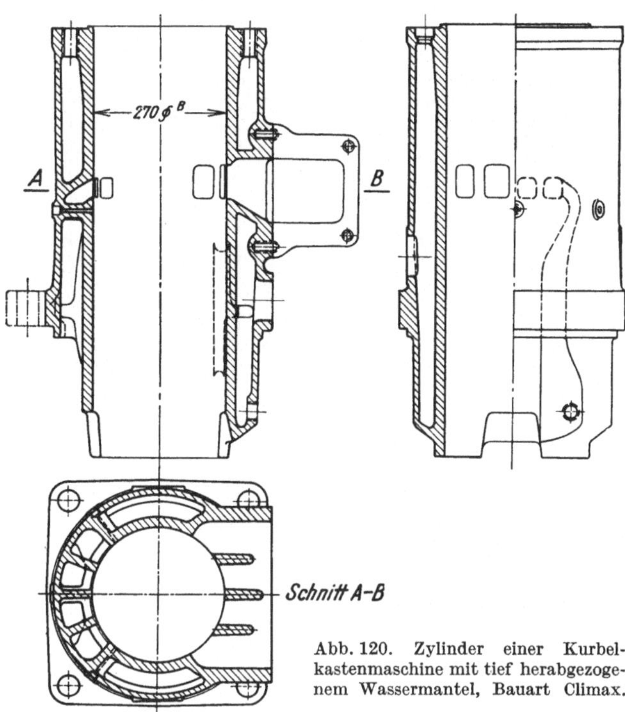

Abb. 120. Zylinder einer Kurbelkastenmaschine mit tief herabgezogenem Wassermantel, Bauart Climax.

Unter dem Einfluß der Druckbeanspruchung σ_B verkürzt sich die Büchse um ($E =$ Elastizitätsmodul):

$$\frac{\sigma_B}{E} \cdot l.$$

Unter dem Einfluß der Zugbeanspruchung σ_m verlängert sich der Mantel um:

$$\frac{\sigma_m}{E} \cdot l.$$

Es muß also sein:

$$\beta \cdot t \cdot l - \frac{\sigma_B}{E} \cdot l = \frac{\sigma_m}{E} \cdot l.$$

Die von der Büchse ausgeübte Kraft $\sigma_B \cdot f_B$ muß vom Mantel aufgenommen werden:

$$\sigma_B \cdot f_B = \sigma_m \cdot f_m.$$

Daraus folgt die Druckbeanspruchung der Büchse zu:

$$\sigma_B = E \cdot \beta \cdot t \cdot \frac{f_m}{f_B + f_m} \tag{89}$$

und die Zugbeanspruchung des Mantels zu:

$$\sigma_m = E \cdot \beta \cdot t \cdot \frac{f_B}{f_B + f_m}. \tag{90}$$

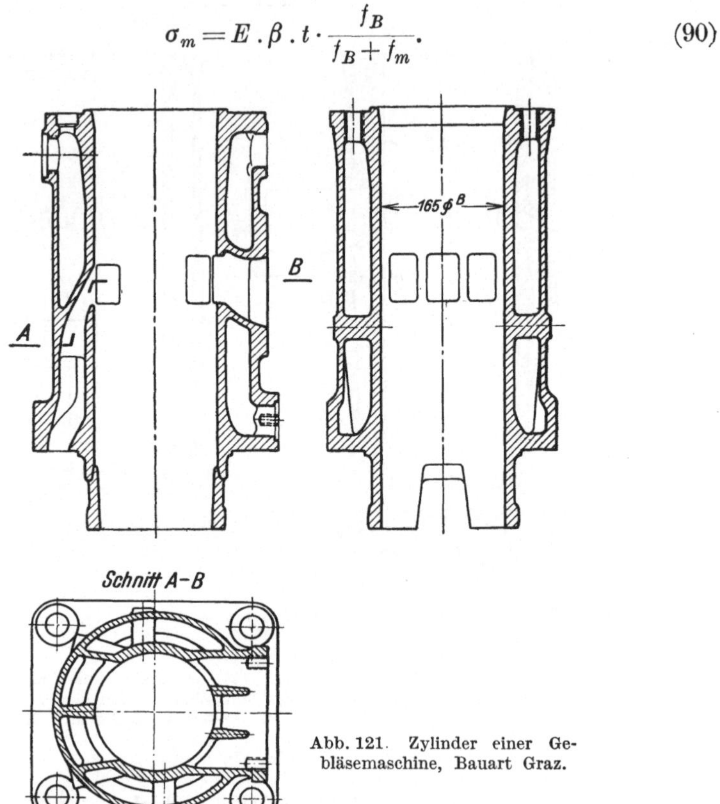

Abb. 121. Zylinder einer Gebläsemaschine, Bauart Graz.

f_m ist von f_B meist nicht sehr verschieden. Setzt man angenähert $f_m = f_B$, so wird mit $E = 800\,000$ (Gußeisen) die Zugbeanspruchung des Mantels für:

$t =$	30^0	40^0	50^0	60^0
$\sigma_m =$	132	176	220	264 kg/cm².

Die Wärmespannungen erreichen also schon bei kleinen Temperaturunterschieden verhältnismäßig hohe Werte. Sie werden allerdings durch die Elastizität der Endverbindungen zwischen Mantel und Büchse und durch die vorhandenen Gußspannungen vermindert. Denn da der Mantel nach dem Guß früher erkaltet als die Büchse, so treten letztere in der Büchse als Zug-, im Mantel als Druckspannungen auf. Da aber die Erfahrung lehrt, daß Risse im Mantel (Dauerbrüche) verhältnismäßig oft, in der Büchse aber fast nie auftreten, wird man vorsichtshalber darauf keine Rücksicht nehmen, sondern den Mantel so bemessen, daß die Summe der Wärmespannungen und die vom Verbrennungsdruck herrührenden Zugspannungen kleiner bleiben, als die zulässige Beanspruchung des Mantels. Ist p_z der Verbrennungsdruck, so muß also sein:

$$E \cdot \beta \cdot t \cdot \frac{f_B}{f_B + f_m} + p_z \cdot \frac{\pi D^2}{4} \cdot \frac{1}{f_B + f_m} < \sigma_{\text{zul}}. \tag{91}$$

Die Wärmespannungen können in engen Grenzen dadurch klein gehalten werden, daß man:

1. den Querschnitt des Mantels f_m größer macht als den der Büchse;

2. den mittleren Temperaturunterschied klein hält. Da die Temperaturen des von den Verbrennungs-gasen berührten Teiles der Büchse nicht beeinflußt werden können, ist dies nur so möglich, daß man den kalten Teil der Büchse lang macht: der Wassermantel soll daher so tief herabgezogen werden als irgend möglich Abb. 119 und 120. Allerdings muß dann auch dafür gesorgt werden, daß die durch die Auspuff- und Spülkanäle hergestellte Verbindung zwischen Büchse und Mantel genügend nachgiebig ist.

Weiters ist auch zu beachten, daß der Auspuffstutzen Büchse und Mantel unterbricht und im Betrieb verhältnismäßig hohe Temperaturen annimmt. Der Zylinder wird dadurch einseitig erwärmt, was einer — rechnerisch kaum erfaßbaren — Biegungsbeanspruchung desselben gleichkommt. Mit Rücksicht darauf wird man σ_{zul} jedenfalls nicht höher als 250 kg/cm² ansetzen. Da die Wärmespannung kaum kleiner sein wird als 200 kg/cm², so muß:

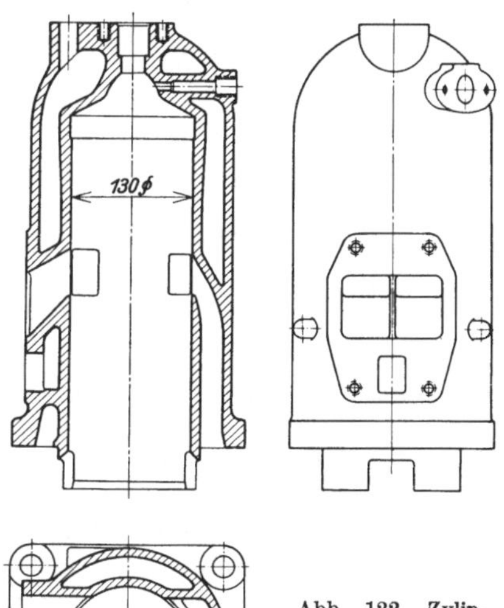

Abb. 122. Zylinder einer Kurbelkastenmaschine mit angegossenem Deckel, Bauart Jung.

$$p_z \cdot \frac{\pi D^2}{4} \cdot \frac{1}{f_B + f_m} < 50 \text{ kg/cm}^2. \tag{92}$$

Besondere Aufmerksamkeit ist den Schraubenverbindungen des Zylinders zuzuwenden. Der Zylinderdeckel wird meist durch in den Zylinder eingesetzte Stiftschrauben befestigt, die stets so angebracht werden können, daß wesentliche Biegungsbeanspruchungen durch sie nicht verursacht werden. Bei den Zylinderfußschrauben hingegen muß genügend

Raum zum Anziehen der Muttern vorhanden sein; dies bedingt namentlich dann, wenn aus Gründen der Raumersparnis nur wenige große
Schrauben verwendet werden, lange Hebelarme und bringt Biegungsmomente in den Zylinder. Es muß getrachtet werden, sie durch kräftige
und steife Ausbildung des Fußflansches vom Mantel bzw. der Büchse
fernzuhalten.

Setzt der Wassermantel erst oberhalb der Fußschrauben an (Abb. 123),
so können diese dicht an die Büchse herangeschoben werden und nehmen
wenig Platz ein. Die Axialkräfte werden durch die Büchse auf den Mantel
übertragen, und es ist durch schrägen Mantelansatz und weiche Ab-
rundungen dafür zu sorgen, daß keine gefährlichen Biegungsbeanspruchungen auftreten. Nachteilig ist bei dieser Anordnung, daß der
Wassermantel kurz wird.

Verlegt man die Fußschrauben hingegen seitlich des Mantels (Abb. 124),
so ist es zwar möglich, den Mantel tief herunterzuziehen, doch nehmen die

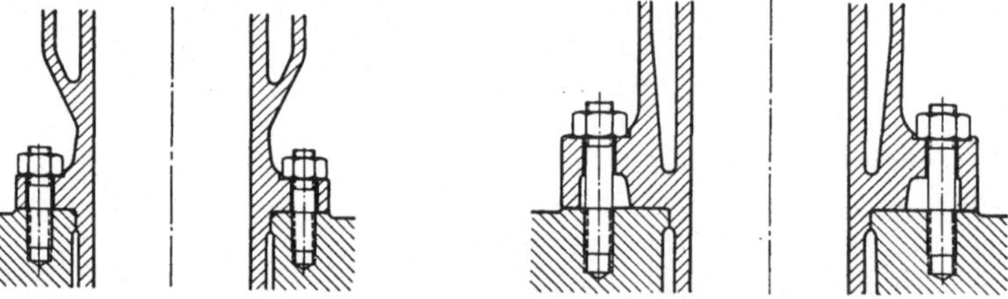

<table>
<tr><td>Abb. 123. Arbeitszylinder. Die Fußschrauben
sind unterhalb des Wassermantels angeordnet.</td><td>Abb. 124. Arbeitszylinder. Die Fußschrauben
sind seitlich des Wassermantels angeordnet.</td></tr>
</table>

Schrauben dann viel Raum weg, was den Konstrukteur verleitet, ihre
Zahl zu beschränken. Große Biegungsmomente und ungleiche Spannungsverteilung sind die Folge hievon.

Bei Kurbelkastenmaschinen wird häufig der Zylinder mit dem Kurbelkastenoberteil einstückig gegossen (Abb. 125). Letzterer muß sich, um
den Verdichtungsraum der Spülpumpe möglichst klein zu halten, dicht
an den vom Triebwerk bestrichenen Raum anschmiegen (Spiel 5 mm
bei kleinen, bis 12 mm bei großen Maschinen). Seine Form wird dadurch
recht verwickelt und die Beanspruchung undurchsichtig. Dauerbrüche
treten hier häufig auf. Um sie zu vermeiden, sind die Wandstärken
reichlich zu bemessen und alle Übergänge weich auszubilden. Der Fuß-
flansch wird durch die für den Kurbelwelleneintritt und für die Luftklappen nötigen Öffnungen unterbrochen, wodurch er nicht mehr imstande
ist, die durch die Schrauben verursachten Biegungsmomente in sich aufzunehmen. Der gefährliche Querschnitt liegt dann nicht mehr in der
Ebene *I—I* (Abb. 126), sondern in *II—II*. Auch dieser Umstand bedingt
große Wandstärken des Kurbelkastenoberteiles.

Bei Zylinder mit eingesetzten Laufbüchsen nimmt der Wassermantel allein die durch den Verbrennungsdruck verursachten Axialkräfte auf. Da aber Guß- und Wärmespannungen nicht oder mindestens

nicht im gleichen Maße auftreten können wie bei einstückig gegossenen Zylindern, kann seine von der Axialkraft herrührende Beanspruchung höher angesetzt werden, doch wird man auch hier mit Rücksicht auf die Möglichkeit ungleicher Spannungsverteilung nicht höher gehen als 120 bis 180 kg/cm². Bezüglich der hauptsächlich durch die Zylinderfußschrauben verursachten Biegungsmomente gilt das oben Gesagte.

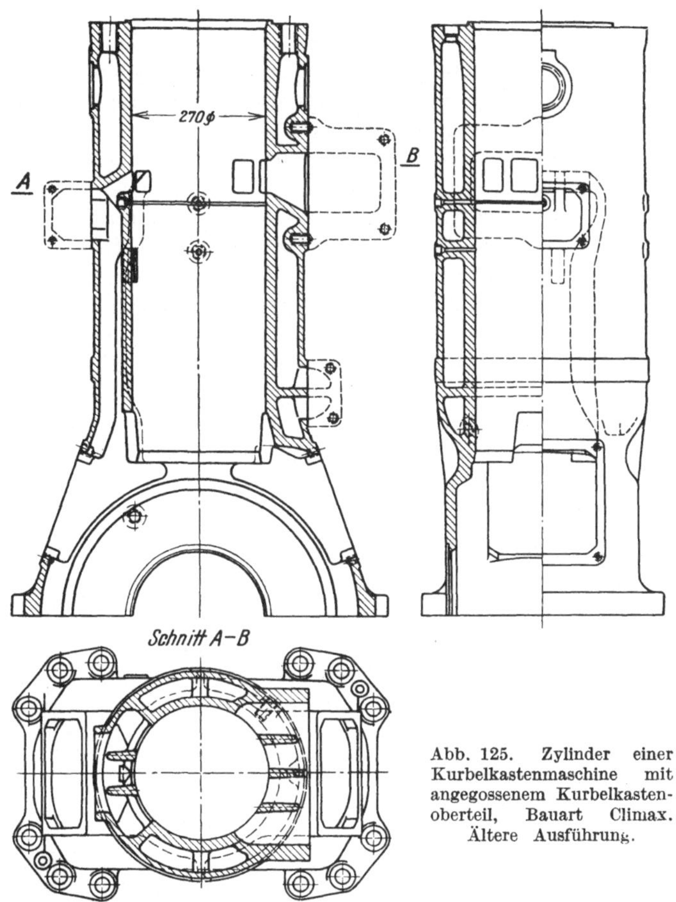

Abb. 125. Zylinder einer Kurbelkastenmaschine mit angegossenem Kurbelkastenoberteil, Bauart Climax. Ältere Ausführung.

Die Festigkeitsberechnung der Laufbüchse ist bei geteilten und bei einstückig gegossenen Zylindern gleich, weil bei letzteren die von der Betriebswärme hervorgerufene axiale Druckspannung in der Büchse ungefährlich ist und nicht berücksichtigt zu werden braucht. Der Druck der Verbrennungsgase ruft in der Büchse tangentiale Zugspannungen hervor, die 200 kg/cm² nicht überschreiten sollen. Da der volle Verbrenunngsdruck nur am oberen Zylinderende wirksam ist, wird die Büchse meist kegelig verjüngt ausgeführt (Abb. 120, 121). Die Wandstärke

s (cm) errechnet sich also aus der für kreiszylindrische, unter Innendruck stehende Gefäße gültigen Formel:

$$1 + \frac{s}{D/2} \geqq \sqrt{\frac{\sigma_{zul.} + 0{,}4\,p}{\sigma_{zul.} - 1{,}3\,p}}\,,$$

wobei für p (at) der der jeweiligen Kolbenstellung entsprechende Wert des Druckes im Zylinder einzusetzen ist und D den Zylinderdurchmesser in cm bedeutet.

Die Abdichtung der Zylinderbüchse gegen den Wasserraum bereitet einige Schwierigkeiten, wenn auch der unterhalb der Schlitze liegende Teil direkt vom Kühlwasser bespült werden soll. Übliche Ausführungen verwenden Weichpackungen (profilierte Graphit-Asbestringe, Abb. 127) oder auch vom Großmotorenbau übernommene eingewalzte Kupferringe (Abb. 128). Die Konstruktion wird einfacher, wenn man die letzte Abdichtung oberhalb der Schlitze anordnet (Abb. 129) und den unteren Teil der Laufbüchse nur indirekt kühlt. Bei kleineren Motoren ist dies ohneweiters zulässig.

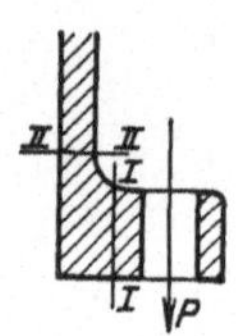

Abb. 126. Gefährlicher Querschnitt im Zylinderfuß.

Bei Gestellmaschinen werden sämtliche Wassermäntel zu einem einzigen Block zusammengegossen und die Büchsen eingesetzt. Es ist dann auch möglich, Zuganker anzuwenden und dadurch die Konstruktion von Zug- und Biegungsbeanspruchungen weitgehend zu entlasten.

Die Beanspruchung der Zylinderfußschrauben kann ziemlich hoch angesetzt werden, doch ist stets zu überlegen, wie sich die Belastung auf die Schrauben verteilt. Namentlich bei Zylindern mit angegossenem

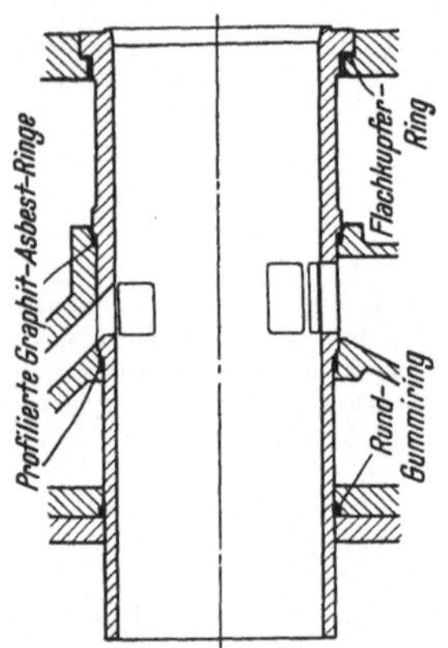

Abb. 127. Büchsenabdichtung durch Weichpackungen.

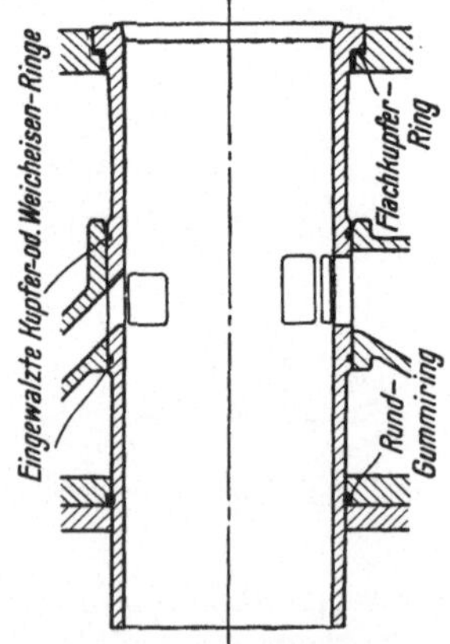

Abb. 128. Büchsenabdichtung durch eingewalzte Kupfer- oder Weicheisenringe.

Kurbelkastenoberteil tragen die vom Wellenmittel weiter entfernten Schrauben infolge der Nachgiebigkeit des Zylinderfußes meist weniger als die der Welle benachbarten Schrauben.

Die Zylinderdeckelschrauben sind niedriger zu belasten, weil sie die Abdichtung des Deckels mit zu übernehmen haben.

Tabelle 17. Zulässige Beanspruchungen für gußeiserne Zylinder.

	kg/cm²
Zylinderbüchsen, tangentiale Zugspannung, herrührend vom Innendruck..................................	300
Axiale Zugspannung im Mantel und Büchse, herrührend vom Verbrennungsdruck bei einstückigen Zylindern	50
Axiale Zugspannung im Mantel, herrührend vom Verbrennungsdruck bei Zylindern mit eingesetzter Büchse	180
Biegungsspannungen im Zylinderfuße bei klaren Beanspruchungsverhältnissen	250
sonst	100
Kernbeanspruchung der Zylinderfußschrauben..............	700
„ „ Zylinderdeckelschrauben	600

Besondere Aufmerksamkeit erfordert die Anordnung der Kernlöcher bei einstückig gegossenen Zylindern. Bei kleineren Ausführungen genügen

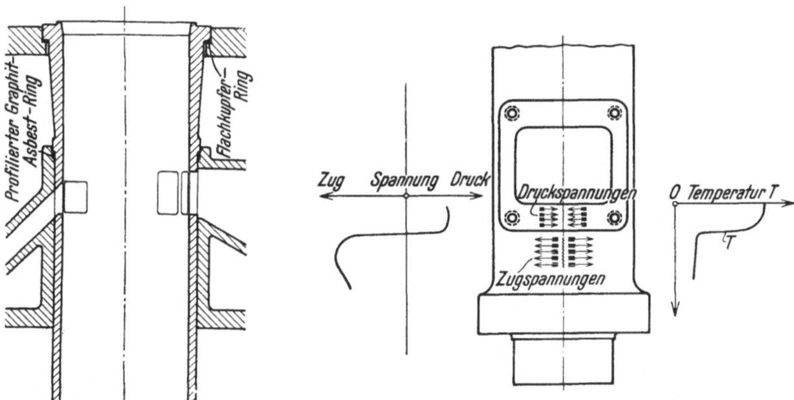

Abb. 129. Büchse mit nur zwei Dichtstellen. Abb. 130. Risse beim Auspuff-Flansch. Temperatur- und Spannungsverteilung.

Kernstützen in der Mittelebene der Auspuffschlitze, bei größeren Zylindern müssen auch in der dazu senkrechten Mittelebene Kernstützen vorgesehen werden.

Im Wassermantel nächst dem Auspuff-Flansche treten nach längerer Betriebszeit zuweilen Risse auf, die dadurch entstehen, daß der starke Flansch im Betrieb warm wird und sich ausdehnt, wodurch in die anschließenden Teile des kalten Mantels Zugspannungen hineinkommen (Abb. 130). Diese Zugspannungen werden um so größer, je größer der Wandstärkenunterschied und der Temperaturunterschied ist. Deshalb soll die Stärke des Flansches nicht allzusehr von der des Mantels abweichen (für Schraubenlöcher Putzen vorsehen!), oder mindestens der Mantel in der Umgebung des Flansches verstärkt werden. Kernlöcher oder sonstige Durchbrechungen des Mantels nahe dem Auspuff-Flansch vergrößern die Gefahr der Rißbildung.

Der Auspufftopf soll mit Kopf- oder Mutterschrauben, keinesfalls aber mit Stiftschrauben am Zylinder befestigt werden, damit bei einem Ausbau des Zylinders dieser entfernt werden kann, ohne daß der Topf vorher von der Leitung abgebaut wird.

Eine sehr unangenehme Erscheinung ist das Reißen der Auspuffstege. Es ist wahrscheinlich, daß sie nicht durch Betriebs-, sondern durch Gußspannungen verursacht und durch die infolge der hohen Erhitzung der Stege im Betriebe und die häufigen Temperaturschwankungen herabgesetzte Widerstandsfähigkeit des Werkstoffes befördert wird. Man muß also trachten, die beim Guß in die Stege kommenden Zugspannungen durch rasche Abkühlung der Stege nach dem Gusse zu vermeiden (Einlegen von Kühleisen in den Kern).

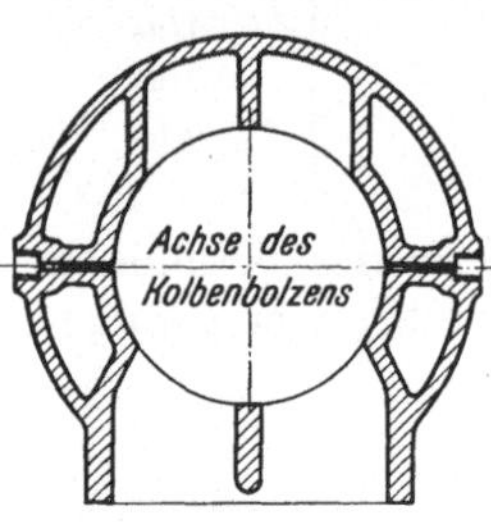

Abb. 131.
Zylinderschmierung.

Zylinderschmierung.

Meist wird die Zylinderlaufbahn vom Druckschmierapparat beordert. Die Zuführung erfolgt durch Schmierpfeifen, die entweder eingegossen oder gesondert eingesetzt sind. Die Höhenlage ist dadurch bestimmt, daß die Schmierbohrung zwischen dem ersten und zweiten oder zwischen dem zweiten und dritten Kolbenring, bezogen auf die untere Totpunktlage des Kolbens, in die Laufbahn münden soll. Wird das Schmieröl für den Kolbenbolzen durch Abstreifkörper oder -ringe von der Zylinderlaufbahn abgenommen, dann werden die Schmierpfeifen längs des Umfanges so angeordnet, wie Abb. 131 zeigt. Ist dies nicht der Fall, wird also der Bolzen durch die Schubstange geschmiert, dann werden die Schmierbohrungen unterhalb der Spül- oder Auspuffschlitze angebracht, oder aber man behält auch dann die Anordnung der Abb. 131 bei, um zu verhindern, daß das zugeführte Öl allzu rasch durch die Spül- oder Auspuffschlitze verlorengeht.

Zylinderdeckel.

Im Gegensatze zu Viertaktmotoren bietet die Konstruktion der Zylinderdeckel bei Zweitaktmaschinen keine nennenswerten Schwierigkeiten. Kreisrunde, auf der Drehbank leicht bearbeitbare Formen des Innenraumes sind aus Festigkeitsgründen wünschenswert und vermeiden Wärmespannungen. Leicht kegelige Deckelböden sind in dieser Hinsicht am günstigsten und ergeben gleichzeitig vorteilhafte Verbrennungsräume.

Die Wandstärke des Bodens soll nicht zu knapp bemessen werden. Bewährte Ausführungen haben eine solche von etwa 0,1 bis 0,14 D. Die Wandstärke des Wassermantels kann wesentlich schwächer gehalten werden. Der Deckel wird durch Schrauben niedergehalten, die in Kanonen durch den Wasserraum durchgeführt werden. Diese Kanonen sollen mit großen Krümmungsradien in den Deckelboden übergehen, bei sehr großen Ausführungen werden zuweilen auch kurze Rippen eingesetzt, die die Verbindung der Pfeifen mit dem Boden versteifen.

Der Wasserraum des Deckels muß durch genügend weite Kernlöcher zugänglich und kontrollierbar gemacht werden. Noch besser ist es, den Wasserraum oben offen zu lassen (Abb. 132) und ihn durch einen flachen Deckel, der von den Zylinderdeckelschrauben niedergehalten wird, abzuschließen. Dies erleichtert den Guß und die Kontrolle des Werksstückes sehr, gestattet auch gleichzeitig, den Zylinderdeckel vom anhaftenden Kesselstein zu reinigen. Der Kühlwasseraustritt muß an der höchsten Stelle des Wasserraumes angebracht werden.

Die Abdichtung des Deckels gegen den Zylinder wird einem Flachkupferring übertragen, der in einem Versatz, der entweder in den Zylinder oder den Deckel eingedreht ist, eingelegt und dadurch geschützt wird, vom Verbrennungsdruck herausgepreßt zu werden. Der Kühlwasserüberführung in den Deckel dienen durch Gummiringe abgedichtete Röhrchen,

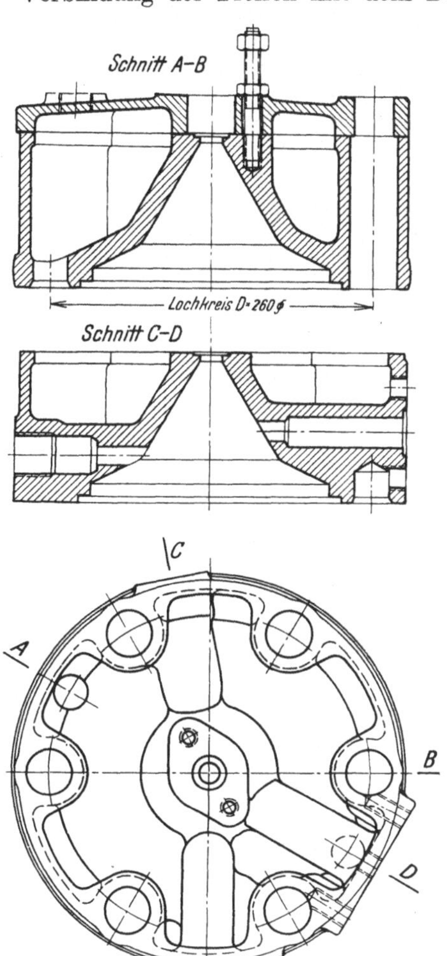

Abb. 132. Offen gegossener Zylinderdeckel, Bauart Graz.

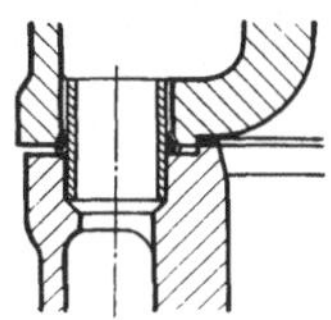

Abb. 133. Kühlwasserübertritt in den Zylinderdeckel.

die entweder nur lose in entsprechende Bohrungen des Zylinders eingelegt (Abb. 133) oder aber mit Gewinde in demselben befestigt sind. Der Gefahr des Festrostens wegen ist der ersteren Bauweise der Vorzug zu geben. Recht häufig werden auch seitlich an Zylinder und Deckel angebrachte Wasserüberführungskrümmer angewendet, die aber teurer sind und keine so gleichmäßige Kühlung des Zylinder- und Deckelflansches erreichen wie die früher geschilderte Anordnung.

Empfindlicher als die Deckel der Strahlmaschinen sind solche für Vorkammermotoren, weil hier die Wärmebeanspruchungen höher und die Formgebung durch die immerhin viel Raum beanspruchende Vorkammer ungünstiger wird. Gußanhäufungen sind hier sorgfältig zu vermeiden, da sonst Wärmerisse auftreten.

Der Zylinderdeckel muß Anschlüsse für folgende Armaturen enthalten:

1. Für das Sicherheitsventil.
2. Für die Entlüftungsverschraubung.
3. Für den Indikatorhahn.
4. Für den Glimmpapierhalter.
5. Für das Anlaß- und Rückfüllventil (nur bei Maschinen mit Luftanlassung).
6. Für das Dekompressionsventil (nur bei Maschinen, die von Hand angeworfen werden).

Ist ein derartiges Ventil vorhanden, so ist eine Entlüftungsverschraubung überflüssig.

{ Siehe Abschnitt G.

Häufig wird das Dekompressionsventil mit dem Sicherheitsventil vereinigt.

Das Sicherheitsventil.

Der Wert des Sicherheitsventils als Mittel zur Vermeidung unzulässig hoher Drucksteigerungen im Verbrennungsraum ist recht zweifelhaft. Immerhin dient es wenigstens als Alarmzeichen für die Bedienung und muß auch häufig auf Grund der Vorschriften der Gewerbebehörden bzw. der Klassifikationsgesellschaften vorgesehen werden.

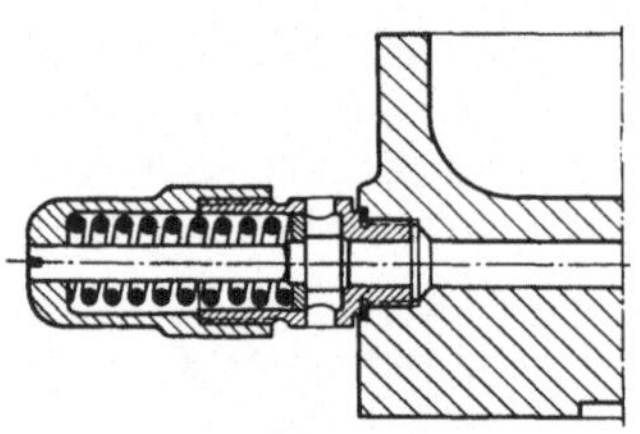

Abb. 134. Sicherheitsventil, Bauart Climax.

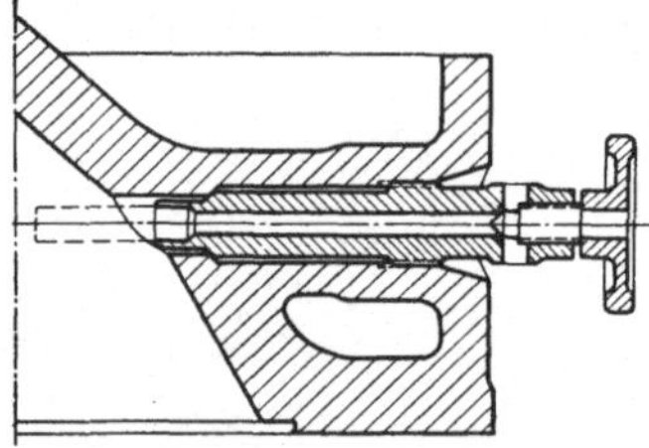

Abb. 135. Glimmpapierhalter und Entlüftungsverschraubung, Bauart Climax.

Colell[1] empfiehlt das Verhältnis des Ventilhubes h zum Ventildurchmesser d nicht größer zu machen, als $h/d = 0,2$ und den Spaltquerschnitt f_s (cm²) nach der Gleichung:

$$f_s = (0,2 \text{ bis } 0,26) \cdot J \cdot n \quad (\text{cm}^2)$$

zu berechnen, wobei das Hubvolumen J in m³ einzusetzen ist und n (U/min) die Drehzahl bedeutet.

---

[1] Colell, R.: Außergewöhnliche Druck- und Temperatursteigerungen bei Dieselmaschinen. Berlin: Julius Springer. 1921.

In der Abb. 134 ist die übliche Ausführungsform eines Sicherheitsventils dargestellt.

Entlüftungsverschraubung und Glimmpapierhalter.

Diese beiden Armaturen werden nach Abb. 135 zweckmäßig zu einer einzigen vereinigt. Der Glimmpapierhalter soll auch bei Druckeinspritzmaschinen, die zwar meist keine Hilfszündung beim Anlassen benötigen, vorgesehen werden, da er bei sehr tiefen Temperaturen das Anfahren erleichtert.

Indikatorbohrung.

Die üblichen Indikatorhähne besitzen ein Gewinde von $^3/_4{}''$ engl. Bei Nichtgebrauch wird die Bohrung durch einen Gewindestopfen verschlossen.

E. Triebwerk.

1. Kolben.

Der Kolben ist der empfindlichste und am meisten zu Störungen neigende Teil der Zweitaktmaschine. Dies hat seine Ursache darin, daß die Gleiteigenschaften der Laufflächen durch die Unterbrechungen in der Zylinderwand und die unvermeidlichen Deformationen des Zylinders in der Betriebswärme an sich schlecht sind. Hierzu kommt noch, daß aus den gleichen Gründen das Kolbenspiel verhältnismäßig groß sein muß und daß auch die Abdichtung der Kolbenringe schlechter ist als bei Viertaktmaschinen. Daher sind sowohl die vom Kurbelkasten in den Verbrennungsraum aufsteigenden Ölmengen als auch die in der Gegenrichtung durchschlagenden Gasmengen im Vergleich zu Viertaktmaschinen groß. Dies hat zur Folge, daß das auf der Lauffläche befindliche Schmiermittel in seiner Schmierfähigkeit beeinträchtigt und teilweise verkohlt wird. Diese Kohlenmengen wachsen um so rascher an, je mehr Öl sich auf der Lauffläche befindet. Die Kolbenringe brennen in kurzer Zeit fest, wodurch sich die Abdichtung weiter verschlechtert. Wird der Kolben nicht rechtzeitig gereinigt, so verreibt er schließlich, was nicht nur die Laufflächen beschädigt, sondern häufig auch Mantelrisse im Kolben verursacht. Diesem Übel muß mit allen Mitteln entgegengewirkt werden. Hierzu ist erforderlich:

1. Daß das Kolbenspiel so klein gemacht wird als irgend möglich. Da die durch die Betriebswärme verursachten Zylinderdeformationen kaum beeinflußbar sind, muß wenigstens der Kolben so ausgebildet werden, daß er auch im Betriebe rund bleibt. Die Laufflächen sind, um die Herstellungsungenauigkeiten klein zu halten, sehr sorgfältig zu bearbeiten und müssen glatt sein, um die Ölhaltigkeit der Flächen, die von der Rauhigkeit abhängt, zu vermindern. Die Zylinder sollen daher gerieben oder gehont, die Kolben geschliffen werden.

2. Daß die Abdichtung der Kolbenringe verbessert wird. Insbesondere ist darauf zu achten, daß die Unterseite der Ringe satt in der Nut aufliegt, da hiervon das Dichthalten der Ringe in erster Linie abhängig ist.

3. Daß den Laufflächen nur soviel Öl zugeführt wird, als unbedingt erforderlich ist. Es ist deshalb für diese Stellen die Druckschmierung vorzuziehen, weil bei ihr die Ölmenge leicht regelbar ist. Weiters ist dafür zu sorgen, daß das im Kurbelkasten herumspritzende Öl nicht zur Lauffläche gelangen kann (Anordnen von Spritzblechen, Abschnitt J).

Formgebung (Abb. 136 bis 139).

Die Form des Kolbenbodens ist durch die Gestaltung des Verbrennungsraumes bedingt. Die Stärke des Bodens wird weniger durch Festigkeitsrücksichten, als vielmehr durch die Forderung bestimmt, daß die aufgenommene Wärmemenge ohne Stauungen, also ohne örtliche unzulässige Erwärmung an den Mantel abgeleitet werden muß. Die aufgenommene Wärmemenge ist unter sonst gleichen Umständen der Kolbenfläche $\pi D^2/4$ proportional. Der für die Ableitung zur Verfügung stehende Querschnitt ist $\sim \pi D s$ (s Wandstärke des Bodens). Daraus folgt, daß die Wandstärke angenähert proportional mit dem Zylinderdurchmesser wachsen muß. Bei Strahlmaschinen ist die Wandstärke des gußeisernen Bodens ungefähr 12% des Zylinderdurchmessers. Vorkammermotoren sollten noch etwas stärkere Böden erhalten.

Die Wärmeableitung vom Kolben an die Zylinderwand wird hauptsächlich von den Kolbenringen besorgt. Daher soll die Wandstärke des Mantels bis zum ersten Ring gleich der des Bodens

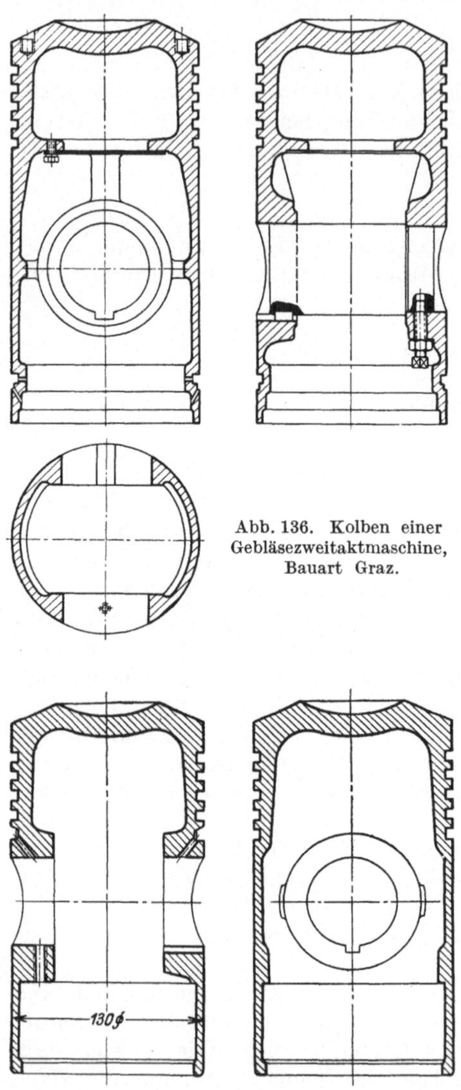

Abb. 136. Kolben einer Gebläsezweitaktmaschine, Bauart Graz.

Abb. 137. Kolben einer Kurbelkastenmaschine Bauart Jung.

sein und kann dann allmählich abnehmen. Unterhalb des letzten Ringes sind für die Formgebung vorwiegend die Festigkeitsverhältnisse maßgebend. Es ist der Vertikaldruck auf das Bolzenauge zu übertragen und gleichzeitig muß der Mantel so steif sein, daß er durch den Gleitbahndruck nicht ovalgepreßt wird. Längsrippen sind zu vermeiden, weil durch sie der Kolben in der Betriebswärme eckig wird. Nur das Bolzenauge wird meist durch eine oder zwei Längsrippen nach oben hin abgestützt. Ringförmig umlaufende Rippen sind günstig und versteifen den Mantel gegen den Gleitbahndruck. Unterhalb der Kolbenringe wird der Mantel immer schwächer, um sein Gewicht klein zu halten. Am unteren Kolbenende beträgt seine Wandstärke selten mehr als 3% des Durchmessers. Die Bolzenaugen sollen sehr weich in den Mantel übergehen. Sie werden daher konisch ausgebildet und mit großen Krümmungsradien an den Mantel angeschlossen.

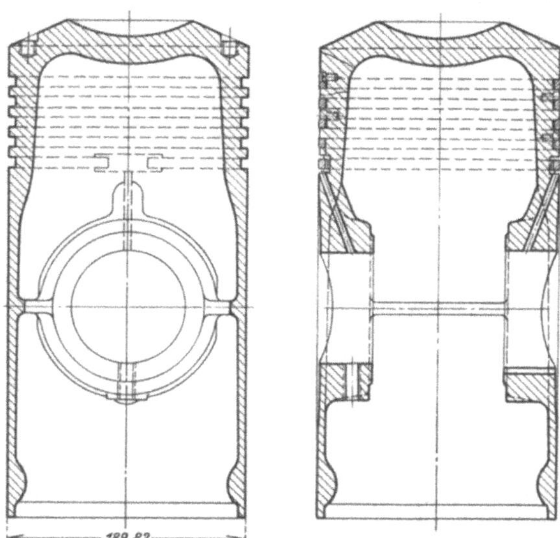

Abb. 138. Kolben einer Kurbelkastenmaschine, Bauart Graz.

Die Unterseite des Kolbenbodens wird im Betriebe sehr heiß. Um das Schmieröl von ihr fernzuhalten, wird zweckmäßig eine Zwischenwand eingesetzt (Abb. 136). Bei Maschinen mit Umlaufschmierung ist diese Wand unbedingt nötig, weil sonst die am Kolbenboden sich bildende Ölkohle in das Umlauföl gelangt, das Filter verlegt, die Schmierfähigkeit des Öles herabsetzt und unter Umständen auch die Umlaufpumpe gefährdet.

Als der den Gleitbahndruck auf den Zylinderlauf übertragende Teil ist der Mantel unterhalb der Ringe anzusehen. Daher soll der Kolbenbolzen in der Mitte dieses Teiles, eher aber etwas tiefer angeordnet werden, eine Forderung, der mit Rücksicht auf die Bauhöhe der Maschine oft nicht entsprochen wird. Dies führt dann zu einer Erhöhung des spezifischen Bahndruckes im obersten, heißesten und daher empfindlichsten Teil des Kolbens (weil die Druckverteilung über die tragende Länge nicht mehr gleichmäßig ist) und damit zu vermehrten Kolbenanständen.

Eine vielumstrittene Frage ist die zweckmäßigste Länge des Kolbens. Die Mindestlänge ist durch den Hub gegeben, weil der Kolben in der oberen Totpunktlage die Schlitze abschließen muß. Große Kolbenlänge erhöht die Empfindlichkeit gegen die durch die Betriebswärme verursachte Krümmung der Zylinderachse und bedingt größeres Kolbenspiel. Kurze Kolben hingegen haben einen erhöhten Gleitbahndruck. Meist wird die Kolbenlänge dem doppelten Zylinderdurchmesser gleich gemacht. Der größte spezifische Bahndruck beträgt dann bei einem Zünddruck von 60 at, bezogen auf die tragende Länge, also ohne den auf die Ringe entfallenden Teil, rund 2 kg/cm².

Kolbenspiel.

Das Kolbenspiel soll, wie schon erwähnt, möglichst klein gemacht werden. Meist neigt die Werkstätte

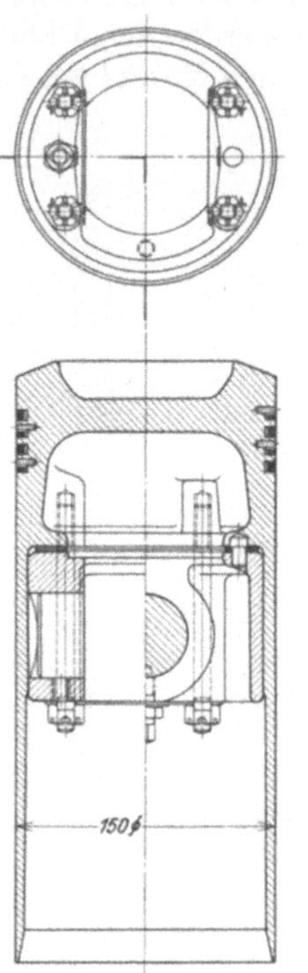

Abb. 139. Kolben einer Gebläsezweitaktmaschine, Bauart Modaag.

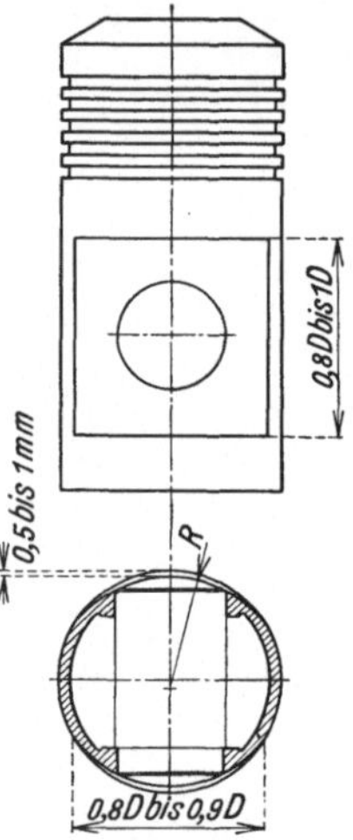

Abb. 140. In der Umgebung der Bolzenaugen muß die Lauffläche des Kolbens frei gearbeitet werden, um die Längendehnung des Bolzens zu ermöglichen.

dazu, das Spiel unnötig groß zu halten, weil dadurch die Gefahr der Kolbenverreibung beim Einlaufen der Maschine herabgesetzt wird, und übersieht dabei, daß dies die aufsteigende Ölmenge und daher die Ölkohlebildung vermehrt, das Festbrennen der Ringe beschleunigt, wodurch die Verreibungsgefahr während der späteren Betriebszeit erhöht wird; ein Übelstand, der der Maschine dann während ihrer ganzen Lebensdauer anhaftet.

Im Bereiche der Ringe soll der Kolben nicht tragen. Auch hier aber sei das Spiel nicht zu groß, um die Ringe vor den Verbrennungsgasen zu schützen. Meist wird der die Ringe tragende Kolbenteil schwach kegelig ausgeführt.

Die übliche Größe des Spieles beträgt:

An der obersten Kolbenkante .... 0,8 % des Durchmessers
Für den Kolbenmantel, beginnend vom
untersten Ring .... 0,09% „   „

Es ist unbedingt zu empfehlen, die Spiele zunächst etwas kleiner zu halten und durch vorsichtiges Einfahren der Versuchsmaschine das richtige Maß festzustellen.

Der Kolbenbolzen wird im Betriebe ziemlich warm und drückt dadurch die Bolzenaugen und die benachbarten Mantelteile aus ihrer Form heraus. Dem muß dadurch begegnet werden, daß der Mantel in der Umgebung der Augen freigemacht wird (Abb. 140).

Kolbenringe.

Es werden gegenwärtig ausschließlich normale, einteilige Ringe verwendet, deren Schloß nach Abb. 141 ausgeführt wird. Fast ausnahmslos werden die Ringe von einer Spezialfirma fertig bezogen. Da Leichtmetallkolben im Zweitaktmotorenbau bisher noch nicht verwendet werden, kommen nur breite Kolbenringe in Frage.

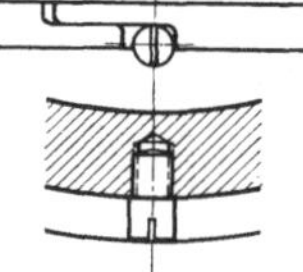

Abb. 141. Ringschloß und Ringsicherung.

Die üblichen Ringabmessungen sind in Tabelle 18 zusammengestellt.

Die Entfernung des obersten Kolbenringes von der Kolbenkante beträgt in der Regel 10 bis 12% des Zylinderdurchmessers. Es wird häufig empfohlen, diese Entfernung möglichst groß zu machen, weil dies das Festbrennen des Ringes verhindern oder wenigstens verzögern soll. Nach Versuchen des Verfassers scheint es jedoch zwecklos zu sein, über das obengenannte Maß hinauszugehen. Die Breite der Stege zwischen den Ringnuten wird so groß gemacht wie die Ringbreite oder auch noch etwas kleiner.

Die Ringanzahl beträgt meist fünf. Der unterste hiervon ist häufig als Ölabstreifring ausgebildet und hat dann zuweilen die Aufgabe, den Kolbenbolzen mit Schmieröl zu versorgen (Abb. 142). Auch am unteren Kolbenende wird häufig ein Abstreifring (Abb. 143) vorgesehen. Diese Ringe sind stets so ·anzuordnen, daß sie das Öl in den Kurbelkasten fördern. Ihr Wert ist recht zweifelhaft. Sie können jedenfalls nur dann ihre Aufgabe erfüllen, wenn sie beim Kolbenaufwärtsgang den Ölfilm erhalten. Dies bedingt, daß die Abrundung der Kante *a* sehr weich ist.

Tabelle 18.
Kolbenringabmessungen
(gußeiserne Kolben).

Zylinderdurchmesser mm	Stärke des Ringes in radialer Richtung mm	Breite des Ringes in axialer Richtung mm
80 bis 90	3,2	5
95 „ 100	3,5	5
105 „ 110	3,8	6
115 „ 120	4	6
125 „ 130	4,2	7
135 „ 140	4,5	7
145 „ 155	4,8	8
160 „ 180	5,0	8
185 „ 205	5,5	8
210 „ 230	6,0	8
235 „ 255	6,5	8
260 „ 280	7	8

Schon nach kurzer Betriebszeit wird sie aber durch die Abnützung immer wieder scharf und muß nachgearbeitet werden.

Sämtliche Ringe sind gegen Verdrehen zu sichern, um zu verhindern, daß die Schlösser in die Schlitze kommen. Es ist vorteilhaft, die Sicherung nach Abb. 141 in das Schloß zu verlegen, weil so der Ring am wenigsten geschwächt wird. Als Sicherung verwendet man in der Regel Schlitzschräubchen, mit glattem zylindrischen Kopf (Abb. 141), zuweilen auch Kegelstifte, die durch die Kolbenwand durchgeschlagen und innen umgebogen werden.

Um ein besseres Dichthalten der Ringe zu erreichen, sind insbesondere in Amerika viele Versuche mit mehrteiligen Kolbenringen gemacht worden. Aus der Tatsache, daß diese Ringe in Deutschland nur wenig Eingang gefunden haben, muß geschlossen werden, daß die Ergebnisse nicht befriedigten. In letzter Zeit sind einteilige Ringe versucht worden, die durch Ausfräsungen an der Oberseite der Ringe dem Zylinderdruck den ungehinderten Zutritt hinter die Ringe gestatten, wodurch die Ringe stärker an die Zylinderwand angepreßt werden, als dies bei normalen Ringen der Fall ist. Diese Anordnung wurde früher im Vergasermotorenbau häufig angewendet.

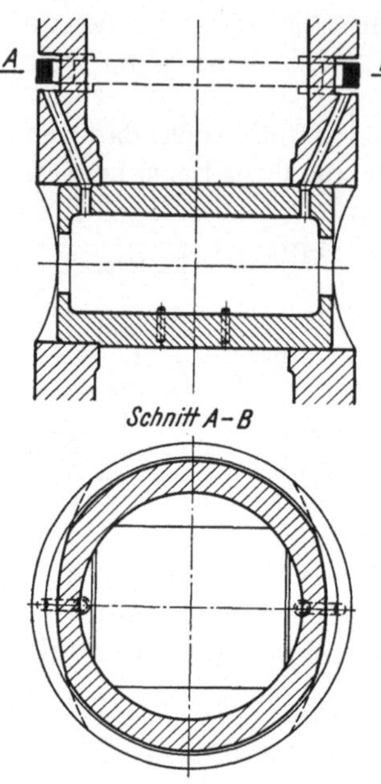

Abb. 142. Schmierung des Bolzenlagers durch einen Ölabstreifring.

Ein endgültiges Urteil über die Zweckmäßigkeit dieser Maßnahme ist zurzeit noch nicht möglich, doch liegen dem Verfasser Berichte vor, die sich über die Wirkung günstig aussprechen.

Kolbenbolzen.

Die hohen Verbrennungsdrücke machen es erforderlich, den Kolbenbolzen so groß zu machen als irgend angängig. Bei einem Längendurchmesserverhältnis von $l/d = 1:1,2$ dürfte die größte Länge l, die man eben noch unterbringen kann, etwa $0,6\,D$ betragen. Daraus ergibt sich der größte bezogene Flächendruck aus:

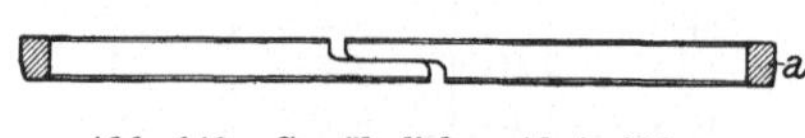

Abb. 143.　Gewöhnlicher Abstreifring.

$$\frac{\pi D^2}{4} \cdot p_z = k \cdot l \cdot d = k \cdot 0,6\,D \cdot \frac{0,6}{1,2}\,D = 0,3\,D^2 \cdot k \qquad (93)$$

zu:
$$k = 2,62\,p_z.$$

Somit wird k für:

$$p_z = \quad 50 \qquad 55 \qquad 60 \qquad 65 \qquad 70 \text{ kg/cm}^2$$
$$k = 131 \qquad 144 \qquad 157 \qquad 170 \qquad 183 \qquad ,,$$

Zu dieser außerordentlich hohen Belastung tritt erschwerend der Umstand, daß in den meisten Fällen (nur sehr hochtourige Maschinen bilden eine Ausnahme) im Kolbenbolzen kein Druckwechsel auftritt. Da der Schwenkwinkel der Schubstange klein ist, wird dadurch die Ölversorgung der tragenden Gleitfläche des Bolzens fast unmöglich. Tatsächlich war es sehr schwer, ein normales Bolzenlager mit in der Schubstange fest eingesetzter Büchse betriebssicher auszubilden. Erst die Einführung der losen Büchse hat hier Wandel geschaffen. Diese ist drehbar mit großem Spiel in die glatt ausgeriebene Stangenbohrung eingesetzt. Sie dreht sich erfahrungsgemäß im Betriebe in einer Richtung fort und gewährleistet dadurch die Ölversorgung der Gleitfläche, ermöglicht aber auch durch den steten Wechsel der tragenden Stelle eine gewisse Kühlung der Büchse.

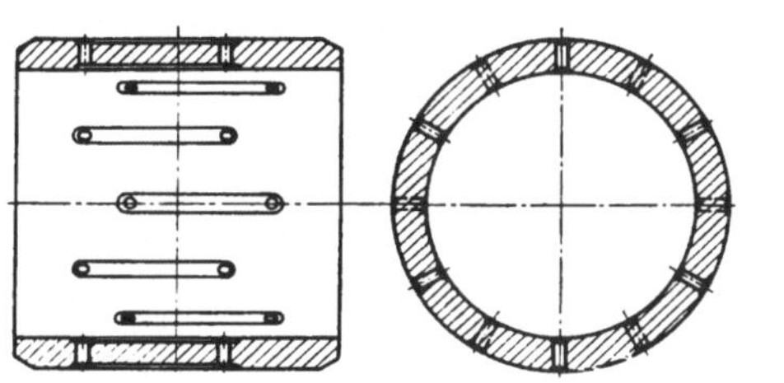

Abb. 144. Lose Büchse für Kolbenbolzenlager.

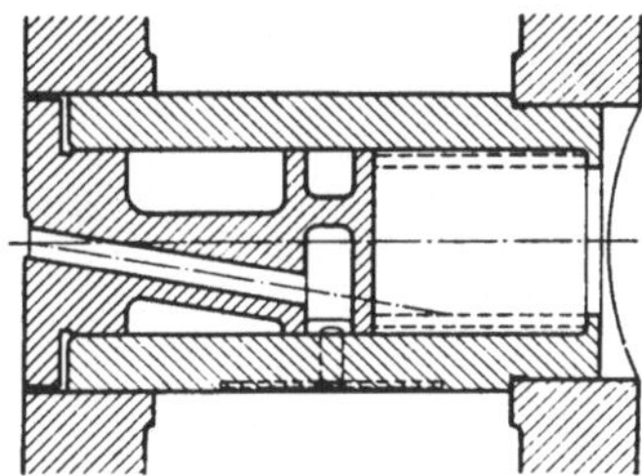

Abb. 145. Abstreifkörper zur Schmierung des Kolbenbolzens.

Diese Wirkung tritt nur dann ein, wenn das Spiel der Büchse gegen den Bolzen und gegen die Stangenbohrung groß ist. Es beträgt bei bewährten Ausführungen:

Spiel zwischen Bolzen und Büchse 0,33% des Bolzendurchmessers
Spiel zwischen Büchse und Stangenbohrung .... 0,22% des Büchsendurchmessers
Wandstärke der Büchse .... 11 bis 12% des Bolzendurchmessers

Längs des ganzen Umfanges muß die Büchse mit Schmierbohrungen und Nuten versehen werden (Abb. 144).

Für Bolzen und Büchse ist nur erstklassiger Baustoff zu verwenden. Der Bolzen ist im Einsatz zu härten und zu schleifen, die Büchse aus bester Bronze auszuführen. Weißmetallausgüsse haben sich nicht bewährt.

Die Ölversorgung des Bolzenlagers erfolgt meist durch einen Ölabstreifer (Abb. 145) oder einen Kolbenring (Abb. 142). Das von der Zylinderwand abgenommene Öl wird in den hohlen Bolzen geleitet und von hier durch Bohrungen in die in den Bolzen eingearbeiteten Schmiernuten geführt. Bei Maschinen mit Umlaufschmierung wird das Bolzenlager häufig auch durch die Pleuelstange geschmiert.

Die Climax-Motorenwerke und Schiffswerft Linz AG. verwendet bei größeren Motoren ein Kolbenlager, das dadurch gekennzeichnet ist, daß die Büchsen in den Kolben fest eingesetzt und der Bolzen in der Stange fixiert ist (Abb. 146). Diese Ausführung hat sich bewährt.

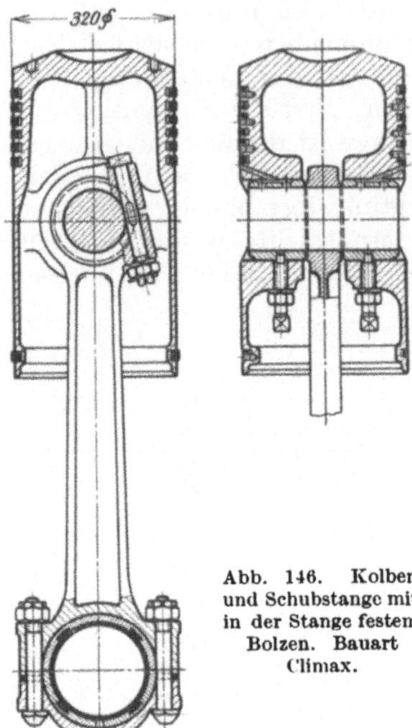

Abb. 146. Kolben und Schubstange mit in der Stange festem Bolzen. Bauart Climax.

Schließlich kommen für die Verwendung an dieser Stelle auch Nadellager in Frage (Abb. 149 und 152). Da der Verfasser über eigene Erfahrungen mit diesem Element nicht verfügt, seien im folgenden die von der Deutschen Kugellagerfabrik G. m. b. H., Leipzig, zur Verfügung gestellten Angaben wiedergegeben:

Darnach errechnet sich die zulässige Belastung P eines Nadellagers aus der Gleichung:

$$P = k.l.d_i;$$

hierin ist l die Länge der Lagernadeln in cm (bei zweireihigen Lagern mal 2 usf.), d_i der Durchmesser der Innenlaufbahn der Lagernadeln in cm, k die spezifische Pressung, bezogen auf die Projektion des Lagerzapfens in kg/cm².

Der Wert k ist der Abb. 147 zu entnehmen, die k in Abhängigkeit von der Umfangsgeschwindigkeit des Zapfens $= n\,\pi\,d_i/60$ in m/sek angibt und für eine Lebensdauer des Lagers von 5000 Betriebsstunden gilt. Wird eine andere Lebensdauer gewünscht, so ist k mit einem Faktor zu

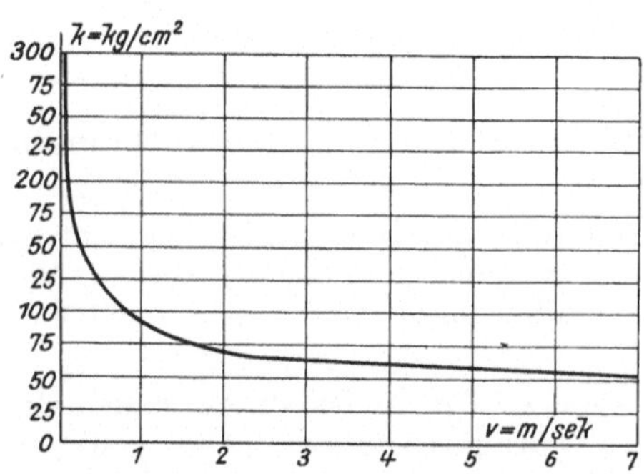

Abb. 147. Abhängigkeit der spezifischen Pressung von der Gleitgeschwindigkeit bei Nadellagern. Nach Angabe der Deutschen Kugellagerfabrik G. m. b. H.

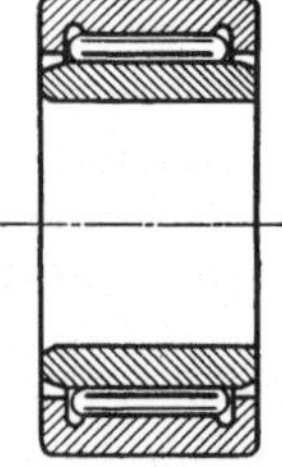

Abb. 148. Normales Nadellager der Deutschen Kugellagerfabrik G. m. b. H.

multiplizieren, der der Tabelle 19 entnommen werden kann. Für Kolbenbolzenlager, die nur oszillierende Bewegung haben, können spezifische Pressungen bis zu 300 kg/cm² zugelassen werden.

Tabelle 19. Der die Lebensdauer von Nadellagern berücksichtigende Beiwert nach Angabe der Deutschen Kugellagerfabrik G. m. b. H.

Betriebsstunden	500	1000	1500	3000	5000	10 000	15 000	25 000	50 000
Faktor	2	1,7	1,4	1,2	1	0,8	0,7	0,6	0,5

Die Abmaße der von der genannten Firma hergestellten normalen Lagernadeln sind der Tabelle 20 zu entnehmen. Die Laufflächen der Lager können von der Verbraucherfirma selbst hergestellt werden oder es können komplette Normallager (Abb. 148) bezogen werden. Im ersteren Falle ist stets dafür zu sorgen, daß ein seitliches Weglaufen der Nadeln durch Anordnen von Schultern oder Scheiben verhütet wird. Die Laufflächen sollen aus Chromstahl, legiertem oder unlegiertem Einsatzstahl hergestellt, im Einsatz gehärtet und geschliffen werden und folgende Mindesthärte besitzen:

nach Brinnel 650

   ,,   Shore 92

   ,,   Rockwell (150 kg m. Diamant). 63

Tabelle 20. Abmessungen normaler Lagernadeln (Deutsche Kugellagerfabrik G. m. b. H.).

Durch- messer	Länge	Gewicht pro 100
2,5	9,8	0,038
2,5	13,8	0,053
2,5	15,8	0,072
3	15,8	0,087
3	19,8	0,118
3	23,8	0,132
3,5	29,8	0,210
4	39,8	0,400
5	49,8	0,750

Der Kolbenbolzen wird mit zylindrischen Sitzen in die Augen eingesetzt und meist durch Schraube und Keil gesichert (Abb. 136.) Zuweilen wird die Sicherung auch durch einen Kegelstift durchgeführt. Konische Sitze des Bolzens im Auge werden heute nicht mehr angewendet. Das Gewicht gußeiserner Kolben, bezogen auf den Querschnitt in Abhängigkeit vom Kolbendurchmesser, ist der Abb. 150 zu entnehmen.

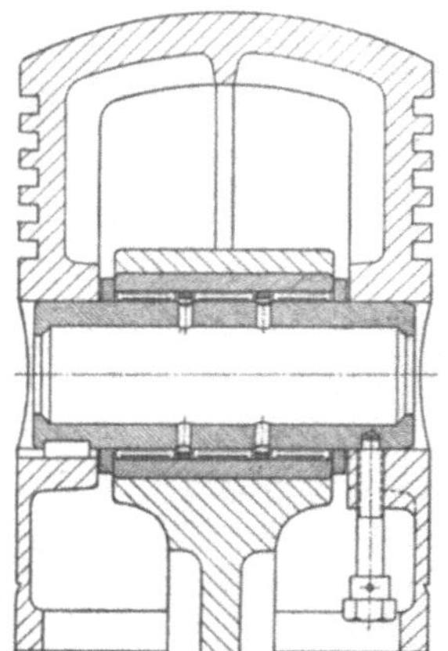

Abb. 149. Kolben mit Nadellager nach Angabe der Deutschen Kugellagerfabrik G. m. b. H.

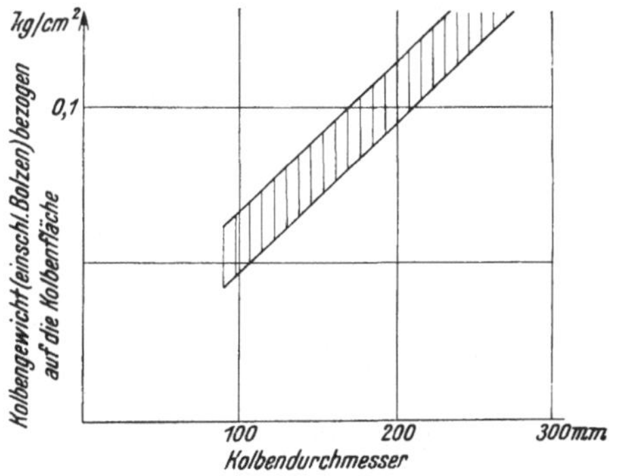

Abb. 150. Kolbengewichte gußeiserner Kolben einschließlich Bolzen, bezogen auf den Kolbenquerschnitt; Größt- und Kleinstwerte.

2. Schubstange.

Schubstangen werden zwei- (Abb. 153) oder dreiteilig (Abb. 151 und 152)
ausgeführt. Die zweiteilige Bauform ist etwas billiger und, was für hochtourige Maschinen von Bedeutung ist, leichter. Sie hat den Nachteil,
daß ihre Länge nicht einstellbar ist, weshalb in diesem Falle die Ver-

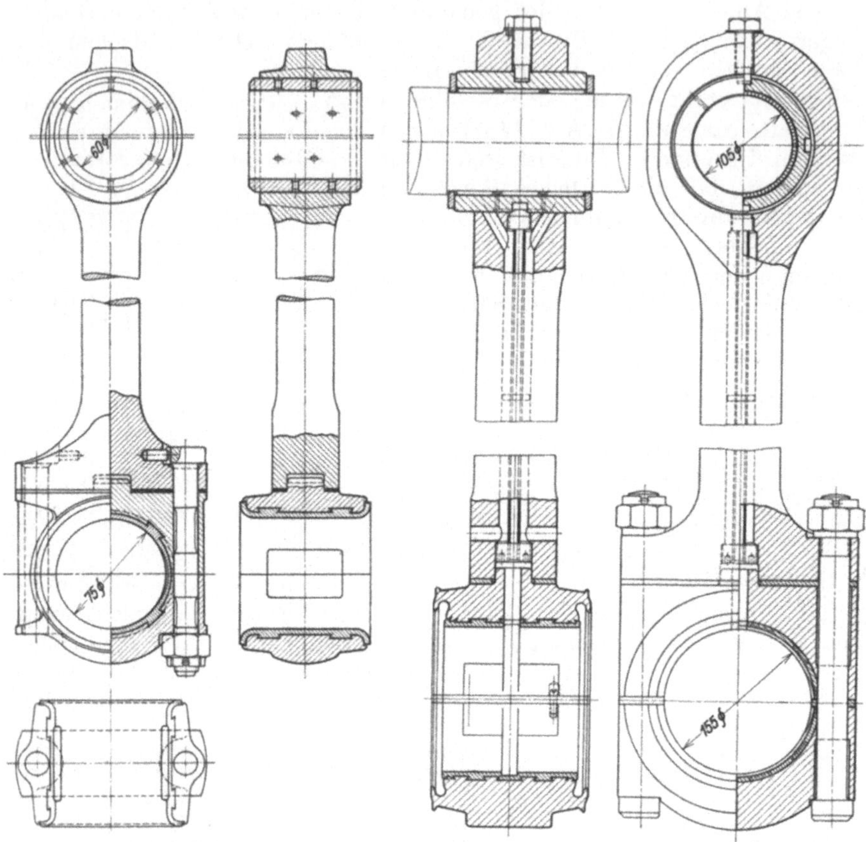

Abb. 151. Schubstange einer Kurbelkastenmaschine, Bauart Graz.

Abb. 152. Schubstange einer Gebläsezweitaktmaschine,
Bauart Deutsche Werke, Kiel. Bolzenlager als Nadellager ausgebildet.

dichtung durch die Stärke des kupfernen Dichtungsringes zwischen
Zylinder und Zylinderdeckel eingestellt werden muß. Das Kurbelzapfen-
lager erhält eine geteilte, bronzene, ziemlich kräftig zu bemessende
Büchse, die mit allerbestem Weißmetall auszugießen ist. Zweckmäßig
werden in der Stoßfuge der Büchse Beilagen vorgesehen, um das Lager
leicht nachstellen zu können. Die Zentrierung des Stangenunterteiles
gegen den Schaft erfolgt entweder durch einen gedrehten Versatz oder

dadurch, daß die Teilfuge der Büchse und die der Stange in verschiedene Ebenen verlegt wird (Abb. 146). Die Schubstangenschrauben müssen in beiden Fällen mit Paßsitz eingesetzt werden.

Bei der dreiteiligen Ausführung muß der Stangenkopf aus Bronze ausgeführt werden. Als Baustoff hierfür Flußstahl zu verwenden ist unzulässig, weil sonst beim Auslaufen des Weißmetallausgusses die Kurbelwelle meist so stark beschädigt wird, daß sie nachgedreht werden muß.

Die Zentrierung des Kopfes gegen die Stange wird durch einen zylindrischen Ansatz besorgt (Abbildung 151), der kräftig und genügend lang sein muß, damit die Lagerabnützung durch Beilagen ausgeglichen werden kann. Die Zentrierung der beiden Lagerhälften gegeneinander wird meist den Schrauben überlassen, deren Passung durch beide Lagerhälften und durch den Stangenfuß reicht.

Das Kolbenlager wird in den allermeisten Fällen ungeteilt als einfaches Auge ausgeführt.

Als Baustoff für den Schaft wird SM-Stahl oder ein noch besserer Stahl verwendet. Bei im Gesenk geschmiedeten Schäften wird in der Regel der Doppel-T-Querschnitt, sonst der kreisförmige Querschnitt angewendet. Die Ausbildung des Stangenfußes und des Bolzenauges muß so kräftig sein, daß keinerlei

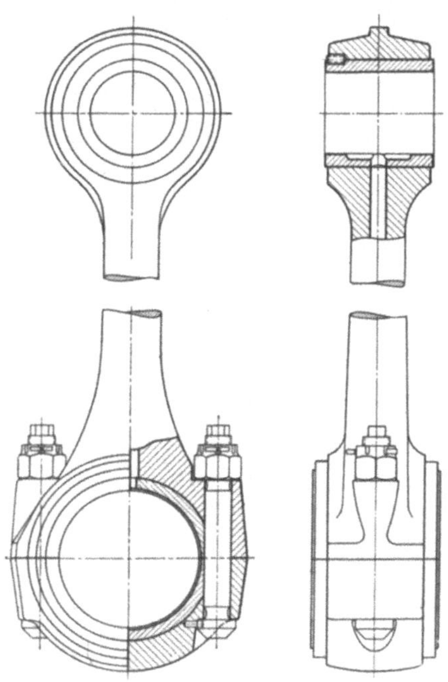

Abb. 153. Schubstange einer Gebläsezweitaktmaschine, Bauart Modaag.

Deformationen zu befürchten sind. Die Druckbeanspruchung des Schaftes unter dem höchsten Verbrennungsdruck liegt meist zwischen:

$$500 \text{ und } 800 \text{ kg/cm}^2.$$

Die Knicksicherheit in der Ebene senkrecht zur Kurbelwelle liegt zwischen:

$$\mathfrak{S} = 5 \text{ bis } 10,$$

in der Ebene der Kurbelwelle zwischen:

$$\mathfrak{S} = 3 \text{ bis } 10.$$

Dabei ist die Knicklast nach Euler oder Tetmayer zu rechnen, je nachdem die Schlankheit l/i ($l =$ Stangenlänge, $i =$ Trägheitsradius $= \sqrt{\Theta/F}$, wobei Θ das äquatoriale Trägheitsmoment und F die Fläche des Schaftquerschnittes bedeutet) größer oder kleiner ist als die Schlankheitsgrenze $(l/i)_{max}$. In Tabelle 21 sind die Euler- und Tetmayerschen Gleichungen für übliche Stahlsorten angegeben.

Tabelle 21. Knickformeln[1].

Stahlsorte (DIN)	Kennzeichnende Festigkeits-eigenschaften		Schlankheits-grenze $(l/i)_{max}$	Formel von Tetmayer: gültig für $l/i < (l/i)_{max}$	Formel von Euler: gültig für $l/i > (l/i)_{max}$
	Zugfestigkeit kg/mm^2	Bruchdehnung δ_{10} in Proz.			
Kohlenstoffstähle					
St 42.11	42— 50	20	105	$P_k = F(3150-11{,}4\,l/i)$	
St 50.11	50— 60	18	90	$P_k = F(3350-\ 6{,}2\,l/i)$	
Cr-Ni-Stähle zäh vergütet					$P_k = \pi^2 E\,\Theta/l^2$
VCN 15 w	65— 75	16—13	85	$P_k = F(5000-26{,}4\,l/i)$	
VCN 25 w	70— 85	14—10	85	$P_k = F(5500-32{,}5\,l/i)$	
VCN 35 w	75— 90	14—10	80	$P_k = F(6000-36{,}2\,l/i)$	
VCN 45 w	100—110	12—10	80	$P_k = F(8400-66{,}0\,l/i)$	

P_k = Knicklast kg; F = Schaftquerschnitt cm^2; l = Stangenlänge cm; Θ = äquatoriales Trägheitsmoment cm^4; i = Trägheitsradius $= \sqrt{\Theta/F}$ cm; E = Elastizitätsmodul kg/cm$^2 \sim 2\,000\,000$ kg/cm^2; $\mathfrak{S}$ = Sicherheitsgrad (3 bis 10). Die zulässige Belastung der Stange ist $P = P_k/\mathfrak{S}$.

[1] Nach Angabe der Lehrkanzel für Verbrennungskraftmaschinen der Techn. Hochschule Wien. Die Festwerte in der Gl. von Tetmayer wurde auf Grund der immerhin nicht ganz sicheren Angaben über Quetschgrenze und Proportionalitätsgrenze errechnet. Bei der Anwendung ist daher Vorsicht angebracht.

Bei hochtourigen Maschinen ist auch auf die durch die Trägheitskräfte hervorgerufene Biegungsbeanspruchung der Stange Rücksicht zu nehmen.[1]

Die Schubstangenschrauben werden, da ein Druckwechsel bei Zweitaktmaschinen meist nicht auftritt, lediglich durch die Montagespannungen beansprucht. Ihr Querschnitt läßt sich daher auch nicht errechnen. In der Regel beträgt der Kerndurchmesser 17 bis 18% des Kurbelzapfendurchmessers. Die Schraubenspindel muß gegen Verdrehen gesichert werden. Übliche Ausführungen dieser Sicherung s. Abb. 151. Als Muttern werden Kronenmuttern oder Mutter und Gegenmutter, die dann überdies durch Splinte gesichert sind, verwendet.

Bei dreiteiligen Stangen ist der Beanspruchung des Kurbellageroberteiles besondere Aufmerksamkeit zu widmen. Es treten nämlich im Querschnitt I—I (Abb. 154) Zug-, bei nicht genügend steifem Stangenfuße auch Biegungsbeanspruchungen auf. Stellt man in erster Annäherung

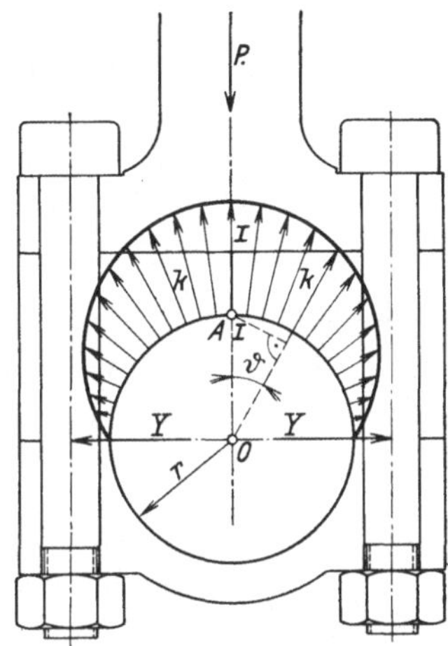
Abb. 154. Druckverteilung im Kurbellager.

die Druckverteilung im Lager durch den Ansatz:

$$k = \frac{C}{r} \cdot \cos \vartheta$$

dar,[2] dann ist die vom Lager aufzunehmende Stangenkraft:

$$P = \int_{-\pi/2}^{+\pi/2} k \cos \vartheta \cdot d f = \frac{C}{r} \int_{-\pi/2}^{+\pi/2} \cos^2 \vartheta \cdot l\, r\, d\vartheta = C\, l \cdot \pi/2,$$

daraus berechnet sich:

$$C = \frac{2\,P}{l \cdot \pi}.$$

Die Summe der Querkräfte, die den Querschnitt I—I auf Zug beanspruchen, ist:

$$Y = \int_{0}^{\pi/2} k \sin \vartheta \cdot d f = \frac{C}{r} \cdot l \cdot r \int_{0}^{\pi/2} \sin \vartheta \cos \vartheta\, d\vartheta = \frac{C\, l}{2} = \frac{P}{\pi}. \qquad (94)$$

Diese Kraft muß vom Querschnitt I—I aufgenommen werden. Die dadurch hervorgerufene Zugspannung soll nicht größer sein als

$$200 \text{ bis } 250 \text{ kg/cm}^2.$$

---

[1] Rötscher, F.: Die Maschinenelemente, II. Bd., S. 709. Berlin: Julius Springer. 1929.

[2] Bach, C.: Die Maschinenelemente, 9. Aufl., 2. Bd., S. 446. Leipzig: A. Kröner. 1924.

Die Drücke ergeben aber auch ein Moment. Bezieht man dieses auf den Punkt A, so hat es die Größe:

$$M_b = \int_0^{\pi/2} k \cdot r \sin\vartheta \, df = \int_0^{\pi/2} \frac{C}{r} \cdot \cos\vartheta \, r \sin\vartheta \cdot l \, r \, d\vartheta = P \, r/\pi. \qquad (95)$$

Dieses Moment muß vom Stangenfuße aufgenommen werden, ohne daß er sich hierbei nennenswert deformieren darf, da es sonst mindestens teilweise den Lageroberteil auf Biegung beansprucht.

3. Kurbelwelle.

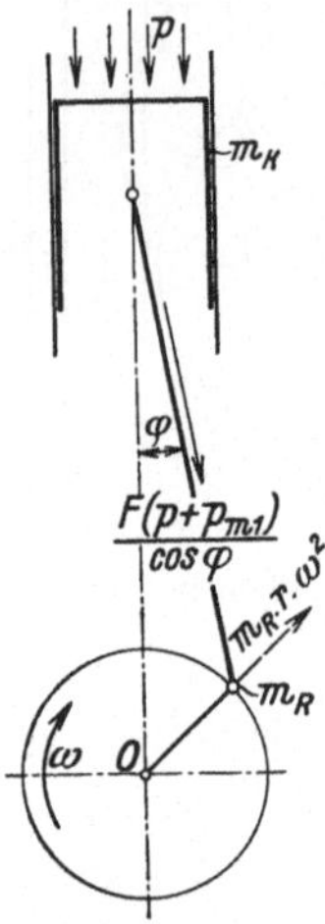

Abb. 155. Kraftübertragung beim Kurbelbetrieb.

Der Berechnung der Lagerstellen soll im folgenden der Vergleichswert:

$$k \cdot v = \frac{P \cdot n}{1900 \cdot l} \quad {}^1 \qquad (96)$$

zugrunde gelegt werden. Hierin bedeutet k (kg/cm²) den mittleren spezifischen Auflagerdruck des Lagers, bezogen auf die Zapfenprojektion, v (m/sec) die Gleitgeschwindigkeit, n die Drehzahl und l (cm) die Lagerlänge.

Weiters ist in dieser Gleichung P (kg) der zeitliche Mittelwert der Lagerbelastung. Man erhält ihn, wenn man die Stangenkraft über dem Kurbelwinkel als Abszisse aufträgt und die erhaltene Fläche durch ein flächengleiches Rechteck ersetzt. Die Höhe dieses Rechteckes gibt den gesuchten Mittelwert. Es ist zweckmäßiger, nicht die wirkliche, sondern die auf die Einheit der Kolbenfläche bezogene Stangenkraft zu benützen.

Die Stangenkraft setzt sich aus zwei Anteilen zusammen:

1. den vom Gasdruck herrührenden Teil,
2. den vom Massendruck herrührenden Teil.

Der vom Gasdruck p stammende Teil p_P ist durch den Stangenwinkel φ gegeben (Abb. 155):

$$p_P = p/\cos\varphi.$$

Ersetzt man, wie üblich, die Masse der Stange durch zwei Ersatzmassen, von denen eine im Kolbenbolzenmittel (ungefähr gleich $^2/_3$ der gesamten Stangenmasse) angreift und den hin- und hergehenden Massen zugerechnet wird, die andere aber im Kurbelzapfen angreift und den umlaufenden Massen zugezählt wird, so ergeben die hin- und hergehenden Massen m_k eine Massenkraft p_{m1} bzw. eine Stangenkraft:

$$p_{m\,P1} = p_{m1}/\cos\varphi.$$

Die umlaufende Stangenmasse m_R hingegen ergibt eine in Richtung des Kurbelarmes wirkende Kraft. Die Resultierende der drei Kräfte ist die dem

---

[1] Güldner, H.: Das Entwerfen und Berechnen der Verbrennungskraftmaschinen, 3. Aufl., S. 199. Berlin: Julius Springer. 1922.

betreffenden Kurbelwinkel zugeordnete (auf die Kolbenfläche bezogene) Stangenkraft.

Der größte Ausschlagwinkel der Stange beträgt bei einem Stangenverhältnis $\lambda = 0{,}25$ rund 14^0, daher wird $\cos \varphi = 0{,}96$, weicht also so wenig von 1 ab, daß man mit genügender Näherung den Kolbendruck der Lagerberechnung zugrunde legen kann. Bei nicht zu hohen Drehzahlen, wie sie heute noch zumeist im Zweitaktmotorenbau üblich sind, ist auch der Einfluß der Fliehkraft verschwindend klein. Mit einer für normale Drehzahlen ausreichenden Annäherung wird man also lediglich die Vertikalkraft für die Bestimmung der mittleren Lagerbelastung berücksichtigen.

Trägt man den Gasdruck p und den Massendruck p_{m1} über dem Kurbelwinkel als Abszisse auf, so erhält man ein Diagramm, wie es in Abb. 156 dargestellt ist. Dann ist der gesuchte, für die Lagerbelastung maßgebende mittlere Druck:

$$p_l = \frac{F_1 + F_2 - F_3}{2\,\pi}.$$

Nun ist aber bekanntlich $F_2 = F_3$ und es wird:

$$p_l = F_1 / 2\,\pi,$$

d. h. die Lagerbelastung ist, wenn man von den Fliehkräften absieht, bei Zweitaktmaschinen (im Gegensatze zu Viertaktmaschinen) lediglich

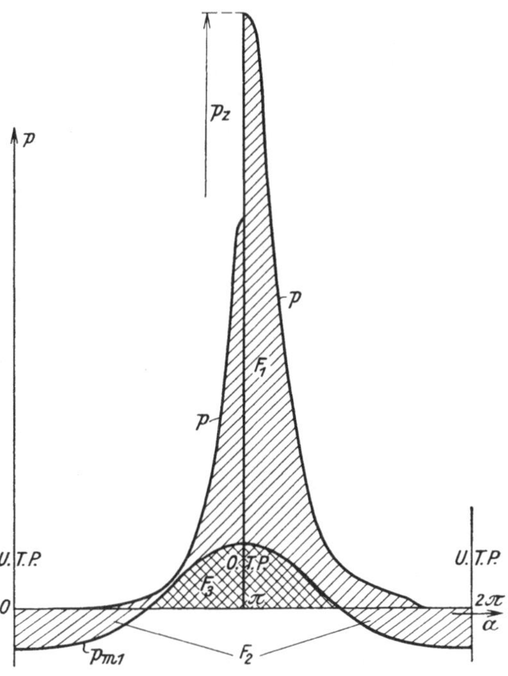

Abb. 156. Die auf das Kurbellager wirkenden Verbrennungsdrücke und Massenkräfte in Abhängigkeit vom Kurbelwinkel.

vom Verlaufe des Gasdruckes abhängig. Da die Höhe der Verdichtung und der Verlauf der Verbrennung bei verschiedenen Maschinen nicht sehr abweichend ist, so ist die wichtigste Bestimmungsgröße für p_l die Höhe des Zünddruckes. Die Abhängigkeit von p_l vom Zünddruck ist angenähert in der nachfolgenden Tabelle dargestellt:

Tabelle 22. Abhängigkeit des für die Lagerbelastung maßgebenden Druckes vom Zünddruck.

$p =$	40	50	60	70	kg/cm²
$p_l =$	8,5	9,1	9,7	10,5	„

Damit folgt der in Gl. (96) einzusetzende Mittelwert für die Lagerbelastung:

für den Kurbelzapfen: $\qquad P = p_l . D^2 \pi/4,$

für die Hauptlager von Einzylindermaschinen: $\quad P = \dfrac{p_l}{2} \cdot \dfrac{D^2 \pi}{4}$

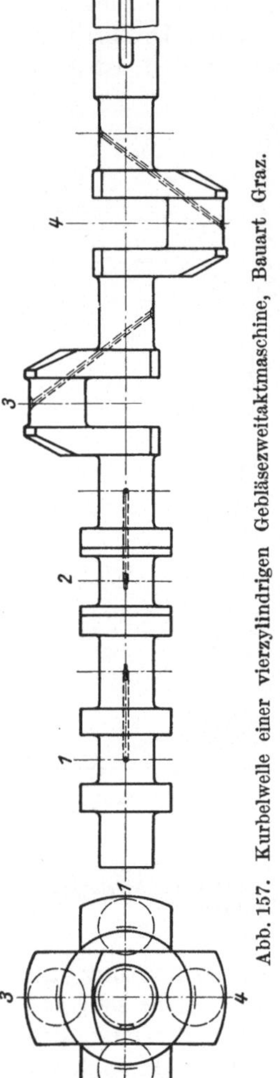

Abb. 157. Kurbelwelle einer vierzylindrigen Gebläsezweitaktmaschine, Bauart Graz.

(hierzu ist noch die vom Schwungradgewicht herrührende Belastung hinzunehmen),

für die Mittellager von Mehrzylindermaschinen:
$$P = p_l . D^2 \pi/4.$$

Höhe des zulässigen Wertes von kv.

Bei den heute im Zweitaktmotorenbau üblichen Drehzahlen beträgt in der Regel:

für den Kurbelzapfen:

Druckschmierung................ $kv = 75$
Umlaufschmierung .... $kv = 100$

Grundlager:

Ringschmierlager................ $kv = 50$
Umlaufschmierung .... $kv = 60$
Außenlager (Ringschmierung)..... $kv = 20$

Da bei schnellaufenden Viertaktmaschinen, die mit Umlaufschmierung und wirksamer Ölkühlung ausgerüstet sind, erheblich höhere Werte zugelassen werden (bei Kurbelzapfen $k.v = 150$ bis 200, Grundlager 60 bis 100), wird man schließen können, daß unter den gleichen Umständen auch bei Zweitaktmaschinen diese Werte in ähnlicher Weise gesteigert werden können, wenn es die Erhöhung der Drehzahl notwendig machen sollte.

Die Festigkeitsberechnung und die Untersuchung der Schwingungen an Kurbelwellen ist in einer Reihe von Werken so eingehend dargestellt worden, daß es sich erübrigt, an dieser Stelle darauf einzugehen. In der Praxis wird meist so vorgegangen, daß die Wellenabmessungen zunächst nach den Vorschriften der Klassifikationsgesellschaften, denen sie ja unter allen Umständen entsprechen müssen, festgelegt werden, worauf sie erst eingehend auf Festigkeit durchgerechnet und bezüglich ihres Schwingungszustandes untersucht werden.

Im folgenden sind daher die Vorschriften des Germ. Lloyd gekürzt wiedergegeben.

Der Durchmesser des Kurbelzapfens errechnet sich aus der Gleichung:

$$d_k = \sqrt[3]{D^2 (\alpha . s . p_i + \beta . L . p_z) C_1}. \qquad (97)$$

Hierin ist: d_k der Wellendurchmesser in cm,

D die Zylinderbohrung in cm,

s der Hub in cm,

L die Mittelentfernung der Grundlager in cm,

p_i der mittlere indizierte Druck at,

p_z der Zünddruck at,

$\beta = 1/650$.

Weiters ist der Wert α der Tabelle 23, der Wert C_1 der Tabelle 24 zu entnehmen. Soferne genauere Unterlagen fehlen, ist bei kompressorlosen Dieselmotoren

$$p_i = 1{,}20\, p_e$$

zu setzen. Bei p_i braucht eine kurzzeitige Überlastungsfähigkeit des Motors bis zu 10% nicht berücksichtigt zu werden.

Die errechneten Abmaße gelten für seegehende Motorschiffe. Der Wert unter der Wurzel darf multipliziert werden:

mit 0,85 für Motorschiffe in Wattfahrt und für Antriebsmotoren von Segelschiffen;

mit 0,8 für Binnenschiffe und für die Motoren der Hilfsaggregate.

Bei der Berechnung ist vorausgesetzt, daß die Kurbeln gleichmäßig versetzt sind und daß jede Kurbel zwischen zwei Grundlagern liegt.

Der Gl. (97) ist ein Werkstoff von 40 bis 50 kg/mm² Mindestfestigkeit zugrunde gelegt. Wird ein Werkstoff höherer Festigkeit verwendet, so kann die Mehrfestigkeit in der Weise berücksichtigt werden, daß der unter der Wurzel stehende Wert mit dem Faktor:

$$\frac{40}{40 + 2/3\,(K_z - 40)}$$

multipliziert wird, wobei K_z die Mindestfestigkeit des verwendeten Baustoffes bedeutet.

Liegen zwischen zwei Grundlagern zwei um 180° versetzte Kurbeln, so ist statt L der Wert L_1 zu setzen, der sich wie folgt errechnet:

$$L_1 = \frac{8a + b^2}{L}.$$

Hierin ist a die kleinere und b die größere Entfernung der Mitte eines Kurbellagers von der Mitte der Grundlager in cm.

Die nach vorstehenden Regeln bemessenen Wellen dürfen mit einer Bohrung bis zu $0{,}4\,d_k$ versehen sein. Größere Bohrungen müssen durch entsprechend stärkere Bemessung der Wellen ausgeglichen werden.

Tabelle 23. Beiwert $1/\alpha$.

p_i	$1/a$
3,0	330
3,5	285
4,0	250
4,5	220
5,0	200
5,5	180
6,0	165
6,5	155
7,0	150
7,5	145

Tabelle 24. Beiwert C_1.

Zylinderzahl	Zweitakt	
	einfachwirkend	doppeltwirkend
1	1,00	1,00
2	0,96	1,18
3	1,05	1,32
4	1,18	1,43
5	1,25	1,52
6	1,30	1,58
7	1,34	1,64
8	1,37	1,72

Der Wellendurchmesser in den Grundlagern darf bis höchstens 5% schwächer ausgeführt werden, soferne diese Verschwächung durch entsprechende Verstärkung des Kurbelzapfens und der Kurbelwangen ausgeglichen wird.

Die Höhe der angeschmiedeten Wangen (Kurbelschenkel) soll mindestens gleich $1,33\,d_k$ und die Breite mindestens gleich $0,56\,d_k$ bemessen werden. Die aus diesen Angaben sich ergebenden Widerstandsmomente nach den beiden Hauptachsen dürfen bei anderer Formgebung nicht unterschritten werden.

Die nach diesen Vorschriften ermittelten Maße müssen bei rasch laufenden Maschinen mit großen Zylinderzahlen (3 bis 6) erheblich überschritten werden, damit die Eigenschwingungszahl der Welle entsprechend hoch zu liegen kommt. Es ist auch vorteilhaft, in solchen Fällen die Massen der Kurbelschenkel möglichst zu vermindern, was dazu führt, diese stark abzuschrägen (Abb. 158) oder aber, was wirksamer, aber auch teurer ist, sie biskottenförmig auszugestalten (Abb. 159).

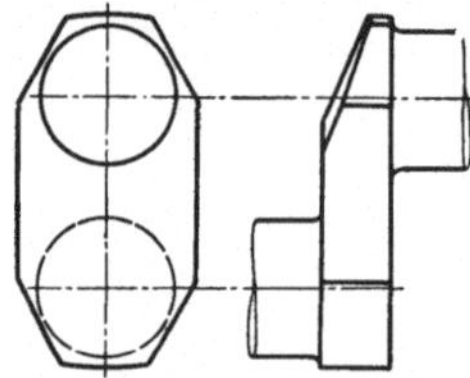

Abb. 158. Abschrägung der Kurbelschenkel zur Verminderung der Wellenmassen.

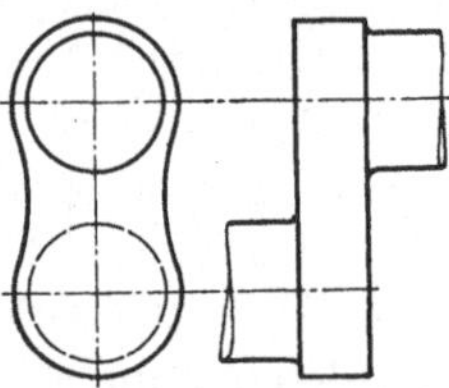

Abb. 159. Biskottenförmige Ausbildung der Kurbelschenkel zur Verminderung der Wellenmassen.

Es ist selbstverständlich, daß bei den Kurbelwellen, deren Beanspruchung sehr hoch ist, der Ausbildung der Übergänge das größte Augenmerk zuzuwenden ist. Sämtliche Abrundungsradien sind so groß zu wählen als möglich (in der Regel $^1/_{10}$ des Wellendurchmessers), es ist aber auch dafür zu sorgen, daß die Hohlkehlen sauber gearbeitet und glatt poliert werden, um die von Oberflächenverletzungen herrührenden Gefahren zu vermeiden.

Bei Kurbelkastenmaschinen müssen Gegengewichte angeordnet werden, um den Verdichtungsraum der Pumpe möglichst klein zu halten. Sie dienen gleichzeitig dem Ausgleich der Massenkräfte. Meist können des Raummangels wegen allerdings nur die umlaufenden Massen und höchstens ein Bruchteil der hin- und hergehenden Massen ausgeglichen werden. Die Befestigung der Gegengewichte an den Kurbelschenkeln erfolgt am besten durch Kopfschrauben, weil diese einfach und zuverlässig gesichert werden können (Abb. 160); die Beanspruchung dieser Schrauben darf aus Sicherheitsgründen 200 kg/cm² nicht übersteigen.

Wahl der Kurbelversetzung.

Bei Zweitaktmaschinen werden grundsätzlich die Kurbeln gleichförmig versetzt angeordnet, um eine möglichst wenig veränderliche Drehkraft zu erhalten. Bei einer Zylinderzahl i ist daher der Winkel, den je zwei Kurbeln (die aber nicht benachbart sein müssen) miteinander einschließen, $360/i$. Erst in zweiter Linie wird auf den Massenausgleich Rücksicht genommen und die Zündfolge so gewählt, daß möglichst kleine resultierende Massenkräfte bzw. Momente auftreten.

Das Verfahren der geometrischen Summierung der an den einzelnen Kurbeln angreifenden Kräfte oder Momente zur Ermittlung der resultierenden Massenkraft oder des resultierenden Momentes kann als bekannt vorausgesetzt werden.[1]

In der Abb. 161 sind diejenigen Kurbelanordnungen, die die günstigsten Verhältnisse hinsichtlich der Massenkräfte und -Momente ergeben, zusammengestellt und die zugehörigen Kräfte- bzw. Momentenpläne, aber nur in ihrem grundsätzlichen Verlauf, also nicht maßstäblich, dargestellt. Da die Kraftecke der von den umlaufenden Massen m_r herrührenden Fliehkräfte den gleichen Verlauf zeigen wie die der Massenkräfte erster Ordnung, herrührend von den hin- und hergehenden Massen m_k,

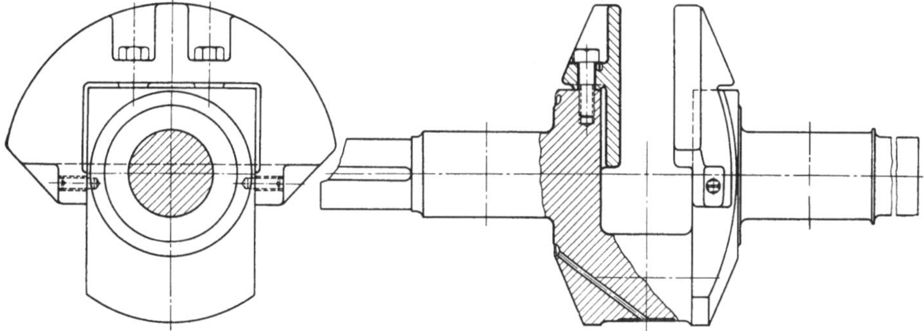

Abb. 160. Kurbelwelle einer einzylindrigen Kurbelkastenmaschine mit angebauten Gegengewichten.

Tabelle 25. Größe der freien Massenkräfte und -momente.

Zylinderzahl	Freie Kräfte, herrührend von den rotierenden Massen $= m_r \cdot r \cdot \omega^2$ mal dem Faktor	Freie Kräfte I. Ordnung, herrührend von den hin- und hergehenden Massen $= m_k \cdot r \cdot \omega^2$ mal dem Faktor	Freie Kräfte II. Ordnung, herrührend von den hin- und hergehenden Massen $= m_k \cdot r \cdot \omega^2 \cdot \lambda$ mal dem Faktor	Freie Momente, herrührend von den rotierenden Massen $= m_r \cdot r \cdot \omega^2 \cdot a$ mal dem Faktor	Freie Momente I. Ordnung, herrührend von den hin- und hergehenden Massen $= m_k \cdot r \cdot \omega^2 \cdot a$ mal dem Faktor	Freie Momente II. Ordnung, herrührend von den hin- und hergehenden Massen $= m_k \cdot r \cdot \omega^2 \cdot \lambda \cdot a$ mal dem Faktor	Kurbelschema nach Abbildung 161
1	1	1	1	0	0	0	
2	0	0	2	1	1	0	a
3	0	0	0	1,732	1,732	1,732	b
4	0	0	0	1,415	1,415	4,00	c
5	0	0	0	0,45	0,45	4,982	d
6	0	0	0	0	0	3,465	e
6	0	0	0	3	3	1,732	f

[1] Tolle, M.: Regelung der Kraftmaschinen, 3. Aufl. Berlin: Julius Springer. 1921.

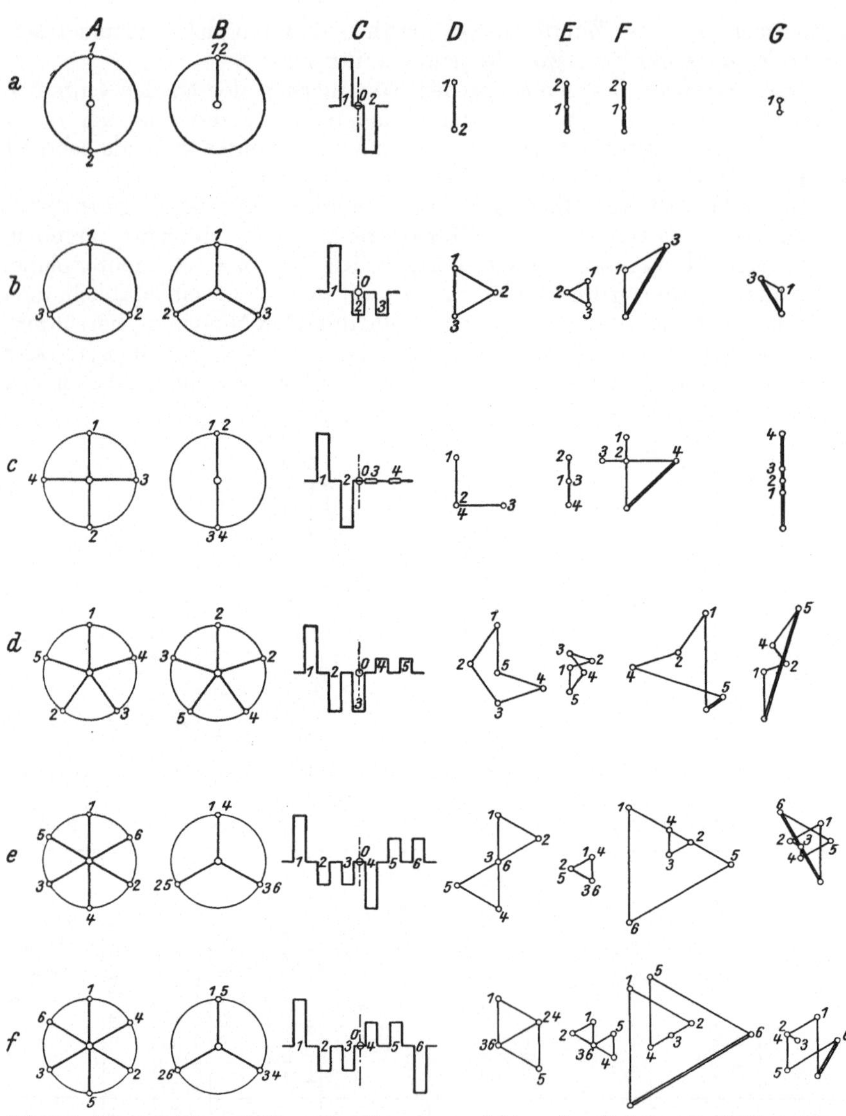

Abb. 161. Massenkraft- und Momentenpläne von zwei bis sechszylindrigen Zweitaktmaschinen. Spalte A und C: Kurbelschema. Spalte B: Kurbelschema mit verdoppeltem Kurbelwinkel (Kräfte 2. Ordnung). Spalte D: Kräfte 1. Ordnung, herrührend von den hin- und hergehenden Massen, gleichzeitig Kräfte, herrührend von den umlaufenden Massen. Spalte E: Kräfte 2. Ordnung, herrührend von den hin- und hergehenden Massen. Spalte F: Momente der Massenkräfte 1. Ordnung. Spalte G: Momente der Massenkräfte 2. Ordnung. (Alle Momente beziehen sich auf die Mitte der Welle, Punkt 0.)

so konnte für beide das gleiche Bild verwendet werden. In Tabelle 25 ist überdies die Größe der Resultierenden als Vielfaches der Einzelkräfte $m_r\, r\, \omega^2$, $m_k\, r\, \omega^2$, $\lambda\, m_k\, r\, \omega^2$ oder der Einzelmomente $a\, m_r\, r\, \omega^2$, $a\, m_k\, r\, \omega^2$, $a\, \lambda\, m_k\, r\, \omega^2$ (a Mittelentfernung zweier Kurbeln) dargestellt.

F. Grundplatten, Lager und Gestelle.

Grundplatten.

Die Grundplatte hat eine doppelte Aufgabe zu erfüllen. Sie muß einerseits die durch das Triebwerk auf die Grundlager und die durch Zylinder und Gestell auf die Platte geleiteten Kräfte aufnehmen, anderseits muß sie die aus den Lagerstellen austretenden Schmierölmengen sammeln und erneuter Verwendung zuführen.

Bauformen der Grundplatten.

Die Form der Grundplatten bei Kurbelkastenmaschinen (Abb. 162) ist bedingt durch die Notwendigkeit, den Verdichtungsraum der Spülpumpe klein zu halten, die Trogwandungen also so nahe als möglich an den vom Triebwerk bestrichenen Raum heranzuführen. Da weiters der Kurbelkastenraum gegen

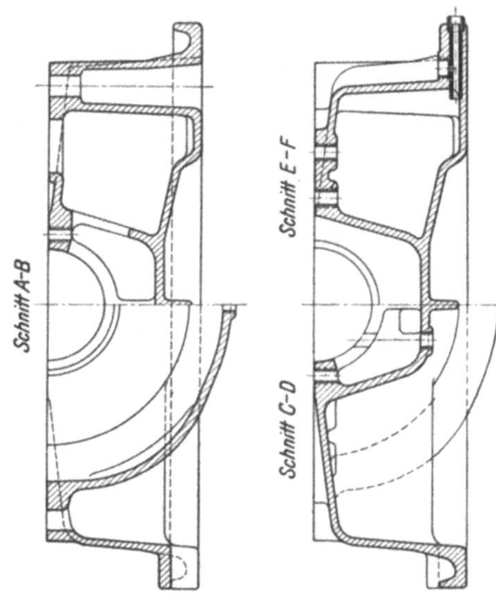

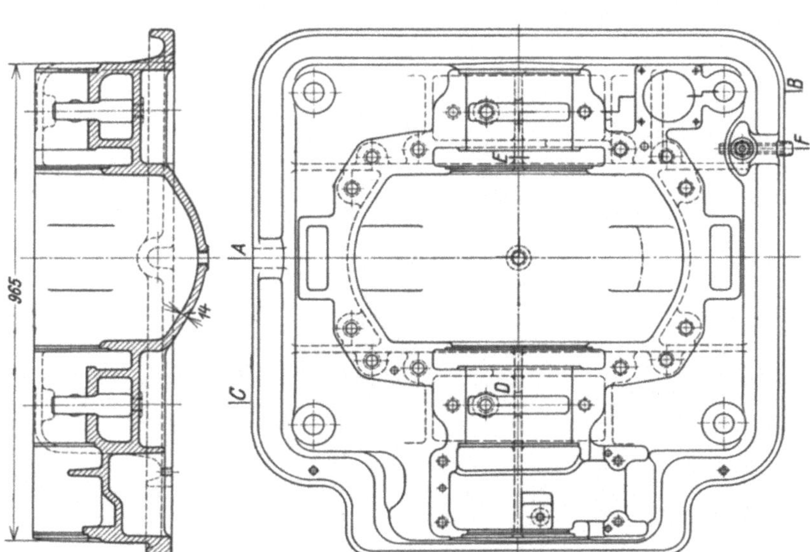

Abb. 162. Grundplatte einer einzylindrigen Kurbelkastenmaschine, Bauart Climax.

Grundplatten, Lager und Gestelle.

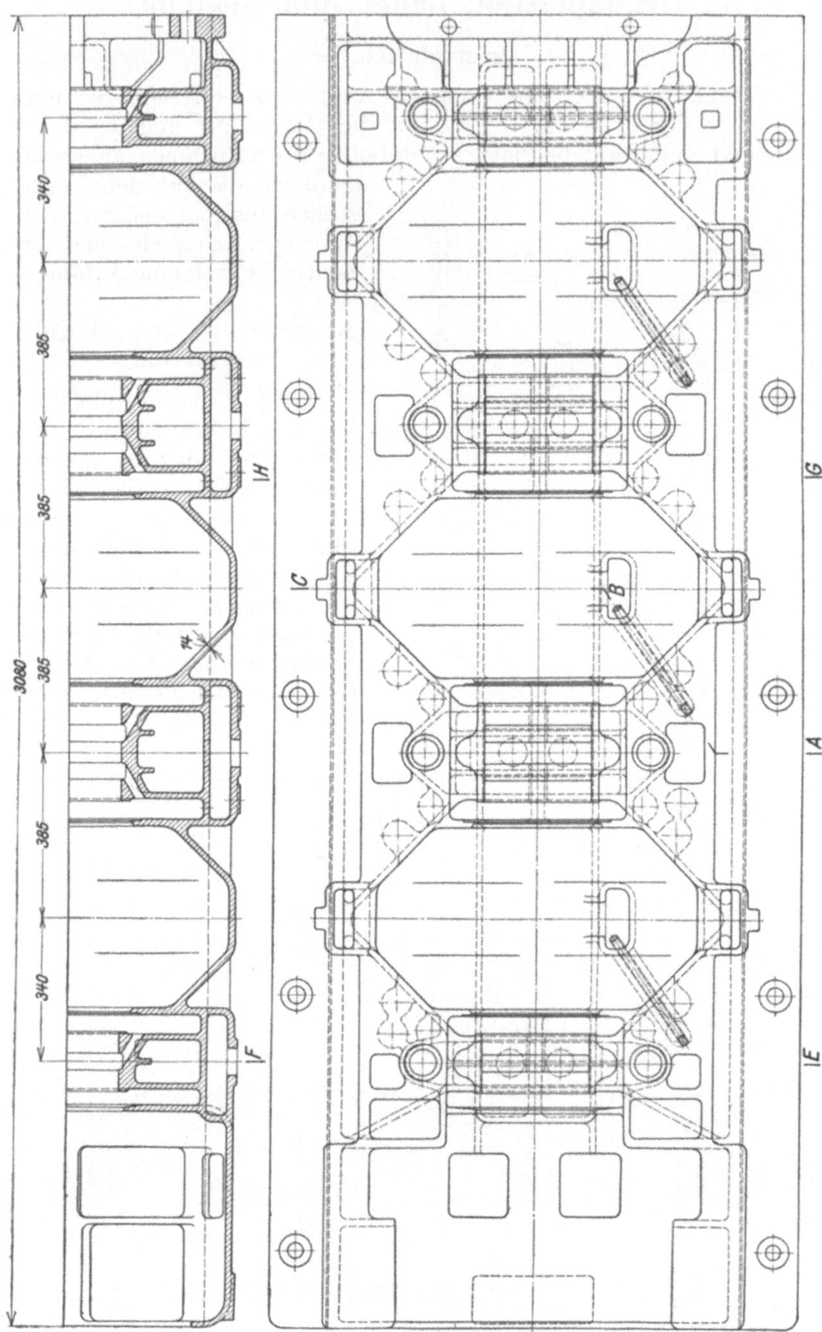

Abb. 163. Grundplattenhälfte einer sechszylindrigen Schiffsmaschine mit Kurbelkastenspülpumpen, Bauart Climax. Auf- und Grundriß.

die Grundlager hin abgedichtet, die seitlichen Begrenzungswände also bis zur Kurbelwelle hochgezogen werden müssen, so muß die Grundplatte aus einzelnen Trögen zusammengesetzt werden, die nur durch die Lagerbrücken verbunden sind. Um die Längssteifigkeit zu erhöhen, werden die durchlaufenden Seitenwände kräftig und hoch ausgebildet und häufig durch eine oder zwei Mittelrippen unterstützt. Das Triebwerk der Kurbelkastenmaschinen erhält stets Druckschmierung. Jeder Trog muß daher eine eigene Ölablaßleitung erhalten, die zuweilen in die Platte eingegossen wird (Abb. 164). Sind die Grundlager mit Ringschmierung ausgerüstet, so ist es wünschenswert, die Ölkammern der einzelnen Lager zu verbinden, damit der Ölstand von einer Stelle aus kontrolliert werden kann. Erfolgt die Ölversorgung der Grundlager durch die Umlaufpumpe (Schiffsmaschinen), so ist eine derartige Verbindung unbedingt notwendig. Da diese Leitung gegen die Tröge hin geschlossen sein muß, so

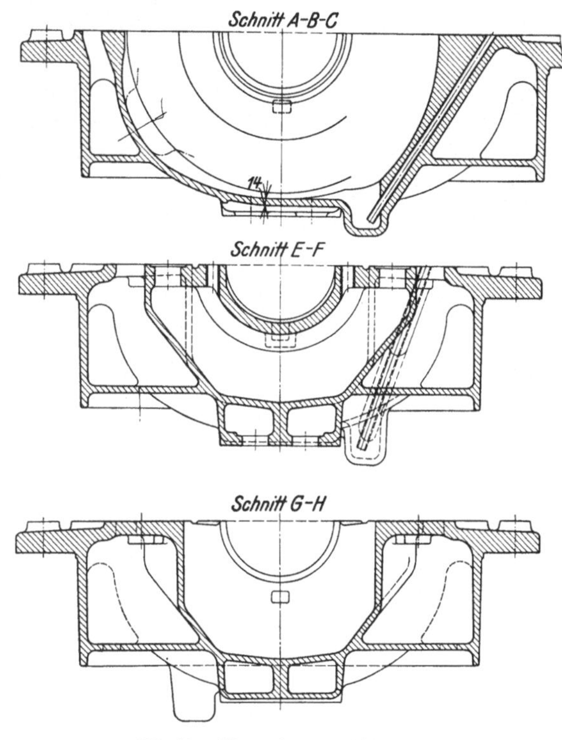

Abb. 164. Kreuzrisse zu Abb. 163.

wird sie, um das Gußstück einfach zu halten, häufig durch ein Rohr gebildet. Zweckmäßiger, aber auch teurer ist es, dieses Rohr durch einen unter den Trögen durchlaufenden angegossenen Kanal zu ersetzen.

Bei Zweitaktmaschinen mit besonderem Gebläse kann die Grundplatte von einem durchlaufenden Trog gebildet werden (Abb. 165), in den die Lagerbrücken eingesetzt sind. Die Längssteifigkeit dieser Wanne ist sehr groß und bedarf keiner weiterer Unterstützung. Sie wird daher seitlich nur mit niederen Auflageleisten versehen. Das vom Triebwerk und den Grundlagern, die meist von der Umlaufpumpe geschmiert werden, abfließende Öl wird im Trog gesammelt und durch eine möglichst tiefliegende weite Rinne abgeführt. Diese Sammelrinne soll durch Siebbleche abgedeckt werden, die aber der Reinigung wegen leicht abnehmbar sein müssen.

Grundplatten von Schiffsmaschinen.

Schiffsgrundplatten müssen besonders stark ausgeführt werden, weil namentlich bei Holzschiffen ganz bedeutende Formveränderungen des Schiffskörpers (insbesondere im Seegang) auftreten können, die in der Grundplatte Beanspruchungen hervorrufen, die häufig größer sind als die von den Maschinenkräften herrührenden. Da diese Kräfte durch die Fundamentschrauben auf die Auflagerleisten übertragen werden, sind diese sowie auch ihre Verbindung mit dem Trog entsprechend kräftig auszubilden.

Schiffsmaschinen werden meistens unter einem Winkel von 5 bis 10° gegen die Horizontale geneigt eingebaut. Dazu kommt, daß bei Seegang noch bedeutend stärkere Neigungen der Maschine auftreten. Auch bei diesen ungünstigen Lagen muß die Ölabführung gesichert sein. Dies erfordert eine starke Neigung der Ölsammelrinne gegen die Umlaufpumpe zu. Daher wird die Tiefenerstreckung der Grundplatte unter das Wellenmittel groß, ein Nachteil, der zwar den Einbau in das Schiff erschwert, aber trotzdem in Kauf genommen werden muß.

Häufig wird der das Wendegetriebe und das Drucklager aufnehmende Rahmen einstückig mit der Platte gegossen. Die Platte wird dadurch sehr lang, was ihre Empfindlichkeit gegenüber äußeren Kräften und gegen Transportunfälle erhöht. Bei größeren Maschinen ist es jedenfalls zweckmäßiger, diesen Rahmen durch Schrauben mit der eigentlichen Grundplatte zu verbinden.

Als Material für die Grundplatte wird in der Regel Gußeisen, seltener Stahlguß verwendet.

Die verhältnismäßig einfache Bauart der Grundplatte der Gebläsezweitaktmaschinen verlockt dazu, diese aus Blech geschweißt herzustellen. Damit läßt sich ein etwas geringeres Gewicht der Platte und eine größere Unempfindlichkeit gegenüber der Einwirkung äußerer Kräfte erzielen. Solche Platten kommen daher vorwiegend für Schiffsmaschinen in Frage. Eine endgültige Form für diese Herstellungsweise hat sich noch nicht herausgebildet. In Abb. 166 ist eine Versuchsausführung dargestellt.

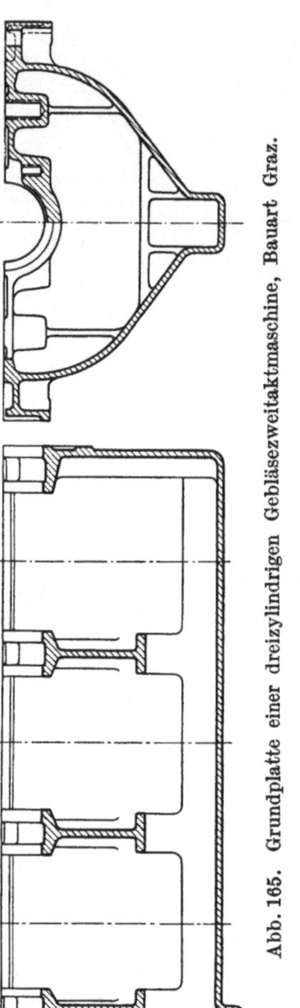

Abb. 165. Grundplatte einer dreizylindrigen Gebläsezweitaktmaschine, Bauart Graz.

Beanspruchung der Grundplatten (Abb. 167 und 168).

Die größte Beanspruchung der Grundplatte tritt dann auf, wenn der Zylinderdruck am größten ist, also bei der oberen Totpunktlage des Kolbens. Die auftretenden Kräfte sind folgende:

1. Die in der Mittelebene $I\!-\!I$ angreifende, durch das Triebwerk auf die Grundlager übertragene Kraft:

$$P = \frac{\pi D^2}{4} \cdot (p_z - p_m);$$

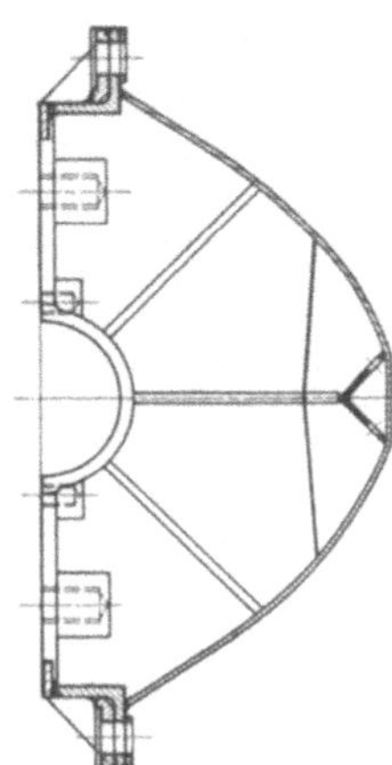

hierin ist p_z der Zünddruck im Zylinder, p_m der Massendruck im oberen Totpunkt.

2. Die in den Zylinderfuß- oder Gestellschrauben angreifende Kraft:

$$P = \frac{\pi D^2}{4} \cdot p_z.$$

3. Die durch die Fundamentschrauben ausgeübte Kraft:

$$P = \frac{\pi D^2}{4} \cdot p_m.$$

Die größten auftretenden Biegungsmomente sind daher:

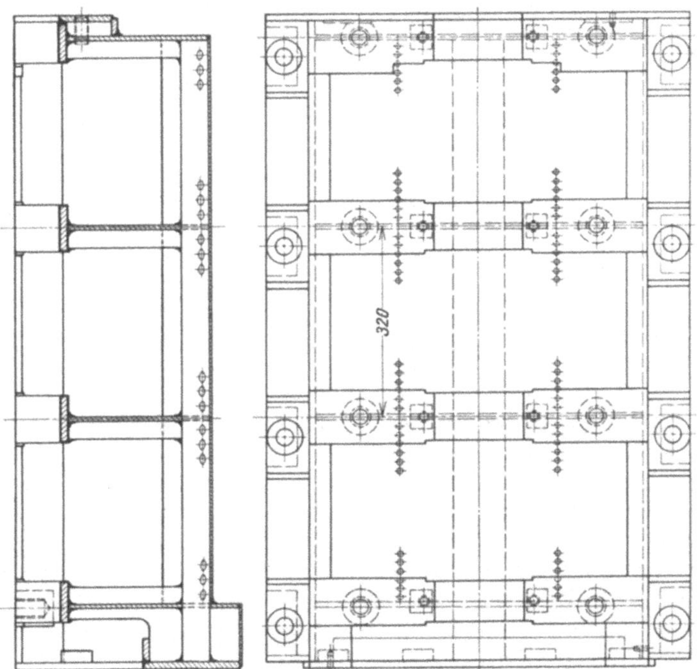

Abb. 166. Geschweißte Grundplatte für eine Gebläsezweitaktmaschine, Versuchsausführung.

den Mittelquerschnitt $I\!-\!I$ beanspruchend:

$$M_b = \frac{\pi D^2}{8}(p_z \cdot a - p_m \cdot b), \tag{98}$$

die Auflagerleisten (Querschnitt II—II) beanspruchend:

$$M_b = \frac{\pi D^2}{8} \cdot (b - a)\, p_m. \tag{99}$$

Bei Kurbelkastenmaschinen (Abb. 167) wird man den Kurbeltrog dem Mittelquerschnitt in der Regel zurechnen können, da die hochgezogenen Seitenwände des Kurbeltroges und die Anordnung der Zylinderfußschrauben erwarten lassen, daß er an der Aufnahme des Momentes teilnimmt. Bei Gebläsezweitaktmaschinen (Abb. 168) ist meist gerade im Mittelquerschnitt die Verbindung zwischen Trog und Lagerbrücke durch die Ölsammelrinne unterbrochen. Hier kommt dann die Lagerbrücke allein für die Aufnahme des Biegungsmomentes in Frage.

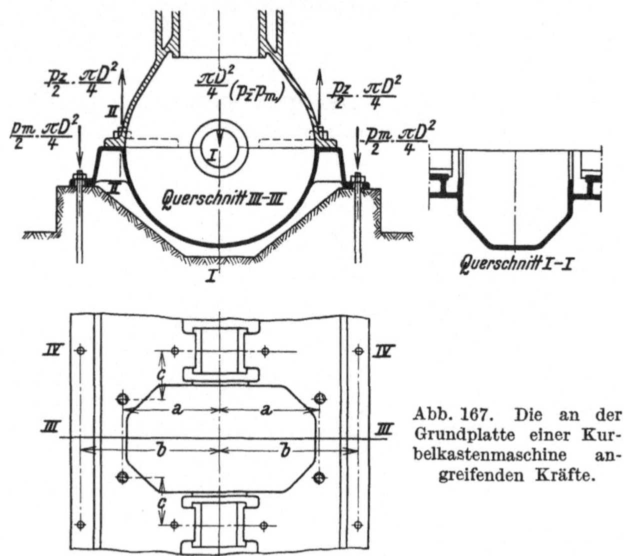

Abb. 167. Die an der Grundplatte einer Kurbelkastenmaschine angreifenden Kräfte.

Die Größe derjenigen Momente, die in der durch die Wellenachse gehenden Vertikalebene wirken, hängt von der Austeilung der Verbindungsschrauben zwischen Zylinder bzw. Kastengestell und Grundplatte ab. Ist das Kastengestell durch Anker von Zugkräften entlastet, so werden die Anker meist in der Ebene der Lagerbrücke angeordnet, wodurch dieses Moment verschwindet ($c = 0$ Abb. 168). Bei Maschinen mit einzelnstehenden Zylindern oder mit tragenden Gestellen ist diese Anordnung nicht möglich. Hier treten in der genannten Ebene Momente auf, die die Größe haben:

$$M_b = \frac{\pi D^2}{8} \cdot p_z \cdot c. \tag{100}$$

Dieses Moment beansprucht den Querschnitt III—III ebenso wie den Querschnitt IV—IV, ruft aber in den seltensten Fällen gefährliche Spannungen in der Platte hervor, weil man einerseits stets bemüht ist,

die Schrauben möglichst weit entfernt von der Ebene *III—III*, in der
sich die Zugangsöffnungen zum Kurbelkasten befinden, unterzubringen,
anderseits die Längssteifig-
keit der Platte mit Rück-
sicht auf äußere Kräfte
groß gemacht werden muß.

Die durch die Momente
Gl. (98 bis 100) in den gefährdeten Querschnitten hervorgerufenen Biegungsbeanspruchungen sollen jeden-
falls nicht höher liegen als:

$$\sigma_{zul.} = 280 \ kg/cm^2.$$

Ausbildung der Grundlager.

Die Hauptlager der Ge-
bläsezweitaktmaschinen (Abbildung 169) erhalten meist
Umlaufschmierung. Sie können daher sehr einfach ausgebildet werden: kräftige,
zweiteilige, mit gutem Weißmetall ausgegossene, bronzene oder flußeiserne Lager-

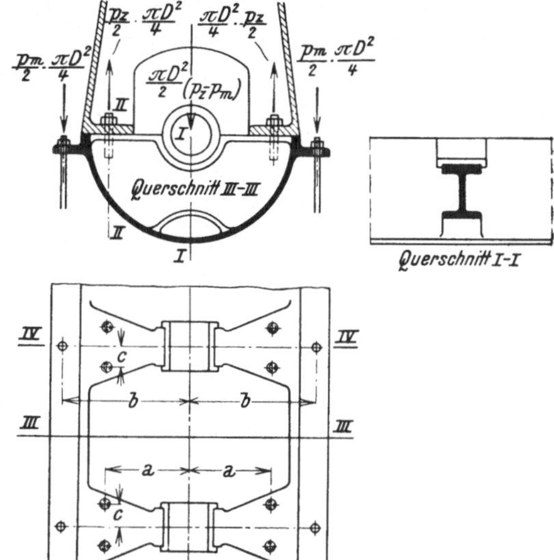

Abb. 168. Die an der Grundplatte einer Gebläsezweitaktmaschine angreifenden Kräfte.

büchsen werden durch einen gußeisernen Lagerdeckel niedergehalten.
Die Fixierung der Oberteile und des Deckels gegen die Unterschale

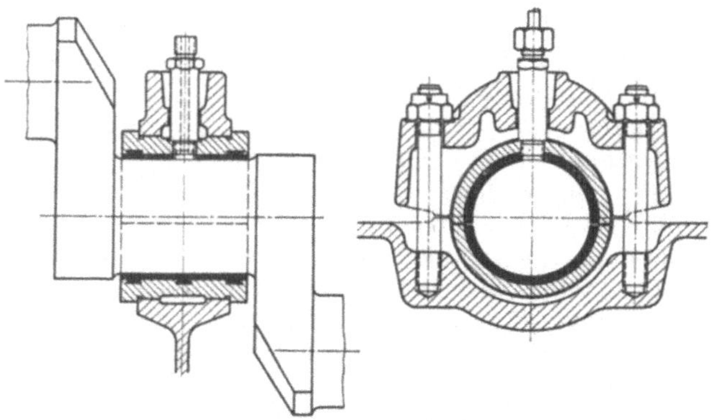

Abb. 169. Grundlager einer Gebläsezweitaktmaschine, Bauart Graz.

und die Grundplatte wird am besten so durchgeführt, daß die Teilfuge
der Büchse und des Deckels in verschiedene Ebenen verlegt wird.
Gegen Verdrehen wird die Büchse zweckmäßig durch die Schmier-
pfeife oder einen eingelegten Rundkeil gesichert. Die Deckelschrauben

werden, da meist kein Druckwechsel auftritt, nur durch die Montage-
spannung belastet. Ihr Kerndurchmesser soll ungefähr $16^0/_0$ des Wellendurchmessers betragen. Die Sicherung erfolgt meist durch Kronenmuttern.

Etwas verwickelter ist die Konstruktion der Hauptlager bei Kurbelkastenmaschinen (Abb. 170), weil hier in der Regel Ringschmierlager
verwendet werden, und weil auf die Ausbaumöglichkeit der Dichtungs-
ringe Rücksicht genommen werden muß. Die Schalen werden zwei- oder
dreiteilig ausgeführt, als Material verwendet man Bronze oder Stahlguß,
zuweilen auch Gußeisen. Das seitlich aus den Lagern austretende Schmieröl soll leicht abfließen können und von den Dichtungsringen ferngehalten
werden, weil diese die Neigung haben, es in den Kurbelkastenraum zu
fördern. In dieser Beziehung sind Ringe nach Abb. 69 besser als die nach

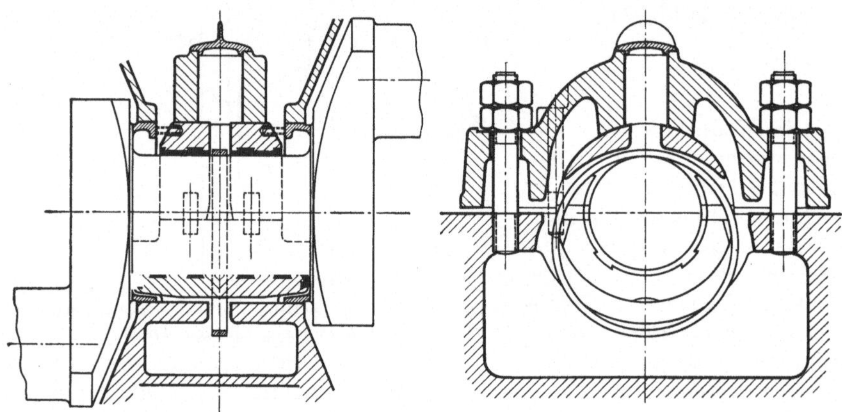

Abb. 170. Grundlager einer Kurbelkastenmaschine, Bauart Graz. Die Lagerschalen sind dreiteilig
ausgeführt.

Abb. 71. Der Ölspiegel soll so tief liegen, daß ein direktes Einsaugen des
Öles aus dem Sumpf unmöglich wird, also tiefer als die Kante A (Abb. 69).

Bei Schiffsmaschinen ist die Anwendung von Ringschmierlagern der
Neigung der Maschine wegen nicht möglich. Man hat hier eine Reihe von
Ersatzkonstruktionen versucht, die aber sämtliche an den Übelstand
leiden, daß der Ölspiegel nicht genügend tief zu liegen kommt. Da die
Ölkammern kommunizieren, tauchen dann bei den achteren Lagern die
Dichtringe in das Öl ein, es wird der Ölspiegel gesenkt und dadurch die
Ölversorgung der höher liegenden Lager gefährdet. Bei Schiffsmaschinen
kommt daher nur Druck- oder Umlaufschmierung für die Versorgung der
Grundlager in Frage.

Gestelle.

Bei Gebläsezweitaktmaschinen werden meistens durchgehende Kastengestelle verwendet, auf die die Zylinder einzelnstehend aufgesetzt werden.
Seltener sind Gestelle, die auch die Zylinder miteinschließen. Kurbelkastenmaschinen erhalten entweder niedere einzelnstehende oder ebenfalls
durchgehende Kastengestelle.

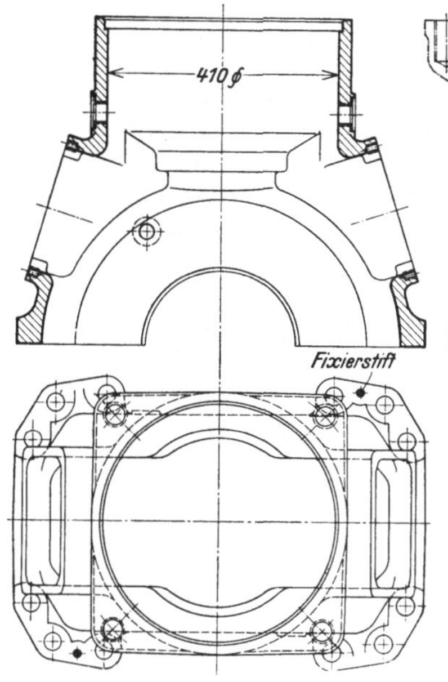

Abb. 171. Einzelstehendes, nicht entlastetes Gestell einer Kurbelkastenmaschine, Bauart Climax.

Bei Kurbelkastenmaschinen ist die Form der Seitenwände wegen der Anpassung derselben an den vom Triebwerk bestrichenen Raum recht ungünstig (Abb. 171). Gerade diese Wände müssen aber zur Aufnahme des Vertikaldruckes herangezogen werden, da die Vor- und Rückwand weite Öffnungen für die Aufnahme der Luftklappen und für die Montage und Kontrolle

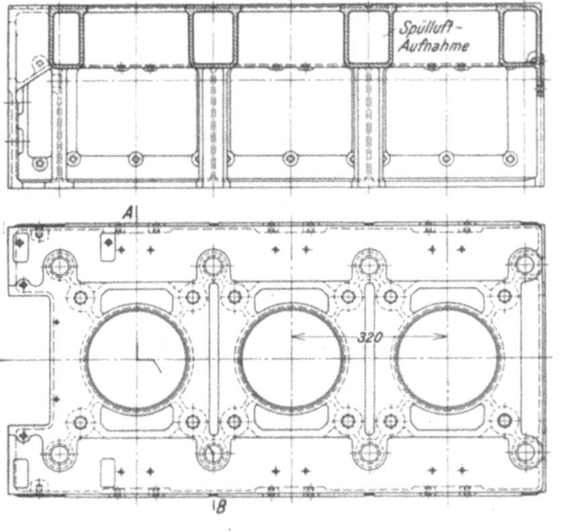

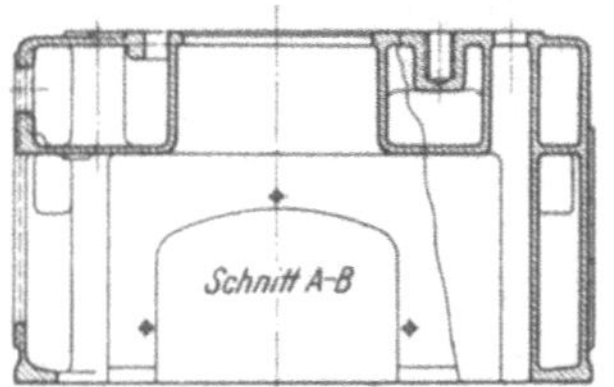

Abb. 172. Durch Zuganker entlastetes Kastengestell einer
Gebläsezweitaktmaschine, Bauart Graz.

des Triebwerkes und der Dichtringe erhalten muß. Eine einigermaßen sichere Bestimmung der in ihnen auftretenden Spannungen ist unmöglich und sie müssen daher sehr stark und schwer gehalten werden, ohne daß man deshalb auch volle Sicherheit erhält. Es ist also unter allen Umständen zu empfehlen, sie durch Anordnung von Zugankern zu entlasten.

Etwas günstiger liegen die Verhältnisse bei den Kastengestellen der

Gebläsezweitaktmaschinen, weil man hier in der Formgebung freier ist. Trotzdem wird man aber auch hier der Gewichtsersparnis wegen trachten, das Gestell durch Zuganker zu entlasten (Abb. 172).

Die seitlichen Bedienungsöffnungen müssen so groß gehalten werden, daß das Triebwerk gut zugänglich ist und daß die Grundlager ein- bzw. ausgebaut werden können. Sie erhalten gut schließende Deckel.

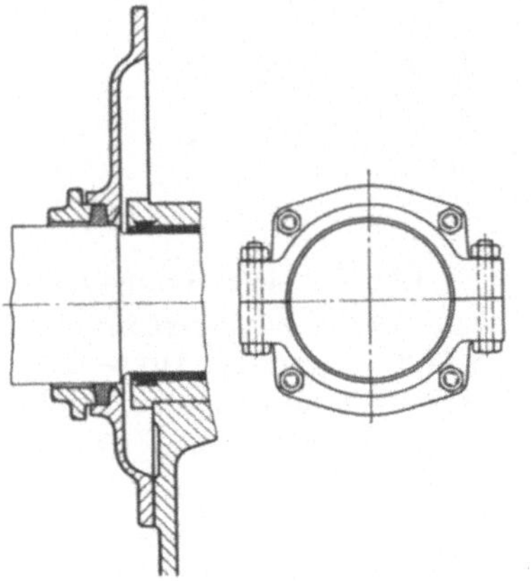

Sehr viel Sorgfalt muß dem Wellenaustritt zugewendet werden, weil an dieser Stelle häufig große Ölverluste auftreten. Bei Kurbelkastenmaschinen begnügt man sich meist mit einfachen Spritzringen, die aber genügend groß ein müssen, um ihre Aufgabe zu erfüllen, während bei Gebläsezweitaktmaschinen Spritzringe oder Stopfbüchsen (Abb. 173) verwendet werden. Sie können ihre Aufgabe aber nur dann erfüllen, wenn der Kurbelkasten gut entlüftet wird.

Abb. 173. Abdichtung des Wellenaustrittes durch einen Filzring in stopfbüchsenartiger Anordnung.

Lagerschildmotoren.

Bei kleineren Einzylindermaschinen wird zuweilen Gestell und Grundplatte zu einem einzigen Gußstück vereinigt. Um die Kurbelwelle einbauen zu können, muß dann mindestens auf einer Gestellseite eine genügend große Öffnung vorgesehen werden, die durch ein Schild, das gleichzeitig das Lager trägt, abgeschlossen wird. Der die Vertikalkraft aufnehmende Gestellquerschnitt wird durch diese Öffnung sowie durch die Ausnehmungen für die Luftklappen sehr verkleinert, so daß sich diese Bauart nur für kleinere Maschinen eignet und namentlich dann angewendet wird, wenn die Hauptlager als Wälzlager ausgebildet werden sollen. Auch Zweizylindermaschinen werden zuweilen in dieser Form ausgeführt, doch ist dann die Konstruktion und Zugänglichkeit des Mittellagers wenig befriedigend.

G. Luftanlaß und -umsteuerungen, Druckluftbehälter.

Beim Anlassen muß die Anfahrarbeit in irgendeiner Form der Maschine zugeführt werden. Bei kleinen Maschinen bis zu etwa 10 PSe Zylinderleistung und nicht höheren Zylinderzahlen als zwei genügt es, den Motor mittels einer Kurbel von Hand aus anzudrehen. Diese Arbeit wird sehr erleichtert, wenn es möglich ist, die Höhe der Verdichtung durch ein entsprechend reichlich bemessenes Ventil (Dekompressionsventil) während des Andrehens zu vermindern. Dadurch kann man im Schwungrad allmählich soviel Bewegungsenergie ansammeln, daß diese ausreicht, um beim Zuschlagen des Ventiles die volle Verdichtungsarbeit abzugeben.

Derartige Ventile, die meist gleichzeitig als Sicherheitsventile ausgebildet werden, sind in den Abb. 174 und 175 dargestellt.

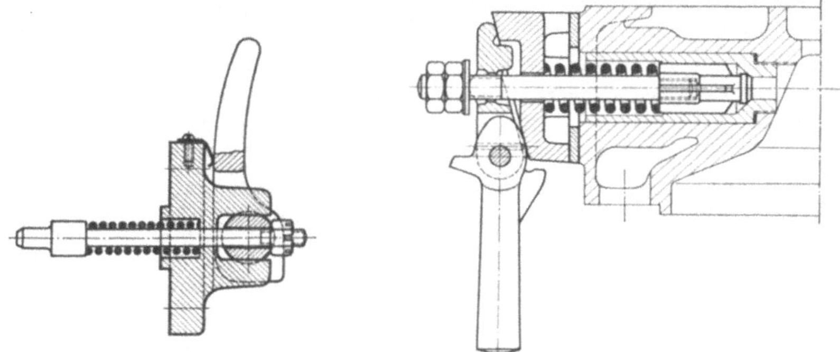

Abb. 174. Entlüft-(Dekompressions-) Ventil, vereinigt mit Sicherheitsventil, Bauart Graz.

Abb. 175. Entlüft-(Dekompressions-) Ventil, vereinigt mit Sicherheitsventil, Bauart Climax.

Für größere Motoren ist eine Druckluft-Anlaßeinrichtung vorzusehen. In der allereinfachsten Form besteht diese aus einem Druckluftbehälter und einem am Zylinderdeckel angebrachten Ventil, das von Hand aus gesteuert wird (Abb. 176 und 177). Diese Einrichtung genügt für kleinere Einzylindermaschinen bis

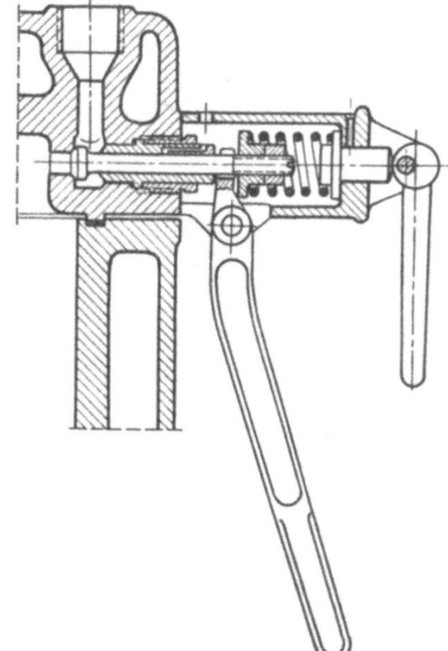

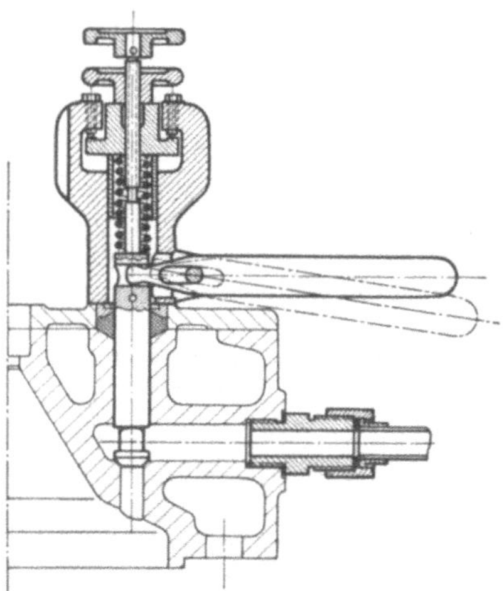

Abb. 176. Handgesteuertes Anlaßventil, vereinigt mit Rückfüllventil, Bauart Hille.

Abb. 177. Handgesteuertes Anlaßventil, vereinigt mit Rückfüllventil, Bauart Climax.

zu etwa 25 PSe Zylinderleistung. Größere Maschinen müssen mechanisch gesteuerte Anlaßventile erhalten. Da Zweitaktmaschinen fast niemals eine über die Maschinenlänge durchlaufende Steuerwelle besitzen, wird in der Regel am Zylinderdeckel ein Rückschlagventil vorgesehen und durch eine Leitung mit dem an geeigneter Stelle angebrachten eigentlichen Luftsteuerventil verbunden. Dieses Ventil wird meist durch einen Hebel von dem an der Kurbel- oder Steuerwelle angebrachten Anlaßnocken gesteuert (Abb. 178). Der Übertragungshebel ist in einem Exzenter derart gelagert, daß er durch einfache Drehung der Hebelachse außer Eingriff gebracht werden kann, so daß das Steuerventil während des Normalbetriebes in Ruhe bleibt. Zuweilen wird auch der Steuernocken auf seiner Welle verschiebbar angeordnet und das Steuerventil auf diese Weise in oder außer Eingriff gebracht (Abb. 179).

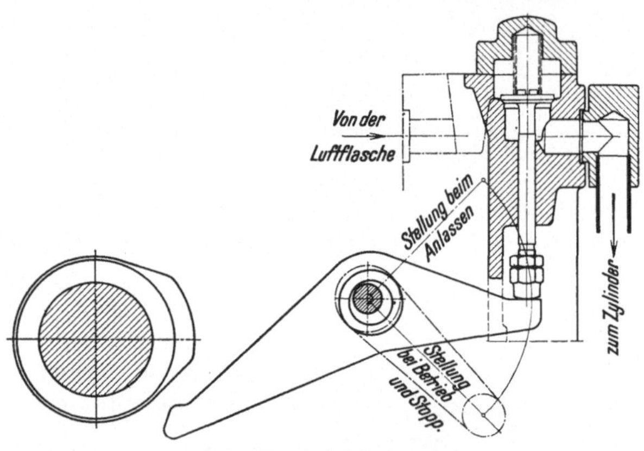

Abb. 178. Anlaßsteuerung.

Größe des Ventilquerschnittes.

Das Verhältnis des freien Ventilquerschnittes in cm² zum Hubraum in cm³ liegt bei bewährten Ausführungen zwischen 0,0006 und 0,0012 cm. Dabei gelten die kleinen Werte für Maschinen mit kleiner Anlaßdrehzahl (hoher Verdichtung), die größeren für Maschinen mit hoher Anlaßdrehzahl (niederer Verdichtung).

Anzahl der beaufschlagten Zylinder.

Bei ortsfesten Motoren, ferner bei Schiffsmaschinen mit Wendegetriebe oder mit Umsteuerschraube kann stets die Kurbelwelle vor dem Anfahren in die günstigste Anlaßstellung gebracht werden. Es genügt dann, nur einen Teil der Zylinder mit der Anlaßsteuerung zu versehen, wobei selbstverständlich die Kurbelversetzung der beaufschlagten Zylinder untereinander gleich groß sein soll:

Zylinderzahl	Zahl der beaufschlagten Zylinder
1 bis 3	1
4 „ 5	2
6	3

Dauer der Ventileröffnung.

Die Nockenerhebungskurve muß so ausgebildet werden, daß das Steuerventil etwa 2^0 bis 5^0 nach dem oberen Totpunkt zu eröffnen beginnt und einige Grade vor Eröffnung der Auspuffschlitze schließt. Das Ventil wird daher in der Regel über einem Kurbelwinkel von etwa 100^0 offen sein. Die Nocke selbst wird, da die Betriebszeiten der Anlaßeinrichtung immer

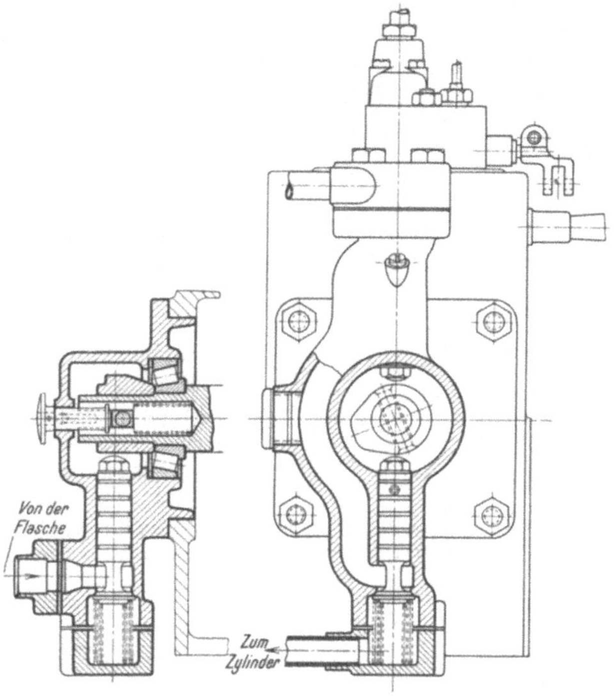

Abb. 179. Anlaßsteuerung, Bauart Modaag.

nur kurz sind, so einfach ausgebildet als möglich. Die Flanken werden daher stets gerade ausgeführt und gehen mit verhältnismäßig kleinem Krümmungsradius in die Druckrast über. Auch Rollen brauchen nicht eingeschaltet zu werden, es genügt, die Bewegung durch Gleitflächen abzunehmen.

Viel umstritten ist die Frage, ob Anlaßluft und Brennstoff gegenseitig blockiert sein sollen, d. h. ob während der Dauer der Luftbeaufschlagung die Brennstofförderung in die betreffenden Zylinder aussetzen soll. Man befürchtet nämlich, daß das Zusammentreffen von Anlaßluft und Brennstoff unzulässig große Drucksteigerungen hervorruft. Nach den Erfahrungen des Verfassers ist eine derartige Blockierung unnötig. Die Drucksteigerung beim Anlassen ist stets größer und die Verbrennung härter als bei Normalbetrieb, doch sind die Unterschiede im Verhalten luftbeaufschlagter und nicht beaufschlagter Zylinder sehr klein, so daß die Ursache dieser Erscheinung nicht im Luftüberschuß, sondern vermutlich im Zündverzug gesucht werden muß (Klopfen), der beim Anlassen größer ist als bei Normalfahrt. Hingegen ist es immer vorteilhaft, eine Einrichtung vorzusehen, die gestattet, die Brennstoffmenge während des Anlassens auf etwa die halbe Normallastmenge herabzusetzen.

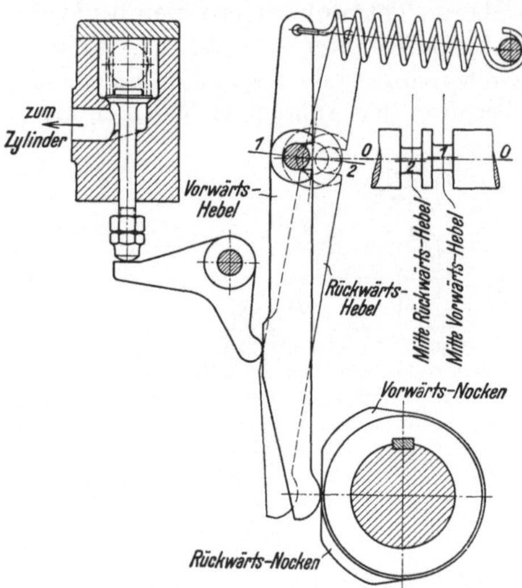

Abb. 180. Umsteuerung. Zwischen Nocke und Ventilbetätigungshebel sind zwei Zwischenhebel angeordnet, die exzentrisch auf der Achse *0—0* gelagert und durch Verdrehen dieser Achse abwechselnd in Eingriff gebracht werden.

Umsteuerbare Schiffsmaschinen.

Wie schon bei der Besprechung der Brennstoffnocken bemerkt, genügt es, die Anlaßeinrichtung umsteuerbar einzurichten, da der Motor in jener Richtung weiterläuft, in der er angeworfen wurde. Das Prinzip der bei Zweitaktmaschinen angewandten Umsteuerung der Anlaßeinrichtung ist einheitlich das, daß je eine Vorwärts- und Rückwärtsnocke abwechselnd mit dem Steuerventil in Eingriff gebracht wird. Konstruktiv wird diese Aufgabe so gelöst, daß entweder die Nocken auf der Steuerwelle

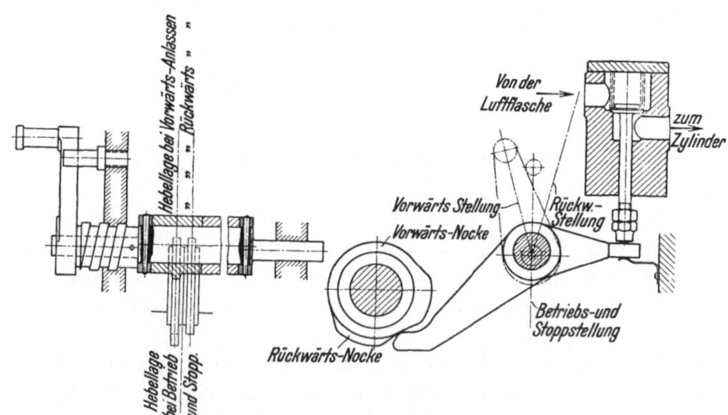

Abb. 181. Umsteuerung. Der Ventilbetätigungshebel ist exzentrisch auf einer mit einem Gewinde versehenen Achse gelagert. Beim Verdrehen der Achse wird der Hebel von der einen Nocke abgehoben, verschoben und an die zweite Nocke angedrückt.

verschiebbar angeordnet werden und dann ähnlich wie bei Abb. 179 die jeweilige Nocke unter das Steuerventil geschoben wird, oder aber so, daß

der Übertragungshebel die Abnahme der Ventilbewegung vom Vorwärts-
oder Rückwärtsnocken abzunehmen gestatte. Diese Möglichkeit ist in
den Abb. 180 und 181 in zwei Ausführungsformen dargestellt.

Rückschlagventile am Zylinderdeckel.

Der Querschnitt dieser Ventile wird ebenso groß gemacht wie der der
Steuerventile. Bei umsteuerbaren
Maschinen ist sehr darauf zu achten,
daß das Rückschlagventil den Verdichtungsraum nicht in unzulässiger
Weise vergrößert. Dies führt besonders bei kleineren Maschinen dazu,

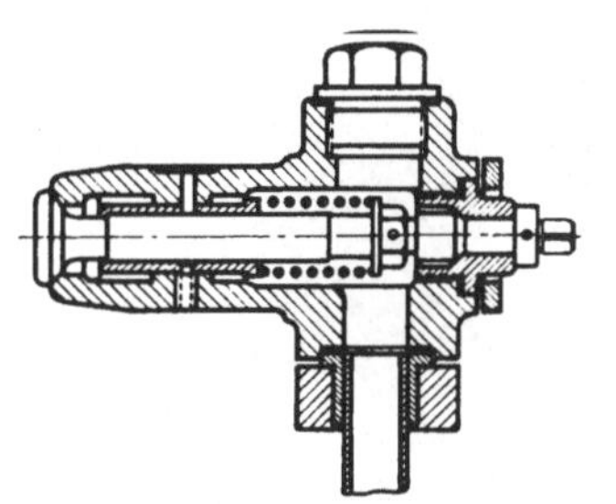

Abb. 182. Liegendes Rückschlagventil im Zylinderdeckel.

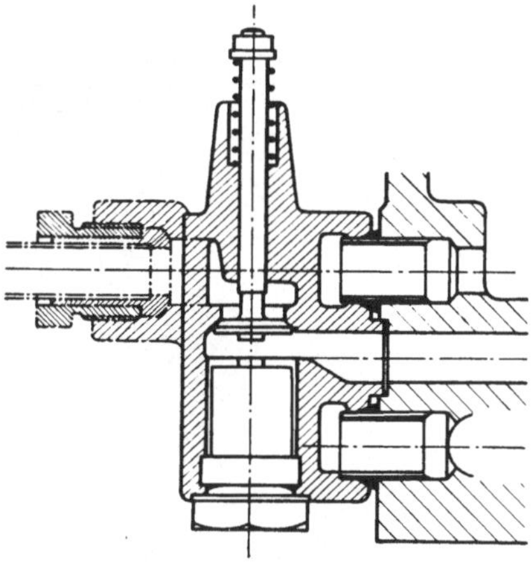

Abb. 183. Hängendes Rückschlagventil am Zylinderdeckel, Bauart Climax.

daß das Ventil liegend angeordnet werden muß (Abb. 182). Bei sorgfältiger Ausführung der Ventile und bei genügend starken Rückholfedern haben sich daraus Anstände nicht ergeben. Trotzdem wird man

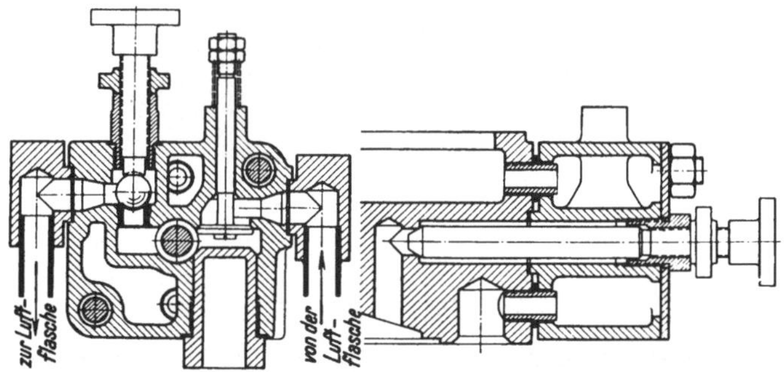

Abb. 184. Rückschlagventil und Rückfüllventil zu einer Baugruppe vereinigt, Bauart Graz.

hängende oder stehende Ventile (Abb. 183) bevorzugen. Um den Ein-
und Ausbau sowie die Kontrolle und Instandhaltung dieser Ventile zu
erleichtern, ist es stets vorteilhaft, sie in einem eigenen Gehäuse unterzubringen, das an den Zylinderdeckel angeschraubt wird.

Beschaffung der Druckluft.

Bei ortsfesten oder nicht umsteuerbaren Motoren bis zu etwa 150 PSe wird die Druckluft in der Regel während des Betriebes einem Zylinder

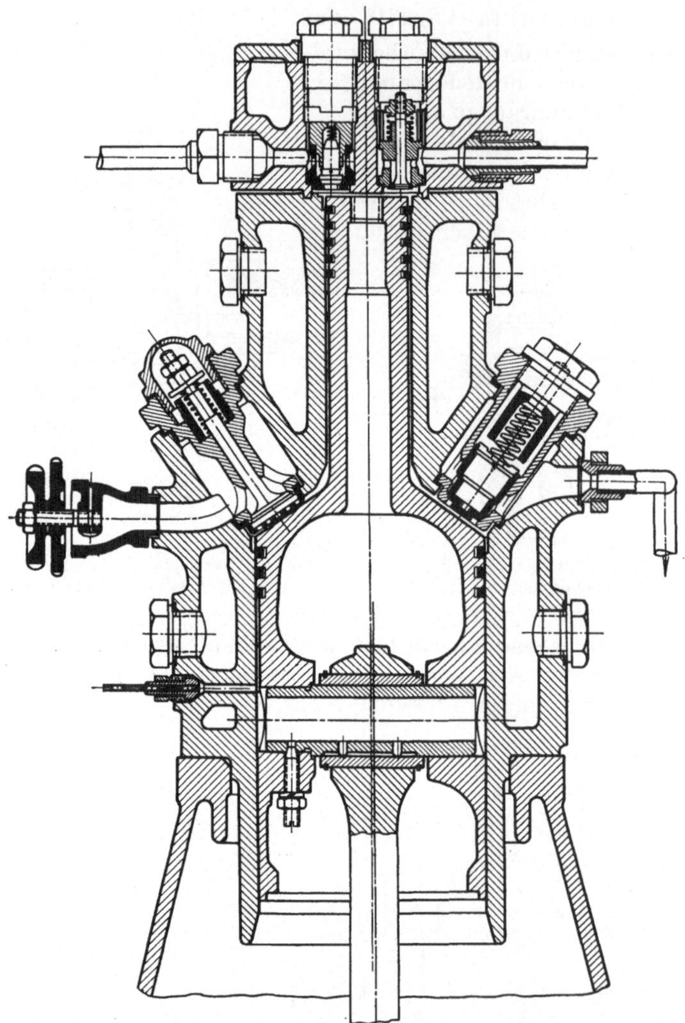

Abb. 185. Zweistufiger Anlaßluft-Verdichter für größere Schiffsmaschinen, Bauart Climax.

entnommen. Zu diesem Zwecke wird an einem oder mehreren Zylindern ein Rückfüllventil vorgesehen. Dieses Ventil muß unter ungünstigen Betriebsverhältnissen arbeiten, da sehr heiße hochgespannte Verbrennungsgase durch dasselbe treten. Seine Abmessungen dürfen daher nicht zu groß werden und es muß sehr gut gekühlt sein. Zweckmäßig wird es gemeinsam mit dem Rückschlagventil in einem eigenen gekühlten Gehäuse untergebracht. Um das Ventil auch während des Betriebes instandsetzen zu können, soll der ganze Ventilsatz durch ein von Hand aus zu betätigendes Absperrorgan vom Verbrennungsraum getrennt werden können. Die Abb. 184 zeigt eine derartige Anordnung.

Mit solchen Rückfüllventilen kann die Luftflasche bis zu einem Druck von 25 bis 30 at aufgefüllt werden. Da Zweitaktmotoren meist noch mit einem Flaschendruck von 12 at anspringen, bietet diese Spannung noch ausreichende Sicherheiten.

Dauernder Inanspruchnahme sind die Rückfüllventile naturgemäß nicht gewachsen. Längere Betriebszeiten als 2 bis 3 Minuten sollen ihnen nicht zugemutet werden, es müssen daher, wenn diese Zeit zum Füllen der Flasche nicht ausreicht, Pausen eingeschaltet werden, in welchen sich das Ventil abkühlen kann. Für größere Motoren, insbesondere aber für umsteuerbare Schiffsmaschinen, ist daher diese Einrichtung unbrauchbar und muß durch einen

Abb. 186. Verdichter, Kühlwasser- und Lenzpumpe mit gemeinsamem Antrieb, Bauart Nohab.

an die Maschine angehängten Hochdruckkompressor ersetzt werden. Die Besprechung der Konstruktion derartiger Verdichter ist nicht Aufgabe dieses Buches. Es soll nur kurz bemerkt werden, daß hierfür in der Regel zweistufige Verdichter verwendet (Abb. 185) werden, die die Flaschen auf 35 bis 40 at auffüllen. Die Größe bzw. die Ansaugemenge dieser Verdichter hängt sehr vom Verwendungszweck der Maschine ab, wird auch häufig vom Abnehmer vorgeschrieben. Als ganz roher Anhalt mag gelten, daß die angesaugte Luftmenge ungefähr 2 bis 3% des gesamten Hubraumes der Maschine ausmachen soll. Der Verdichter wird meist mit der Kühlwasser-, Lenz-, gegebenenfalls auch der Umlaufölpumpe zu einer stirnseitig am Motor angebrachten Baugruppe vereinigt und durch ein gemeinsames Exzenter angetrieben (Abb. 186 und 187).

Luftflaschen und Luftleitungen.

Die Druckluft wird in stählernen Flaschen mit einem Inhalt von 60 bis 1500 l aufbewahrt. Früher war es aus Sicherheitsgründen stets üblich,

Abb. 187. Verdichter, Kühlwasser- und Lenzpumpe, Umlaufölpumpe und Schmierapparate einer größeren Schiffsmaschine, Bauart Climax (hierzu siehe Abb. 185, 193, 200).

den Druckluftvorrat bei größeren Anlagen in einer Flaschenbatterie, die aus zwei bis fünf Einzelflaschen bestand, aufzuspeichern. Heute ist man davon abgekommen und verwendet selten mehr als zwei Einheiten, nicht nur um die Anlagekosten zu verringern, sondern auch um die Übersichtlichkeit der Anlage zu erhöhen. Sogar bei großen umsteuerbaren Schiffsmaschinenanlagen wird jeder Maschine nur eine Flasche von entsprechend großem Fassungsraum (bis 1500 l) zugeordnet, wobei allerdings in solchen Fällen stets ein eigenes, aus Motor und Verdichter bestehendes Hilfsaggregat vorhanden ist.

Die Flaschen sind entweder nahtlos gezogen oder bestehen aus einem Stück Stahlrohr, dem beiderseits gepreßte Böden elektrisch aufgeschweißt werden. Für die Luftflaschen der Schiffsmaschinen sind die Vorschriften der betreffenden Klassifikationsgesellschaften maßgebend. Alle Druckluftflaschen sind, wenn nicht besondere Vorschriften für den betreffenden Fall in Geltung sind, mit mindestens dem anderthalbfachen höchsten Betriebsdruck abzupressen.

Die für den Betrieb erforderlichen Armaturen werden in einem Flaschenkopf untergebracht. Dieser muß enthalten:

1. Das Hauptabsperrventil.

2. Das Sicherheitsventil.

3. Einen durch ein kleines Ventil absperrbaren Druckanzeiger.

4. Ein Entwässerungsventil, das durch ein Rohr von 5 bis 10 mm lichte Weite mit der tiefsten Stelle der Flasche verbunden wird.

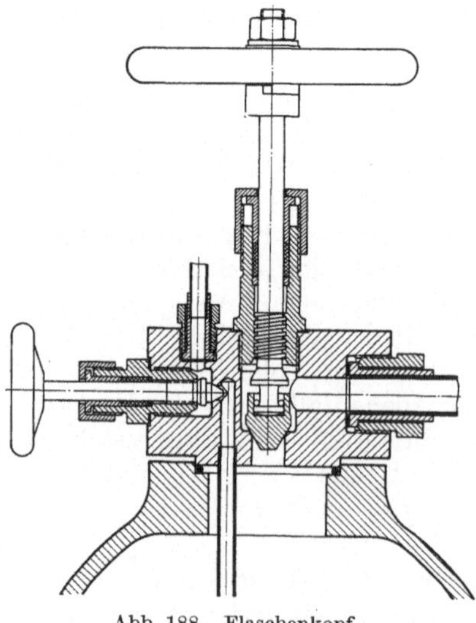

Abb. 188. Flaschenkopf.

6. Einen abschaltbaren Rohranschluß, der gestattet, die Flasche mit den übrigen Einheiten der Batterie zu verbinden oder sie mit Kohlensäure aufzufüllen.

In Abb. 188 ist ein derartiger Flaschenkopf abgebildet. Alle Luftleitungen werden aus nahtlos gezogenen Stahlrohren hergestellt. Für die Verbindung der Rohre untereinander und mit den Armaturen werden Hochdruckkupplungen verwendet.

H. Schwungräder.

Da bei Zweitaktdieselmotoren infolge der relativ hohen Drehzahlen und Drücke zuverlässige Indikatordiagramme von genügender Größe nur selten abgenommen werden können, ist auch der Weg, die Schwungradmasse aus den Arbeitsüberschüssen der Drehkraftkurve zu bestimmen, meist nicht gangbar.

Bei Neukonstruktionen kann man sich recht gut mit einem konstruierten Diagramm behelfen, daß mit Annäherung aufgezeichnet werden kann, da der Verlauf der Verdichtungslinie, der zu erwartende Höchstdruck, der mittlere Druck und der mechanische Wirkungsgrad bekannt sind. An der fertigen Maschine ist der Ungleichförmigkeitsgrad am besten mittels des Torsiographen zu kontrollieren (die Tachographenanzeige ist nicht zuverlässig!).

Für überschlägige Rechnungen genügt auch die Güldnersche Formel,[1] die im folgenden insofern verändert wurde, als statt der indizierten Leistung die effektive N_e eingesetzt wurde, und zwar deshalb, weil der mechanische Wirkungsgrad großen Schwankungen ohnehin nicht unterworfen ist.

Damit wird das Schwungmoment $G D^2$ (kg/m²):

$$G D^2 = \frac{10^6 \cdot C \cdot N_e}{\delta \cdot n^3}. \tag{101}$$

Tabelle 26.
Beiwert C für Schwungradberechnung.

Zylinderzahl	C
1	32
2	7
3	4,2
4	2,5
5	2
6	1,8

Die Werte C sind in der nebenstehenden Tabelle 26 zusammengestellt, die unter der Voraussetzung gleichmäßiger Kurbelversetzung für Gebläse- und Kurbelkastenmaschinen gilt. Der Ungleichförmigkeitsgrad wird bei Zweitaktmaschinen meist etwas kleiner gewählt als bei Viertaktmaschinen. Für gewerbliche Zwecke geht man mit δ selten über $^1/_{40}$ hinaus. Bei einzylindrigen Schiffsmaschinen kann man δ mit $^1/_{30}$ ansetzen. Mehrzylindrige Maschinen erhalten um so niedrigere Ungleichförmigkeitsgrade, je kleiner die zu erreichende Mindestdrehzahl sein soll.

Die Größe des Ungleichförmigkeitsgrades bei Dynamo-Antriebsmaschinen wird im wesentlichen durch die Forderung bestimmt, daß die

---

[1] Güldner, H.: Das Entwerfen und Berechnen der Verbrennungskraftmaschinen, 3. Aufl., S. 291. Berlin: Julius Springer. 1922.

angeschlossenen Glühlampen nicht flimmern sollen.[1] Primäre Ursachen des Flimmerns sind stets Spannungsschwankungen, die entweder im elektrischen Teil der Anlage oder durch einen zu großen Ungleichförmigkeitsgrad der Antriebsmaschine hervorgerufen werden können. Die Größe der zulässigen Helligkeitsschwankung (d. i. jene Lichtschwankung, die vom Beobachter nicht mehr wahrgenommen werden kann) hängt vom Beobachter, der Art der Beobachtung und von der Anzahl der Schwankungen in der Zeiteinheit ab. Die dieser Helligkeitsschwankung entsprechende Spannungsschwankung ist wieder von der Bauart der Glühlampe abhängig.[2] Bisher wurde immer nur die Größe der zulässigen Spannungsschwankung in Abhängigkeit von der Periode der Schwankungen untersucht und es ist daher verständlich, daß die erhaltenen Resultate ziemlich stark streuen, eben deshalb, weil außer den individuellen Verschiedenheiten der Beobachter und den Unterschieden in der Art der Beobachtung auch keine einheitlichen Lampentypen verwendet wurden. Die Kurven sind daher stets mit Vorsicht zu benützen. In Abb. 189 ist eine derartige Kurve nach den Beobachtungen von K. Simons[3] dargestellt.

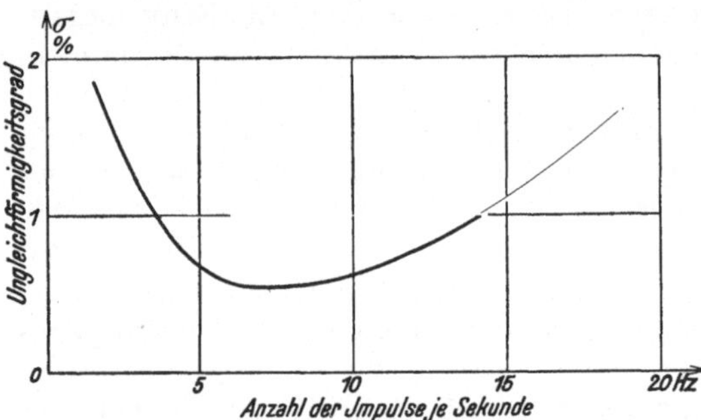

Abb. 189. Größtwert des zur Erzielung flimmerfreien Lichtes zulässigen Ungleichförmigkeitsgrades in Abhängigkeit von der Zahl der Schwankungen je Sekunde nach Simons.

Ihr Gebrauch ist einfach: Soll beispielsweise für eine dreizylindrige Zweitaktmaschine, die mit 375 U/min umläuft, der größte zulässige Ungleichförmigkeitsgrad δ bestimmt werden, so ermittelt man zunächst die von der Kraftmaschine in der Sekunde ausgeübten Impulse mit

$$3 \cdot 375/60 = 18,8$$

und erhält dafür aus Abb. 189 ein zulässiges δ von 1,66%. In den meisten Fällen gibt die Kurve von Simons zu günstige Werte. Es empfiehlt sich daher den Ungleichförmigkeitsgrad noch kleiner zu wählen als Abb. 189 angibt.

Bei Wechselstrommaschinen, die parallel geschaltet werden sollen, muß das Auftreten elektrischer Schwingungserscheinungen vermieden werden. Auch diese Forderung ist bestimmend für die Größe des

---

[1] Nidetzky, G.: Periodische Spannungsschwankungen in Lichtnetzen bei zu großem Ungleichförmigkeitsgrad der Antriebsmaschine. Ztschr. österr. Ing.- u. Arch.-Ver., S. 238 (1933).

[2] Nidetzky, G.: Temperatur- und Helligkeitsschwankungen an Glühlampen bei periodisch schwankender Belastung. Ztschr. techn. Phys., S. 308 (1933).

[3] Elektrotechn. Ztschr. 38, S. 453, 465, 475 (1917).

Schwungmomentes. Eine kurze Darstellung der hierfür maßgebenden Gesichtspunkte findet sich in Hütte, 26. Aufl., 2. Bd., S. 1027. In konkreten Fällen werden die nötigen Angaben von der Elektrofirma gemacht.

Die Festigkeitsberechnung der Schwungräder ist in der Literatur so ausführlich behandelt worden, daß es sich erübrigt, an dieser Stelle darauf einzugehen. Es sei nur bemerkt, daß die verhältnismäßig hohen Drehzahlen der Zweitaktmaschinen es mit sich gebracht haben, daß gußeiserne Scheibenschwungräder, die eine Umfangsgeschwindigkeit bis zu 40 m/sek zulassen, gegenüber Armrädern, bei denen man nur bis etwa 32 m/sek geht, bevorzugt werden. Überdies sehen Scheibenräder besser aus als Armräder.

Die häufigsten Schäden bei Schwungrädern treten an den Naben auf. Es ist daher die Keilverbindung, die Nabe selbst und deren Übergang in die Scheibe bzw. die Arme reichlich zu bemessen.

Bei kleineren Maschinen wird häufig die Riemenscheibe als sogenannte Topfscheibe ausgeführt und an das Schwungrad angeflanscht. Die dadurch verursachte höhere Beanspruchung der Scheibe und der Nabe muß durch entsprechende Verstärkung dieser Teile wettgemacht werden. Für Leistungen über 100 PS sollen Topfscheiben nicht mehr verwendet werden. Normale, auf die Verlängerungswelle aufgekeilte Riemenscheiben sind in solchen Fällen zweckmäßiger.

J. Schmierung.

Im Zweitaktmotorenbau finden zwei Schmiersysteme Anwendung: die Druckschmierung und die Umlaufschmierung.

Bei der Druckschmierung wird Frischöl in kleinen Mengen durch den Schmierapparat den einzelnen Lagerstellen zugeführt. Reine Druckschmierung, bei der also alle Lagerstellen der Maschine vom Apparat beordert werden, wird seltener verwendet, um den Schmierölverbrauch nicht zu hoch ansteigen zu lassen. Die übliche Anordnung ist vielmehr die, daß die Hauptlager Ringschmierung (oder ähnliches) erhalten, das Triebwerk hingegen (Kolben, Kolbenbolzen und Kurbellager) vom Apparat geschmiert werden. Bei kleineren Maschinen werden der Kolbengleitfläche, dem Kolbenbolzen und dem Kurbelzapfen je ein Auslaß zugeordnet, während bei großen Einheiten Kolbenbolzen und Kurbelzapfen je zwei Auslässe erhalten. Die Anzahl der Schmierleitungen wird also bei Mehrzylindermaschinen sehr groß, was nicht nur das Aussehen des Motors beeinträchtigt, sondern auch eine Quelle von Störungen bildet. Bei Kurbelkastenmaschinen besteht allerdings keine Möglichkeit, diesem Übelstande abzuhelfen.

Um den Ölverbrauch zu vermindern, trachtet man, das gebrauchte Öl neuerlicher Verwendung zuzuführen. Leider sind die Aussichten dafür recht ungünstig. Denn bei den Kurbelkastenmaschinen, für die dieses System vorwiegend in Frage kommt, wird das vom Triebwerk abtropfende Öl zum Teil von der Spülluft entführt, während der Rest so stark verunreinigt ist, daß er nach sehr sorgfältiger Filterung nur als Zusatz zum Frischöl verwendet werden kann.

Bei Kurbelkastenmaschinen für Schiffsantriebszwecke ist es aus schon erwähnten Gründen unmöglich, die Hauptlager als Ringschmierlager auszubilden. Da für kleinere Maschinen eine Umlaufpumpe zu teuer käme, müssen dann auch die Hauptlager vom Apparat aus bedient werden. Um das aus den Hauptlagern austretende Öl erneuter Verwendung zuzuführen, müssen Ölablaßleitungen und Sammelbehälter vorgesehen

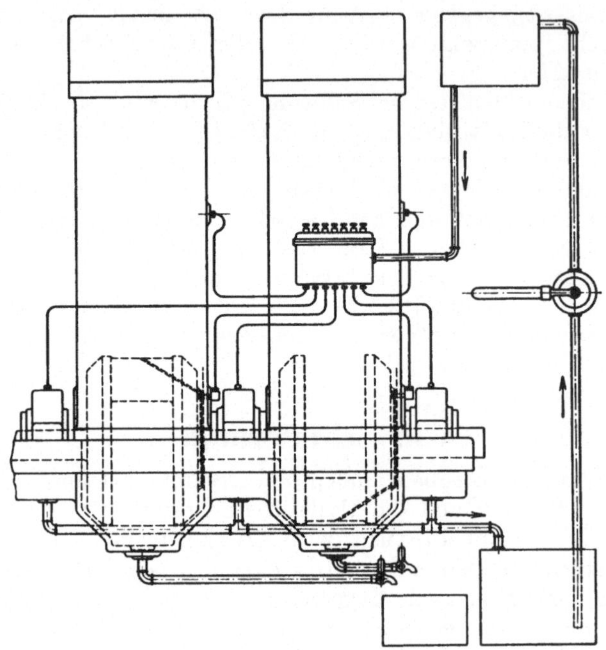

Abb. 190. Druckschmierung mit Hochbehälter, dem das von den Hauptlagern abfließende Schmieröl wieder zugeführt wird.

werden. Dabei wird zweckmäßig das Triebwerksöl und das Lageröl in getrennten Behältern aufgefangen, da letzteres nicht so sorgfältig gereinigt werden muß wie ersteres.

Die vom Schmierapparat zu fördernden Ölmengen werden bei dieser Anordnung ziemlich groß. Die üblichen am Apparat angebauten Behälter müßten sehr oft nachgefüllt werden, was man vermeiden kann, wenn man einen größeren Hochbehälter vorsieht, in den auch das von den Hauptlagern abfließende Öl, am besten durch eine Flügelpumpe, direkt eingefüllt werden kann (Abb. 190).

Bei der Umlaufschmierung (Abb. 191) wird das aus den Lagerstellen austretende Öl im Ölsumpf gesammelt, durch ein Vorfilter von der Umlaufpumpe angesaugt und nach nochmaliger Reinigung im Feinfilter den

Lagerstellen erneut zugeführt. Muß das Umlauföl größere Wärmemengen von den Lagern abführen, so wird es außerdem noch gekühlt.

Reine Umlaufschmierung wird im Zweitaktmotorenbau noch selten angewendet, obwohl sie zweifellos das anzustrebende Ideal bildet. In der Regel versorgt die Umlaufschmierung bei größeren Kurbelkastenmaschinen die Grundlager, während das Triebwerk Druckschmierung erhält. Bei Gebläsezweitaktmaschinen erhält die Zylinderlaufbahn und zuweilen auch der Kolbenbolzen Druckschmierung, während die übrigen Lagerstellen von der Umlaufpumpe versorgt werden.

Da bei der Umlaufschmierung den Lagerstellen ohne Erhöhung des Ölverbrauches praktisch beliebig große Ölmengen zugeführt werden

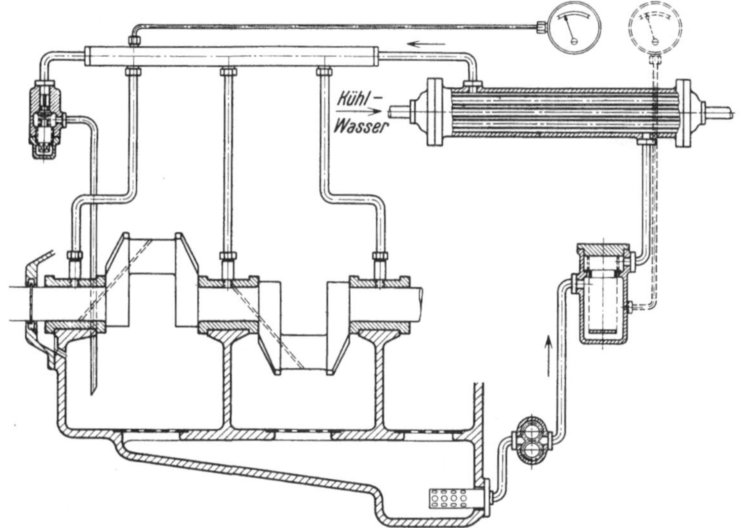

Abb. 191. Schema der Umlaufschmierung.

können und gleichzeitig diesen Stellen die Lagerwärme durch Kühlung des Öles entzogen werden kann, so ist dieses Schmiersystem besonders für hochtourige Maschinen und für solche Motoren geeignet, bei denen der Ölverbrauch auf einen Kleinstwert herabgesetzt werden soll.

Die Umlaufschmierung befriedigt aber nur dann, wenn alle Ölverluste sorgfältig vermieden werden. Es muß daher nicht nur die Bildung von Leckstellen verhindert werden, sondern es muß vor allem getrachtet werden, die an den Zylinderwänden hochsteigenden Ölmengen soweit als irgend möglich zu vermindern. Dies kann zunächst durch zweckmäßige Kolbenkonstruktion erreicht werden. Daneben ist aber auch wichtig zu verhindern, daß Umlauföl überhaupt an die Zylinderwände gelangt. Das von den Lagerstellen abspritzende Öl soll also von den Zylinderwänden abgehalten und möglichst rasch dem Bereich der bewegten Maschinenteile entzogen werden. Die Bildung von Öldämpfen im Kurbelkasten soll durch genügend tiefe Öltemperatur verhindert werden.

Ersteres läßt sich nur durch eine gut durchdachte Anordnung von zwischen Welle und Zylinder eingebauten Spritzwänden erreichen. Das aus den Hauptlagern austretende Öl klettert unter dem Einfluß der Fliehkraft dem Kurbelschenkel entlang, vereinigt sich mit dem vom Kurbellager ausgeschiedenen Schmiermittel und spritzt an einer geeigneten Kante

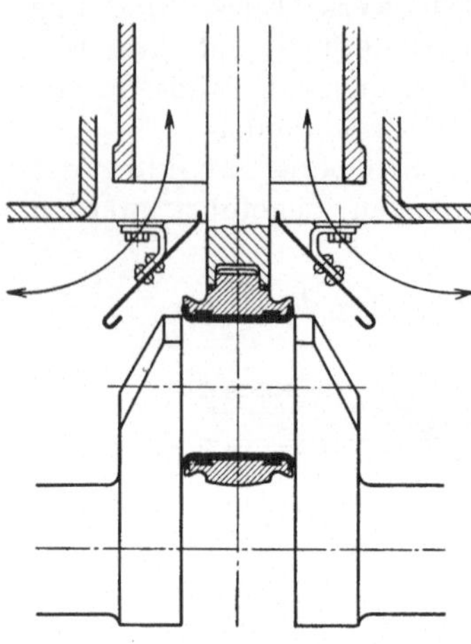

Abb. 192. Einbau von Spritzwänden.

ab, oder aber es steigt längs der Schubstange hoch und gelangt dann in den Bereich der Zylinderwände. Man muß also zunächst dafür sorgen, daß das Abspritzen des Öles an einer geeigneten Stelle vor sich geht. Zu diesem Zwecke soll die Schubstange beiderseits Bunde erhalten, die von den festen Spritzblechen überdeckt werden (Abb. 192); die Spritzbleche selbst sollen eine starke Neigung erhalten, damit sich das Öl von ihnen nicht loslöst. Es muß weiters beachtet werden, daß die Kolbenbewegung eine starke pulsierende Luftbewegung im Kurbelkasten verursacht und daß diese vom Wege des Öles ferngehalten werden muß, damit es nicht wieder aufgewirbelt und fortgerissen wird (Abb. 192). Die Spritzbleche sollen das aufgefangene Öl an einer von den bewegten Maschinenteilen genügend weit entfernten Stelle der Ölsammelrinne zuführen. Diese selbst soll tief liegen und durch Siebbleche vom eigentlichen Kurbelkasten getrennt sein. Ihr Querschnitt und ihr Gefälle soll so groß sein, daß in ihr auch bei ungünstigen Lagen des Motors (Schiffsmaschine) keine Stauung auftreten kann. Der eigentliche Ölsumpf wird entweder in die Grundplatte eingegossen oder als getrennter Sammelbehälter ausgeführt und soll so tief liegen, als irgend möglich ist.

Allgemeine Anordnung der Umlaufschmierung (Abb. 191).

Die Saughöhe der Umlaufpumpe soll nicht größer sein als 200 mm, da sonst insbesondere bei Zahnradpumpen häufig Störungen auftreten. Der Pumpe wird ein leicht zugängliches Grobfilter (gelochtes Blech mit 2 mm Löchern) vorgeschaltet. Von der Pumpe fließt das Öl durch ein Feinfilter und eventuell durch den Ölkühler in die weite Verteilleitung, an die die zu den einzelnen Lagerstellen gehörigen Teilleitungen anschließen. Am Ende der Verteilerleitung wird das Öldruck-Regelventil angeordnet. Zur Kontrolle des Ölumlaufes werden Manometer verwendet. Bei kleinen Maschinen genügt ein solches, das den Druck in der Verteilleitung angibt, also hinter dem Feinfilter angeschlossen werden muß. Größere Maschinen erhalten zwei Manometer, von denen eines den Druck vor, das andere den Druck nach dem Feinfilter anzeigt.

Umlaufölmenge.

Die stündlich umgewälzte Ölmenge soll betragen:

Bei langsamlaufenden Stationärmaschinen .... 5 l/PSe/h
„   „   Schiffsmaschinen 8   „
„   schnellaufenden Maschinen je nach Verwendung und
Schnelläufigkeit .... 8 bis 12   „

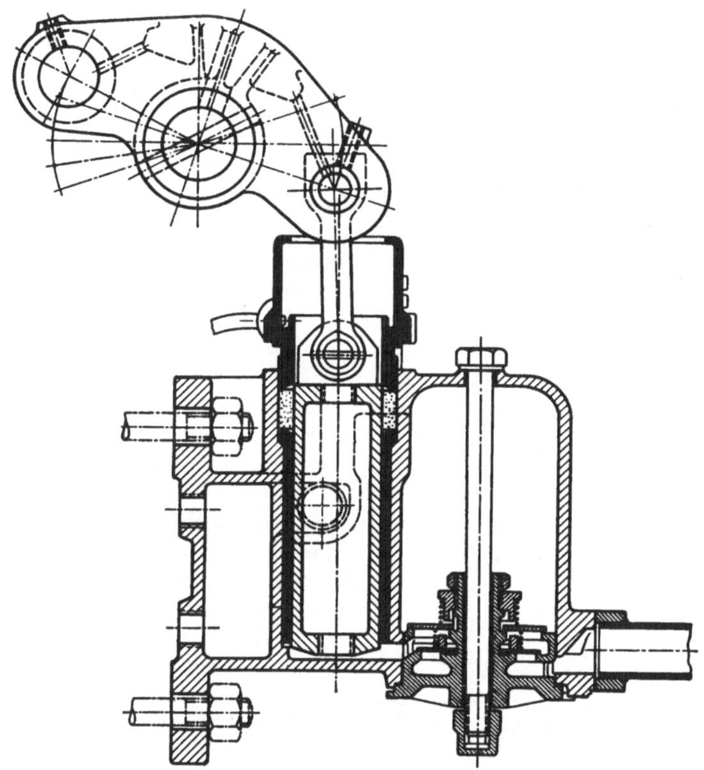

Abb. 193. Umlaufkolbenpumpe, Bauart Climax.

Die gesamte im Umlauf befindliche Ölmenge liegt je nach der Schnellläufigkeit und dem Verwendungszweck der Maschine zwischen:

0,3 und 0,6 l/PSe.

Schmieröldruck je nach Schnelläufigkeit 0,5 bis 2 at und darüber.

Normale Ölverbrauchsziffern von Zweitaktmaschinen.

Kurbelkastenmaschinen mit reiner Druckschmierung
ohne Rückgewinnung .... 15 bis 20 g/PSe/h
Kurbelkastenmaschinen mit Ringschmierhauptlager
und Druckschmierung für das Triebwerk, ohne
Rückgewinnung .... 10 „ 12   „

Kurbelkastenmaschinen mit reiner Druckschmierung
mit Rückgewinnung............................ 8 bis 12 g/PSe/h
Kurbelkastenmaschinen mit Ringschmierhauptlager
und Druckschmierung für das Triebwerk mit Rückgewinnung..................................... 6 „ 10   „
Gebläsezweitaktmaschinen mit Umlaufschmierung ... 3 „ 8   „

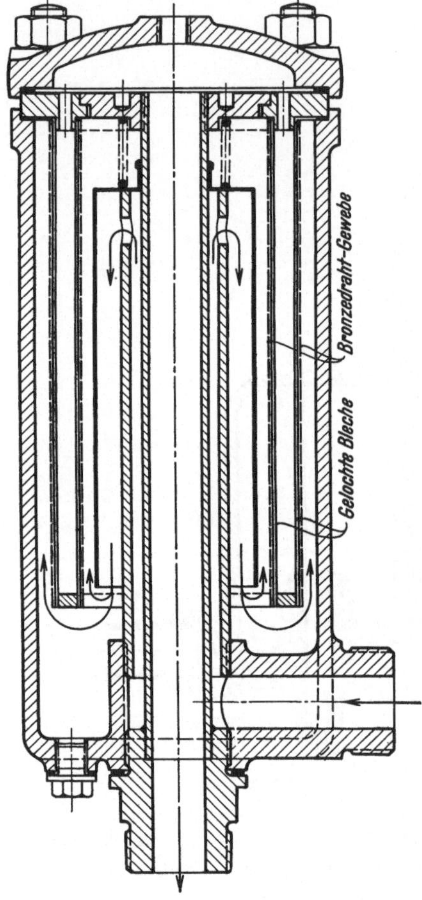

Abb. 194. Schmierölfilter.

Bauteile der Schmieranlage.

Schmierapparate.

Druckschmierapparate werden von einer großen Anzahl von Firmen erzeugt. Die Druckschriften dieser Firmen enthalten alle wissenswerten Einzelheiten darüber, so daß es überflüssig ist, an dieser Stelle darauf einzugehen.

Die Regelung der geförderten Schmierölmenge erfolgt bei allen Apparaten in zweifacher Weise: Erstens durch Verändern des Nutzhubes jeder einzelnen Pumpe und zweitens durch Verändern der Antriebsgeschwindigkeit des ganzen Apparates. Es haben sich zwei Formen des Apparatantriebes herausgebildet: Der schwingende und der umlaufende Antrieb. Bei der ersten Form ist die Antriebsgeschwindigkeit durch Verändern des Übersetzungsverhältnisses des Gestänges in einfacher Weise regelbar. Man wird daher in der Regel diese Form des Antriebes bevorzugen.

Umlaufpumpen.

Als Umlaufpumpen werden meist Zahnradpumpen, seltener Kolben- oder Kapselpumpen verwendet. Ihr Antrieb erfolgt entweder direkt von der Kurbelwelle aus, was den Nachteil hat, daß die Pumpe sehr hoch zu liegen kommt, oder aber es wird ein eigenes Zahnrad oder Schraubenradgetriebe für die Pumpe vorgesehen.

Schmierölfilter.

Abb. 194 zeigt die übliche Ausführung eines Feinfilters. Größere Maschinen erhalten umschaltbare Doppelfilter, die während des Be-

triebes gereinigt werden können. Die Filterfläche soll etwa 1,5 bis 2 cm²
für je 1 l stündlich gefördertes Umlauföl betragen. Als Filterbespannung
verwendet man meist Messingdrahtgewebe
von $\sim$ 2500 Maschen/cm².

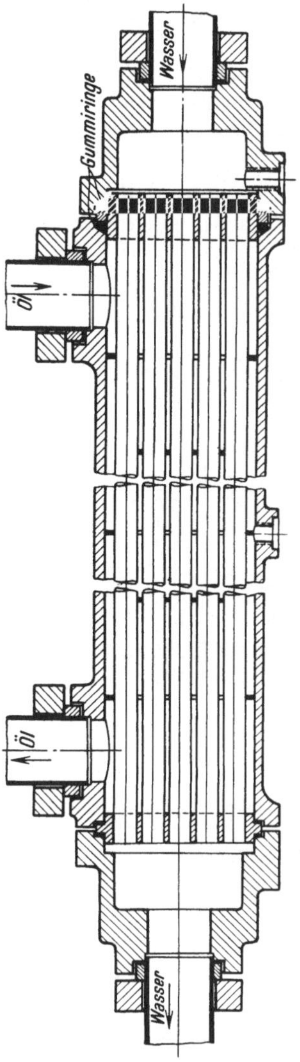

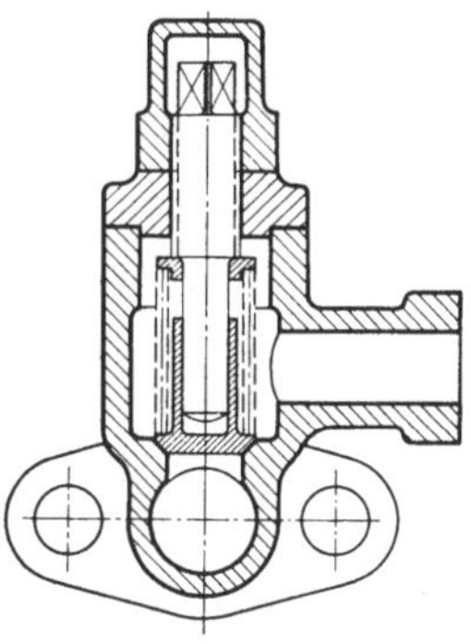

Abb. 195. Schmierölkühler.

Schmierölkühler (Abb. 195).

Es werden Röhrenkühler üblicher Bauart verwendet. Die nötige Kühlfläche hängt
so sehr von der Bauart der Maschine,
ihrer Schnelläufigkeit, der Kühlwasser-
temperatur und der Wirksamkeit des
Kühlers ab, daß darüber keine allgemeinen
Angaben gemacht werden können.

Druckregelventile.

Das Druckregelventil ist seinem Wesen
nach ein Sicherheitsventil mit einstellbarer
Federspannung (Abb. 196).

Abb. 196. Federbelastetes Ventil zur Regelung des Öldruckes.

K. Kühlung.

Da die mittlere Gastemperatur bei
Zweitaktmaschinen verhältnismäßig hoch
liegt, ist auch der Kühlwasserbedarf
dieser Motoren groß. Er ist weniger von
der Bauart als von dem Zustande des
Kühlwassers abhängig. Der Kühlwasserbedarf beträgt im Mittel:

Bei Stabilanlagen mit Frischwasserkühlung und tiefer
    Wassertemperatur (10 bis 15⁰ C) . . . . 20 bis 25 l/PSe/h
Bei Stabilanlagen mit Rückkühlung oder mit Frisch-
    wasserkühlung bei hoher Wassertemperatur (25 bis 35⁰ C) 30 ,, 40   ,,
Bei Schiffsmotoren . . . . 40 ,, 50   ,,

Bei ortsfesten Anlagen wird in der Regel die Kühlwasserpumpe nicht an die Maschine angebaut, um sich den jeweiligen Betriebsbedingungen leichter anpassen zu können. Steht Druckwasser zur Verfügung, so entfällt die Pumpe ganz; sind große Saughöhen zu überwinden, so werden langsamlaufende Kolbenpumpen, in anderen Fällen schnellaufende Kolbenpumpen (Abb. 197) oder Kreiselpumpen verwendet. Die Pumpen werden meist durch Riemen von der Kurbelwelle aus angetrieben, zuweilen erhalten sie (bei Kreiselpumpen ist das die Regel) elektrischen Einzelantrieb.

Bei Schiffsmaschinen werden die Kühlwasserpumpe und die Lenzpumpe, die unbedingt erforderlich ist und die gleichen Abmessungen und

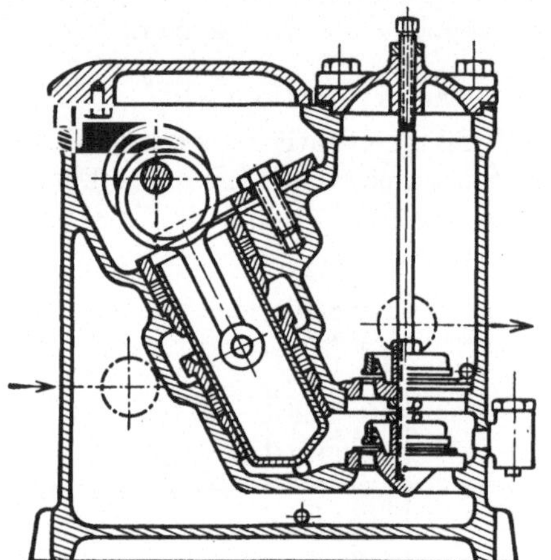

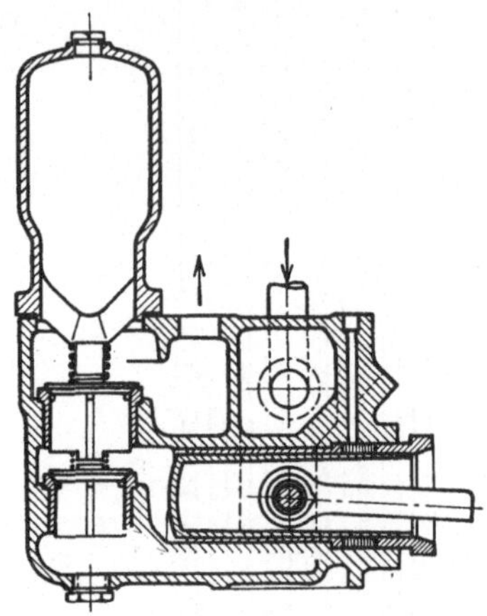

Abb. 197. Schnellaufende Kolbenpumpe für Riemenantrieb, Bauart Climax.

Abb. 198. Kühlwasser- oder Lenzpumpe für Exzenterantrieb, Bauart Climax

den gleichen Aufbau erhält wie die Kühlwasserpumpe, stets an den Motor angebaut. Beide Pumpen werden durch ein gemeinsames Exzenter angetrieben (Abb. 198 und 199). Die Drehzahl ist dann zwar meist verhältnismäßig hoch, doch ist dies ohne weiteres zulässig, weil im Schiffsbetriebe keine großen Saughöhen zu überwinden sind.

Hat das Kühlwasser nach dem Austritte aus der Maschine keine Druckhöhe mehr zu überwinden, so wird die Kühlwasserleitung offen ausgeführt, d. h. die Auslässe der einzelnen Zylinder münden in offene Trichter. Dies hat den Vorteil, daß Menge und Temperatur des aus jedem Zylinder austretenden Wassers leicht kontrolliert werden können.

Muß aber das Kühlwasser nach der Maschine auf ein höheres Niveau gedrückt werden (Rückkühlanlage) oder ist die Anordnung einer offenen Kühlwasserleitung aus anderen Gründen unzulässig (Schiffsmotoren), so wird die Leitung geschlossen geführt. In diesem Falle ist in die Leitung beim Austritt aus jedem Zylinder ein Thermometer einzubauen, das die Austrittstemperatur kontrolliert.

In beiden Fällen
muß beim Zylinderein-
oder -austritt eine
Drosseleinrichtung
vorgesehen werden, die
die jedem Zylinder zu-
zuteilende Wasser-
menge zu regeln gestat-
tet. Einfache Wasser-
hähne sind für diesen
Zweck am besten ge-
eignet.

Die Kühlwasser-
leitung wird bei orts-
festen Motoren aus
Gasrohren zusammen-
gebaut, bei Schiffsma-
schinen werden Kup-
ferrohre, bei Binnen-
schiffen, die ausschließ-
lich in Süßwasser fah-
ren, zuweilen auch in-
nen verzinnte Gasrohre
verwendet. Die Was-
sergeschwindigkeit in
den Leitungen ist meist
ziemlich niedrig und
liegt ungefähr bei:

$\sim 1,0$ m/sek in den
Wasserzuleitungen,

$\sim 0,6$ m/sek in den
Wasserableitungen.

Es ist sehr darauf zu
achten, daß alle Was-
serräume und Leitun-
gen von möglichst we-
nig Stellen aus entwäs-
sert werden können.

Kühlwasser- und
Lenzpumpen für
Schiffsmaschinen.

Der Bau dieser
Pumpen ist in der
Regel Aufgabe der
Motorenfirma. Meist

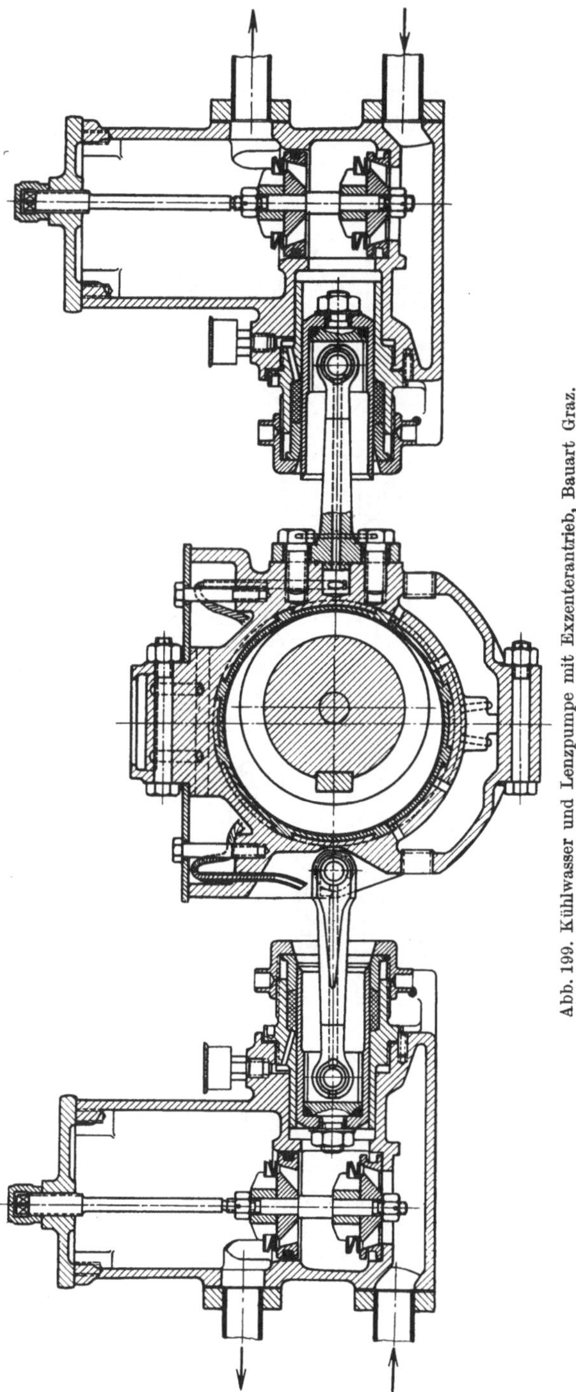

Abb. 199. Kühlwasser und Lenzpumpe mit Exzenterantrieb, Bauart Graz.

werden exzentergetriebene Plungerpumpen ausgeführt. Der Plunger wird
durch eine Stopfbüchse mit Hanfpackung abgedichtet. Als Ventile werden
heute fast ausschließlich Plattenventile verwendet, wobei die Geschwindigkeit in den Ventilen ziemlich hoch liegt und ungefähr 5 bis 6 m/sek beträgt.

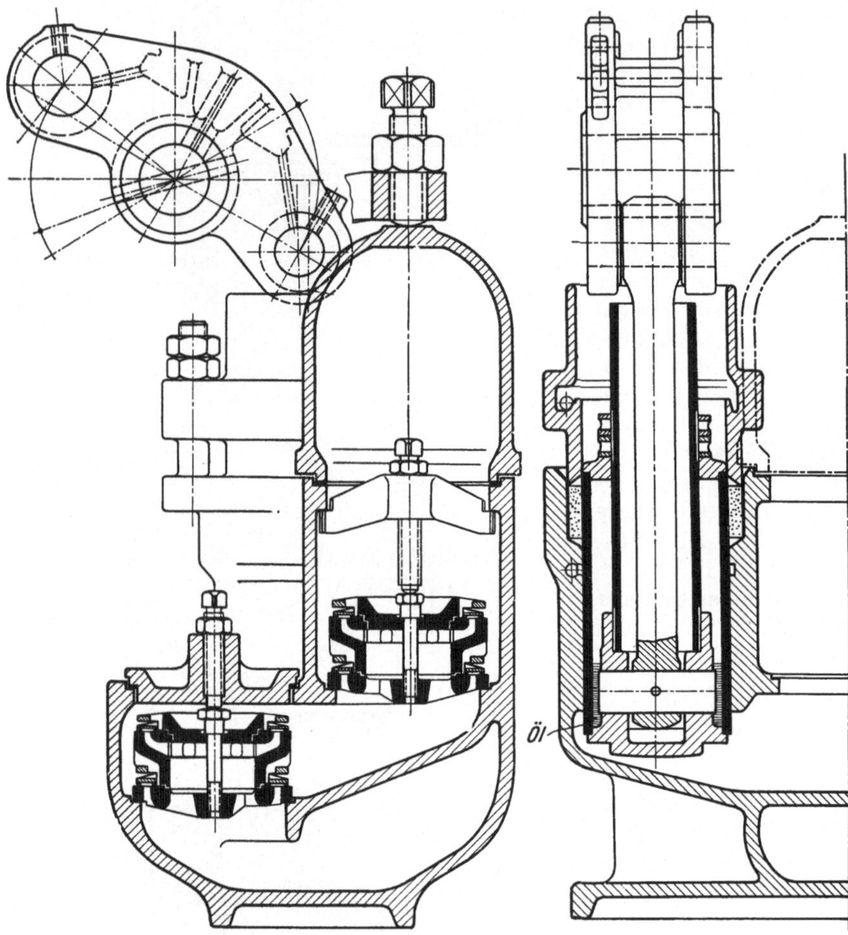

Abb. 200. Stehende Kühlwasser bzw. Lenzpumpe einer größeren Schiffsmaschine, Bauart Climax
(siehe Abb. 187).

Die Pumpen sind mit ausreichend großen Saug- und Druckwind-
kesseln zu versehen und erhalten folgende Hilfseinrichtungen: Schnüffel-
ventil, Sicherheitsventil, das besser durch eine Bruchplatte aus dünnem
Blech oder aus Gummi ersetzt wird, und schließlich eine entsprechende
Anzahl Hähne, die alle Pumpenräume zu entwässern gestatten.

Die Plungerlaufbahn wird meist mit Starrfett, alle übrigen Lagerstellen
von Hand aus mit Öl, besser vom Druckschmierapparat aus geschmiert.

L. Fundamente ortsfester Maschinen.

Die Bemessung der Fundamente hat von dem Gesichtspunkt aus zu erfolgen, daß die Belastung des Baugrundes innerhalb der zulässigen Grenzen bleibt. Dabei ist zu berücksichtigen, daß diese Belastung in der Regel über die Bodenfläche des Fundamentes ungleichmäßig verteilt ist und daß sie nicht ruhend ist, sondern unter dem Einflusse der Massenkräfte und -momente periodisch schwankt. Die Widerstandsfähigkeit des Baugrundes gegenüber einer ruhenden Belastung ist meist bekannt. Hingegen liegen Erfahrungen über das Verhalten des Grundes gegenüber schwankenden Belastungen kaum vor. Man wird aber annehmen können,

daß der Größtwert der zulässigen Beanspruchung um so kleiner sein wird, je größer die Amplitude und die Frequenz der Belastungsschwankung ist. Tatsächlich zeigen ausgeführte Fundamente von Zweitaktdieselmotoren in den seltensten Fällen eine höhere bezogene Bodenbeanspruchung als 1 kg/cm², während im allgemeinen die Belastbarkeit des normalen Baugrundes bei ruhender Last 3 kg/cm² beträgt.

Die Verteilung der Beanspruchung über die Bodenfläche des Fundamentes kann

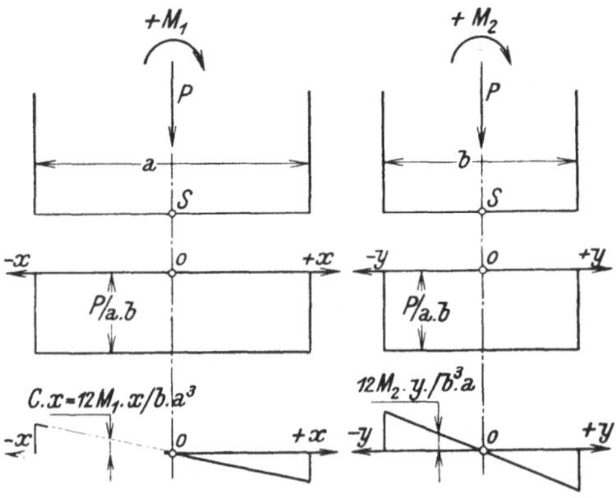

Abb. 201. Druckverteilung in der Bodenfläche eines Fundamentblockes.

mit einiger Annäherung unter der Voraussetzung gerechnet werden, daß die Zusammendrückung des Bodens der Belastung verhältnisgleich (A. Föppl, Technische Mechanik, Bd. III, 9. Aufl., S. 259) oder mit anderen Worten, daß die Begrenzungsfläche des die spezifische Belastung darstellenden Körpers eine Ebene ist. Dann muß die Resultierende der belastenden Kräfte und Momente durch den Schwerpunkt dieses Körpers gehen.

Für die Berechnung ist es zweckmäßig, die Resultierende in eine durch den Schwerpunkt S der Bodenfläche gehende Kraft P und in zwei Momente, nämlich M_1 bezüglich der y-Achse und M_2 bezüglich der x-Achse zu zerlegen (Abb. 201).

Die Kraft P ruft eine gleichförmig verteilte Belastung $P/F = \dfrac{P}{a \cdot b}$ hervor.

Das Moment M_1 erzeugt Druck bzw. Zugspannungen, die der Voraussetzung gemäß von S aus linear ansteigen und sich der Beanspruchung P/F überlagern. Es ist daher an der Stelle x die von M_1 allein herrührende Beanspruchung:

$$q_1 = C \cdot x.$$

Somit ist die Summe der Momente bezüglich S:

$$\int_{-a/2}^{+a/2} C \cdot x \cdot x \cdot b \, dx = M_1 = \left. \frac{C \cdot b \cdot x^3}{3} \right|_{-a/2}^{+a/2} = C \cdot b \cdot a^3 / 12,$$

woraus
$$C = \frac{12 \, M_1}{b \cdot a^3}$$

und
$$q_1 = \frac{12 \cdot M_1 \cdot x}{b \cdot a^3}.$$

In analoger Weise ergibt sich für:
$$q_2 = \frac{12 \cdot M_2 \cdot y}{b^3 \cdot a}.$$

Somit wird die größte oder kleinste Beanspruchung in den Ecken (Abb. 202):

$$q_{\max} = \frac{P}{a \cdot b} + \frac{6 \, M_1}{b \, a^2} + \frac{6 \, M_2}{b^2 \cdot a}; \tag{101}$$

$$q_{\min} = \frac{P}{a \cdot b} - \frac{6 \, M_1}{b \, a^2} - \frac{6 \, M_2}{b^2 \cdot a}. \tag{102}$$

Diese Berechnung gilt nur solange, als $q_{\min}$ größer ist als 0, was immer anzustreben ist.

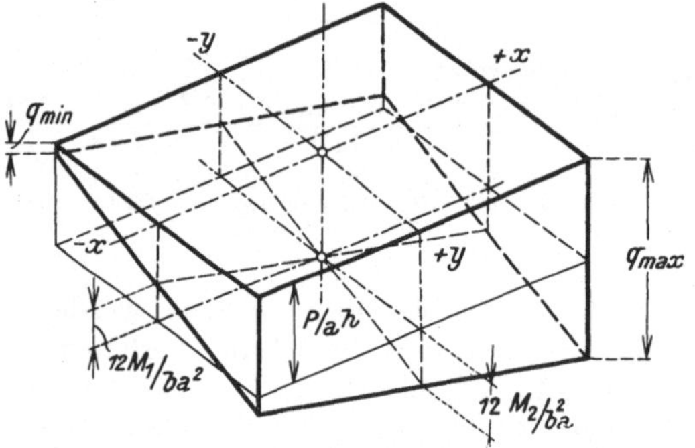

Abb. 202. Axonometrische Darstellung des Körpers, der die Verteilung des spezifischen Bodendruckes wiedergibt.

Es treten folgende, das Fundament beanspruchende Kräfte bzw. Momente auf:

1. Das Fundamentgewicht.

2. Das Motorgewicht.

3. Freie Massenkräfte und Momente, herrührend von den umlaufenden Massen.

4. Freie Massenkräfte und -momente 1. Ordnung, herrührend von den hin- und hergehenden Massen.

5. Freie Massenkräfte und -momente 2. Ordnung, herrührend von den hin- und hergehenden Massen.

3 bis 5 können der Tabelle 25 bzw. der Abb. 161 entnommen werden. Es ist zu beachten, daß dort die Momente bezüglich des Kurbelwellenmittels angegeben sind, woraus die Lage der etwa vorhandenen Massenkraft und damit auch deren Moment bezüglich des Schwerpunktes der Bodenfläche leicht bestimmt werden kann. Ist keine freie Massenkraft, sondern nur ein Moment vorhanden, so kann dieses ohne weiteres M_1 zugezählt werden, da ein Moment in seiner Ebene ohne Größenänderung verschoben werden kann, doch ist in allen Fällen der Drehsinn des Momentes zu beachten.

6. In Fällen, in denen die Arbeitsmaschine kein gemeinsames Fundament mit der Kraftmaschine besitzt, das abgegebene Drehmoment.

7. Der Massenwiderstand des Schwungrades. Dieser ist dem Tangentialdruckdiagramm als Differenz zwischen dem Wert des Tangentialdruckes in der betreffenden Kurbelstellung und dem Mittelwert des Tangentialdruckes zu entnehmen. Bei Ein- und Zweizylindermaschinen ist er daher für die Totpunktlagen dem abgegebenen Moment gleich, aber entgegengesetzt gerichtet.

8. In Fällen, in denen der Antrieb durch Seil oder Riemen erfolgt, der Seil- oder Riemenzug. Dieser wird in der Regel eine horizontale Komponente aufweisen, die durch die Reibung zwischen Fundament und Baugrund aufgenommen werden muß.

Zur Erläuterung der Berechnung diene das nachfolgende, der Praxis entnommene Beispiel (Abb. 203):

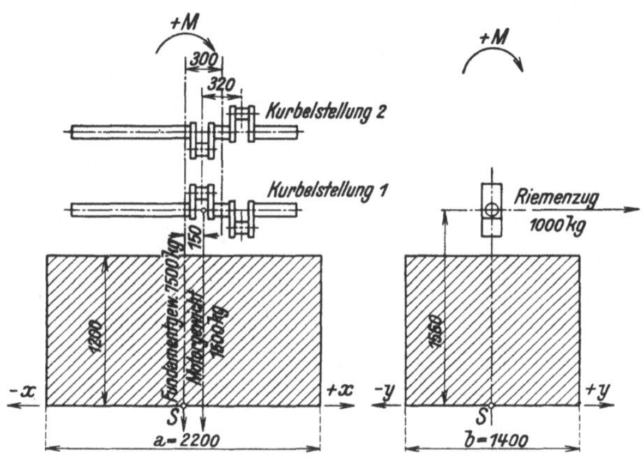

Abb. 203. Fundamentabmaße und Lageskizze (zum Beispiel).

Die für die Untersuchung nötigen Daten der Maschine und ihres Fundamentes sind folgende:

Zylinderzahl   2
Hub . . . .   250 mm
Abgegebenes Moment $= 71\,620\ N/n =$ . . . .   7162 cm kg
Drehzahl . . . .   500 U/min
Rotierende Massen für sich ausgeglichen; Gewicht der hin-
  und   hergehenden Massen eines Zylinders . . . .   30 kg
Stangenverhältnis . . . . $^1/_4$
Zylinderentfernung . . . .   320 mm
Gewicht der Maschine . . . .   1500 kg
Fundamentgewicht . . . .   7500 kg
Bodenfläche des Fundamentes . . . . $a =$ 2200 mm
                                                                $b =$ 1400 mm
                                                                $F =$ 3,08 m²

Horizontalentfernung des Fundamentschwerpunktes vom
  Schwerpunkt der Bodenfläche   0

Tabelle 27. Zusammenstellung der das Fundament beanspruchenden Kräfte und Momente.

Kraft, herrührend von	Vertikalkraft P kg	Entfernung von S in x-Richtung cm	M_1 cm/kg	Entfernung von S in y-Richtung cm	M_2 cm/kg
Fall A, Kurbelstellung 1.					
Fundamentgewicht	7500	—	—	—	—
Motorgewicht	1500	$+15$	$+22\,500$	—	—
Freie Massenkräfte I. Ordnung......................	—	—	—	—	—
Freies Moment der Massenkräfte I. Ordnung					
$m_k . r . \omega^2 . 32 = \dfrac{30}{9,81} \cdot 0,125 . 51,7^2 . 32 =$	—	—	$+33\,000$	—	—
Freie Massenkräfte II. Ordnung $\quad 2\,\lambda . m_k . r . \omega^2 =$	-516	$+30$	$-15\,500$	—	—
Abgegebenes Drehmoment......................	—	—	—	—	$+\quad7160$
Massenwiderstand des Schwungrades................	—	—	—	—	$-\quad7160$
Riemenzug 1000 kg horizontal wirkend, Moment daher					
156.1000	—	—	—	—	$+156\,000$
Summe	$+8484$	—	$+40\,000$	—	$+156\,000$
Fall B, Kurbelstellung 2.					
Fundamentgewicht	7500	—	—	—	—
Motorgewicht	1500	$+15$	$+22\,500$	—	—
Freie Massenkräfte I. Ordnung......................	—	—	—	—	—
Freies Moment der Massenkräfte I. Ordnung					
$- m_k . r . \omega^2 . 32 = - \dfrac{30}{9,81} \cdot 0,125 . 51,7^2 . 32 =$	—	—	$-33\,000$	—	—
Freie Massenkräfte II. Ordnung $\quad 2 . \lambda . m_k . r . \omega^2 =$	-516	$+30$	$-15\,500$	—	—
Abgegebenes Drehmoment	—	—	—	—	$+\quad7160$
Massenwiderstand des Schwungrades	—	—	—	—	$-\quad7160$
Riemenzug 1000 kg horizontal wirkend, Moment daher					
156.1000	—	—	—	—	$+156\,000$
Summe	8484	—	$-26\,000$	—	$+156\,000$

Horizontalentfernung des Maschinenschwerpunktes vom
Schwerpunkt der Bodenfläche .... 150 mm
Horizontalentfernung des Kurbelwellenmittels vom Schwer-
punkt der Bodenfläche .... 300 mm
Höhe des Wellenmittels über der Bodenfläche .... 1560 mm

Der Größtwert der freien Massenkräfte und -momente tritt dann auf,
wenn die Kurbeln in den Totpunkten stehen. Es sind also zwei Kurbel-
stellungen zu untersuchen:

Fall A: Kurbel 1 im oberen Totpunkt.
Fall B: Kurbel 2 im oberen Totpunkt.

Die auftretenden Kräfte und Momente stellt man am besten in
Tabellenform zusammen (s. nebenstehende Tab. 27).

Es wird somit:

$$\text{Fall A:} \qquad q_{max} = \frac{8484}{30\,800} + \frac{6 \cdot 40\,000}{140 \cdot 220^2} + \frac{6 \cdot 156\,000}{140^2 \cdot 220} =$$

$$= 0{,}275 + 0{,}0354 + 0{,}217 = 0{,}5274 \text{ kg/cm}^2,$$

$$q_{min} = \frac{8484}{30\,800} - \frac{6 \cdot 40\,000}{140 \cdot 220^2} - \frac{6 \cdot 156\,000}{140^2 \cdot 220} = 0{,}0226 \text{ kg/cm}^2;$$

$$\text{Fall B:} \qquad q_{max} = \frac{8484}{30\,800} + \frac{6 \cdot 26\,000}{140 \cdot 220^2} + \frac{6 \cdot 156\,000}{140^2 \cdot 220} =$$

$$= 0{,}275 + 0{,}023 + 0{,}217 = 0{,}515 \text{ kg/cm}^2,$$

$$q_{min} = \frac{8484}{30\,800} + \frac{6 \cdot 26\,000}{140 \cdot 220^2} + \frac{6 \cdot 156\,000}{140^2 \cdot 220} = 0{,}035 \text{ kg/cm}^2.$$

Derartig eingehende Fundamentberechnungen, wie im vorstehenden
Beispiel, werden in der Praxis nur in seltenen Fällen durchgeführt. In
der Regel begnügt man sich damit, das Fundamentgewicht nach Faust-
formeln, die meist dieses Gewicht in ein bestimmtes Verhältnis zur
Leistung setzen, zu bestimmen. Allerdings zeigen ausgeführte Maschinen-
anlagen recht große Schwankungen des Wertes G_F/N_e.

Einen ungefähren Anhalt gibt die nachfolgende Tabelle:

Tabelle 28. Fundamentgewichte in kg/PSe.

	1 Zylinder	2 Zylinder	3 Zylinder	4 Zylinder
$G_F/N_e =$	300—500	160—300	130—250	100—220

In dieser Tabelle gelten die kleineren Ziffern für schnellaufende, die
größeren für langsamlaufende Maschinen. Die Fundamenttiefe soll nicht
kleiner sein als der sechsfache Zylinderdurchmesser. Dies bezieht sich
selbstverständlich nur auf die Mindesttiefe des Fundamentes; liegt der
tragfähige Grund tiefer, als diesem Wert entspricht, so ist das Fundament
bis auf diesen herabzuführen. Der Fundamentplan muß stets eine derartige
Bemerkung enthalten.

Ergibt die Beanspruchung des Bodenquerschnittes zu hohe Werte, oder muß diese Beanspruchung sehr klein gehalten werden, so ist die Fundamentsohle entsprechend zu verbreitern. Das gleiche hat zu geschehen, wenn der tragfähige Grund sehr tief liegt, das Fundament also hoch wird, und zwar aus dem Grunde, um die Stabilität der Anlage zu sichern.

Der Motor wird auf dem Fundament durch Ankerschrauben befestigt. Bei kleineren und mittleren Motoren werden diese Anker fest eingemauert. Zu diesem Zwecke werden Ankerlöcher beim Bau des Fundamentes durch geeignete Pflöcke freigehalten, die Ankerschrauben bei der Aufstellung des Motors eingesetzt und dann erst vergossen.

Bei größeren Maschinen werden Ankerplatten eingemauert, in die die Fundamentanker mit Hammerköpfen eingesetzt werden. Die Länge der Fundamentanker ist so zu bemessen, daß sie ungefähr 80% der Fundamenttiefe erfassen.

M. Gesamtaufbau.

1. Kurbelkastenmaschinen.

Der übliche Aufbau dieser Maschinen ist durch die einzeln auf die Grundplatte aufgesetzten Zylinder gekennzeichnet; die Zylinder werden dabei meist einstückig bis zur Grundplatte durchgeführt, seltener auf niedere einzelstehende Gestelle aufgesetzt. Fast ausnahmslos werden Laufbüchse und Kühlmantel zu einem einzigen Gußstück vereinigt, eingesetzte Laufbüchsen sind selten. Die Zylinderentfernung hängt von der Bauart der den Wellenaustritt abdichtenden Ringe ab und schwankt zwischen den Werten:

$$2D \text{ bis } 2,6D.$$

Kleinere Maschinen und solche mit geringer Zylinderzahl erhalten den Regler, die Nocken des Brennstoffpumpenantriebes und die gegebenenfalls vorhandene Anlaßsteuerung häufig unmittelbar auf ein Kurbelwellenende aufgesetzt, zuweilen wird auch der Regler stehend angeordnet und durch ein Schraubenradpaar angetrieben; bei Maschinen mit größerer Zylinderzahl würde diese Anordnung die Baulänge zu sehr erhöhen. Deshalb wird in diesen Fällen eine kurze querliegende Steuerwelle vorgesehen, die durch ein Schraubenradpaar angetrieben wird und dann alle Hilfsantriebe bedient. Bei größeren Maschinen verwendet man auch eine parallel zur Kurbelwelle liegende kurze Steuerwelle, die durch Ketten oder durch eine stehende Zwischenwelle unter Vermittlung von Schrauben- oder Kegelrädern angetrieben wird.

Kleinere Motoren, bei denen ausschließlich einzylindrige Ausführungen in Frage kommen, werden wohl auch als Lagerschildmotoren gebaut. Die Kurbelwelle läuft dann meist in Wälzlagern.

Große mehrzylindrige Typen erhalten Kastengestelle, um die Längssteifigkeit zu erhöhen, was namentlich bei Schiffsmaschinen von Wichtigkeit ist. Dabei ist darauf zu achten, daß die Abdichtung des Wellenaustrittes aus dem Kurbelkasten gut zugänglich bleibt, was bei Zylinderdurchmessern über 200 mm ohne weiteres zu erreichen ist, bei kleineren Maschinen aber ziemliche Schwierigkeiten macht.

Der größte Teil der vorhandenen Kurbelkastenmaschinen ist in der deutschen Fachliteratur dargestellt und beschrieben worden. Mit Rücksicht darauf sollen im folgenden nur einige weniger bekannte Bauarten angeführt und kurz gekennzeichnet werden.

Motoren der Grazer Waggon- und Maschinenfabriks AG. (Abb. 204).

Motordaten: Bohrung 130   190 mm
            Hub 180   260 „
            Drehzahl 750   500 U/min
            Zylinderleistung ... 12   25 PS

Spülung: Querspülung, Luftführung durch schräge Kanäle.

Einspritzsystem: Druckeinspritzung, Brennstoffpumpe mit nicht entlastetem Aufstoßventil, offene Dreilochdüse.

Aufbau: Die größere Type hat ein niederes, einzelstehendes Gestell, auf das der Zylinder aufgesetzt wird. Durchgehende Zuganker entlasten das Gestell; die Anker sind mit Gewinde in die Grundplatte eingesetzt. Beim kleineren Motor ist der Zylinder bis zur Grundplatte herabgezogen, doch sind auch bei dieser Ausführung die Verbindungsschrauben so hoch hinaufgezogen, daß der Kurbelkastenoberteil, dessen Beanspruchung immer undurchsichtig ist, spannungsfrei bleibt. Die Brennstoffpumpen und die Luftanlaßvorrichtung werden direkt von der Kurbelwelle, der stehende Regler wird durch ein Schraubenradpaar angetrieben.

Schmierung: Die Grundlager sind als Ringschmierlager ausgebildet, das Kurbellager, der Kolbenbolzen und die Kolbenlaufbahn werden von einem Druckschmierapparat bedient.

Anlassen: Nockengesteuertes Anlaßventil an der Kurbelwelle, Rückschlagventil im Zylinderdeckel. Das der Anlaßluftbeschaffung dienende Rückfüllventil ist mit dem Rückschlagventil zu einer Baugruppe vereinigt.

Maschinen der Climax-Motorenwerke und Schiffswerft Linz AG.

Kleinere Typen (Abb. 205 und 206).

Motordaten: Bohrung 130   160   190   220 mm
            Hub 180   220   265   300 „
            Drehzahl 600   500   440   420 U/min
            Zylinderleistung ... 10   15   22   30 PS

Spülung: Querspülung, Führung der Luft durch schräg angeordnete Luftkanäle.

Einspritzsystem: Druckeinspritzung; Pumpen und Düsen von Robert Bosch (Abb. 110). Kegeliger Verbrennungsraum.

Aufbau: Einzelstehende Zylinder mit angegossenem Kurbelkastenoberteil und tief heruntergezogenem Wassermantel. Offen gegossene Zylinderdeckel. Die Ausbildung des Triebwerkes weicht insofern von den

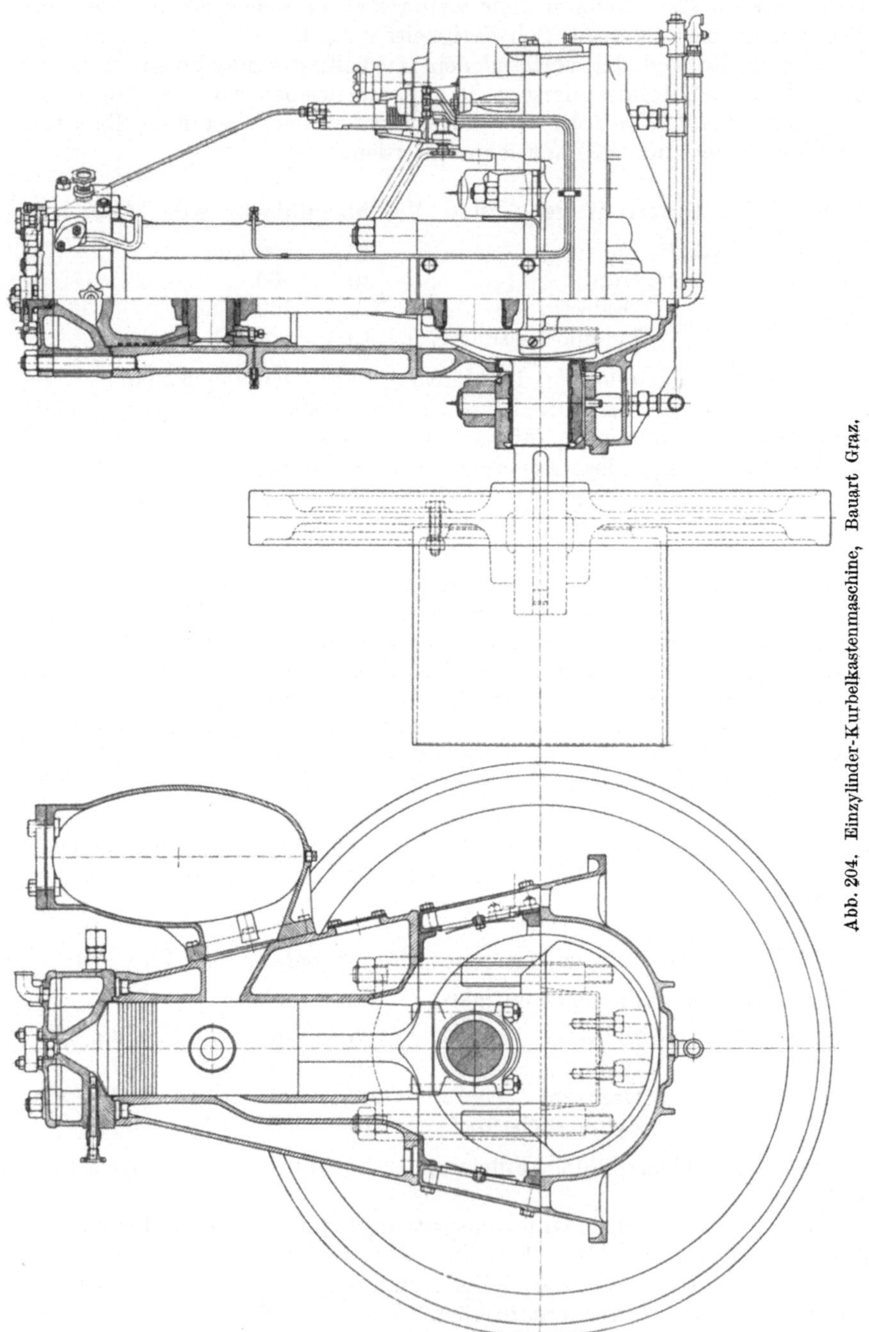

Abb. 204. Einzylinder-Kurbelkastenmaschine, Bauart Graz.

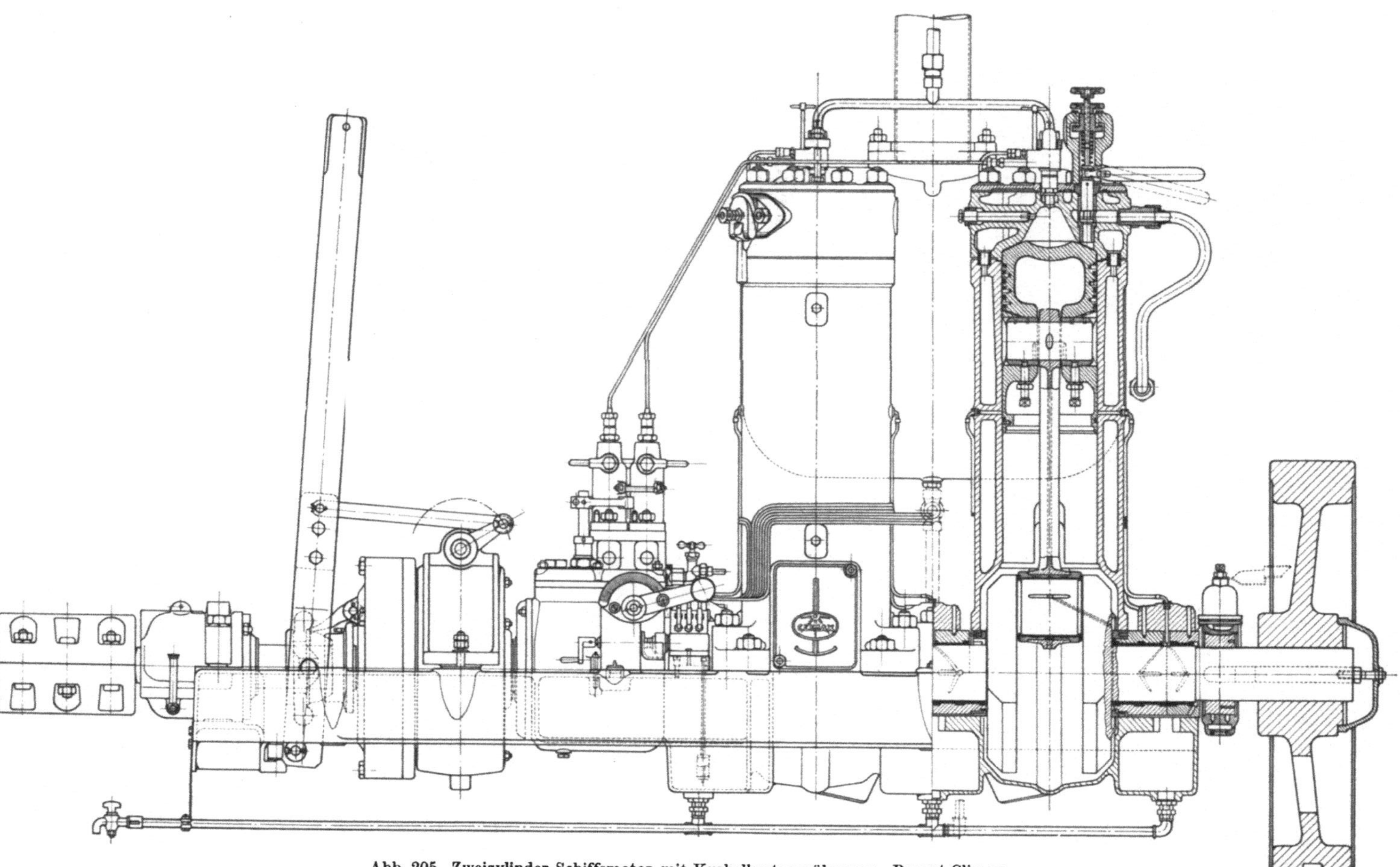

Abb. 205. Zweizylinder-Schiffsmotor mit Kurbelkastenspülpumpe, Bauart Climax.

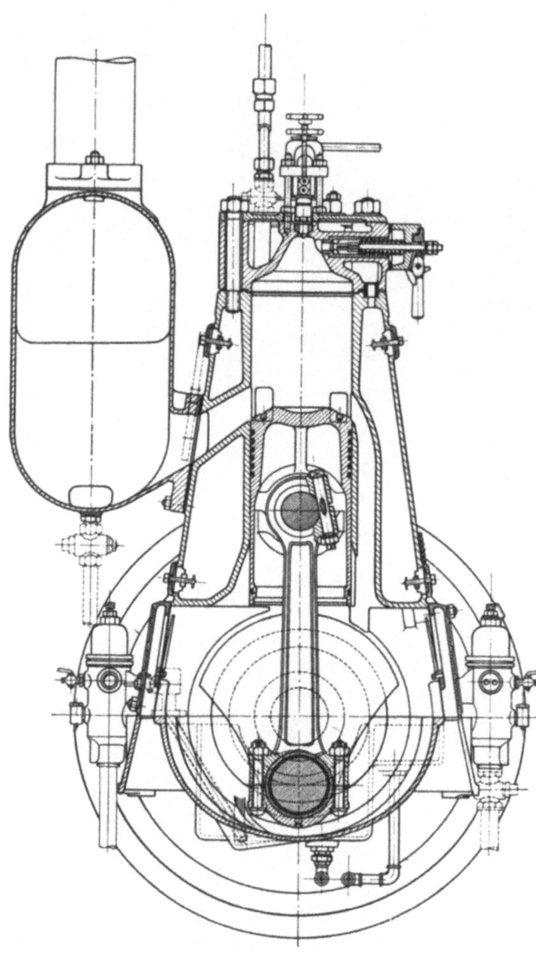

Abb. 206. Kreuzriß zu Abb. 205.

üblichen Konstruktionen ab, als der Kolbenbolzen fest in der Schubstange sitzt und in zwei Bronzebüchsen läuft, die im Kolben eingesetzt und fixiert sind. Die Brennstoffpumpen werden durch Nocken angetrieben, die, ebenso wie der Regler, direkt auf die Kurbelwelle aufgesetzt sind.

Schmierung: Druckschmierung ist vorgesehen für die Kolbenlauffläche, den Kolbenbolzen und das Kurbellager. Die Hauptlager sind als Ringschmierlager ausgebildet. Bei Schiffsmaschinen erhalten auch die Hauptlager Druckschmierung.

Anlassen: Die kleineren Einheiten werden von Hand angeworfen, wobei der Vorgang durch ein Entlüftventil (Abb. 175) erleichtert wird. Größere Maschinen erhalten ein von Hand gesteuertes Luftanlaßventil, das auch zum Laden der Luftflasche benützt werden kann (Abb. 177).

Größere Typen (Abb. 207 bis 210).

Motordaten:			
Bohrung	....	270	320 mm
Hub	....	330	380 „
Drehzahl	....	350	325 U/min
Zylinderleistung	...	40	60 PS

Spülung: Querspülung. Bei älteren Ausführungen Luftführung durch einen Ablenker am Kolben, bei neueren Ausführungen durch schräge Spülluftkanäle.

Einspritzsystem: Druckeinspritzung, liegende Brennstoffpumpen mit entlastetem Überströmventil, geschlossene Düse üblicher Bauart. Kegeliger Verbrennungsraum.

Aufbau: Hochgezogene, nicht entlastete, einzelstehende Gestelle, darauf aufgesetzt einstückig gegossene Zylinder, deren Kühlmäntel tief in das Gestell hineinragen. Die Nocken für den Brennstoffpumpenantrieb und die Luftanlaßsteuerung sind direkt auf der Kurbelwelle aufgekeilt. Der stehende Regler wird durch ein Schraubenradpaar angetrieben. Die Triebwerksausbildung ist die gleiche wie bei den kleineren Typen. — Mehrzylindermaschinen mit höheren Zylinderzahlen als zwei erhalten an Stelle der einzelstehenden Gestelle durchgehende Kastengestelle, die durch Zuganker (Abb. 209) entlastet sind. Es wird eine eigene Steuerwelle verwendet, die über dem Gestell angeordnet ist und parallel zur Kurbelwelle liegt. Sie wird durch eine stehende Zwischenwelle, auf der der Regler sitzt, und durch zwei Schraubenradpaare angetrieben.

Abb. 206a. Ansicht des Motors Abb. 205.

Schmierung: Druckschmierung für Zylinder, Kolbenbolzen und Kurbellager. Bei ortsfesten Anlagen sind die Hauptlager Ringschmierlager, während sie bei Schiffsmaschinen durch eine kleine Kolbenpumpe (Abb. 193) mit Umlauföl versorgt werden.

Anlassen: An der Kurbel- oder Steuerwelle liegt das nockengesteuerte Anlaßventil, im Zylinderdeckel ist ein Rückschlagventil vorgesehen. Die Anlaßluft wird durch ein Ladeventil beschafft, das gemeinsam mit dem Rückschlagventil in einem am Zylinderdeckel angeflanschten, wassergekühlten Gehäuse untergebracht ist. Größere Mehrzylindermaschinen, insbesondere direkt umsteuerbare Schiffsmaschinen (Abb. 210) erhalten einen eigenen Kolbenverdichter (Abb. 185) für die Beschaffung der Anlaßluft.

Motor der Motorenwerke Mannheim AG., vorm. Benz. (Abb. 211).

Motordaten: Bohrung .... 115 mm
Hub 150   ,,
Drehzahl .... 850 U/min
Zylinderleistung ... 8 PS

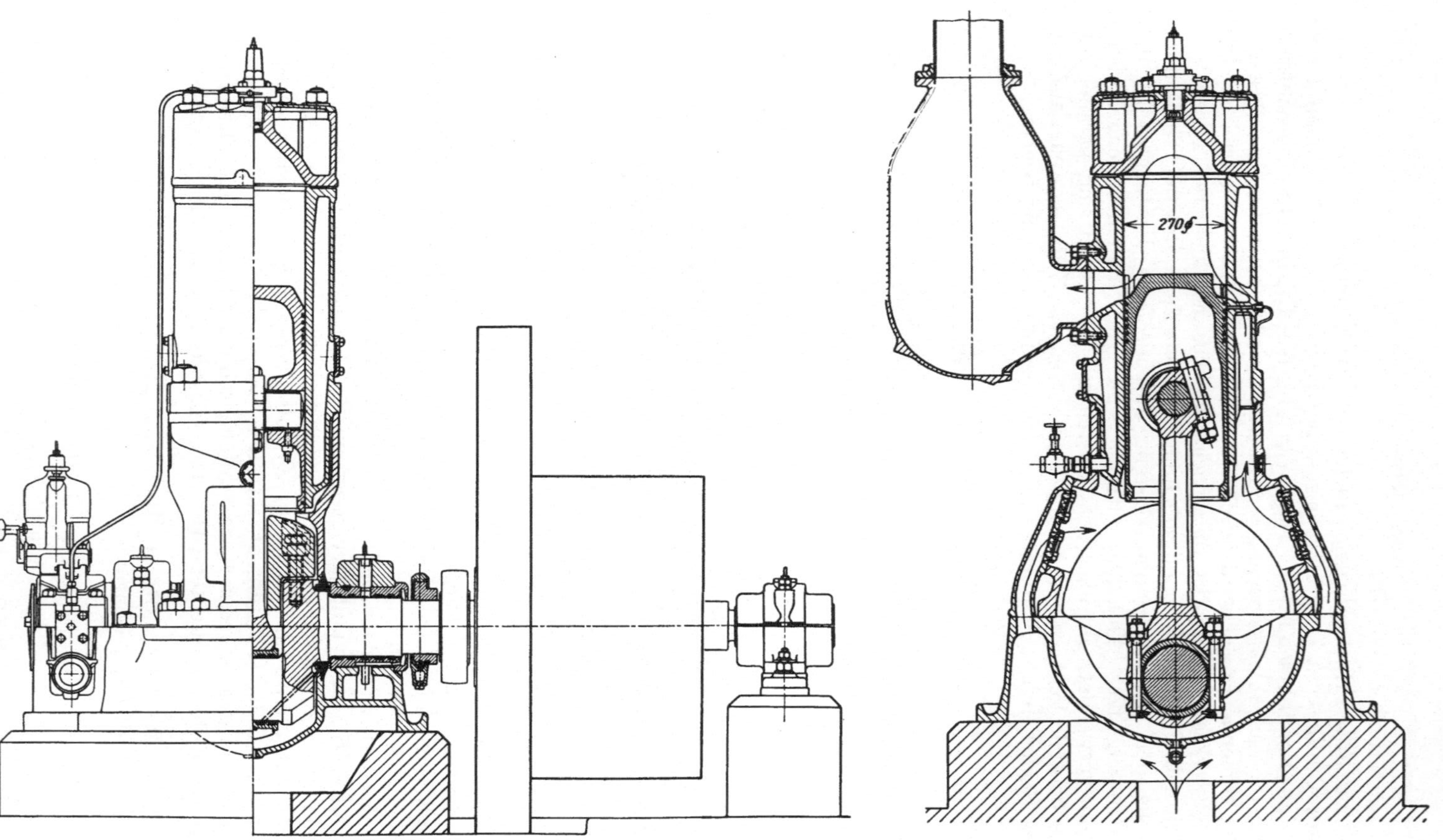

Abb. 207. Einzylinder-Kurbelkastenmaschine, Bauart Climax.

Abb. 208. Ansicht des Motors Abb. 207.

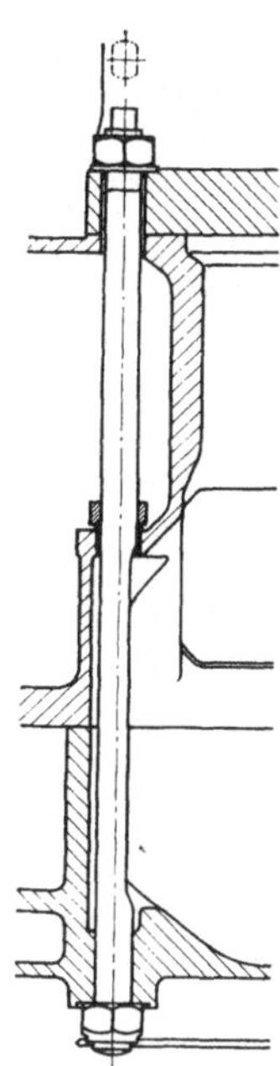

Abb. 209. Anordnung der Zuganker zur Gestellentlastung bei den größeren Schiffsmotoren der Bauart Climax.

Abb. 210. Direkt umsteuerbare Schiffsmotoren, Bauart Climax, eingebaut im Doppelschrauben-Remorqueur „Wotan".

14*

Spülluftbeschaffung und Spülung: Normale Kurbelkastenmaschine, Querspülung, Luftführung durch schräge Luftkanäle.

Einspritzsystem: Die Maschine arbeitet nach dem Vorkammerverfahren. Vorkammer der bekannten Bauart Benz, günstige Form des
Verbrennungsraumes.

Aufbau: Lagerschildmotor (Kurbelkastenober- und -unterteil einstückig), aufgesetzter Zylinder mit angegossenem Deckel, zweiteilige
Schubstange mit Doppel-T-Querschnitt, Druckschmierung. Anlassen
von Hand aus, erleichtert durch Dekompressionsventil.

Motoren der Hille-Werke AG., Dresden. (Abb. 212).

Motordaten:					
Bohrung	130	190	240	265	340 mm
Hub	180	270	330	370	480 ,,
Drehzahl	600	450	375	330	250 U/min
Zylinderleistung	10	30	50	60	100 PS

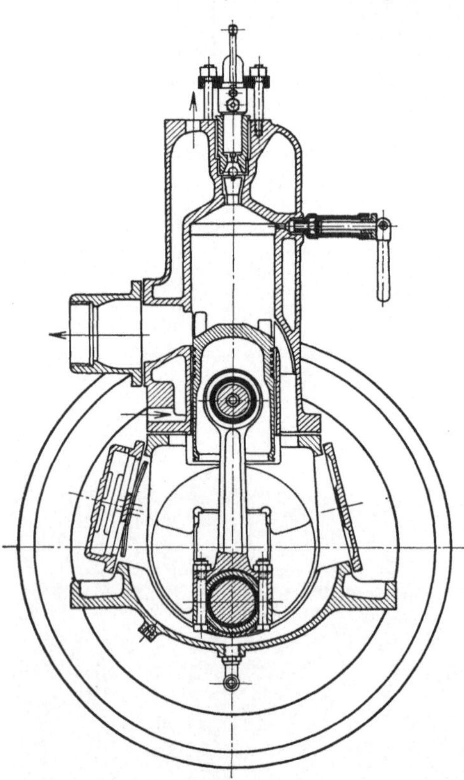

Abb. 211. Kurbelkastenmotor der Motorenwerke
Mannheim A. G.

Spülluftbeschaffung und
Spülung: Die Spülluft wird
zwar durch die Kurbelkastenpumpe beschafft, doch ist der
Arbeitskolben, um die Spülluftmenge zu vergrößern, als Stufenkolben ausgebildet, so daß
verhältnismäßig hohe mittlere
Drücke erreicht werden. Es wird
Querspülung angewendet und
die Luftführung zum Teil den
schrägliegenden Luftkanälen,
zum Teil einem am Kolben befindlichen Ablenker übertragen.

Einspritzsystem: Der
Motor arbeitet mit Druckeinspritzung. Der Verbrennungsraum ist flach ausgebildet,
doch wirkt der im Kolben ein-
gedrehte Ringraum, der für
die Luftführung vorgesehen ist,
als Verdränger und beeinträchtigt einigermaßen die Formgebung des Verdichtungsraumes. Die Maschinen besitzen
Brennstoffpumpen eigener Konstruktion, die liegend angeordnet sind und durch auf das
Kurbelwellenende aufgekeilte
Nocken angetrieben werden. Die Brennstoffmenge wird durch ein entlastetes Aufstoßventil, das unter Reglereinfluß steht, verändert. Es
wird eine geschlossene Mehrlochdüse üblicher Bauart verwendet.

Aufbau: Die Motoren haben einzelstehende Zylinder, die der Montage des Stufenkolbens wegen horizontal geteilt sind. Der Zylinderdeckel ist einstückig gegossen. Der gußeiserne Kolben besitzt, wie üblich, fünf Kolbenringe, während die Stufe ohne solche auskommt. Das Bolzenlager ist ein normales Bronzelager, die zweiteilige Schubstange besitzt Doppel-T-Querschnitt, das Kurbellager ist mit Weißmetall ausgegossen.

Schmierung: Die Motoren sind mit Druckschmierung ausgerüstet, die auch die Hauptlager beordert. Der Schmierapparat besitzt schwingenden Antrieb, der von der Kurbelwelle abgenommen wird.

Anlassen: Das am Zylinderdeckel angebrachte Anlaßventil wird von Hand gesteuert. Das gleiche Ventil dient als Auffüllventil, wobei die Federbelastung des Ventils verändert wird. Um das Ventil zu schonen und seine Lebensdauer zu erhöhen, wird bei abgestelltem Brennstoff geladen (also nur die Verdichtung zum Laden ausgenützt). Bei Mehrzylindermaschinen wird dabei der Motor durch die übrigen Zylinder in Gang gehalten, während man bei Einzylindermaschinen im Auslauf ladet, also die Schwungradenergie ausnützt.

Allgemeines: Der Motor ist zweifellos eine sehr glückliche

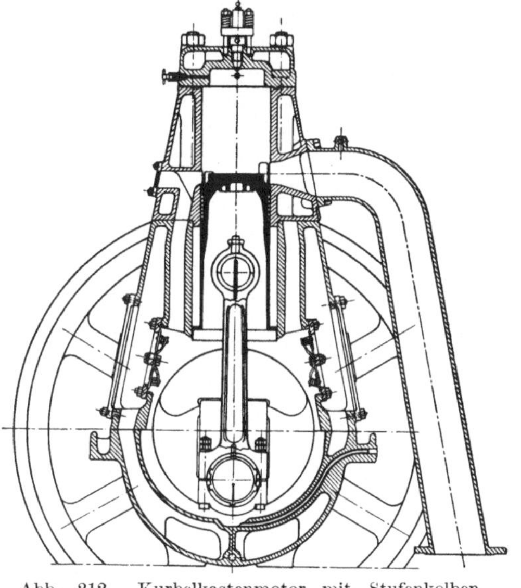

Abb. 212. Kurbelkastenmotor mit Stufenkolben, Bauart Hille.

Lösung des Problems, mit verhältnismäßig einfachen Mitteln eine Kurbelkastenmaschine erhöhter Leistung herzustellen. Der Aufbau ist gefällig lediglich die bei reiner Druckschmierung nötigen großen Schmierapparate wirken etwas störend.

Neben der angeführten Typenreihe baut die Firma auch schnelllaufende Motoren, die auf dem gleichen Prinzip aufgebaut sind und eine Zylinderleistung von 20 PS bei 800 U/min besitzen. Diese Typen besitzen Kastengestelle mit darauf aufgesetzten einzelstehenden Zylindern, die Brennstoffpumpen sind stehend angeordnet und werden von einer querliegenden Steuerwelle angetrieben.

Stufenkolbenmotor der Atlas-Diesel AB., Stockholm. (Abb. 213).

Motordaten: Zylinderdurchmesser.. 250   290 mm
Hub............... 340   390 ,,
Drehzahl........... 300   275 U/min
Zylinderleistung...... 40   55 PS

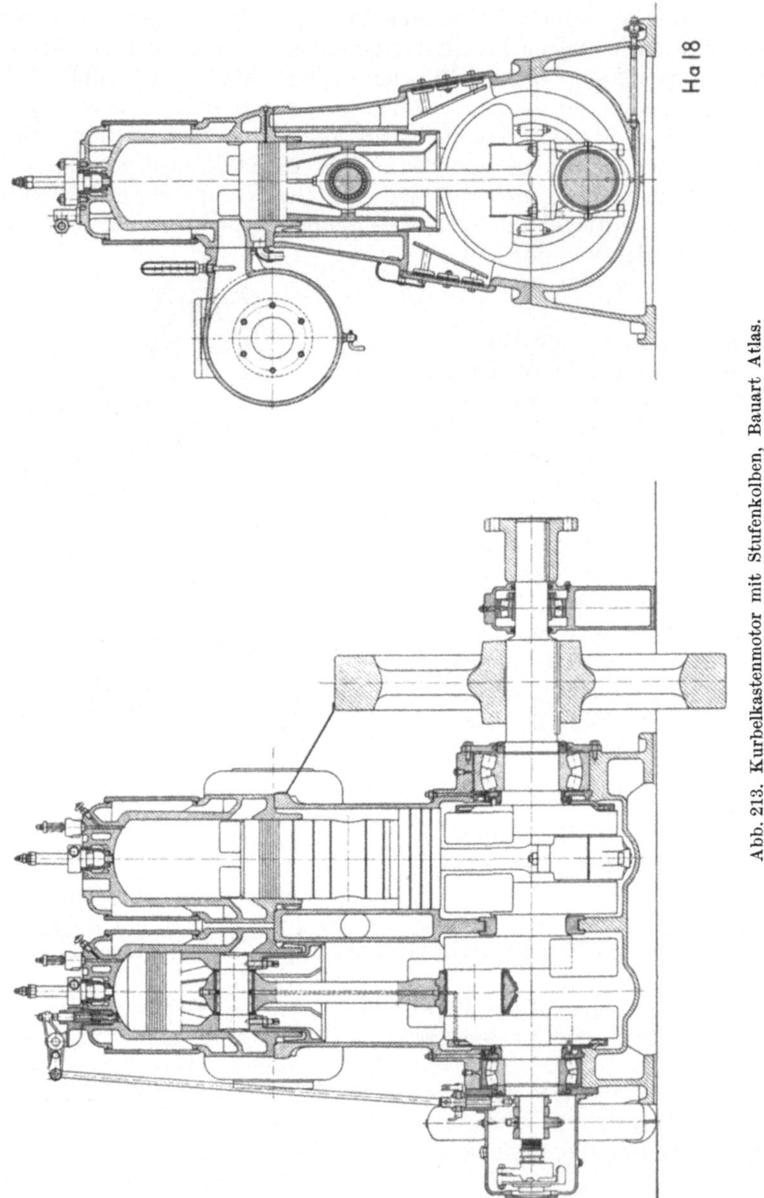

Abb. 213. Kurbelkastenmotor mit Stufenkolben, Bauart Atlas.

Spülluftbeschaffung und Spülung: Die Spülluft wird durch den Kurbelkasten beschafft, wobei die Ansaugmenge durch Anwendung des Stufenkolbens um etwa 40% vergrößert wird. Es wird Umkehrspülung angewendet.

Einspritzsystem: Der Motor arbeitet mit Druckeinspritzung. Der

Verbrennungsraum ist linsenförmig ausgebildet. Es werden liegende Brennstoffpumpen verwendet, die durch auf einem Wellenende aufgesetzte Nocken angetrieben werden. Die Einspritzung erfolgt durch eine geschlossene Mehrlochdüse.

Aufbau: Die einzelstehenden Zylinder sind horizontal geteilt und der Zylinderdeckel mit der oberen Zylinderhälfte vereinigt. Die Kurbelwelle läuft in Tonnenlagern und ist auch bei zweizylindrigen Ausführungen nur zweimal gelagert. Zwischen den beiden Kurbelkröpfungen wird in diesem Falle lediglich ein Dichtungsring eingeschaltet, der die beiden Kurbelkasten trennt. Eine eigene Steuerwelle ist nicht vorhanden, vielmehr sind der Brennstoffpumpenantrieb, die Anlaßsteuerung und der Regler an einem Wellenende angeordnet.

Schmierung: Durch die Anwendung von Wälzlagern wird die Schmierung sehr vereinfacht und kann ohne Bedenken als Frischölschmierung ausgebildet werden; demnach ist nur ein Druckschmierapparat üblicher Bauart vorhanden, der durch ein Exzenter angetrieben wird und das Schmiermittel den einzelnen Stellen zuweist.

Anlassen: Abweichend von den üblichen Bauformen, wird ein im Zylinderoberteil angeordnetes Anfahrventil verwendet, das durch eine Stoßstange von dem an der Welle befindlichen Anlaßnocken gesteuert wird.

2. Zweitaktdieselmaschinen mit besonderem Gebläse.

Der Aufbau dieser Maschinen hängt wesentlich von der Art des verwendeten Gebläses ab. Meist wird das Kastengestell oder die Bauart mit bis zum Zylinderdeckel durchgehendem Gestell bevorzugt. Die auf die Kastengestelle aufgesetzten einzelstehenden Zylinder erhalten häufig eingesetzte Laufbüchsen, bei der Gestellbauart ist dies immer der Fall. Die Zylinderdistanz wird durch den Wegfall der Dichtringe kürzer als bei Kurbelkastenmaschinen und liegt meist zwischen den Werten

$$1{,}7 \text{ bis } 1{,}9\ D.$$

Stets wird eine eigene kurze Steuerwelle vorgesehen, die entweder quer oder parallel zur Kurbelwelle liegt und durch Schraubenräder, Rollenketten oder Zahnräder angetrieben wird.

Das Gebläse wird noch meist von dem dem Schwungrad entgegengesetzten Wellenende aus angetrieben. Diese Bauart erweckt bei Kolbengebläsen keinerlei Bedenken, ist aber für Kapselgebläse, wie schon an anderer Stelle ausgeführt, nicht empfehlenswert. Hier wäre der schwungradseitige Antrieb, am besten durch eine Rollenkette, vorzuziehen.

Die Schmierung wird immer als Umlaufschmierung ausgebildet, die zuweilen durch eine Druckschmierung, die lediglich die Kolbenlaufbahn bedient, ergänzt wird.

Motor der Humbold-Deutz Motorenfabrik AG. (Abb. 214).

Motordaten: Bohrung .... 200 mm
            Hub 300   ,,
            Drehzahl .... 450 U/min
            Zylinderleistung ... 35 PSe

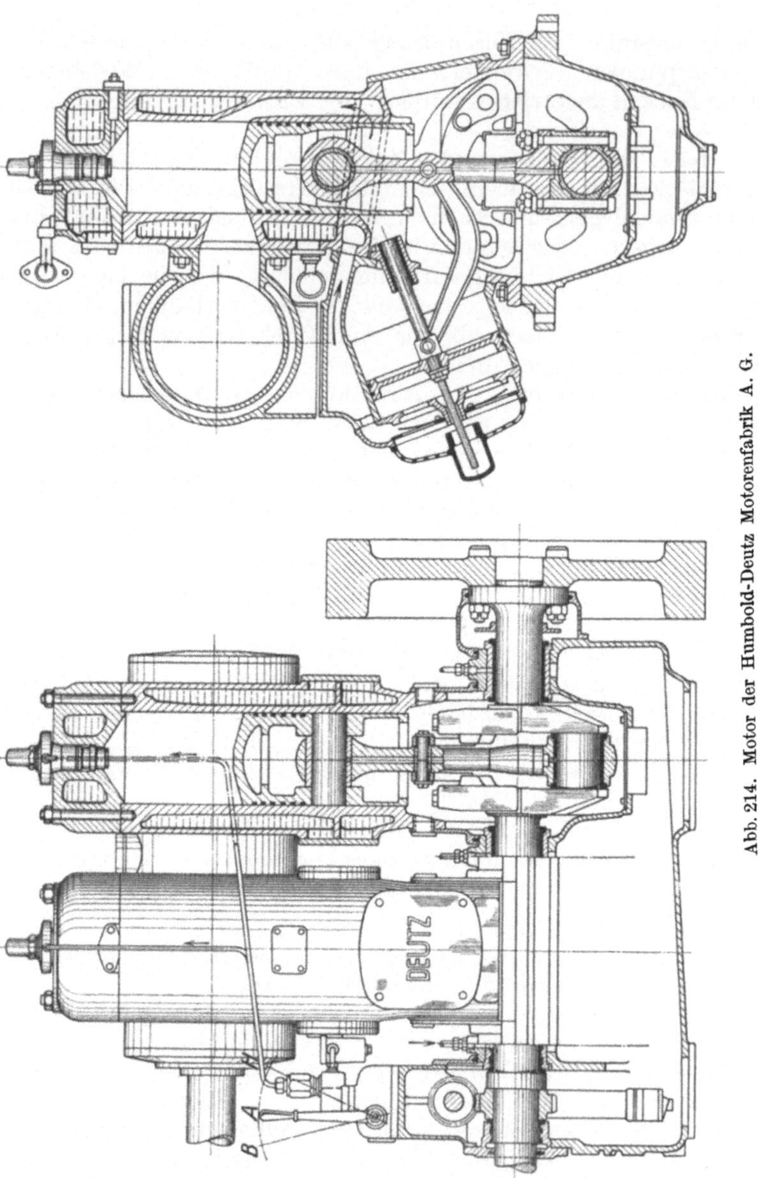

Abb. 214. Motor der Humbold-Deutz Motorenfabrik A. G.

Spülluftbeschaffung und Spülung: Jeder Zylinder besitzt eine
eigene Kolbenluftpumpe, die an die Schubstange angelenkt ist und Saugventile, aber keine Druckventile besitzt. Sie arbeitet daher im wesentlichen nach dem Prinzip der Kurbelkastenpumpe, ohne deren Nachteile
zu besitzen. Die Spülung ist als Querspülung ausgebildet, wobei die
Luftführung den schräg angeordneten Luftkanälen übertragen ist.

Einspritzsystem: Die Maschine arbeitet nach dem Vorkammerverfahren. Die Vorkammer wie auch der flache Hauptverbrennungsraum zeigen sehr günstige Formgebung. Es wird eine geschlossene Einlochdüse eigener Konstruktion verwendet. Die sehr einfach ausgebildete Brennstoffpumpe wird durch Schrägnocken, die vom Regler verstellt werden, angetrieben und in ihrer Fördermenge geregelt.

Aufbau: Die Ein- und Zweizylinderausführungen dieser Type haben einzelstehende Zylinder, während die mehrzylindrigen Motoren Kastengestelle besitzen. Bei allen Maschinen sind Laufbüchse und Kühlmantel einstückig gegossen. Der Kolben besitzt sechs Ringe, das Bolzenlager ist als normales Bronzelager ausgebildet. An die dreiteilige Schubstange ist der Antrieb der Luftpumpe angelenkt. Diese selbst ist unterhalb des Auspufftopfes angeordnet und nützt so einen ohnehin verlorenen Raum aus. Der Motor besitzt eine durch Schraubenräder angetriebene, querliegende Steuerwelle, die den Brennstoffpumpenantrieb, den Regler und die Luftanlaßsteuerung aufnimmt.

Schmierung: Der Motor hat Umlaufschmierung. Die tiefliegende Zahnradpumpe wird durch Schraubenräder angetrieben und treibt in üblicher Weise das Umlauföl durch Grundlager und Kurbelwelle zu den Kurbellagern, von hier durch die hohlgebohrte Schubstange zum Kolbenbolzen und zum Gelenk, in dem der Luftpumpenantrieb abgenommen wird.

Anlassen: Das Anlaßventil wird durch einen Nocken angetrieben, der auf der Steuerwelle verschiebbar angeordnet ist. Im Deckel befindet sich lediglich ein Rückschlagventil. Die Druckluft wird in üblicher Weise durch ein Rückfüllventil dem Verdichtungsraum entnommen.

Allgemeines: Der Motor bildet den Übergang von der Kurbelkastenzur reinen Gebläsezweitaktmaschine. Durch die ausschließliche Verwendung bewährter Bauteile ist eine durchaus betriebssichere Maschine entstanden, die auch äußerlich einen gefälligen Aufbau zeigt.

Motor der Nydquist und Holm (Nohab) AB. (Abb. 215 bis 219).

Motordaten: Bohrung .... 250 210 mm
               Hub .... 420 320 ,,
               Drehzahl .... 300 375 U/min
               Zylinderleistung ... 60 35 PS

Spülluftbeschaffung und Spülung: Der Motor erhält die Spülluft von einem doppeltwirkenden Kolbengebläse, das mit Rundschiebern ausgerüstet ist und von der Kurbelwelle angetrieben wird. Ein längs der Maschine durchgeführter Aufnehmer leitet die Frischluft den Schlitzen zu. Es wird Querspülung verwendet, doch weicht die Schlitzanordnung von der üblichen Ausführung etwas ab. Überdies sind den Schlitzen Rückschlagventile vorgeschaltet und die Schlitze selbst höher gezogen als sonst üblich, so daß der Motor, ähnlich wie die Maschinen der Gebrüder Sulzer, mit Aufladung arbeitet.

Einspritzsystem: Die Maschinen arbeiten mit Druckeinspritzung. Der Verbrennungsraum zeigt günstige Formen, wenn auch Verdränger-

wirkung nicht ganz ausgeschaltet ist. Es werden Brennstoffpumpen von
Bosch verwendet, die den Brennstoff einer geschlossenen Mehrlochdüse,

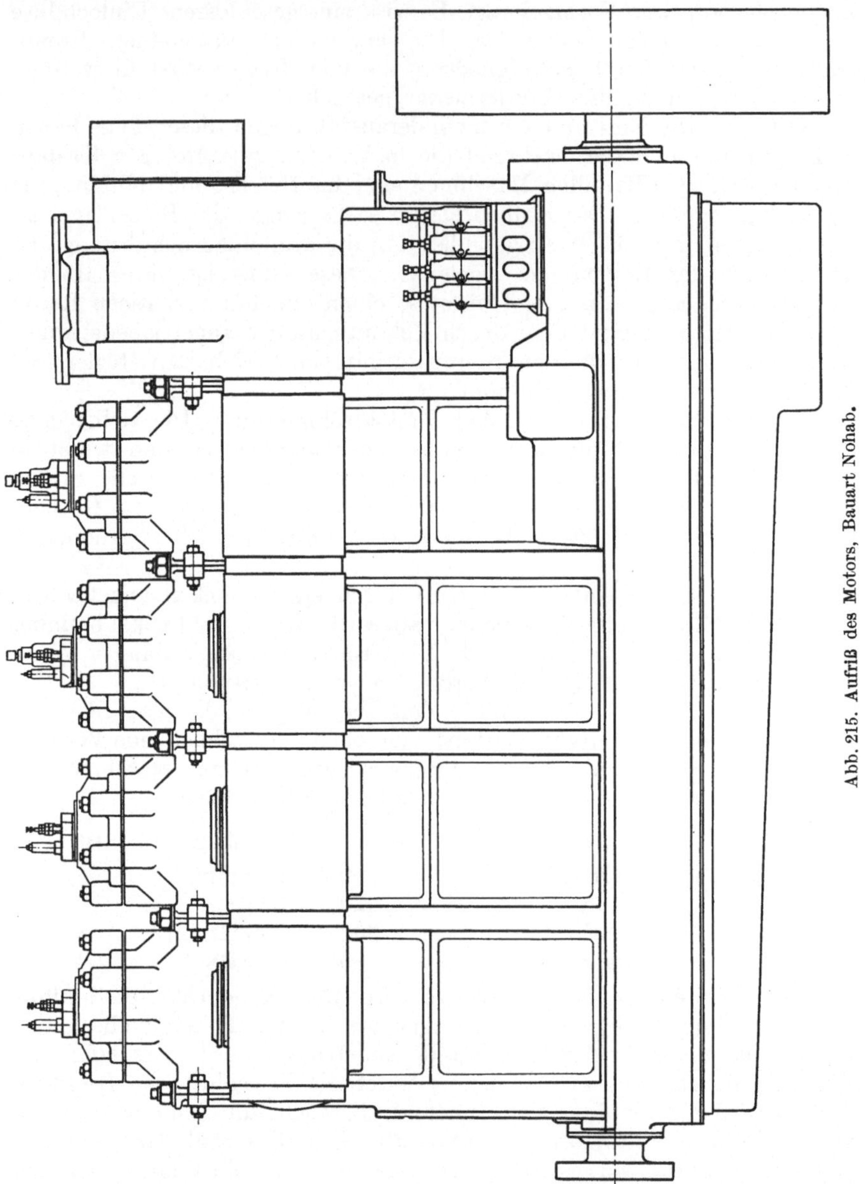

Abb. 215. Aufriß des Motors, Bauart Nohab.

die ebenfalls von Bosch stammt, zudrücken. Die Pumpen werden durch
Nocken angetrieben und von einem auf der Nockenwelle angeordneten
Regler in ihrer Fördermenge verstellt.

Aufbau: Die Maschine zeigt einen sehr interessanten Aufbau: Die Wassermäntel der Zylinder sind zu einem durchlaufenden Block zusammengeflanscht, auf einzelstehende Ständer aufgesetzt und durch Zuganker mit der Grundplatte verbunden (Abb. 217). Die Laufbüchsen sind

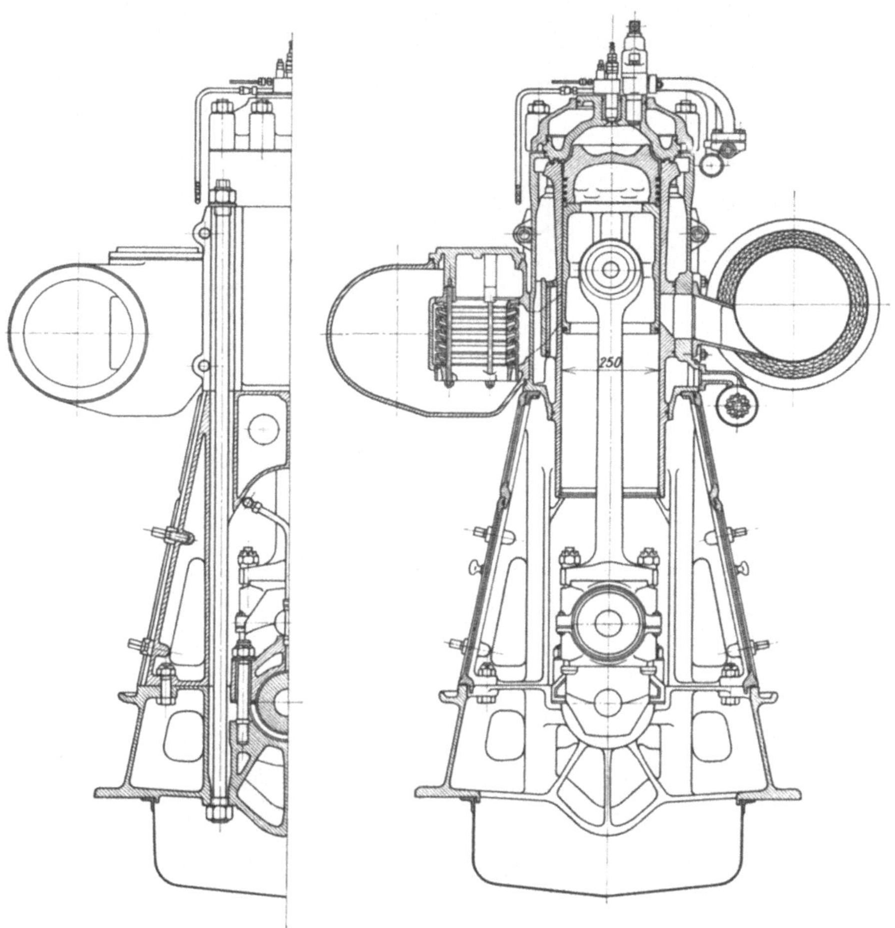

Abb. 216. Kreuzriß zu Abb. 215.

eingesetzt. Bei der Konstruktion des Zylinderdeckels wurde besonderer Wert auf allseitige Kühlung, insbesondere der Flanschpartien, gelegt, so daß eine von der üblichen abweichende Deckelkonstruktion entstand. Kolben und Triebwerk sind normal ausgebildet. Der Motor besitzt eine vor dem Gebläse liegende Steuerwelle, die den Brennstoffpumpenantrieb, den Regler und die Luftanlaßeinrichtung bzw. Steuerung aufnimmt.

Schmierung: Der Motor besitzt Umlaufschmierung. Das Umlauföl wird durch eine Zahnradpumpe, die von der Steuerwelle angetrieben wird, angesaugt und durch Grundlager und Kurbelwelle den Kurbellagern, ferner durch die hohlgebohrte Schubstange dem Bolzenlager zugeführt.

Abb. 217. Durch Zuganker entlastete einzelstehende Gestelle der Motoren Bauart Nohab.

Anlassen: Die von der Steuerwelle durch Nocken angetriebenen Anlaßventile teilen die Anlaßluft den einzelnen Zylindern zu. Die im Zylinderdeckel eingebauten Rückschlagventile sind hängend angeordnet. Die Anlaßluft wird durch einen Verdichter beschafft, der bei Schiffsmaschinen mit Kühlwasser- und Lenzpumpe zu einem Aggregat vereinigt ist, das an der Stirnseite des Motors angeflanscht und durch ein Exzenter angetrieben wird (Abb. 186).

Allgemeines: Der Motor zeigt alle Merkmale einer äußerst soliden und sorgfältig durchkonstruierten Zweitaktmaschine, die auch in ihren Betriebsergebnissen, Brennstoff- und Schmierölverbrauch, die besten be-

Abb. 218. Ansicht eines Vierzylindermotors Bauart Nohab.

stehenden Viertaktmotoren erreicht. Infolge ihrer hohen Betriebssicherheit wird sie besonders häufig als Schiffsmaschine verwendet.

Maschine der Atlas-Diesel AB., Stockholm. (Abb. 220).

Motordaten: Bohrung 250   340 mm
            Drehzahl 300   214 U/min
            Zylinderleistung ... 50   100 PS

Spülluftbeschaffung und Spülung: Als Spülpumpen werden doppeltwirkende Kolbengebläse (Abb. 76) verwendet, die unterhalb des Auspuffsammelrohres angeordnet sind und von einer eigenen Welle angetrieben werden. Auf je zwei Arbeitszylinder entfällt eine Luftpumpe. Alle Pumpen fördern in einen vor dem Zylinder liegenden Aufnehmer. Es wird Querspülung angewendet, wobei die Luftführung einem am Kolben angebrachten Ablenker übertragen ist. Vor den hochgezogenen Spülschlitzen sind Rückschlagklappen angeordnet, so daß der Motor mit Aufladung arbeitet.

Einspritzsystem: Der Motor arbeitet mit Druckeinspritzung. Der Verbrennungsraum ist flach ausgebildet, doch ist die Formgebung durch

Abb. 219. Ansicht eines Achtzylindermotors Bauart Nohab.

den Ablenker beeinträchtigt. Die Brennstoffpumpen, üblicher Bauart, werden durch eine vor dem Motor liegende Steuerwelle angetrieben und fördern den Brennstoff durch eine geschlossene Mehrlochdüse in den Verbrennungsraum.

Aufbau: Die Maschine besitzt ein nicht entlastetes Kastengestell, auf das einzelstehend die einstückig gegossenen Zylinder aufgesetzt werden. Am Triebwerk zeigt lediglich die Schubstange eine vom üblichen abweichende Bauart insofern, als auch das Kolbenbolzenlager geteilt ist. Vom schwungradseitigen Kurbelwellenende wird der Antrieb der Luftpumpen und der Steuerwelle durch Rollenketten abgenommen und dadurch ein stoßfreier Antrieb der Hilfsapparate erreicht.

Schmierung: Kombinierte Druck- und Umlaufschmierung in üblicher Anordnung.

Anlassen: Rückschlagventile an den Zylinderdeckeln, Steuerventile an der Nockenwelle. Die Druckluft wird durch einen gemeinsam mit Kühlwasser- und Lenzpumpe angetriebenen Verdichter beschafft.

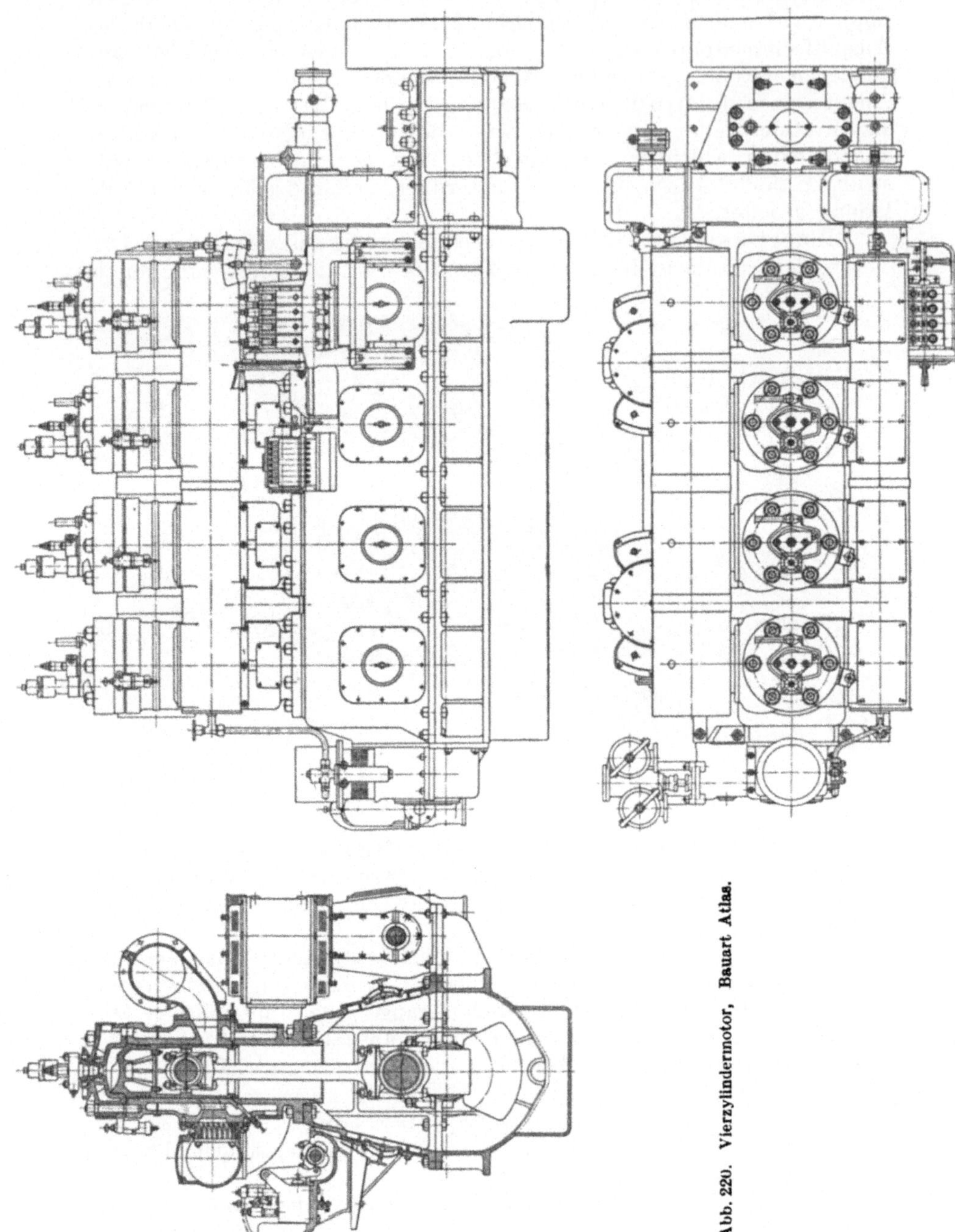

Abb. 220. Vierzylindermotor, Bauart Atlas.

Die neueren Motoren dieser Firma unterscheiden sich von der geschilderten Bauart insofern, als bereits Umkehrspülung zur Anwendung gelangt und die Spülpumpe direkt von der Kurbelwelle aus angetrieben wird.

Motor der Deutschen Werke Kiel. (Abb. 221 bis 224).

Motordaten: Bohrung .... 260 mm
Hub .... 400 ,,
Drehzahl .... 375 U/min
Zylinderleistung ... 70 PSe

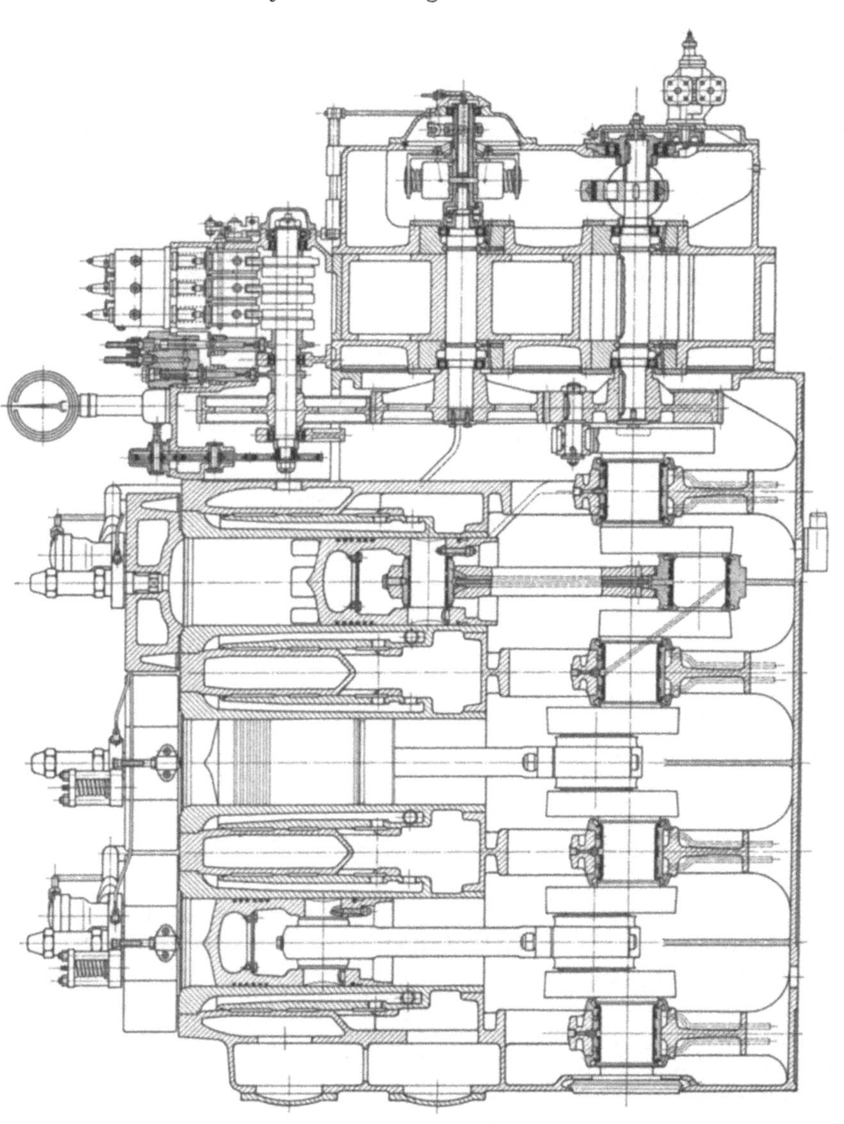

Abb. 221. Motor der Deutschen Werke, Kiel (Aufriß).

Spülluftbeschaffung und Spülung: Der Motor erhält die Spülluft von einem Rootsbläser (Bauart Ärzener Maschinenfabrik G. m. b. H.), der mit der Drehzahl der Kurbelwelle umläuft und an diese durch eine Gleitsteinkupplung angehängt ist, die den beiden Wellen eine gewisse Beweglichkeit gegeneinander sichert. Durch in das Gestell eingegossene

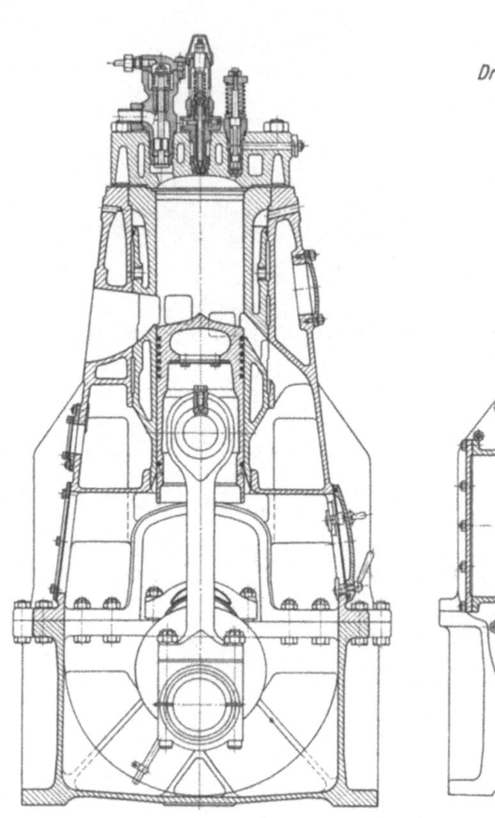

Abb. 222. Schnitt durch den Arbeitszylinder des Motors Abb. 221.

Abb. 223. Schnitt durch das Gebläse des Motors Abb. 221.

Kanäle wird die Frischluft den Schlitzen zugeführt. Die Spülung ist als Querspülung ausgebildet, wobei die Luftführung den schräg angeordneten Luftkanälen übertragen ist.

Einspritzsystem: Die Maschine arbeitet mit Druckeinspritzung. Der Verbrennungsraum ist flach ausgebildet und zeigt sehr günstige Formgebung. Die Brennstoffpumpe eigener Konstruktion besitzt ein entlastetes Überströmventil, dessen Antrieb, wie üblich, an die Rollenführung angelenkt ist. Der Pumpenantrieb wird von verstellbaren Nocken durch Rollen abgenommen, die in Geradführungen gelagert sind. Ein Gestänge überträgt die Muffenbewegung des tiefer liegenden Reglers auf ein Verstellexzenter, das den Zeitpunkt der Eröffnung des Überströmventils regelt. Der Brennstoff wird durch eine Mehrlochdüse dem Verbrennungsraum zugeführt. Die Düse wird durch ein federbelastetes Ventil üblicher Ausführung abgeschlossen.

Aufbau: Die Maschine ist als Gestellmaschine mit tragendem Gestell (also ohne Zuganker) ausgebildet. Die Zylinderbüchsen sind eingesetzt, besitzen aber trotzdem eigene Kühlmäntel, um die immer unangenehmen Abdichtungsstellen zu vermindern. Der geschlossen gegossene Zylinderdeckel enthält das Brennstoffventil, das Luftanlaß- (Rückschlag-) und das Sicherheitsventil. Der Kolben besitzt, wie üblich, fünf Ringe, überdies am unteren Ende einen Ölabstreifring. Der Kolbenboden ist durch einen Blechdeckel gegen das Spritzöl abgeschlossen. Das Bolzenlager ist als Nadellager ausgebildet (s. auch Abb. 152). Die dreiteilige Schubstange besitzt runden Schaftquerschnitt, das Kurbellager ist mit Weißmetall ausgegossen und mit Ölfangrinnen versehe. In gleicher Weise sind auch die Grundlager ausgebildet.

Das für das Gebläse nötige Zahnradpaar wird gleichzeitig zur Übertragung der Bewegung auf die über dem Gebläse angeordnete kurze Steuerwelle benützt. Die obere Gebläsewelle treibt unter Zwischenschaltung einer Federkupplung den Regler an.

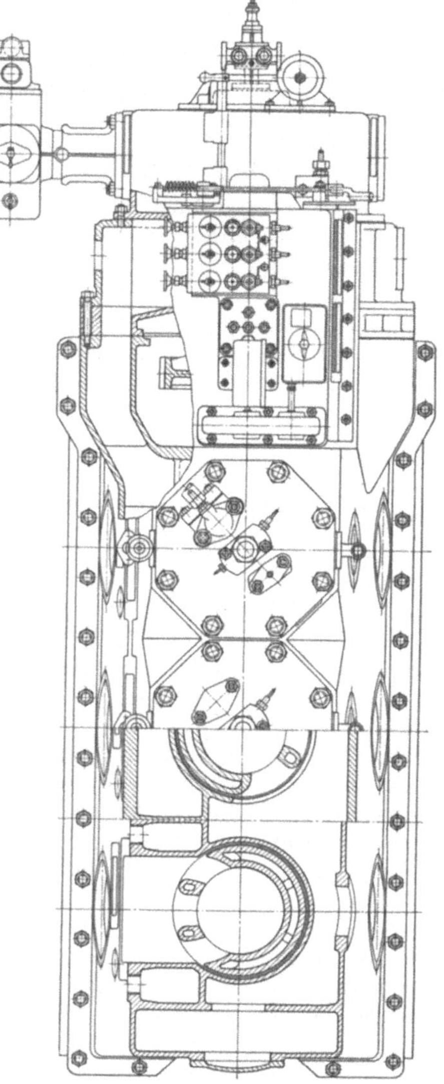

Schmierung: Die Maschine ist mit Umlaufschmierung ausgerüstet. Das Umlauföl wird durch eine Zahnradpumpe, die durch Zahnräder von der unteren Gebläsewelle angetrieben wird, dem Sumpf entnommen und in üblicher Weise den Grundlagern, durch Bohrungen in der Kurbelwelle den Kurbellagern und durch die hohlgebohrte Schubstange dem Bolzenlager zugeführt. Überdies ist noch ein kleiner Druckschmierapparat vorhanden, der durch Zahnräder von der Steuerwelle angetrieben wird.

Anlassen: Die Anlaßluft wird durch einen kleinen Kolbenverdichter beschafft, der durch einen Exzentertrieb von der unteren Gebläsewelle angetrieben wird. Die Anlaßsteuerung wird von der Steuerwelle beordert. Im Zylinderdeckel befindet sich nur das Anlaß-Rückschlagventil.

Allgemeines: Die Maschine hat einen sehr gefälligen Aufbau, zeigt aber deutlich alle Schwierigkeiten, die sich dem Anbau eines Rootsbläsers an den Motor entgegenstellen. Der das Gebläse enthaltende Maschinenabschnitt ist gegenüber dem eigentlichen Motor groß, die dem Rootsbläser eigentümlichen zahlreichen Teilfugen erschweren die Formgebung außerordentlich und verteuern die Maschine. Dies dürfte auch der Grund gewesen sein, der die Firma bewog, die Maschine vom Bauprogramm abzusetzen. Trotzdem ist es sehr zu bedauern, daß der Versuch einer Weiterentwicklung nicht gemacht wurde und so eine der interessantesten Zweitaktmaschinen, die die deutsche Industrie hervorgebracht hat, vom Markte wieder verschwunden ist.

Motor der Motorenwerke Darmstadt AG. (Modaag). (Abb. 225 und 226).

Motordaten: Bohrung ....   150 mm
            Hub ....   270 ,,
            Drehzahl ....   500 U/min
            Zylinderleistung...   25 PSe

Spülluftbeschaffung und Spülung: Der Motor erhält die Spülluft von einem Kapselgebläse (Abb. 79), das mit der Drehzahl der Kurbelwelle umläuft und an diese durch eine bewegliche Kupplung angeschlossen ist. Durch einen Krümmer wird die Frischluft dem unter dem Auspufftopf angebauten Aufnehmer und von hier den Schlitzen zugeführt. Die Spülung ist als Umkehrspülung ausgebildet, die Luftschlitze sind seitlich der Auspuffschlitze angeordnet.

Einspritzsystem: Die Maschine arbeitet mit Druckeinspritzung. Der Verbrennungsraum ist flach ausgebildet und sehr günstig gestaltet. Die Brennstoffpumpe besitzt Spindelregelung, die Brennstoffeinführung in den Verbrennungsraum erfolgt durch eine geschlossene Mehrlochdüse. Düse und Pumpe sind Fabrikate von Friedrich Deckel, München.

Aufbau: Die Maschine ist als Gestellmaschine mit tragendem Gestell ausgebildet, die Laufbüchsen sind eingesetzt. Der Zylinderdeckel ist geschlossen gegossen und nimmt das Brennstoffventil, das Anlaßluft-(Rückschlag-)Ventil und das Ladeventil auf. Im langen Kolben ist der Kolbenbolzen mittels eines eigenen Bolzenträgers eingesetzt, das Bolzenlager als Nadellager ausgebildet. Die zweiteilige Schubstange besitzt Doppel-T-Querschnitt, das Kurbellager ist ebenso wie die Grundlager mit Weißmetall ausgegossen. Zwischen Gebläse und Motor ist eine quer-

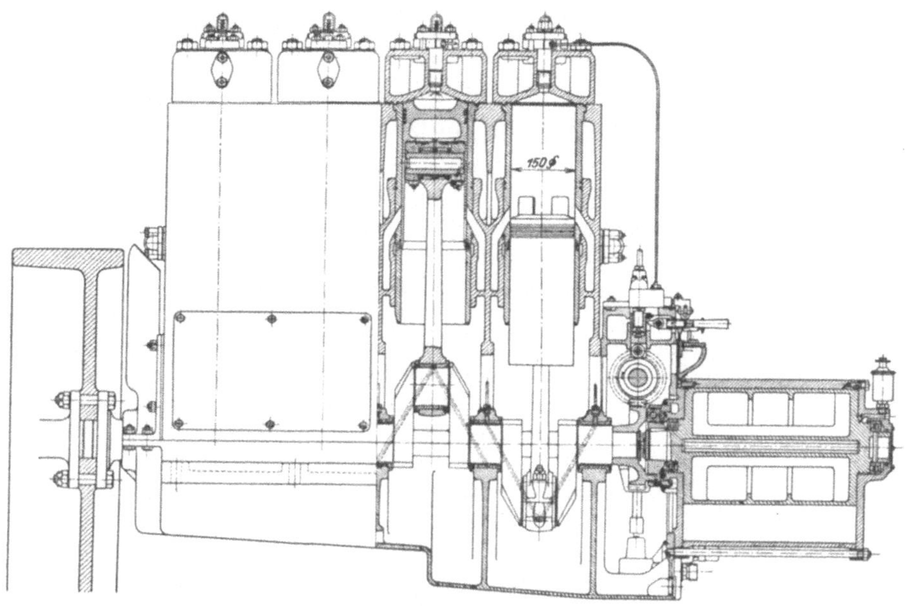

Abb. 225. Motor der Motorenwerke Darmstadt A. G. (Aufriß).

liegende Steuerwelle angeordnet, die durch ein Schraubenradpaar angetrieben wird, in konischen Rollenlagern läuft und den Regler, die Nocken des Brennstoffpumpenantriebes und die Nocke des Luftanlaßventils trägt.

Schmierung: Die Maschine ist mit reiner Umlaufschmierung ausgerüstet. Die Konstruktion der Umlaufpumpe ist die gleiche wie die des Gebläses. Sie ist tiefliegend angeordnet und wird durch ein Schraubenradpaar angetrieben. Die Verteilung des Schmieröles erfolgt in üblicher Weise durch Hauptlager, Welle, Kurbellager und durch die hohle Schubstange zum Bolzenlager.

Anlassen: Die Anlaßluft wird durch ein Rückfüllventil dem Verbrennungsraum entnommen. Das Luftanlaßventil wird durch eine auf der Steuerwelle verschiebbar angeordnete Nocke gesteuert.

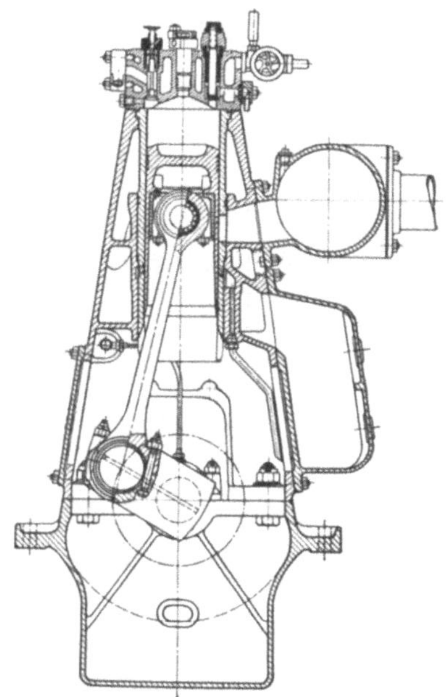

Abb. 226. Kreuzriß zu Abb. 225.

Allgemeines: Diese einzige deutsche Gebläsezweitaktmaschine mit Kapselgebläse hat sich sehr gut bewährt und behauptet sich nun schon

15*

durch längere Zeit am Markt. Sie ist ein Beweis, daß eine derartige Lösung des Problems durchaus befriedigend erfolgen kann.

N. Schiffsmaschinenanlagen.

1. Fundamente.

Bei Schiffsmaschinenanlagen soll die Fundamentkonstruktion den Motor mit einem möglichst großen Teil des Spantensystems verbinden. Die Ausbildung des Fundamentes wird wesentlich davon abhängen, ob der Motor in ein neu zu erbauendes oder in ein schon vorhandenes und ursprünglich nicht für motorischen Antrieb bestimmtes Fahrzeug eingebaut werden soll.

Bei einem Neubau können die Schiffsverbände in der Umgebung des Motors von vornherein derart verstärkt werden, daß sie für die Aufnahme und Weiterleitung der auftretenden Kräfte hinreichen. Bei Schiffen, die nach dem Querspantensystem erbaut sind, wird diese Verstärkung dadurch erreicht, daß die Zahl der Rahmenspanten bei unverändertem Spantenabstand vergrößert wird, während bei Schiffen, die nach dem Längsspantensystem gebaut sind, der Spantenabstand im Bereiche des Maschinenfundamentes zu verkleinern ist. Als Auflager für die Motorgrundplatte werden zwei starke Längsträger eingezogen, die mindestens zwei- bis dreimal so lang sein sollen, als der Motor. Bei Fahrzeugen, bei denen der Maschinenraum durch Querschotten abgeschlossen ist, werden diese Längsträger in voller Höhe von Schott zu Schott durchgeführt und sollten dann mit abnehmender Höhe in den anschließenden Räumen verlaufen, sofern sie nicht überhaupt als Längsverbände über einen großen Teil der Schiffslänge durchgeführt werden.

Für Stahlschiffe bietet Abb. 227 ungefähre Anhaltspunkte für die Ausbildung und Bemessung dieser Längsträger. Es ist aber

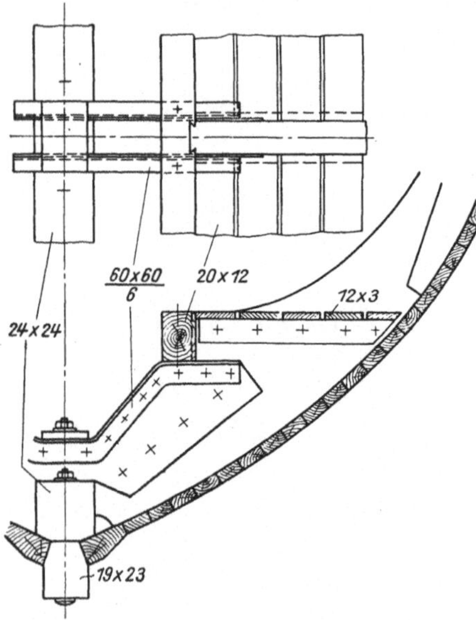

Abb. 227. Motorfundament für Stahlschiffe.

Abb. 228. Motorfundament für Holzschiffe (Holzmaße in cm, Maße der Stahlwinkel in mm).

gegebenenfalls auch auf die Vorschriften der Klassifikationsgesellschaften Rücksicht zu nehmen.

Für kleinere leichte Holzschiffe ist es vorteilhaft, als Maschinenfundament Eichenbalken zu verwenden, welche von Schott zu Schott reichen und mit den vertikalen Schottversteifungen verzapft und verschraubt werden. Die Verbindung dieser Längsholme mit den starken, naturgewachsenen Querspanten, wie solche vornehmlich im Maschinenraum zu verwenden sind, erfolgt mittels Schwalbenschwanz in der Querrichtung, wohingegen die Vertikalkräfte am besten durch eine entsprechende Konstruktion, wie in Abb. 228 bis 230 angegeben, von der Außenhaut abgeleitet und auf den Kiel übertragen werden. Durch eine solche Ausführung bleibt der Raum unter dem Motor von der Seite her

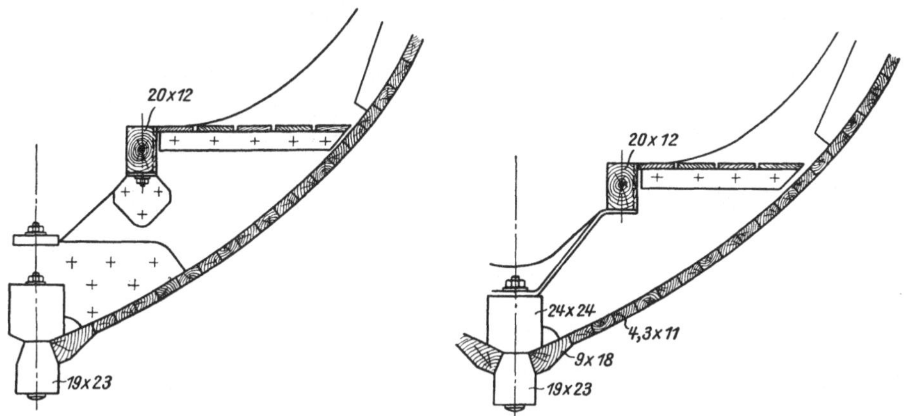

Abb. 229. Motorfundament für Holzschiffe (Variante zu Abb. 228).

Abb. 230. Motorfundament für Holzschiffe (Variante zu Abb. 228).

gut zugänglich und es entfällt das lästige, allmähliche Hineinziehen der Holzschrauben in die Außenhaut, sofern als Fundamentskonstruktion der häufig gebrauchte, bis an die Beplankung heranreichende und die Spanten übergreifende schwere Holzbalken verwendet wird. — Die gezeigte Konstruktion bietet auch noch folgende Vorteile: Bessere Instandhaltungsmöglichkeit des Soodes, Aus- und Einbaumöglichkeit der gesamten Fundamentkonstruktion, ohne das Boot an Land bringen zu müssen und stete Kontrollmöglichkeit sämtlicher Befestigungsschrauben, da sowohl die Köpfe als die Muttern zutage liegen. Für einen gut ausgeglichenen 100 PS Sechszylinder-Ölmotor mit etwa 500 Touren pro Minute entsprach ein Holzbalken von etwa 80 bis 120 mm, wobei im Bereiche des Motors eine Paßschiene von 60×25 mm aufgebracht war.

Schwieriger ist die Ausbildung des Fundamentes bei schon vorhandenen Fahrzeugen, zumal es sich dabei fast ausschließlich um kleinere Holzschiffe handelt, die ursprünglich als Segler gebaut waren. Hier ist zunächst zu prüfen, ob die vorhandenen Verbände stark genug sind, um die zusätzliche Belastung aufzunehmen. Da starke Rahmenspanten in solchen Booten fast stets vorhanden sind oder aber gelegentlich des vorzunehmenden Motoreinbaues in entsprechender Anzahl im zukünftigen Maschinenraum eingebaut werden können, ist es möglich, auf diese einen in sich geschlossenen Stahlrost aufzusetzen (Abb. 231). Die Querfestigkeit wird durch die Bodenwrangenbleche, die Längsfestigkeit durch die Vertikalkonstruktionsteile des eisernen Maschinenfundaments aufgebracht. Wie die Abbildung zeigt, läßt sich bei dieser Konstruktion sehr leicht ein Ölfang anbringen, dessen Seitenteile neben dem Motorfundament leicht wegnehmbar sind und gleichzeitig als Flurbleche dienen können. Für kleinere Maschinen können sämtliche Blechteile der Konstruktion etwa 3 mm, die dazugehörigen Winkeleisen und sonstigen Profile

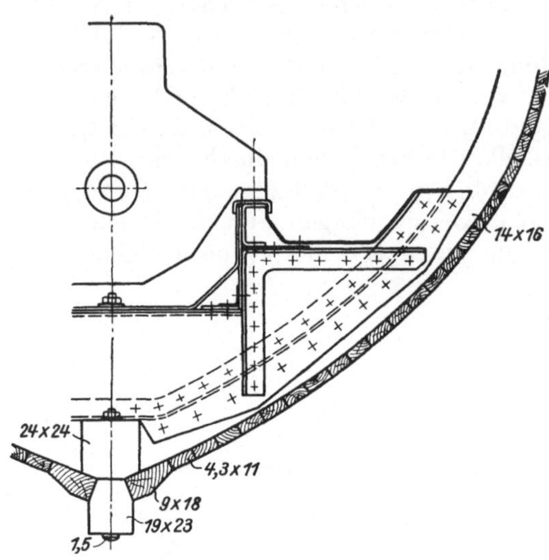

Abb. 231. Motorfundament für schwache Holzschiffe.

5 bis 7 mm bei zugehörigen Flanschbreiten gewählt werden.

Auf die stählernen oder hölzernen Längsträger wird die Motorgrundplatte aufgesetzt. Die lotrechte Einstellung der Maschine wird durch eiserne Zwischenlagen geregelt, deren genaue Stärke beim Einrichten zu ermitteln ist. Die Feststellung des Motors in horizontaler Richtung erfolgt durch Paßschrauben.

Gekröpfte Längsträger sind möglichst zu vermeiden. Ist das Maschinenfundament eine Holzkonstruktion, so ist eine solchermaßen abgesetzte Bauweise gewöhnlich undurchführbar, handelt es sich aber um eine Blechwinkelkonstruktion, so sollte die auszuführende Kröpfung als zum tragenden Schiffsverband gehörend einer entsprechenden Festigkeitsrechnung unterzogen werden, damit nicht andere, vielleicht an und für sich schon hoch beanspruchte Bauteile eine weitere Belastung erfahren, welche, verstärkt durch die nicht zu vermeidenden Erschütterungen, leicht ein solches Maß annehmen können, daß Bruch des Materials infolge Ermüdung auftreten kann.

Es ist daher der Schwungraddurchmesser bei achterer Lage des Rades so klein zu halten, daß die Maschinenfundaments-Längsträger geradachsig an diesem Bauteil vorbeigeführt werden können. Das gleiche gilt für alle jene Konstruktionsteile, die häufig am vorderen Ende des Motors angebaut sind, wie z. B. der Kompressor, die Sood- und die Kühlwasserpumpe. Hierbei ist weiters zu beachten, daß diese drei letztgenannten und andere solche Bauteile so konstruiert werden sollten, daß man sie von der Maschine in der Achsrichtung abziehen kann, da ein Abnehmen in der Querrichtung gewöhnlich durch die Maschinenfundamentskonstruktion behindert ist. Sollte sich das Schwungrad jedoch am vorderen Ende des Motors befinden und sollte sein Durchmesser die normale lichte Weite des Fundaments überragen, so ist auch hier nachzuprüfen, inwieweit durch ein seitliches Ausweichen oder Herabführen des Maschinenfundaments eine lokale Verstärkung der Konstruktion notwendig wird.

2. Wendegetriebe.

Da es keinerlei Schwierigkeiten bereitet, Zweitaktmotoren mit höheren Zylinderzahlen direkt umsteuerbar einzurichten, sollte sich die Anwendung eines Wendegetriebes auf Ein- bis Dreizylindermaschinen beschränken. Die durch das Wendegetriebe durchgehende Leistung und damit auch die Abmessungen des Getriebes bleiben dann klein. Dieser Umstand ermöglicht es, Getriebe und Drucklager auf die zu diesem Zwecke verlängerte und entsprechend ausgebildete Motorgrundplatte zu lagern, so eine Reihe von Störungsursachen auszuschalten und den Maschineneinbau in das Schiff zu erleichtern.

In den meisten Fällen werden Wendegetriebe von der Getriebefirma fertig bezogen. Die überwiegende Mehrzahl der heute verwendeten Getriebe sind Kegelrad-Planetengetriebe. Bei der Rückwärtsfahrt sind die Reibungsverluste dieser Getriebe groß und verursachen eine so starke Erwärmung, daß die Rückwärtsfahrt nur durch eine beschränkte Zeit durchgehalten werden kann, weshalb in neuerer Zeit auch Wendegetriebe mit Stirnrädern ausgeführt werden. Dabei gelangt man zwanglos zu Konstruktionen, die eine Untersetzung der Schraubendrehzahl gegen die Motordrehzahl ermöglichen und bei denen der Antriebswellenstummel höher liegt, als die Abtriebswelle. Ersteres verbessert den Schraubenwirkungsgrad, letzteres hingegen gestattet, den Motor in hoher Lage gut zugänglich einzubauen. Ein derartiges Wendegetriebe ist in Abb. 232 und 233 dargestellt.

3. Drucklager.

Der Schraubenschub muß durch ein in der Wellenleitung eingeschaltetes Drucklager aufgenommen werden. Überschlägig kann die Größe der Vortriebskraft (Schraubenschubes) mit etwa 4 bis 10 kg bei Freifahrt und 8 bis 15 kg je PSe bei Schleppfahrt eingesetzt werden. Der für die Wahl der Drucklagergröße maßgebende Wert ist von der Propellerlieferfirma zu erfahren. Die früher üblichen Kammlager sind fast ganz verschwunden und durch Kugeldrucklager (Abb. 234) oder Einscheibendrucklager ersetzt worden. Das Drucklager wird entweder unmittelbar an der Motorgrundplatte angeordnet oder in einer eigenen Lagerbrücke untergebracht, die selbst wieder am Motorfundament ruht. In beiden Fällen muß die ganze Wellenleitung den Schraubenschub aufnehmen. Dies kann vermieden werden, wenn das Lager unmittelbar nach der Stopfbüchse des Stevenrohres angeordnet wird. Bei Kardanwellen ist dies unbedingt notwendig (Abb. 235).

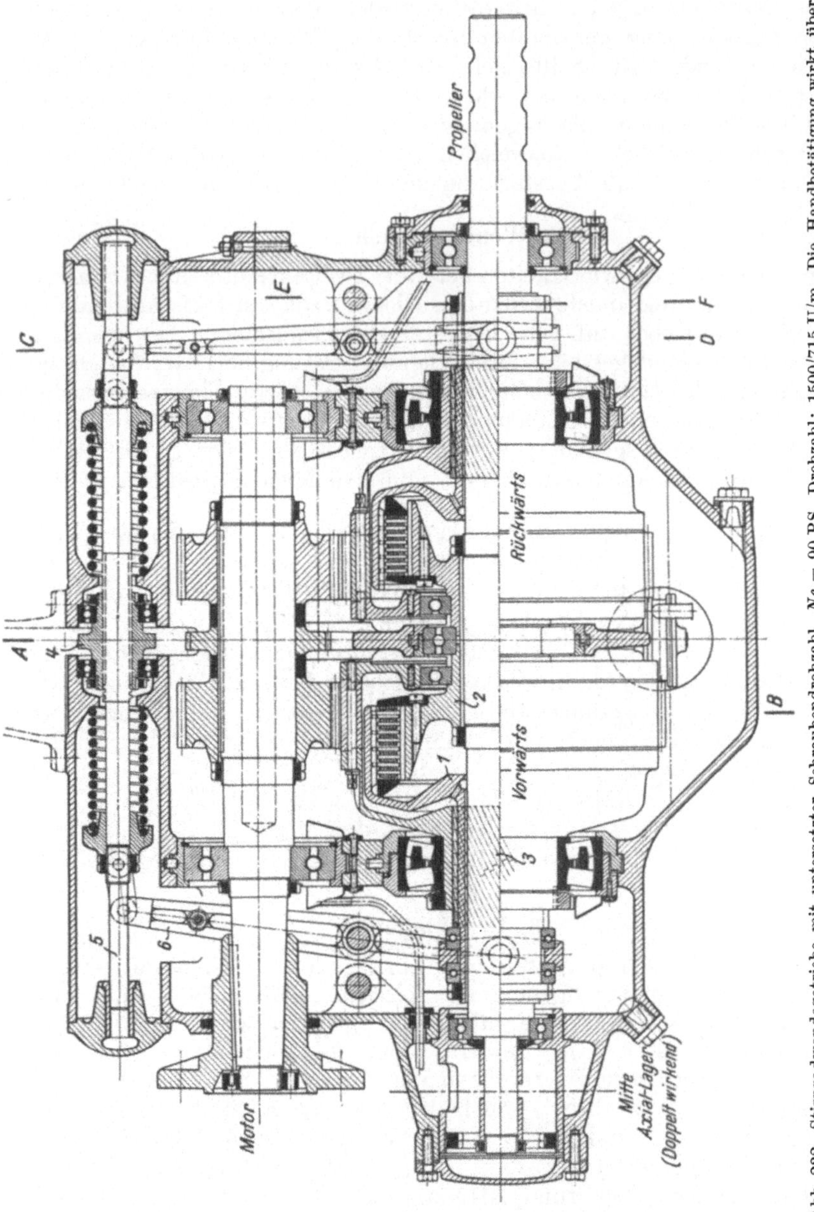

Abb. 232. Stirnradwendegetriebe mit untersetzter Schraubendrehzahl. $Ne = 90$ PS, Drehzahl: 1500/715 U/m. Die Handbetätigung wirkt über eine Kette auf das Kettenrad 4, das mit Gewinde auf der Spindel 5 sitzt und diese axial verschiebt. Diese Bewegung wird durch den Hebel 6 auf den Teil 1 übertragen und rückt so die Scheibenkupplung ein. Während des Betriebes wird die jeweils in Eingriff stehende Kupplung vom durchgeleiteten Momente selbst mit Hilfe des Gewindes 3, das die Teile 1 und 2 gegeneinanderdrückt, geschlossen gehalten.

4. Wellenleitung (Abb. 236 bis 240).

Die Schraube wird auf die Propeller- (Schwanz-) Welle aufgesetzt, die im Stevenrohr, das den Austritt der Wellenleitung aus dem Schiffsrumpf ermöglicht, und im bereits außerhalb des Schiffskörpers befindlichen

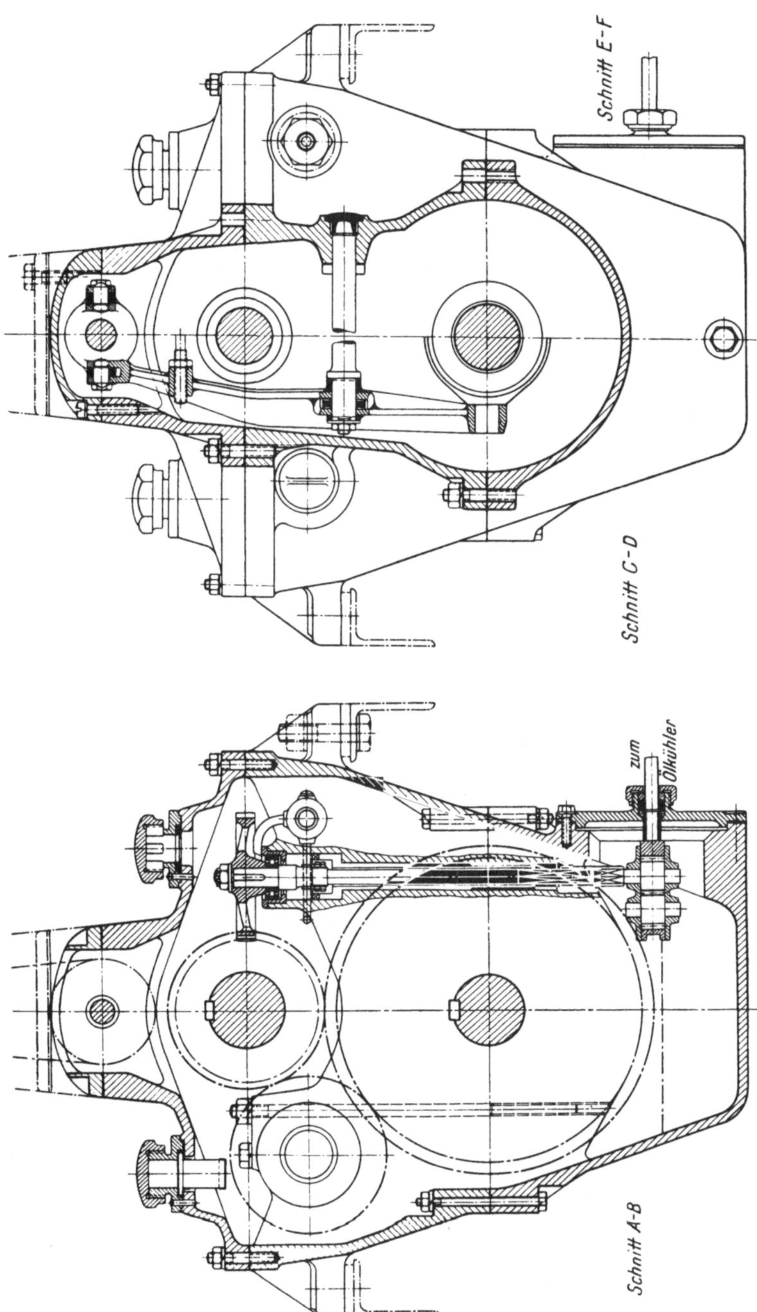

Abb. 233. **Kreuzrisse zu** Abb. 232.

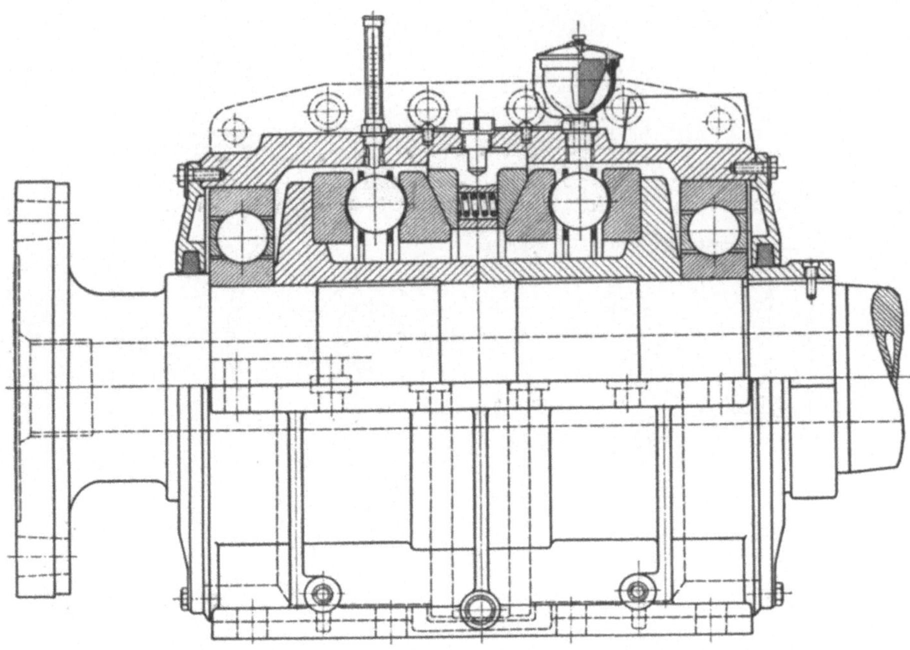

Abb. 234. Kugeldrucklager zur Aufnahme des Schraubenschubes.

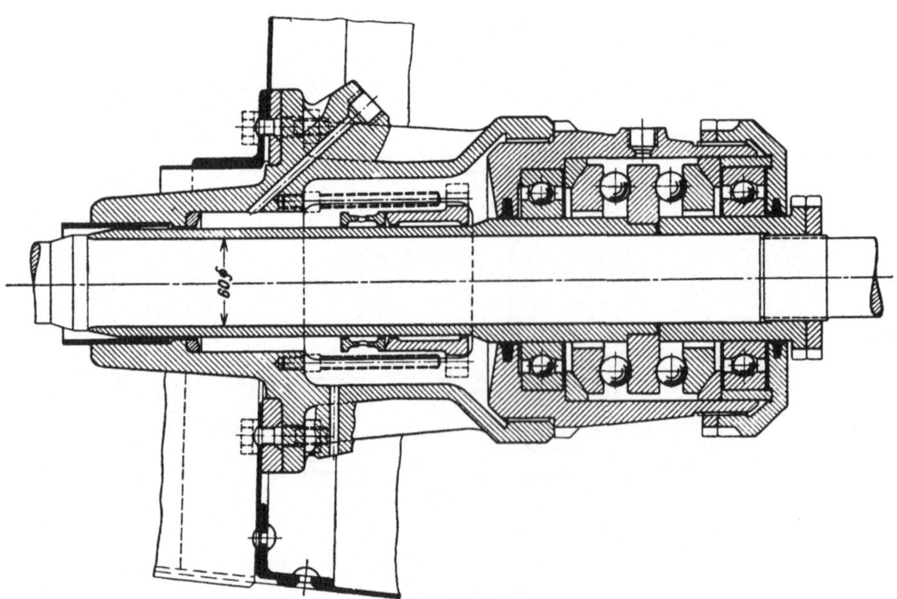

Abb. 235. Stevenrohrbüchse mit angebautem Drucklager.

Wellenbock gelagert ist. Da es üblich ist, die Schwanzwelle durch den Wellenbock auszubauen, ist es erforderlich, die Lagerdurchmesser gegen achter allmählich zu vergrößern, wobei pro Lagerstelle ein Wert von $d/50$ plus 1 bis 3 mm entspricht. Besser als diese, aus dem Vollen erzeugten Wellenverdickungen sind warm aufgezogene Büchsen aus Stahl oder Bronze, da man dann am teuren Wellenmaterial sparen kann und bei beschädigten Laufstellen die Möglichkeit hat, eine neue Büchse aufzuziehen.

Bei stark sandhaltigem Wasser ist es notwendig, die außerhalb des Schiffskörpers liegenden Wellenteile und Lagerstellen gegen den Angriff des Sandes zu schützen. Bei den auf der Donau verkehrenden Motorschiffen, die unter diesen Verhältnissen besonders unterhalb der Theißmündung leiden, ist es üblich, das Stevenrohr durch ein bis zum Wellenbock reichendes Sandschutzrohr zu verlängern (Abb. 237), so daß eine Möglichkeit für das Eindringen des Sandes nur an der der Schraube zugewendeten Seite des Wellenbocklagers gegeben ist. Diese Stelle wird durch glatte Formgebung und möglichst dichten Anschluß der Propellernabe an den Wellenbock nach Tunlichkeit geschützt.

Für die Schmierung der im Stevenrohr und im Wellenbock befindlichen Lagerstellen wird Starrschmiere verwendet, die durch große Staufferbüchsen oder bei größeren Anlagen durch automatische Fettpressen den einzel-

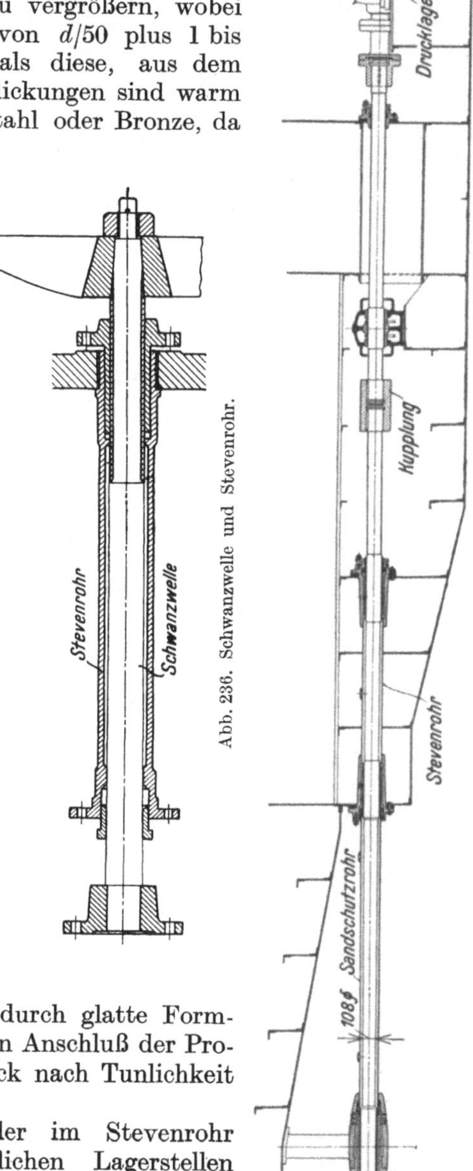

Abb. 236. Schwanzwelle und Stevenrohr.

Abb. 237. Wellenleitung eines Donaufrachtschiffes.

nen Verbrauchsstellen zu gedrückt wird. Die dazu nötigen Schmierleitungen müssen genügend weit sein und mit Überlegung und Sorgfalt verlegt werden, da sie während des Betriebes oft unzugänglich
und falls sie außen an den Wellenbockarmen geführt werden, stark gefährdet sind. Eine Verlegung der Wellenbocklager-Schmierleitung innerhalb der Arme des Propellerträgers läßt sich aber im allgemeinen unschwer
durchführen. Jedenfalls ist es aber immer zu vermeiden, von einer und
derselben Schmierbüchse aus mehrere Schmierstellen mit Fett zu versorgen. Sicher ist einzig und allein, für jede Schmierstelle auch eine
Schmierbüchse vorzusehen. Sollte aber aus irgendwelchen Gründen dieser
Weg nicht beschritten werden können, so dürfen nicht einheitliche Rohr-
leitungsdimensionen verwendet werden, sondern sind die Schmierrohr-

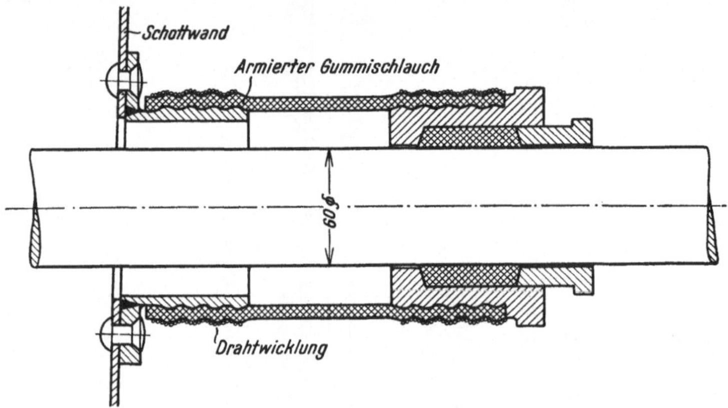

Abb. 238. Schottendurchtritt mittels nachgiebiger Stopfbüchse.

durchmesser mit größer werdender Leitungslänge ebenfalls, der Zunahme
der Rohrreibung entsprechend, zu vergrößern.

Das Stevenrohr wird an der der Maschine zugewendeten Seite durch
eine Stopfbüchse abgeschlossen. Die Verbindung zwischen Motor und
Schwanzwelle wird durch die Leitungswellen hergestellt, die in entsprechenden Abständen gelagert sind. An den Stellen, an denen die
Leitungswellen Schottwände durchbrechen, müssen feste (Abb. 237) oder
besser nachgiebige (Abb. 238) Stopfbüchsen vorgesehen werden.

Sind im Betriebe Deformationen des Schiffskörpers zu erwarten, was
insbesondere bei flachgehenden Binnenschiffen der Fall ist, so werden die
Leitungswellen durch eine Kreuzgelenkwelle ersetzt (Abb. 239). In diesem
Falle muß das Drucklager unmittelbar nach der Stevenrohrstopfbüchse
eingeschaltet werden.

Die Abmessungen der Wellenleitungen sind auf Grund der Vorschriften der Klassifikationsgesellschaften festzulegen. Die große Elastizität des langen Wellenstranges erfordert meist auch eine Untersuchung der Schwingungsverhältnisse (Verdrehungs- und Biegungsschwin-
gungen).

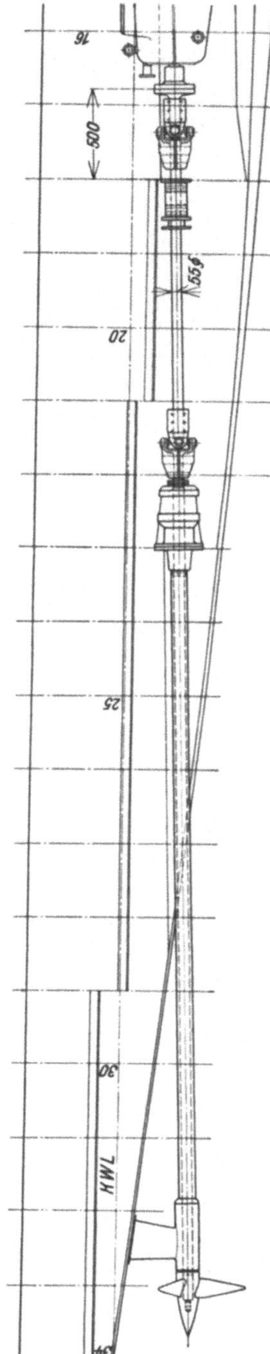

Abb. 239. Wellenleitung mit Kreuzgelenk-Welle.

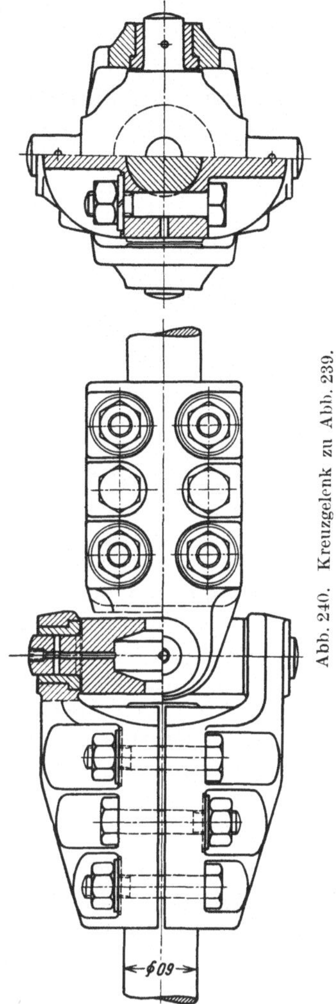

Abb. 240. Kreuzgelenk zu Abb. 239.

Schließlich ist bei der Lagerung der Wellenleitung im Schiffskörper konstruktiv so vorzugehen, daß die gesamte Welle wirksam unterstützt wird, wohingegen alles zu vermeiden ist, was dazu führen kann, daß bei gelegentlichen elastischen Deformationen die Welle zum tragenden Konstruktionsbestandteil des Schiffskörpers wird.

5. Schrauben.

Berechnung und Formgebung der Schiffsschraube ist Aufgabe des Schiffbauers. Bei der Motorisierung vorhandener Fahrzeuge ist es allerdings üblich, daß die Motorenfirma außer dem Motor auch die gesamte Wellenleitung einschließlich des Propellers liefert. Häufig fehlen dann nähere Angaben über den fraglichen Schiffskörper und man behilft sich damit, einfach eine Schraube für „mittlere“ Verhältnisse von der Schraubenfirma anzufordern. Es ist nun gänzlich ausgeschlossen, einen Propeller zu bauen, der bei verschiedenen Bootsformen und Betriebsbedingungen gleich gut arbeitet, sondern jeder Schiffskörper erfordert seine den besonderen Verhältnissen angepaßte Schraube. Es muß daher unter allen Umständen getrachtet werden, genaue Unterlagen über den Schiffskörper zu erhalten, um sie der Spezialfirma zur Verfügung stellen zu können. Über den Umfang der erforderlichen Angaben unterrichten die von diesen Firmen ausgearbeiteten Fragebogen.

Außer den Schrauben mit festen Flügeln in Verbindung mit direkt umsteuerbaren Motoren oder in Verbindung mit Wendegetrieben bietet der Markt noch Schiffsantriebsmittel mit während des Betriebes veränderlicher Flügelstellung. Es sind dies die Wendepropeller und der jüngere Voith-Schneider-Propeller. Bei beiden Typen besteht die Möglichkeit von größter Motorleistung für Vorwärtsfahrt stufenlos auf größte Motorleistung für Rückwärtsfahrt überzugehen. Der Voith-Schneider-Propeller erlaubt überdies noch ein ganz vorzügliches Steuern des Schiffes ohne Benützung eines eigentlichen Steuerruders. In der Hand einer geschickten Schiffs- und Maschinenführung können die beiden letztgenannten Propellerarten als für viele Zwecke außerordentlich vorteilhafte Antriebsmittel angesprochen werden.

6. Nebeneinrichtungen bei Fischereifahrzeugen.

Für die Bedienung des Netzes ist bei allen Fischereifahrzeugen eine Netzwinde oder ein Spill notwendig. Während bei größeren Einheiten der elektrische Antrieb dieser Hilfsmaschine vorzuziehen ist, muß er bei kleineren Booten unmittelbar vom Motor aus erfolgen. Hat der Motor ein für diese Zwecke vorgesehenes freies Wellenende, so ist die Kraftabnahme von hier zur Netzwinde relativ einfach; etwas mißlicher, aber nicht undurchführbar liegt die Sache dann, falls der Ableitungsmechanismus für das Netzwindwerk von der bereits eingebauten Wellenleitung erfolgen soll.

Der Leistungsbedarf der Winden ist ziemlich hoch. Er kann bei kleineren Fahrzeugen ganz roh mit etwa einem Drittel der Antriebsleistung für das Boot eingeschätzt werden.

Die Netzwinde oder das Spill (letzteres ist in der Heringsfischerei üblich) wird auf Deck über dem Motor angeordnet. Bei kleinen Windenleistungen bis etwa 10 PS kann der Antrieb durch Riemen erfolgen. Dabei soll aber die Winde nicht durch Voll- und Leerscheibe ein- und ausgerückt werden, sondern durch eine an der Motorwelle angebrachte

Kupplung, weil sonst der dauernd mitlaufende Riemen die Bemannung gefährdet. Bei sehr kleinen Leistungen behilft man sich wohl auch damit, den Riemen bei Bedarf durch eine Spannrolle einzurücken, wird aber dann einen verhältnismäßig großen Riemenverschleiß in Kauf nehmen müssen. Größere Netzwinden werden durch Rollenketten angetrieben. Auch in diesem Falle ist die auf der Motorwelle angebrachte Kupplung eine unbedingte Notwendigkeit.

Spille werden durch ein Kegelradgetriebe von dem vorderen Motorwellenende angetrieben. Auch hier soll die Kupplung an der Motorwelle sitzen.

7. Installation.

Das Verlegen der für den Betrieb der Motorenanlage nötigen Rohrleitungen ist bei Schiffen infolge der beschränkten Raumverhältnisse ungleich schwieriger als bei Stabilmotoren. Um die Bewegungsfreiheit im Maschinenraum nicht zu beeinträchtigen, müssen sie größtenteils unter Flur verlegt werden, sind daher schlecht zugänglich und bei größeren Einheiten meist auch recht unübersichtlich, zumal die für die Bedienung erforderlichen Absperrorgane in Ventilstationen zusammengefaßt werden müssen.

Der Kühlwassereintritt an der Außenhaut ist durch einen kräftigen Gräting gegen das Eindringen von groben Unreinlichkeiten zu schützen. Unmittelbar darnach ist der Seehahn anzuordnen, an den sich bei stark sandhaltigem Wasser ein Filter oder ein Schlammkasten anschließt. Dann wird die Leitung den Kühlwasserpumpen zugeführt. Auch der Kühlwasseraustrittsstutzen muß ein Absperrorgan erhalten, wenn der Austritt unter der Wasserlinie liegt, was aber in vielen Fällen vermieden werden kann.

Zuweilen wird gefordert, daß die Lenzpumpe gegebenenfalls auch für die Kühlwasserförderung herangezogen werden kann oder daß bei Mehrschraubenschiffen aus Gründen der Betriebssicherheit die Möglichkeit vorgesehen wird, die Pumpen eines Motors für die Kühlung aller Maschinen zu verwenden. In beiden Fällen sind ziemlich verwickelte Schaltungen notwendig, bei deren Entwurf auf die Möglichkeit von Wasserschlägen besondere Rücksicht zu nehmen ist.

Der Brennstoff wird vom Motor unmittelbar den Tagesbehältern entnommen, dessen Inhalt in der Regel für kurzzeitigen Vollastbetrieb (4 bis 5 Stunden) bemessen ist und der im Maschinenraum so hoch angebracht wird, daß das Gefälle zu den Brennstoffpumpen das für diese günstigste Maß besitzt (meist $1^1/_2$ bis $2^1/_2$ m). Der Tagesbehälter muß ganz geschlossen ausgeführt werden und erhält verschließbare Reinigungsöffnungen. Er ist mit Standanzeiger, Entlüftungsrohr und einem Schlammablaß auszurüsten. Der Anschluß der Saugleitung hat so hoch über dem Behälterboden zu liegen, daß sich Wasser und sonstige Verunreinigungen unterhalb des Anschlusses absetzen können. Die Motorfirmen liefern in der Regel zylindrische Tagesbehälter mit. Häufig aber bedingen die Raumverhältnisse im Motorenraum eine andere Formgebung.

Die Größe der eigentlichen Vorratsbehälter richtet sich nach der Maschinenleistung, der Schiffsgeschwindigkeit und dem Aktionsradius des Fahrzeuges. Wo keine besonderen Behälter als Haupttanke vorgesehen werden, wird der Brennstoff in öldicht genieteten Abteilungen des Schiffskörpers untergebracht, welche bezüglich ihrer Durchkonstruktion nicht allein allen Bedienungsnotwendigkeiten zu entsprechen haben, sondern auch nach den Vorschriften der Klassifikationsgesellschaften einzurichten sind.

Bei Holzbooten müssen eiserne Vorratsbehälter eingebaut werden, deren Form und Anordnung ganz von den Raumverhältnissen abhängt. Die Plattenstärke soll nicht zu klein gewählt werden, die Behälter sind ausreichend zu versteifen und innen mit Schlagplatten zu versehen, um die Flüssigkeitsbewegung bei Seegang möglichst zu dämpfen. Reinigungsöffnungen oder Mannlöcher sind vorzusehen. Die Füllöffnungen müssen außenbords liegen. Für eine ausreichende Entlüftung des Behälters ist zu sorgen.

Manche Ölsorten bedürfen, falls sie in kälteren Regionen gefahren werden, in die Tanks verlegter Anwärmevorrichtungen, um sie soweit flüssig zu erhalten, daß sie förderfähig bleiben. Es genügt diesfalls, die Heizschlangen in der Nähe der Entnahmestelle des Betriebsstoffes anzubringen.

Aus den Vorratsbehältern wird der Treibstoff des Tagesbehälters bei kleineren Anlagen durch eine Handflügelpumpe, bei größeren durch eine vom Motor oder einem Hilfsaggregat angetriebene Förderpumpe (Kolben- oder Zahnradpumpe) zugeführt.

In die Brennstoffsaugleitung ist ein möglichst großes Filter, am besten ein umschaltbares Doppelfilter einzubauen.

Literaturverzeichnis.

Werke.

Dubbel, H.: Öl- und Gasmaschinen (Ortsfeste und Schiffsmaschinen). Berlin: J. Springer. 1926.

Föppl, O., Strombeck, H., Ebermann, L.: Schnellaufende Dieselmaschinen, 4. Aufl. Berlin: J. Springer. 1929.

Geßner, A.: Mehrfach gelagerte abgesetzte und gekröpfte Kurbelwellen. Berlin: J. Springer. 1926.

Güldner, H.: Das Entwerfen und Berechnen der Verbrennungskraftmaschinen und Kraftgasanlagen, 3. Aufl. Berlin: J. Springer. 1922.

Holzer, H.: Die Berechnung der Drehschwingungen. Berlin: J. Springer. 1921.

Kehrer, O.: Raschlaufende Ölmaschinen. München und Berlin: R. Oldenbourg. 1927.

Körner, K.: Der Bau des Dieselmotors, 2. Aufl. Berlin: J. Springer. 1927.

Magg, J.: Dieselmaschinen. Berlin: VDI-Verlag. 1928.

Saß, F.: Kompressorlose Dieselmaschinen. Berlin: J. Springer. 1929.

Schüle, W.: Technische Thermodynamik. Erster Band, 5. Aufl. 1930. Zweiter Band, 4. Aufl. 1923. Berlin: J. Springer.

Seiliger, M.: Kompressorlose Dieselmotoren und Semidieselmotoren. Berlin: J. Springer. 1929.

Tolle, M.: Regelung der Kraftmaschinen, 3. Aufl. Berlin: J. Springer. 1921.

Ulrich, W.: Schiffsdieselmaschinen. Leipzig: Max Jänecke. 1932.

Zeitschriften.[1]

Verdichter (auch verwandte Gebiete).

Lackmann, M.: Fortschritte in der Gestaltung von umlaufenden Verdichtern. Z. VDI., Bd. 76, S. 668. 1932.

Plank, R., Kuprianoff, J.: Umlaufverdichter für Kältemaschinen. Z. VDI., Bd. 79, S. 363. 1935.

Rogowski, E.: Haushaltkühlschrank mit umlaufendem Verdichter. Z. VDI., Bd. 78, S. 1043. 1934.

Schopper, K.: Das Rootsgebläse als Ladungsverdichter an Mercedes-Benz-Motoren. Automobiltechn. Z. Bd. 38, S. 28. 1935.

Schütte, A.: Die Verwendung des Kapselgebläses im Dieselmotorenbau. Werft, Reederei, Hafen, Bd. 13, S. 132. 1932.

Stauber, G.: Drehkolben-Gasmaschinen. Z. VDI., Bd. 77, S. 393. 1933.

Steller, A.: Leistungsverluste in Drehkolbenverdichtern. Z. VDI., Bd. 76, S. 1218. 1932.

---

[1] Im wesentlichen wurden nur die nach dem Jahre 1929 erschienenen Aufsätze angeführt.

Venediger, H. J.: Untersuchungen an schnellaufenden Auflade-Drehkolben-
    verdichtern. Automobiltechn. Z., Bd. 36, S. 579 u. 619. 1933.
Wolkof, A.: Berechnen der Spülluft-Rotationspumpen. Dieselestrojenije
    (Moskau) 1933, Nr. 5, S. 9.
Wunderlich, H.: Zweistufiger Rotationskompressor. Z. VDI., Bd. 76,
    S. 538. 1932.

Spülluft, Auspuff, Gasschwingungen.

Balog, A.: Bestimmung des Wertes $\int F dt$ bei Zweitaktmotoren. Automobil-
    techn. Z., Bd. 38, S. 151. 1935.
Buchholz, F., L. Hoffmann, K. Joachimsohn: Untersuchungen über
    den volumetrischen Wirkungsgrad an einem Zweizylinder-Zweitaktmotor
    mit Kurbelkammergemischpumpe. Automobiltechn. Z., Bd. 33, S. 505.
    1930.
Holm, O.: Entwicklungsmöglichkeiten der Kurbelkastenspülung von Zwei-
    taktmotoren. Automobiltechn. Z., Bd. 36, S. 507. 1933.
Klüsener, O.: Versuche über den Einfluß von Saug- und Auspuffrohrlänge
    auf den Liefergrad. Automobiltechn. Z., Bd. 35, S. 299. 1932.
Lindner, W.: Untersuchungen über den Spülvorgang bei Zweitaktmaschinen.
    VDI. Forschungsheft 363.
List, H.: Kurbelkastenspülung für Zweitaktmotoren. Z. VDI., Bd. 73, S. 225.
    1929.
— Die Erhöhung des Liefergrades durch Saugrohre bei Dieselmaschinen.
    Mitteilungen aus den technischen Instituten der staatlichen Tung-chi
    Universität Woosung, China, H. 4. 1932.
Lutz, O.: Untersuchungen über die Spülung von Zweitaktmotoren. Berichte
    aus dem Laboratorium für Verbrennungskraftmaschinen der techn. Hoch-
    schule Stuttgart, H. I. Stuttgart 1931.
— Resonanzschwingungen in den Rohrleitungen von Kolbenmaschinen.
    Berichte aus dem Laboratorium für Verbrennungskraftmaschinen der
    techn. Hochschule Stuttgart, H. 3. Stuttgart 1934.
— Grundsätzliche Betrachtungen über den Spülvorgang bei Zweitakt-
    maschinen. Forschung, Bd. 5, S. 275. 1934.
Maier, W. und Lutz, O.: Untersuchungen über die Spülung von Zwei-
    taktmotoren. Berichte aus dem Laboratorium für Verbrennungs-
    kraftmaschinen der techn. Hochschule Stuttgart, H. 2. Stuttgart
    1933.
Mehlig, H.: Ermittlung von Zeitquerschnitten für Zweitakt-Verbrennungs-
    kraftmaschinen. Automobiltechn. Z., Bd. 36, S. 610. 1933.
Neumann, K.: Die thermodynamischen Grundlagen des Spül- und Lade-
    vorganges bei Zweitaktmaschinen. Forschung, Bd. 2, S. 273. 1931.
— Die thermodynamischen Grundlagen des Spül- und Ladevorganges bei
    Zweitaktmaschinen. Z. VDI., Bd. 76, S. 468. 1932.
— Der Spül- und Ladevorgang bei Zweitaktmotoren. VDI-Forschungsheft
    334.
Oppitz: Schwingungserscheinungen in Auspuffleitungen der Diesel-
    motoren. Werft, Reederei, Hafen, Bd. 11, S. 27. 1930.
Pflaum, W.: Aufladedieselmaschinen und Schiffsantrieb. Werft, Reederei,
    Hafen, Bd. 16, S. 206. 1935.
Ringwald, M.: Der Auspuff- und Spülvorgang bei Zweitaktmaschinen.
    Z. VDI., Bd. 67, S. 1057. 1923.

Schmidt, Th., Köln: Schwingungen in Auspuffleitungen von Verbrennungsmotoren. Forschung, Bd. 5, S. 226. 1934.

Schütte, A.: Schwingungen in Auspuff- und Spülluftleitungen von Zweitaktmotoren. Werft, Reederei, Hafen, Bd. 12, S. 322. 1931.

— Der Druckverlauf im Zylinder eines Zweitaktdieselmotors während der
Spülperiode. Automobiltechn. Z., Bd. 38, S. 146. 1935.

Steewen, O. P. van: Untersuchungen über die zweckmäßige Spülung kompressorloser Dieselmaschinen. Automobiltechn. Z., Bd. 35, S. 464. 1932.

Stier, E.: Spülung und Aufladung bei Zweitaktmotoren. Z. VDI., Bd. 73,
S. 1389. 1929.

Thiemann, A. E.: Die Leistungssteigerung des Fahrzeugdieselmotors durch
Druckladen und Zweitakt. Automobiltechn. Z., Bd. 37, S. 591. 1934.

Venediger, H. J.: Maßnahmen zur Erhöhung der Literleistung und der
Wirtschaftlichkeit bei Zweitaktmotoren. Automobiltechn. Z., Bd. 35,
S. 249. 1932.

— Wertung der Spülung von Zweitaktmotoren. Automobiltechn. Z., Bd. 36,
S. 301. 1933.

— Planung und Aufbau schnellaufender Zweitaktmotoren. Automobiltechn.
Z., Bd. 37, S. 495. 1934.

Wintterlin, K.: Spülung und Leistung bei Zweitaktmotoren. Z. VDI.,
Bd. 75, S. 165. 1931.

Zeman, J.: Baugrenzen von Zweitaktdieselmaschinen mit Kurbelkastenspülpumpe. Z. VDI., Bd. 77, S. 1136. 1933.

Einspritzung, Einspritzpumpen, Verbrennung u. dgl.

Aster, E.: Simms-Einspritzpumpe. Automobiltechn. Z., Bd. 37, S. 68. 1934.

Boerlage, G. D. und Broeze, I. I.: Zündung und Verbrennung im Dieselmotor. VDI. Forschungsheft, Nr. 366. 1934.

Breves, L.: Die Fortpflanzung der Verbrennung im Dieselmotor. Forschung,
Bd. 6, S. 183. 1935.

Holfelder, O.: Der Einspritzvorgang bei Dieselmotoren. Z. VDI., Bd. 76,
S. 1241. 1932.

— Zur Strahlzerstäubung bei Dieselmotoren. Forschung, Bd. 3, S. 229. 1932.

— Ursachen der Detonation bei Vergaser- und Dieselmotoren. Z. VDI.,
Bd. 78, S. 836. 1934.

Joachim, Wm. F.: Forschungen über Schwerölmotoren in den Vereinigten
Staaten. Z. VDI., Bd. 75, S. 69. 1931.

Kamm, W., Rickert, P.: Verbrennungsvorgang im schnellaufenden Motor.
Z. VDI., Bd. 78, S. 851. 1934.

Klüsener, O.: Zum Einspritzvorgang in der kompressorlosen Dieselmaschine.
Z. VDI., Bd. 77, S. 171. 1933.

Loschge, A.: Vergleichende Druckindizierversuche an einem Luftspeicher-
und einem Vorkammerdieselmotor. Automobiltechn. Z., Bd. 35, S. 562.
1932.

Lutz, O.: Die Vorgänge in federbelasteten Einspritzdüsen von kompressorlosen Ölmaschinen. Ing. Arch., Bd. 4, S. 153. 1933.

Meyer-Delft, P.: Mischungsverhältnis und Verbrennungsvorgänge im Öl-
motor. Z. VDI., Bd. 73, S. 824. 1929.

Mehlig, H.: Zur Physik der Brennstoffstrahlen in Dieselmaschinen. Automobiltechn. Z., Bd. 37, S. 411. 1934.

Nägel, A.: Versuche an schnellaufenden Dieselmotoren. Z. VDI., Bd. 76,
S. 1213. 1932.

Neumann, K.: Reaktionskinetische Betrachtungen zum Zündvorgang in
  der Dieselmaschine. Z. VDI., Bd. 76, S. 765. 1932.
— Die Luftspeicher-Dieselmaschine. Forschung, Bd. 4, S. 268. 1933.
— Einfluß der Verbrennungsgeschwindigkeit auf das Arbeitsverfahren.
  Forschung, Bd. 5, S. 173. 1934.
L'Orange, P.: Die Zusammenarbeit von Pumpen und Düsen bei kom-
  pressorlosen Dieselmaschinen. Z. VDI., Bd. 75, S. 326. 1931.
Richter, L.: Brennstoffverdampfung im Dieselmotor. Z. VDI., Bd. 77,
  S. 1204. 1933.
Ritz, G.: Verbrennungstechnik des schnellaufenden Vorkammer-Diesel-
  motors. Automobiltechn. Z., Bd. 36, S. 197. 1933.
Saß, F.: Untersuchungen über Druckeinspritzung bei Dieselmotoren. For-
  schung, Bd. 2, S. 351. 1931.
Schlaefke, K.: Vorgänge beim Verdichtungshub von Vorkammerdiesel-
  maschinen. Z. VDI., Bd. 75, S. 1043. 1931.
Schmidt, E., Dresden: Vorgänge in der Vorkammer-Dieselmaschine. Z. VDI.,
  Bd. 75, S. 585. 1931.
Schwaiger, K.: Einzelheiten über das Vorkammerverfahren. Automobil-
  techn. Z., Bd. 37, S. 422. 1934.
Wenzel, W.: Zur Berechnung der Verbrennungsvorgänge im Verbrennungs-
  motor. Z. VDI., Bd. 77, S. 908. 1933.
— Der Zünd- und Verbrennungsvorgang im kompressorlosen Dieselmotor.
  VDI., Forschungsheft Nr. 366. 1934.
— Zum Zündvorgang im Dieselmotor. Forschung, Bd. 6, S. 105. 1935.
Zeman, J.: Verhalten von Brennstoffpumpen mit Spindelreglung im Schiffs-
  betrieb. Werft, Reederei, Hafen, Bd. 15, S. 45. 1934.

Artikel ohne Verfasserangabe.

Probleme der schnellaufenden Fahrzeugdieselmotoren. Z. VDI., Bd. 76,
  S. 396. 1932.
Schieber- oder Ventilsteuerung für das Ansaugen bei Einspritzpumpen.
  Automobiltechn. Z., Bd. 38, S. 155. 1935.
Die Szintilla Einspritzpumpen (System Ratellier). Automobiltechn. Z., Bd. 38,
  S. 156. 1935.

Bauteile, Maschinenbeschreibungen u. dgl.

Eweis, M.: Reibungs- und Undichtheitsverluste an Kolbenringen. VDI-
  Forschungsheft Nr. 371. 1935.
Flatz, E.: Dauerbrüche an Triebwerkteilen raschumlaufender Dieselmotoren.
  Z. VDI., Bd. 78, S. 397. 1934.
Gasterstädt: Die Entwicklung der Junkersdieselflugmotoren. Automobil-
  techn. Z., Bd. 33, S. 2. 1930.
Holfelder, O.: Zweitaktdieselmotor mit neuartiger Steuerung. Z. VDI.,
  Bd. 74, S. 57. 1930.
— Amerikanischer einfachwirkender Zweitaktdieselmotor. Z. VDI., Bd. 75,
  S. 1381. 1931.
Huber, L. und Kamm, W.: Flugzeugdieselmotor. Z. VDI., Bd. 78, S. 1082.
  1934.
Kosney, W.: Gleichförmigkeit mehrzylindriger Verbrennungsmotoren.
  Z. VDI., Bd. 76, S. 380. 1932.
Kuchtner, K. und Hagemann, A.: Dieselmotorantrieb für Feuerwehrfahr-
  zeuge. Z. VDI., Bd. 78, S. 1355. 1934.

Laudahn, W.: Die doppeltwirkenden Zweitaktdieselmotoren der Reichsmarine. Z. VDI., Bd. 75, S. 1425. 1931.

Loschge, A.: Kleindieselmotoren. Z. VDI., Bd. 79, S. 317. 1935.

Nägel, A. und Holfelder, O.: Der neue Michelmotor. Z. VDI., Bd. 76, S. 839. 1932.

Salzmann, F.: Wärmefluß durch Kolben und Kolbenringe im Dieselmotor. Forschung, Bd. 4, S. 193. 1933.

Schmaljohann, P.: Der Michel-Fahrzeugdieselmotor, sein konstruktiver Aufbau und der Stand seiner Entwicklung. Automobiltechn. Z., Bd. 35, S. 467. 1932.

Stephan, H. J.: Lagerbeanspruchungen bei den Fahrzeugdieselmotoren. Automobiltechn. Z., Bd. 37, S. 425. 1934.

Widemann, M.: Dieselmotor mit geschweißtem Stahlgehäuse. Z. VDI., Bd. 78, S. 810. 1934.

Züklin: Neue Erfolge des Zweitaktmotors. Werft, Reederei, Hafen, Bd. 16, S. 144. 1935.

Artikel ohne Verfasserangabe.

Zweitaktdieselmotor mit neuartiger Lufteinspritzung. Z. VDI., Bd. 73, S. 510. 1929.

Zweitakt-Fahrzeugdieselmotor. Z. VDI., Bd. 73, S. 1866. 1929.

Zweitaktölmotor mit Kapselspülgebläse. Z. VDI., Bd. 75, S. 178. 1931.

Neuer Schiffsdieselmotor. Z. VDI., Bd. 75, S. 338. 1931.

Geschweißter Rahmen für Schiffsdieselmotoren. Z. VDI., Bd. 75, S. 1002. 1931.

Pleuelstange für Zweitaktmotoren. Z. VDI., Bd. 75, S. 1470. 1931.

Schnellaufender Zweitaktölmotor. Z. VDI., Bd. 76, S. 166. 1932.

Doppelkolben-Zweitaktmotor für Fahrzeuge. Z. VDI., Bd. 77, S. 77. 1933.

Schiffsanlagen.

Goos, E. und Krekeler, K.: Die Schmierung von Dieselmotoren unter besonderer Berücksichtigung der Schiffsantriebe. Z. VDI., Bd. 77, S. 828. 1933.

Jahns, W.: Technische Untersuchungen in Fischerei und Kleinschiffahrt. Z. VDI., Bd. 77, S. 984. 1933.

Scholz, W.: Motorfundamente auf Schiffen. Z. VDI., Bd. 76, S. 1141. 1932.

Voßnack, E.: Motorrettungsboot „Insulinde". Z. VDI., Bd. 73, S. 499. 1929.

Artikel ohne Verfasserangabe.

Einbau für Bootsmotoren. Z. VDI., Bd. 76, S. 566. 1932.

Manzsche Buchdruckerei, Wien IX.

Die Brennkraftmaschinen. Arbeitsverfahren, Brennstoffe, Detonation, Verbrennung, Wirkungsgrad, Maschinenuntersuchungen. Von D. R. Pye, Deputy Director of Scientific Research, Air Ministry formerly Fellow and Lecturer, Trinity College, Cambridge and Fellow of New College, Oxford. Übersetzt und bearbeitet von Dr.-Ing. F. Wettstädt. Mit 77 Textabbildungen und 39 Zahlentafeln. VII, 262 Seiten. 1933. Gebunden RM 15.—

Schnellaufende Verbrennungsmotoren. Von **Harry R. Ricardo.** Zweite, verbesserte Auflage, übersetzt und bearbeitet von Dr. **A. Werner** und Dipl.-Ing. **P. Friedmann.** (Übersetzung der zweiten englischen Auflage.) Mit 347 Textabbildungen. VIII, 447 Seiten. 1932. Gebunden RM 30.—

Schnellaufende Dieselmaschinen. Beschreibungen, Erfahrungen, Berechnung, Konstruktion und Betrieb. Von Prof. Dr.-Ing. **O. Föppl,** Marinebaurat a. D. (Braunschweig), Dr.-Ing. **H. Strombeck,** Oberingenieur, Leunawerke, und Prof. Dr. techn. **L. Ebermann** (Lemberg). Vierte, neubearbeitete Auflage. Mit 143 Textabbildungen und 9 Tafeln, darunter Zusammenstellungen von Maschinen von AEG, Benz, Českomoravská-Kolben-Daněk A.-G., Daimler, Deutz, Germaniawerft, Körting, L. Lang und MAN Augsburg. VI, 237 Seiten. 1929. Gebunden RM 14.85

Kompressorlose Dieselmaschinen. (Druckeinspritzmaschinen.) Ein Lehrbuch für Studierende. Von Dr.-Ing. **Friedrich Sass,** Oberingenieur der Allgemeinen Elektricitäts-Gesellschaft, Privatdozent an der Technischen Hochschule Berlin. Mit 328 Textabbildungen. VII, 395 Seiten. 1929. Gebunden RM 46.80

Kompressorlose Dieselmotoren und Semidieselmotoren. Von **M. Seiliger,** Ingenieur-Technolog. Mit 340 Abbildungen und 50 Zahlentafeln im Text. VI, 296 Seiten. 1929. Gebunden RM 33.75

Die Hochleistungs-Dieselmotoren. Von **M. Seiliger,** Ingenieur-Technolog. Mit 196 Abbildungen und 43 Zahlentafeln im Text. VI, 240 Seiten. 1926. RM 15.66; gebunden RM 17.01

Der Bau des Dieselmotors. Von Professor **Kamillo Körner,** Ingenieur, Prag. Zweite, wesentlich vermehrte und verbesserte Auflage. Mit 744 Abbildungen im Text und auf 8 Tafeln. VI, 531 Seiten. 1927. Gebunden RM 66.15

Öl- und Gasmaschinen (Ortfeste und Schiffsmaschinen). Ein Handbuch für Konstrukteure, ein Lehrbuch für Studierende. Von Professor **H. Dubbel,** Ingenieur. Mit 519 Textabbildungen. VI, 446 Seiten. 1926. Gebunden RM 33.75

Schiffs-Ölmaschinen. Ein Handbuch zur Einführung in die Praxis des Schiffsölmaschinenbetriebes. Von Direktor Dipl.-Ing. Dr. **Wm. Scholz,** Hamburg. Dritte, verbesserte und erweiterte Auflage. Mit 188 Textabbildungen und 1 Tafel. VI, 270 Seiten. 1924. Gebunden RM 12.15

Dieselmotoren in der Elektrizitätswirtschaft insbesondere für Spitzendeckung. Von **M. Gercke,** Augsburg. Mit 19 Textabbildungen. IV, 92 Seiten. 1932. RM 6.—

Bau und Berechnung der Verbrennungskraftmaschinen. Eine Einführung von Dipl.-Ing. **Franz Seufert,** Oberingenieur für Wärmewirtschaft. **Sechste,** verbesserte Auflage. Mit 105 Abbildungen im Text und auf 2 Tafeln. V, 145 Seiten. 1930. RM 4.32

Der Verbrennungsvorgang im Gas- und Vergaser-Motor. Versuch einer rechnerischen Erfassung der einzelnen Einflüsse und ihres Zusammenwirkens. Von Dr.-Ing. **Wilhelm Endres.** Mit 29 Textabbildungen. V, 80 Seiten. 1928. RM 6.12

^W **Der Einblase- und Einspritzvorgang bei Dieselmaschinen.** Der Einfluß der Oberflächenspannung auf die Zerstäubung. Von Dr.-Ing. **Heinrich Triebnigg,** Assistent an der Lehrkanzel für Verbrennungskraftmaschinenbau der Technischen Hochschule Graz. Mit 61 Abbildungen im Text. VI, 138 Seiten. 1925. RM 11.40

Die Entropie-Diagramme der Verbrennungsmotoren einschließlich der Gasturbine. Von Professor Dipl.-Ing. **P. Ostertag,** Winterthur. Zweite, umgearbeitete Auflage. Mit 16 Textabbildungen. IV, 78 Seiten. 1928. RM 4.05

Außergewöhnliche Druck- und Temperatursteigerungen bei Dieselmotoren. Eine Untersuchung. Von Dr.-Ing. **R. Colell.** Mit 26 Textfiguren. IV, 70 Seiten. 1921. RM 2.16

$p\mathfrak{B}$**-Tafel, Tabellen und Diagramme zur thermischen Berechnung der Verbrennungskraftmaschinen.** Von Dr.-Ing. **Otto Lutz,** Stuttgart. Mit 20 Textabbildungen und 3 Tafeln. VI, 68 Seiten. 1932. RM 8.50

Rationeller Dieselmaschinen-Betrieb. Anleitung für Betrieb, Instandhaltung und Reparatur ortfester Viertakt-Dieselmaschinen. Von **Josef Schwarzböck.** Mit 62 Abbildungen im Text. VI, 143 Seiten. 1927. RM 7.20; gebunden RM 8.10

Kurbelwellen mit kleinsten Massenmomenten für Reihenmotoren. Von Priv.-Doz. Prof. Dr.-Ing. **Hans Schrön,** München. Mit 316 Abbildungen auf 38 Tafeln. IV, 66 Seiten. 1932. RM 16.50

Richtige Maschinenschmierung. Kraftmaschinen, Arbeitsmaschinen, Transportwesen, Kraftfahrzeuge. Kurzer Wegweiser für die Praxis. Von Dipl.-Ing. **E. W. Steinitz,** Beratender Ingenieur in Berlin-Wannsee. Mit 46 Textabbildungen. VI, 177 Seiten. 1932. RM 7.80

Grundzüge der Schmiertechnik. Berechnung und Gestaltung vollkommen geschmierter gleitender Maschinenteile. Lehr- u. Handbuch für Konstrukteure, Betriebsleiter, Fabrikanten und höhere technische Lehranstalten. Von **Erich Falz,** Beratender Ingenieur für Schmiertechnik. Zweite, völlig neu bearbeitete Auflage. Mit 121 Abbildungen, 18 Zahlentafeln und 44 Berechnungsbeispielen. IX, 326 Seiten. 1931. Geb. RM 26.50

W = Verlag von Julius Springer, Wien.